国家“十二五”规划重点图书

中国地质调查局

青藏高原1:25万区域地质调查成果系列

中华人民共和国

区域地质调查报告

比例尺 1:250 000

恰哈幅

(J44C004002)

项目名称: 新疆1:25万康西瓦幅、恰哈幅、岔路口幅、阿克萨依湖幅区域地质调查

项目编号: 200313000003

项目负责: 黎敦朋 李新林 王向利

图幅负责: 李新林 周小康

报告编写: 黎敦朋 李新林 周小康 高小平 杜少喜 戴新宇 刘幼骐 王向利 王欣欣

编写单位: 陕西省地质调查院

单位负责: 齐 文(院长) 张拴厚(总工程师)

实施单位: 西安地质矿产研究所

中国地质大学出版社

ZHONGGUO DIZHI DAXUE CHUBANSHE

内 容 提 要

恰哈幅(J44C004002)1∶25万区域地质调查是“新疆1∶25万康西瓦幅(J44C004001)、恰哈幅(J44C004002)、岔路口幅(I44C001001)、阿克萨依湖幅(I44C001002)区域地质调查项目”4幅联测图幅之一,其隶属于青藏高原北部空白区基础地质调查与研究之工作内容项目,由陕西省地质调查院承担完成,是中国地质调查局以基[2003]001—10号文下达的工作任务(工作内容编号:200313000003)。

参照造山带填图的新方法,应用遥感等新技术手段,经过3年的野外地质调查和室内综合研究,本报告对所获资料进行了全面系统的分析与总结。报告由文字部分(8章)和地质图及说明书组成。通过野外地质调查,建立了测区构造格架和不同构造单元的地层系统,重新厘定了图幅地层单位和地层系统;将图幅岩浆岩进一步按其所处的空间位置、成因和形成时代依次归并为新元古代构造岩浆岩区、早古生代构造岩浆岩带、晚古生代构造岩浆岩带3个构造岩浆岩带(区),在青藏高原隆升研究等方面取得了一系列重大进展;将测区划分为3个二级构造单元和4个三级构造单元,较系统地论述了测区各构造单元地层、岩石的物质组成、建造特征和6个世代的构造变形特征;将测区侵入岩归并为3个构造岩浆岩带,详细论述了各构造岩浆岩带的物质组成,并对其岩浆演化、就位机制、成岩环境进行了系统的研究及探讨;详细对各地层单元的地球化学和微量元素特征进行了较系统的研究,为其沉积背景等恢复提供了重要资料;较系统地论述了测区3个变质相带和4期变质作用特征;较详细论述了库地-其曼于特早古生代构造蛇绿混杂岩的物质组成和特征;通过对青藏高原隆升进行专题研究,在高原隆升时间、高度、速率及其隆升环境等方面取得了新认识,并研究了高原隆升引起的气候干燥、生物灭绝、荒漠化等多种环境效应;总结了测区的矿产、动植物、旅游等国土资源分布特征,为国土资源的开发提出了合理的建议。

图书在版编目(CIP)数据

中华人民共和国区域地质调查报告. 恰哈幅(J44C004002):比例尺1∶250 000/黎敦朋,李新林,周小康等著. —武汉:中国地质大学出版社,2013.10

ISBN 978-7-5625-2924-8

Ⅰ.①中…

Ⅱ.①黎…②李…③周…

Ⅲ.①区域地质-地质调查-调查报告-中国②区域地质-地质调查-调查报告-新疆

Ⅳ.①P562

中国版本图书馆CIP数据核字(2012)第228675号

中华人民共和国区域地质调查报告
恰哈幅(J44C004002)　比例尺1∶250 000

黎敦朋　李新林　周小康　等著

责任编辑:胡珞兰　刘桂涛　　　　责任校对:戴莹

出版发行:中国地质大学出版社(武汉市洪山区鲁磨路388号)　　邮政编码:430074
电　话:(027)67883511　　传　真:67883580　　E-mail:cbb @ cug.edu.cn
经　销:全国新华书店　　http://www.cugp.cug.edu.cn

开本:880毫米×1 230毫米 1/16　　字数:520千字　印张:15.625　图版:5　插页:1　附件:1
版次:2013年10月第1版　　印次:2013年10月第1次印刷
印刷:武汉中远印务有限公司　　印数:1—1 500册

ISBN 978-7-5625-2924-8　　定价:480.00元

前　言

青藏高原包括西藏自治区、青海省及新疆维吾尔自治区南部、甘肃省南部、四川省西部和云南省西北部，面积达260万km^2，是我国藏民族聚居地区，平均海拔4 500m以上，被誉为“地球第三极”。青藏高原是全球最年轻的高原，记录着地球演化最新历史，是研究岩石圈形成演化过程和动力学的理想区域，是“打开地球动力学大门的金钥匙”。

青藏高原蕴藏着丰富的矿产资源，是我国重要的战略资源后备基地。青藏高原是地球表面的一道天然屏障，影响着中国乃至全球的气候变化。青藏高原也是我国主要大江大河和一些重要国际河流的发源地，孕育着中华民族的繁衍和发展。开展青藏高原地质调查与研究，对于推动地球科学研究、保障我国资源战略储备、促进边疆经济发展、维护民族团结、巩固国防建设具有非常重要的现实意义和深远的历史意义。

1999年，国家启动了“新一轮国土资源大调查”专项，按照温家宝总理“新一轮国土资源大调查要围绕填补和更新一批基础地质图件”的指示精神，中国地质调查局组织开展了青藏高原空白区1∶25万区域地质调查攻坚战，历时6年多，投入资金3亿多，调集来自全国25个省（自治区）地质调查院、研究所、大专院校等单位组成的精干区域地质调查队伍。每年近千名地质工作者，奋战在“世界屋脊”，徒步遍及雪域高原，完成了全部空白区158万km^2共112个图幅的区域地质调查工作，实现了我国陆域中比例尺区域地质调查的全面覆盖，在中国地质工作历史上树立了新的丰碑。

新疆1∶25万恰哈幅(J44C004002)区域地质调查项目，由陕西省地质调查院承担，位于新疆维吾尔自治区南部的西昆仑山主脊与南坡和西藏自治区北部的喀喇昆仑山之间，目的是通过对调查区进行全面的区域地质调查。

新疆1∶25万恰哈幅(J44C004002)地质调查工作时间为2003—2005年，累计完成地质填图面积为14 905km^2，实测剖面198km，地质路线2 675km，采集种类样品1 663件，全面完成了设计工作量。主要成果有：①建立了测区构造格架和不同构造单元的地层系统，重新厘定了图幅地层单位和地层系统；②将图幅岩浆岩进一步按其所处的空间位置、成因和形成时代依次归并为新元古代构造岩浆岩区、早古生代构造岩浆岩带、晚古生代构造岩浆岩带3个构造岩浆岩带（区）；③将测区划分为3个二级构造单元和4个三级构造单元，较系统地论述了测区各构造单元地层、岩石的物质组成、建造特征和6个世代的构造变形特征；④将测区侵入岩归并为3个构造岩浆岩带，详细论述了各构造岩浆岩带的物质组成，并对其岩浆演化、就位机制、成岩环境进行了系统的研究及探讨；⑤对各地层单元的地球化学和微量元素特征进行了较系统、详细的研究，为其沉积背景等恢复提供了重要资料；⑥较系统地论述了测区3个变质相带和4期变质作用特征；⑦较详细论述了库地-其曼于特早古生代构造蛇绿混杂岩的物质组成和特征；⑧通过对青藏高原隆升进行专题研究，在高原隆升时间、高度、速率及其隆升环境等方面取得了新认识，并研究了高原隆升引起的气候干燥、生物灭绝、荒漠化等多种环境效应。

2006年4月，中国地质调查局组织专家对项目进行了最终成果验收，评审认为：成果报告资料齐全，工作量达到（或超过）设计规定，技术手段、方法、测试样品质量符合有关规范、规定。报告章节齐备，论述有据，在地层、岩浆岩、古生物和构造等方面取得了较突出的进展和重要成果，反映了测区地质构造特征和现有研究程度，经评审委员会认真评议，一致建议项目报告通过评审，恰哈幅成果报告被评为优良级。

参加报告编写的主要人员有黎敦朋、李新林、周小康、高小平等，最后全文由黎敦朋、李新林纂稿和编辑。地质图由李新林编绘，部分插图和插表由高小平、杜少喜清绘。

先后参加野外工作的有黎敦朋、李新林、周小康、王向利、杜少喜、戴新宇、高小平、刘幼骐、王欣欣、张宏凡、田向武、石明利、张周利、邓先关、王朋友、董小军、吕志宏、王连平、孙红民等。

在整个项目实施和报告编写过程中，得益于许多单位和领导的大力协助、支持，尤其要感谢的是：中国地质调查局、西安地质矿产研究所、乌鲁木齐工作总站等单位；衷心感谢肖序常院士、翟刚毅处长、李荣社处长、姚建新教授、胡健明教授等专家对本项目的热情指导与帮助；同时感谢陕西省地质调查院齐文院长、韩芳林副院长、张拴厚总工程师、王根宝主任、王北颖主任对项目工作的亲切关怀和大力支持！

为了充分发挥青藏高原1∶25万区域地质调查成果的作用，全面向社会提供使用，中国地质调查局组织开展了青藏高原1∶25万地质图的公开出版工作，由中国地质调查局成都地质调查中心与项目完成单位共同组织实施。出版编辑工作得到了国家测绘局孔金辉、翟义青、陈克强及王保良等一批专家的指导和帮助，在此表示诚挚的谢意。

鉴于本次区调成果出版工作时间紧、参加单位较多、项目组织协调任务重以及工作经验和水平所限，成果出版中可能存在不足与疏漏之处，敬请读者批评指正。

“青藏高原1∶25万区调成果总结”项目组

2011年9月

目　　录

第一章 绪 言

第一节 目标任务

恰哈幅(J44C004002)1：25万区域地质调查是“新疆1：25万康西瓦幅(J44C004001)、恰哈幅(J44C004002)、岔路口幅(I44C001001)、阿克萨依湖幅(I44C001002)区域地质调查项目”4幅联测图幅之一，隶属于青藏高原北部空白区基础地质调查与研究之工作内容项目，由陕西省地质调查院承担完成。中国地质调查局以基[2003]001—10号文、基[2004]001—08号文、基[2005]001—03号文下达了各年度任务，工作内容编号：200313000003。恰哈幅(J44C004002)图幅范围为东经79°30′—81°00′，北纬36°00′—37°00′，图幅面积14 905km²，分解后恰哈幅费用约为265万元(项目总费用1 120万元)。工作期限2003年1月至2005年12月，2003年12月提交工作设计书，2005年7月提交野外验收成果，2005年12月提交最终验收成果。

新疆1：25万康西瓦幅(J44C004001)、恰哈幅(J44C004002)、岔路口幅(I44C001001)、阿克萨依湖幅(I44C001002)区域地质调查项目总体目标任务是：

按照《1：25万区域地质调查技术要求(暂行)》和《青藏高原空白区1：25万区域地质调查要求(暂行)》及其他相关的规范、指南，参照造山带填图的新方法，应用遥感等新技术手段，以区域构造调查与研究为先导，针对不同地质构造组成采用相应的工作方法，通过对本区沉积建造、岩浆作用、变质变形的综合调查与分析，建立构造格架，重塑区域地质演化历史。

图幅有多条重要构造边界，地质构造复杂，具有良好的成矿地质条件，在对康西瓦-苏巴什、库地-其曼于特构造岩浆岩带的组成与演化调查研究的同时，开展成矿地质背景调查和前寒武纪地层的区域对比研究，以中新生代盆地与造山带耦合关系和构造结合带组成与演化的调查研究为重点，全面提高本区基础地质研究程度。

预期成果：

(1)提交印刷地质图件及报告、专题报告。

(2)按中国地质调查局编制的《地质图空间数据库工作指南》提交ARC/INFO、MAPGIS图层格式的数据光盘及图幅与图层描述数据、报告文字数据各一套。

在充分收集、综合分析前人资料的基础上，结合野外踏勘和试填图情况，我们厘定出图幅的具体目标任务如下：

(1)合理划分图幅地质体和构造单元，厘定和建立图幅的地层、岩浆岩、构造序列，总结区域地质演化历史。

(2)调查研究康西瓦-苏巴什、库地-其曼于特等结合带的物质组成与构造演化特征。

(3)从建造和改造角度出发，调查研究图幅内变质结晶基底的物质组成、变形变质特征，与邻区前寒武纪变质结晶基底进行区域对比研究。

(4)开展中新生代盆地与造山带耦合关系及第四纪地质地貌的调查，研究青藏高原隆升。

(5)开展成矿地质背景调查,总结图幅区域成矿地质背景及成矿规律。

第二节　自然地理、经济及交通概况

恰哈幅(J44C004002)1∶25万区域地质调查位于新疆维吾尔自治区南部塔里木盆地南缘及新疆维吾尔自治区南部西昆仑山区,行政区划隶属新疆维吾尔自治区和田地区的策勒县、洛浦县、和田县、墨玉县(图1-1)。

一、自然地理概况

图幅北部为茫茫无际的塔克拉玛干沙漠南部边缘,中部为地形陡峻的铁克里克中高山区,南部为高耸云霄的昆仑中高山-极高山区。地形地貌的主要特点是北部为沙漠戈壁与低山丘陵地貌区,中部为铁克里克中高山地貌区,南部为昆仑中高山-极高山地貌,总体地势北低南高。

图幅北部塔里木盆地沙漠戈壁区主要为北东向展布的新月形沙丘、沙垄风积地貌和昆仑山前向盆地倾斜的冲积戈壁地貌,一般海拔1 361～3 800m。中部的铁克里克山巍然屹立于塔里木盆地南缘,中高山地貌,一般海拔2 800～5 428m。昆仑山呈北西向横亘于图幅南部,北与塔里木盆地南缘和铁克里克山相接,海拔从塔里木盆地南缘的3 500m,快速上升到幕士塔格6 638m,构成"世界屋脊"——青藏高原的西北边缘。昆仑山北坡山势陡峭,切割强烈,高差极大,坡度陡;昆仑山主脊被皑皑雪峰围绕,玉龙喀什河峡谷山高谷深。山区海拔4 000m以上冻土发育。

塔里木盆地区为大陆干旱气候,气候干旱炎热,年降雨量只有5.6～50mm,年平均气温10.1℃,最高气温41.2℃(7月份),最低气温－21.6℃(1月份),年均沙暴日73天,年均浮尘日209天,多集中在3—7月,四季大风,1—5月多西北风,6—9月多东北风。总体上塔里木盆地区属内陆干旱沙漠气候。

铁克里克山、昆仑山区年平均气温0～4℃,最高气温25.2℃(7月份),最低气温－42.6℃(1月份),昼夜温差大;年降雨量50～100mm,夏、秋两季凝结降水较多,7—8月冰雪融水常成灾害;每年10月至次年4月为冰冻期,高原山区气候阴晴无常,7—8月份的午后常有冰雹和大雪;5 600m以上的山峰终年积雪,缺氧量达30%～50%。总体上铁克里克山、昆仑山区属高原寒带荒漠气候,具内陆高原干旱、寒冷的气候特征。

图幅水系均为流入塔里木盆地的内陆水系,自东向西主要有恰哈河、策勒河、玉龙喀什河、喀拉喀什河。图幅水系发源于昆仑山、喀喇昆仑山,由各主要山峰冰雪融水补给,流量随季节变化较大,其中7—8月为洪水期。

二、经济及交通概况

图幅北部属塔里木盆地戈壁荒漠区,中南部属铁克里克山、昆仑山区中高山高寒带荒漠区,只在山前河口洪积扇和沿河区有少量绿洲,自然条件极端恶劣,大部分地区人迹罕至。居民主要有维吾尔族、哈萨克族、塔吉克族、克尔克孜族、汉族等,其中以维吾尔族人口居多,主要分部在恰哈、玉龙喀什河下游、昆仑山山前绿洲带。

区内土壤以高山漠土、高山草甸土、砾质沙土、黏质沙土等为主,植被类型以高山垫状低矮灌木、草本植被为主,昆仑山前绿洲带有少量乔木分布。昆仑山山前绿洲带以农业为主,粮食作物有小麦、玉米、高粱,经济作物有棉花、葡萄、哈密瓜、梨、杏等;昆仑山前荒漠区以畜牧业为主。

区内野生动物有黄羊、岩羊、野驴、野兔、雪豹、狼等,主要分布于昆仑山人迹罕至的地区。

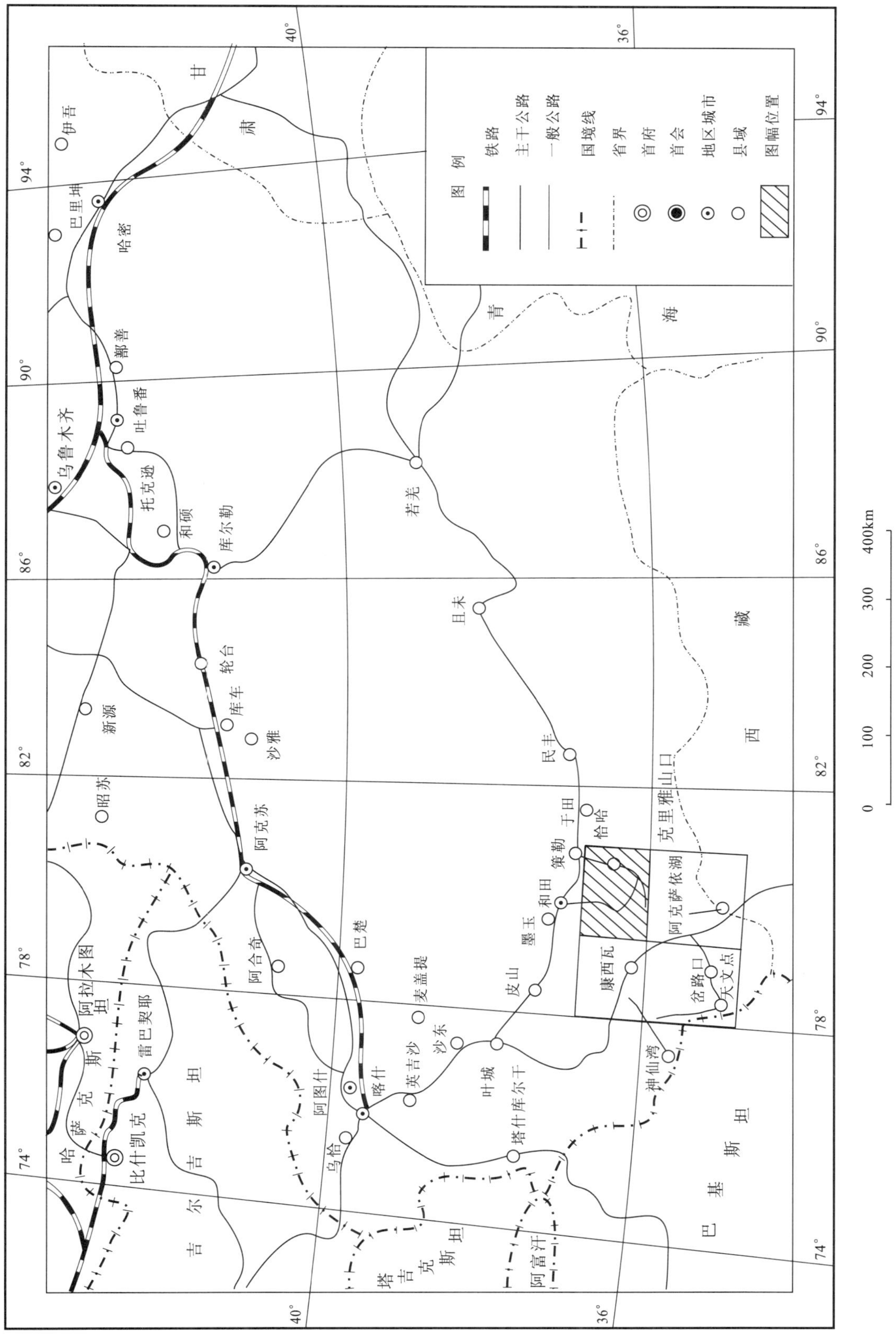

图例
铁路
主干公路
一般公路
国境线
省界
首府
首会
地区城市
县域
图幅位置
乌鲁木齐
吐鲁番
鄯善
哈密
巴里坤
伊吾
托克逊
和硕
库尔勒
若羌
且末
民丰
于田
策勒
和田
墨玉
皮山
叶城
轮台
库车
沙雅
新源
昭苏
阿克苏
阿合奇
巴楚
麦盖提
莎车
英吉沙
喀什
阿图什
乌恰
塔什库尔干
康西瓦
岔路口
天文点
阿克萨依湖
克里雅山口
神仙湾
甘
肃
青
海
西
藏
哈
萨
克
斯
坦
阿拉木图
雷巴契耶
比什凯克
吉
尔
吉
斯
坦
塔
吉
克
斯
坦
阿富汗
巴
基
斯
坦
40°
36°
94°
90°
86°
82°
78°
74°
0
100
200
300
400km

图 1-1 交通位置图

图幅北部塔里木盆地边缘有东西向的西宁市—喀什市的315国道通过；和田市-布牙管理区（和田监狱）沿玉龙喀什河下游有公路相通；在山前策勒县城—恰哈乡—奴尔乡有公路相通（图1-1）。铁克里克山及昆仑山前陡坡带地形高差大、切割深，离开公路汽车无法通行，交通极为困难，人、毛驴在4—5月和9—10月沿较大的水系可以部分通行，交通、运输全靠人力和畜力。昆仑山主脊地区汽车不能到达，工作及交通全靠人力和毛驴运输。总之，图幅内交通极为困难，并受季节影响较大。

第三节　以往地质工作程度

图幅在清朝末期已有少数外国科考探险家进入，主要的地质工作是解放以后进行的，特别是20世纪80年代以后。根据前人的资料图幅，地质工作可划分为4个阶段。

一、解放前零星路线地质调查阶段

解放前有少数中、外地质学家如Hedin S、Henning A、Norin R、刘慎谔、Belyaevsry H A等在调查区相邻地区进行过路线地质调查，获得了一些零散的地质资料。

二、解放后至20世纪80年代中期1：100万区域地质矿产调查起步阶段

解放后至20世纪70年代新疆地质矿产局在调查区做了小区域矿产普查和1：100万区调简测。1958—1960年中国科学院组织进行过综合科学考察。

1964年，新疆区域地质调查大队根据部分实测资料编绘了《和田幅》1：100万地质图及说明书，首次对包括图幅北部的昆仑山北坡和塔里木盆地南缘进行了初步总结，划分出了前寒武纪地台结晶基底，古生代不同时期的沉积盖层，在昆仑山北麓划分出了中—新生代陆相沉积。

1982—1983年新疆地质矿产局第一区调大队完成了《西昆仑康西瓦-喀喇昆仑山河尾滩地区地质矿产调查报告》（1：100万），工作范围包括了岔路口幅及康西瓦幅、阿克萨依湖幅大部分地区，报告总结了地层、侵入岩、火山岩、构造和矿产，是本次区调工作参考的主要实际资料。

1989年，新疆地质矿产局第十地质调查大队在1964年喀什地质大队编图的基础上，结合新的成果资料，重新编制了“和田地区1：50万地质图、矿产图”及说明书，对图幅（新疆区域）的岩石、地层、构造、侵入岩和矿产进行了比较系统的总结。

三、20世纪80年代中期至90年代青藏高原科学考察与专题研究阶段

20世纪80年代以来，昆仑山区地质调查和科学研究比较多，简要介绍如下：

1980—1983年，中国地质科学院地质研究所姜春发等与青海、新疆区调大队联合对昆仑山进行野外地质调查，进展较大，著有《昆仑开合构造》。

1981年，新疆地质矿产局、新疆石油管理局总结了昆仑山—阿尔金山一带地层，认为铁克里克与阿尔金、东昆仑与西昆仑地质构造基本可对比。

1986—1988年，中国科学院青藏高原综合科学考察队（潘裕生等）重点对新藏公路地质、地理等进行了路线考察，著有《青藏高原喀喇昆仑-昆仑山地区科学考察》丛书。

1987—1991年，中国科学院潘裕生、法国Tapponnier P等沿狮泉河—叶城、喀什—红其拉甫进行了路线地质考察。

1990—1993年，刘训等在塔里木盆地进行了地质调查及剖面测制，1997年出版了《塔里木板块周缘的沉积-构造演化》专著。

1991—1993年，丁道桂、王道轩等也在塔里木盆地南缘和昆仑山进行了地质研究，1996年出版了《西昆仑造山带与盆地》专著。

1993年，腾志宏等在塔里木盆地进行了地质调查，著有《塔里木盆地及其周缘地区上第三系—第四系地层及晚新生代构造期次划分》。

1994—1996年，陈哲夫等系统总结了新疆的地史演化与成矿，1997年出版了《新疆开合构造与成矿》专著。

1995年，由地矿部西安地质矿产研究所和新疆地质勘查局第二区调队联合承担的“西昆仑块状硫化物型铜(多金属)矿床成矿条件及成矿预测研究”科研项目，对成矿地质背景，海相火山岩岩石系列，岩石组合及成矿环境，块状硫化物矿床地质特征和类型，区域成矿条件和成矿规律，成矿带划分及成矿远景区等进行系统研究，1999年贾群子等出版了《西昆仑块状硫化物矿床成矿条件和成矿预测》专著。

四、21世纪国土资源大调查启动后基础地质全面提高阶段

1999年，新一轮国土资源大调查启动后，青藏高原空白区1∶25万区域地质调查工作全面展开，同时实施了大面积的1∶50万区域化探扫面与矿调工作，基础地质与矿产综合研究工作也同步进行。

2000—2002年，湖北地质调查院在图幅东部开展了新疆和田玉龙喀什河地区1∶50万区化探测量工作，圈定了一大批异常，发现了一些矿化线索。

与此同时，陕西地质调查院在图幅东邻地区完成的新疆于田县、伯力克两幅1∶25万区域地质调查项目，对图幅地层区划和构造格架建立以及地质构造演化具有重要的指导意义。

总之，上述地质工作为本次调查的开展提供了基础资料，起到了先导作用。

第四节 项目工作概况

一、工作概况

2003年初项目组成立，分为东部区调大组(负责恰哈幅、阿克萨依湖幅)和西部区调大组(负责康西瓦幅、岔路口幅)，恰哈幅1∶25万区域地质调查工作由东部区调大组负责完成。

2003年1—4月系统收集分析区内和邻区已有的地形、地质、矿产、物探、遥感等资料，进行了遥感影像初步解译，确定了工作方案，制定了工作细则。

2003年5—10月对图幅进行了系统的野外踏勘，并完成了图幅野外地质试填图和剖面测量工作，验证、补充和修改了图幅遥感解译标志。

2003年12月提交了项目总体设计书，12月下旬在西安通过中国地质调查局西北地质调查中心(以下简称：西北地调中心)组织的设计评审，设计评定为优秀级(92.8分)。

2004年1—2月进行了项目总体设计的修改并送西北地调中心认定，同时对2003年野外资料进行了整理，编制项目年度工作计划及出队前工作准备等。3月下旬出队，4—10月全面开展路线地质调查、剖面测制、专题研究等野外工作，完成了年度地质填图和剖面测量任务。

2004年11月至2005年3月进行了年度资料整理。2005年4—6月出队继续完成剩余的地质填图任务和剖面测量工作，部分人员进行了野外验收前的资料整理工作。

2005年7月4—12日在和田市进行了野外资料验收，恰哈幅被评定为优秀级(90分)。

2005 年 7—8 月进行了野外补充工作和资料综合整理。

2005 年 8—12 月资料综合整理、报告编写。

二、完成主要实物工作量

图幅完成主要实物工作量见表 1-1。

表 1-1　恰哈幅完成实物工作量一览表

项　　目	单　　位	工作量
1∶25 万地质填图	km^2	14 905
1∶25 万路线地质调查长度	km	2 675
1∶25 万遥感解译路线长度	km	855
1∶2 000 实测地质剖面图	km	16
1∶5 000 实测地质剖面图	km	68
1∶10 000 实测地质剖面图	km	114
标本、薄片样	件	768
微量元素分析样	件	354
稀土分析样	件	142
硅酸盐岩化学分析样	件	147
碳酸盐岩化学分析样	件	36
古生物化石样	件	75
微古化石样	件	15
人工重砂样	件	38
单矿物挑选样	件	12
SHRIMP 同位素测年样	件	3
锆石 U-Pb 同位素测年样	组	2
同位素示踪样(Sr、Nd)	件	5
热释光测年分析样	件	5
磷灰石裂变径迹测年样	件	4
化学样	件	12
光谱分析样	件	45

三、项目建制

项目由陕西省地质调查院承担，先后参加项目组工作的人员达 42 人，项目分为东部区调大组(负责恰哈幅、阿克萨依湖幅)和西部区调大组(负责康西瓦幅、岔路口幅)，其中技术人员 28 人(高级工程师 11 人、工程师或会计师 12 人、助理工程师 5 人)、后勤人员 14 人。

2003 年，黎敦朋、崔建堂、罗乾洲、王向利任项目负责，李新林、王炬川、周小康、边小卫任技术负责；2004 年，黎敦朋、崔建堂、罗乾洲任项目负责，李新林、王炬川、周小康、边小卫任技术负责；2005 年，黎敦朋、崔建堂、李新林任项目负责，李新林、王炬川、周小康、边小卫任项目技术负责。

第二章　地　层

第一节　地层区划及岩石地层单位划分

图幅位于中国中央造山带西部的西昆仑造山带和塔里木盆地南缘，地层区横跨塔里木-南疆地层大区和华南地层大区，图幅内地层时代跨度大，岩石类型齐全。

本次区调工作依据近年来青藏高原北缘空白区地质调查新进展、新成果和《新疆维吾尔自治区岩石地层》、《新疆维吾尔自治区区域地质志》、《国际地层指南》、《中国地层指南》等成果，联测区地层区划跨塔里木-南疆地层大区和华南地层大区，将联测区地层分别划归塔里木地层区、昆仑地层区、巴颜喀拉地层区及北羌塘地层区（图2－1，表2－1）。在塔里木地层区进一步划分出塔里木盆地地层分区和铁克里克地层分区；在昆仑地层区划分出昆北、昆中和昆南3个地层分区，在昆中地层分区中进一步划分出昆中北带和昆中南带两个地层小区；在巴颜喀拉地层区进一步划分出大红

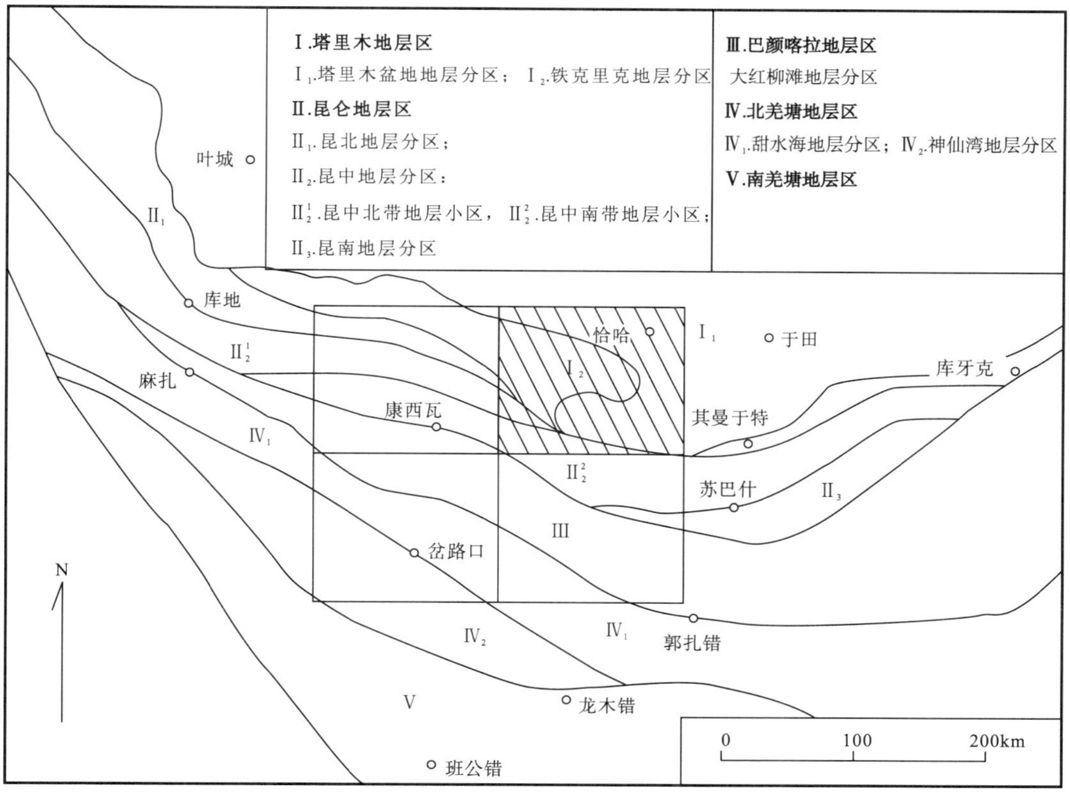

图2－1　测区地层区划图

表 2-1 联测区地层区划表

地层区	地层分区	地层小区
塔里木地层区	塔里木盆地地层分区	
	铁克里克地层分区	
昆仑地层区	昆北地层分区	
	昆中地层分区	昆中北带地层小区
		昆中南带地层小区
	昆南地层分区	
巴颜喀拉地层区	大红柳滩地层分区	
北羌塘地层区	甜水海地层分区	
	神仙湾地层分区	

柳滩地层分区；在北羌塘地层区进一步划分出甜水海地层分区和神仙湾地层分区。

图幅柯岗断裂以北划归塔里木地层区（Ⅰ），柯岗断裂和康西瓦-苏巴什构造蛇绿混杂岩带之间为昆仑地层区（Ⅱ），康西瓦-苏巴什构造蛇绿混杂岩带以南为巴颜喀拉地层区，共分为3个二级地层区。塔里木地层区（Ⅰ）以铁克里克北缘断裂和东部前寒武系为界分为北部和东部的塔里木盆地地层分区和西南部的铁克里克地层分区，塔里木盆地地层分区进一步以铁克里克北缘断裂及向东的隐伏断裂为界划分为北部的和田地层小区和东南部的恰哈地层小区；昆仑地层区（Ⅱ）以库地-其曼于特构造蛇绿混杂岩带、康西瓦-苏巴什构造蛇绿混杂岩带为界进一步划分为昆北地层分区、昆中地层分区和昆南地层分区。图区属昆中地层分区及昆北地层区，其中昆北地层区面积极小；巴颜喀拉地层区进一步划分为大红柳滩地层分区（图 2-1，表 2-2。）

图幅塔里木地层区主要出露下元古界—中元古界基底中深变质岩系、上古生界及新生界地层，主要有下元古界埃连卡特岩群、长城系塞拉加兹塔格岩群、石炭系塔哈奇组、新生界阿图什组及西域组等地层单位。昆仑地层区主要出露中元古界过渡基底中深变质岩系及下古生界活动边缘建造，主要有长城系赛图拉岩群、蓟县系桑株塔格岩群和寒武系—奥陶系西合休岩组等地层单位。巴颜喀拉地层区出露地层为二叠系黄羊岭群复理石，属残留盆地内沉积。

图幅地层时代跨度极大，从古元古代—第四纪地层发育较为齐全，包括滹沱系、长城系、蓟县系、青白口系、寒武系—奥陶系、志留系、泥盆系、石炭系、二叠系、三叠系、侏罗系、古近系、新近系、第四系；岩石类型从沉积岩、火山岩到变质岩均有出露，岩石类型复杂多样，经历了多期构造变形和变质作用的叠加、置换、改造。

图幅地层变形、变质作用在垂向上由过渡基底到沉积盖层逐渐减弱，在平面上总体显示由中部昆仑山和铁克里克山向南、北两侧变形变质作用逐渐减弱。鉴于它们在变形变质、古生物方面的差异，遵照地层指南，结合图幅实际情况，在岩石地层单位的建立和划分上应区别对待。对于古生界—新生界成层有序弱变形浅变质或未变质的地层，建立沉积岩石地层（史密斯型地层）单位（群、组、段）；对于元古宇等受变形变质作用影响较大，原始地层沉积界面和地层叠置关系已遭破坏，岩石地层单位界面为构造接触面，地层层序难以恢复的“大有序、小无序”的中深变形变质岩石地层建立构造岩石地层单位（岩群、岩组、岩段）；对于构造蛇绿混杂岩带，即库地-其曼于特结合带、康西瓦-苏巴什结合带的混杂岩，为宽数百米至4 000m，由强烈剪切基质包裹大量不同时代、不同性质，在不同阶段以不同方式进入构造蛇绿混杂岩带的地层及镁铁质岩—超镁铁质岩等洋壳残片的构造块体和陆缘楔状体，由于受强烈构造变形变质作用其岩层层序已无法恢复，为基本无序的地层（非史密斯型地层），建立蛇绿混杂岩等非正式构造岩石地层单位；对于特殊岩石地层体及新划分的地层单位，在不具备建组的条件下，亦建立了非正式地层单位。本图幅经重新厘定和新建立了 8 个（岩）群级、20 个（岩）组级地层单位、4 个非正式（构造）地层单位（表 2－2）。

表 2－2 恰哈幅（构造）岩石地层填图单元划分序列表

地质年代	塔里木地层区：塔里木-铁克里克地层分区		昆仑山地层区：昆北地层分区	昆仑山地层区：昆中地层分区/昆中南带地层小区		昆仑山地层区：昆南地层分区	巴颜喀拉地层区：大红柳滩地层分区
Qp^2—Qh	砾岩、卵石、沙、粉砂及亚砂土等						
N_2—Qp^1	西域组						
N_2	阿图什组						
N_1	乌恰群	帕卡布拉克组					
		安居安组					
		克孜洛依组					
E	喀什群						
K_2							
J	叶尔羌群						
T							
P_2						康西瓦-苏巴什晚古生代构造蛇绿混杂岩	黄羊岭群 上砂板岩组
P_1	普司格组						
C_2	塔哈奇组						
	阿孜干组						
	卡拉乌依组						
C_1							
D	奇自拉夫组						
S							
O	阿其克片岩		西合休岩组	库地-其曼于特早古生代蛇绿混杂岩	奥米沙砂板岩		
∈							
Qn							
Jx				桑株塔格岩群	b 岩组		
					a 岩组		
Ch	塞拉加兹塔格岩群	b 岩组		赛图拉岩群	b 岩组		
		a 岩组					
Pt_1	埃连卡特岩群	e 岩组					
		d 岩组					
		c 岩组					
		b 岩组					
		a 岩组					

图幅出露的地层区为塔里木地层区、昆仑地层区和巴颜喀拉地层区(图 2-1)。以下对图幅所出露地层按时代由老至新进行描述。

第二节 下元古界

埃连卡特岩群(Pt_1A)

《新疆维吾尔自治区区域地质志》将分布于铁克里克山至叶尔羌河山前地带一套绿片岩相变质地层划为埃连卡特群,与上覆长城系呈断层接触,时代为古元古代,主要岩性为含绢云母、白云母、黑云母、绿泥石的各种片岩夹绢云母石英大理岩、千枚岩。新疆地质矿产局第十地质大队 1∶50 万和田编图组将铁克里克山的该套地层命名为喀拉喀什群,时代为古元古代。《新疆维吾尔自治区岩石地层》(1999)沿用该群名,将其时代厘定为古元古代。本书沿用此名和划分方案,按构造岩石地层单位称为下元古界埃连卡特岩群。

埃连卡特岩群大面积出露于塔里木南缘铁克里克断隆带中,为塔里木结晶基底,分布于铁克里克山—卡其一带,呈北东—南西向带状展布,与上覆长城系塞拉加兹塔格岩群为断层接触,与石炭系卡拉乌依组、塔哈奇组为角度不整合接触。该岩群在尤木乌齐一带被早古生代岩浆岩大面积侵吞,变质程度高绿片岩相-角闪岩相,岩层叠置厚度 8 986.58m,出露面积约 1 300km²。依据岩性组合特征,该岩群可进一步划分为 Pt_1A^a、Pt_1A^b、Pt_1A^c、Pt_1A^d、Pt_1A^e 五个岩组,各岩组之间均为片理面平行接触。

(一)地层特征

埃连卡特岩群典型剖面为新疆和田县布雅—玉龙喀什河剖面(图 2-2),位于图区西部,剖面露头较为连续,剖面起点:N36°28′57″、E79°55′42″,剖面上岩性至上而下依次如下。

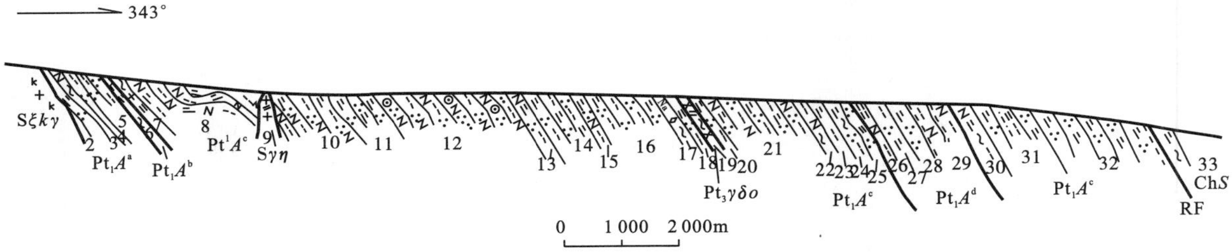

图 2-2 新疆和田县布雅—玉龙喀什河下元古界埃连卡特岩群实测地质剖面图

新疆和田县布雅—玉龙喀什河剖面:

上覆岩层:长城系塞拉加兹塔格岩群(ChS)

═══ 韧性断层接触 ═══

埃连卡特岩群(Pt_1A)	**9 407.64m**
e 岩组(Pt_1A^e)	**2 695.25m**
32. 灰色绢云石英片岩	1 735.29m
31. 深灰色、浅灰色绢云石英片岩夹灰色二云石英片岩	701.20m
30. 浅灰色、灰白色含斜长石二云绿泥石英片岩	258.76m

——— 片理面平行接触 ———

d 岩组(Pt_1A^d)	**1 159.43m**
29. 浅灰色、灰色绢云斜长变粒岩	897.86m
28. 浅灰色、灰白色黑云绢云石英片岩夹黑云斜长变粒岩	122.33m
27. 浅灰色二云石英片岩	60.50m
26. 浅灰色黑云斜长片麻岩	78.74m
——— 片理面平行接触 ———	
c 岩组(Pt_1A^c)	**5 109.66m**
25. 浅灰色灰色绢云石英片岩	66.36m
24. 深绿色绿泥二云石英片岩	106.39m
23. 浅灰色、灰色二云母片岩夹少量二云石英片岩	171.64m
22. 绿色、深绿色绿泥二云长石片岩	74.64m
21. 深灰色、灰黑色含斜长石二云石英片岩	972.35m
20. 深灰色、灰色二云石英片岩	171.60m
18. 深灰色、灰色含斜长石二云石英片岩	88.05m
17. 浅灰色方解绿泥钠长片岩	39.27m
16. 深灰色二云石英片岩	725.79m
15. 深灰色、灰色斜长二云石英片岩	15.00m
14. 深灰色、灰色二云石英片岩	399.50m
13. 深灰色含斜长石二云石英片岩夹绢云石英片岩	108.50m
12. 深灰色、灰色含石榴子石斜长黑云石英片岩	1 200.76m
11. 浅灰色、灰白色绢云石英片岩	231.45m
10. 深灰色、灰色二云长石石英片岩	511.03m
8. 深灰色条带状二云石英片岩	227.33m
——— 片理面平行接触 ———	
b 岩组(Pt_1A^b)	**22.24m**
6. 浅绿色绿泥白云母钙质片岩	22.24m
——— 片理面平行接触 ———	
a 岩组(Pt_1A^a)	**>421.06m**
5. 深灰色、黑色二云石英片岩	247.59m
4. 深灰色、灰色斜长黑云石英片岩	149.41m
3. 浅灰绿色绿泥黑云斜长石片岩	24.06m
(未　见　底)	

a 岩组(Pt_1A^a):主要出露于铁克里克山东南部,剖面上未见底,被早古生代志留纪钾长花岗岩侵吞,岩层叠置厚度远大于 421.06m,出露面积约 560km^2。a 岩组与 b 岩组为片理面平行接触,东部铁克里克山一带被奥陶纪花岗岩大面积侵吞,在西部与长城系塞拉加兹塔格岩群为韧性断层接触。该岩组主要岩性为深灰色二云石英片岩、深灰黑色斜长黑云石英片岩、黑云石英斜长片岩夹浅绿色绿泥绢云石英斜长片岩、灰白色条带状黑云斜长片麻岩,顶部以浅绿色绿泥(绿帘)白云母钙质片岩与 b 岩组分开。岩石为鳞片粒状变晶结构,片状构造、条带状构造,条带状构造为黑云母、绿泥石等暗色矿物与构造分异形成的浅色矿物石英、长石等沿片理面相间排列而成。岩石中主要变质矿物为石英、绢云母(白云母)、黑云母、长石等,其中黑云母多呈较大的斑晶,斑晶 2～3.5mm,沿片理面定向排列,沿片理面发育长透镜状、无根钩状白色长英质脉。a 岩组为绿片岩相-角闪岩相变质,原岩为碎屑岩。

b 岩组(Pt_1A^b):剖面上该组岩层叠置厚度较薄,叠置厚度仅有 22.24m,但其在图幅延伸性较好,呈北东东—南西西向长条状断续展布于埃连卡特岩群 a 岩组北侧,地表出露宽度几米到几百米不等，最宽达 3km，与下伏埃连卡特岩群 a 岩组、上覆埃连卡特岩群 c 岩组均为片理面平行接触，石炭系卡拉乌依组角度不整合于其上，出露面积约 $14km^2$。剖面上该岩组岩性为浅绿色绿泥白云母钙质片岩，向东、西两侧其主要岩性为深灰绿色、绿色绿泥白云母钙质片岩、绿泥绢云石英片岩、绿泥绿帘绢云母片岩，其次为浅绿色绿泥角闪斜长片岩、阳起石钙质斜长片岩，主要为一套含绿泥石的片岩，变质程度达高绿片岩相；区域上该组岩石变形变质较强，地层叠置厚度从几米、几百米到近千米不等。其原岩可能为含中—基性凝灰质成分的碎屑岩。

c 岩组（Pt_1A^c）：剖面上该组叠置厚度 5 109.66m，出露面积约 $750km^2$，与下伏 b 岩组（Pt_1A^b）为片理面平行接触，与上覆 d 岩组（Pt_1A^d）为片理面平行接触。该组呈北东东—南西西向长条带状出露于卡其—铁克里克山北部一带，南、北夹持于埃连卡特岩群 b 岩组、d 岩组之间，西与长城系赛图拉岩群为韧性断层接触，东与阿其克片岩、塞拉加兹塔格岩群均为断层或韧性断层接触。该组主要岩性为深灰色、灰白色二云石英片岩，二云长石石英片岩，灰色含石榴子石斜长石英片岩，二云斜长石英片岩夹深灰色绿泥黑云石英片岩，灰白色黑云斜长片麻岩等。该岩组岩石与 a 岩组（Pt_1A^a）相似，呈鳞片粒状变晶结构，条带状、片状构造发育，局部见片麻状构造，岩石中主要变质矿物为石英、长石、黑云母、绢云母（白云母）等，绿泥石、云母类矿物沿片理面定向排列，黑云母斑晶较大，粒径2～3mm，条带状构造主要为暗色矿物与浅色矿物相间排列而成，局部见沿片理面发育肉红色的含钾长石的长英质细脉。b 岩组变质程度达高绿片岩相-角闪岩相，原岩为碎屑岩。

d 岩组（Pt_1A^d）：呈北东东—南西西向长条带状、楔状体分布于 c 岩组（Pt_1A^c）北侧，长度约 50km，出露面积约 $250km^2$，岩层叠置厚度 1 159.43m。该组与下伏 c 岩组（Pt_1A^c）、上覆 e 岩组（Pt_1A^e）均为片理面平行接触，向东、西分别与长城系塞拉加兹塔格岩群、赛图拉岩群为韧性剪切接触，并尖灭于与塞拉加兹塔格岩群接触的韧性断层之上。d 岩组主要岩性为浅灰色、灰色黑云斜长变粒岩，黑云斜长片麻岩夹二云石英片岩，绢云石英片岩。岩石呈它形粒状变晶结构，片麻状构造、条带状构造，其主要矿物为长石、石英、黑云母等，岩石变形、变质作用较强，其变质程度为角闪岩相。岩石中发育片理、片麻理形成顺层掩褶皱。该岩组浅粒岩为中酸性火山岩，大部分原岩为火山碎屑岩，属塔里木地块结晶基底的组成部分。

e 岩组（Pt_1A^e）：呈北东东—南西西向长条楔状夹持于埃连卡特岩群 d 岩组（Pt_1A^d）与长城系塞拉加兹塔格岩群（ChS）之间，岩层叠置厚度 2 695.25m，出露面积大约 $22km^2$。与下伏埃连卡特岩群 d 岩组（Pt_1A^d）为片理面平行接触，与上覆塞拉加兹塔格岩群（ChS）为韧性断层接触，东、西两侧均尖灭于埃连卡特岩群与塞拉加兹塔格岩群之间的韧性剪切断层之上。主要岩性为浅灰色、灰色绢云石英片岩夹条带状黑云浅粒岩，浅绿色斜长二云绿泥石片岩等。岩石中发育鳞片粒状变晶结构、片状结构，主要矿物为石英、长石、绢云母等，其次为黑云母、绿泥石，岩石中变质矿物黑云母粒径明显较下伏地层小，含量也较之明显减少，反映岩石变质程度较下部浅。该岩组以石英片岩为主，岩石变质、变形作用较强，为高绿片岩相变质作用，其原岩可能为含泥质成分较高的碎屑岩。

（二）构造变形特征

埃连卡特岩群由于多期构造变形叠加，面理置换较强，S_1 片理（片麻理）呈残余构造面理顺层分布，S_2 区域性主期构造面理对岩层置换较彻底，伴随发育灰白色长英质分泌脉或肉红色含钾长石长英质分泌脉体组成的无根褶皱、石香肠构造及不同期（层）次的小型顺层掩卧褶皱等塑性流变褶皱及韧性剪切带构造，同时叠加了晚期宽缓背、向形构造及脆性断层等，变质程度达高绿片岩相-高角闪岩相。

（三）岩石地球化学特征

埃连卡特岩群（Pt_1A）的主要岩石化学成分见表 2-3，从表中可看出：该群岩石化学成分差别较大、无一定的规律。根据岩石化学计算，利用[(al+fm)-(c+alk]-Si图解恢复原岩，黑云斜长变粒岩投影到火山岩区，其余投影到钙质沉积物及厚层砂岩区；利用(Al+Fe+Ti)-(Ca+Mg)、A-F-M三角图解判别，除黑云斜长变粒岩外，其余岩石投入杂砂岩、亚杂砂岩区及白云质杂砂岩区；利用A-F-M三角图解判别，黑云斜长变粒岩、含斜长石二云石英片岩落入中—酸性火山岩区，绢云石英片岩、含斜长石二云石英片岩落入铁质泥质岩区，方解绿泥钠长片岩落入泥灰质沉积岩区；利用c-n-f图解判别，方解绿泥钠长片岩、黑云斜长变粒岩投入火山岩区。综上所述，黑云斜长变粒岩均落入火山岩区，其原岩为中—酸性火山岩(中—酸性侵入岩)，其σ=1.12，为钙性岩系；方解石绿泥钠长片岩原岩恢复有落入火山岩区，也有落入沉积岩区，但主要落入沉积岩区，原岩可能为含有火山碎屑的沉积岩；其余岩石均落入沉积岩区，其原岩为碎屑岩，以上说明该群岩石其原岩主要为中—酸性火山岩和正常沉积的碎屑岩。

表2-3　埃连卡特岩群岩石化学成分含量表　(%)

岩群	岩组	样品号	岩石名称	SiO_2	TiO_2	Al_2O_3	Fe_2O_3	FeO	MnO	MgO	CaO
埃连卡特岩群	a岩组	D5975-GS3	二云石英片岩	67.75	0.46	13.97	0.68	2.90	0.07	2.37	4.50
	a岩组	D5975-GS8	方解绿泥钠长片岩	46.17	1.31	11.83	1.28	6.50	0.15	3.38	13.30
	b岩组	D5975-GS10	含斜长石二云石英片岩	60.55	0.68	17.06	2.16	2.96	0.10	4.24	1.60
	c岩组	D5975-GS13	黑云斜长变粒岩	74.56	0.25	11.01	0.67	1.87	0.12	0.86	1.80
	d岩组	D5975-GS17	绢云石英片岩	60.56	0.79	15.07	1.15	4.90	0.05	4.35	1.85

岩群	岩组	样品号	岩石名称	Na_2O	K_2O	P_2O_5	CO_2	H_2O^+	H_2O^-	LOI
埃连卡特岩群	a岩组	D5975-GS3	二云石英片岩	1.75	3.80	0.13	0.43	1.08	0.11	2.03
	a岩组	D5975-GS8	方解绿泥钠长片岩	3.65	0.50	0.17	3.38	3.25	0.21	10.68
	b岩组	D5975-GS10	含斜长石二云石英片岩	1.40	5.05	0.12	0.02	2.50	0.10	3.42
	c岩组	D5975-GS13	黑云斜变粒岩岩	4.65	1.30	0.05	0.46	0.81	0.01	1.62
	d岩组	D5975-GS17	绢云石英片岩	1.40	3.75	0.26	0.47	2.97	0.03	4.19

注：样品由国土资源部西安矿产资源监督检测中心测试分析

埃连卡特岩群的岩石微量元素含量见表2-4，从表中可看出：碎屑岩(二云石英片岩、含斜长石二云石英片岩等)的微量元素含量除Ba外总体变化不大，Ba=(372～1 444)$\times10^{-6}$，岩石微量元素平均值与地壳克拉克值相比较，除Ba高于地壳克拉克值外，其余元素平均值均低于地壳克拉克值。火山岩(黑云斜长片麻岩)中微量元素含量变化不大，中—酸性火山岩岩石微量元素平均值与地壳平均值相比较，相容元素Co、Cr、Cu、Mn、Ni、Au均表现为强烈的亏损，不相容元素Ba、Zr、Sc高于地壳克拉克值，Pb、Zn、Ag、Th与地壳克拉克值基本持平，其余元素普遍较低。

埃连卡特岩群岩石稀土元素含量及特征值见表2-5，稀土元素球粒陨石标准化模式见图2-3。从图、表中可知：变中—酸性岩(黑云斜长变粒岩)稀土元素总量较低，$\sum$REE=180.89$\times10^{-6}$，轻稀土元素(LREE)与重稀土元素(HREE)总量比值为LREE/HREE=7.43，稀土元素球粒陨石标准化模式曲线右倾，属轻稀土元素富集型，δEu=0.55，铕为负异常。而副变质的碎屑岩稀土元素总量变化较大，$\sum$REE=(116.79～213.07)$\times10^{-6}$，轻稀土元素(LREE)与重稀土元素(HREE)总量比值较大，LREE/HREE=5.85～11.7，稀土元素球粒陨石标准化模式曲线右倾，且斜率较大，为轻稀土元素富集型，δEu=0.53～0.76，具负铕异常。

表 2-4　埃连卡特岩群微量元素含量表

样品号	岩石名称	Ba	Co	Cr	Cu	Mn	Nb	Ni	P	Pb	Rb	Sc	Sr	Th	Zn	Zr	Sn	Ag	Sb	Au
D5975-GP1	绿泥二云石英片岩	907	14.10	77.9	21.9	878	18.3	39.3	713	11.6	102	12.4	329	13.7	85.2	364	3.30	72	0.12	2.79
D5975-GP2	黑云石英片岩	684	15.90	64.3	55.7	716	15.0	42.9	742	20.5	120	10.6	209	14.2	99.9	330	2.80	64	0.14	1.72
D5975-GP3	二云石英片岩	814	9.06	45.5	17.8	866	24.0	26.8	468	10.3	168	15.5	738	12.7	74.7	705	2.45	50	0.12	2.03
D5975-GP4	二云石英片岩	878	13.20	59.5	11.6	653	17.4	28.3	638	7.2	108	10.4	668	13.3	78.2	366	2.30	66	0.12	1.98
D5975-GP6	绢云石英片岩	556	7.28	37.4	8.3	591	16.0	19.6	368	16.2	156	10.3	247	11.5	65.8	463	2.10	50	0.09	1.25
D5975-GP11	绢云石英片岩	885	9.36	52.4	15.9	1 406	10.5	20.0	767	8.0	100	10.7	271	11.3	71.9	385	2.30	72	0.17	1.39
D5975-GP12	二云石英片岩	508	11.80	67.2	14.6	838	16.7	29.6	653	10.5	101	11.3	369	12.1	73.0	430	2.25	62	0.10	0.98
D5975-GP13	绿泥二云石英片岩	397	35.70	39.2	59.4	1 180	21.3	81.1	988	4.3	72	10.9	357	18.1	86.2	85	2.60	54	0.16	2.72
D5975-GP15	黑云绢云石英片岩	795	6.04	40.9	21.2	664	8.8	10.8	532	7.9	115	10.7	179	11.5	80.4	412	2.45	64	0.15	1.33
D5975-GP16	绿泥绢云石英片岩	1 444	10.90	36.1	0.6	737	16.6	13.7	819	18.3	182	12.0	117	14.2	104.0	430	1.70	50	0.16	0.81
D5975-GP17	绢云石英片岩	630	7.19	41.3	2.0	674	6.2	12.8	612	13.4	107	10.5	167	10.8	68.5	450	1.85	50	0.10	1.50
D5975-GP18	绿泥绢云石英片岩	903	5.68	46.7	25.5	638	6.2	17.2	836	5.8	118	10.3	105	9.8	119.0	406	2.80	150	0.10	1.72
D5975-GP22	黑云斜长片麻岩	367	3.71	26.6	5.1	564	11.6	4.5	174	16.9	44	14.8	101	7.6	73.2	763	1.75	64	0.23	0.42
D5975-GP23	黑云斜长片麻岩	478	4.43	24.2	0.5	527	8.2	3.9	345	6.1	60	12.8	113	6.1	51.0	605	1.20	50	0.10	0.67
D5975-GP26	黑云绢云石英片岩	1 582	14.6	30.9	0.5	1 066	20.3	5.8	1 164	16.5	86	14.4	595	17.0	127.0	501	1.45	50	0.10	0.98
D5975-GP28	黑云斜长片麻岩	809	11.10	42.0	3.7	817	21.7	28.8	827	13.3	86	19.0	180	16.8	119.0	558	2.80	80	0.09	1.23
D5975-GP29	绢云石英片岩	372	9.76	53.7	24.5	840	3.2	38.8	635	8.0	50	13.4	392	11.3	69.2	250	1.80	80	0.09	0.97
D5975-GP32	绢云石英片岩	879	16.80	113.0	34.9	666	31.5	70.1	898	36.4	167	23.0	145	19.2	123.0	538	3.40	72	0.09	1.24
D5975-GP33	绢云石英片岩	795	14.60	80.6	19.9	420	22.8	51.8	928	6.1	161	19.1	103	16.5	109.0	453	3.20	50	0.08	2.00
碎屑岩平均值		763	2.70	16.0	5.3	128	3.8	11.0	164	3.4	25	4.0	43	3.1	20.0	83	0.60	14	0.02	0.28
中酸性岩平均值(黑云石英片麻岩)		551	6.40	31.0	3.1	636	14.0	12.0	449	12.0	63	16.0	131	10.0	81.0	642	1.90	65	0.14	0.80
地壳克拉克值(维氏,1962)		650	18.00	83.0	47.0	1 000	20.0	58.0	930	16.0	150	10.0	340	13.0	83.0	170	25.00	70	25.00	3.40

注:样品由国土资源部西安矿产资源监督检测中心测试分析;其中 Au、Ag 元素含量单位为$\times10^{-9}$,其他元素含量单位为$\times10^{-6}$

表 2-5　埃连卡特岩群岩石稀土元素特征值表

样品号	岩石名称	稀土元素含量(×10⁻⁶)									
		La	Ce	Pr	Nd	Sm	Eu	Gd	Tb	Dy	Ho
D5975-XTS3	二云石英片岩	52.70	81.00	9.39	38.20	6.12	1.01	5.33	0.87	5.90	1.12
D5975-XT8	方解绿泥钠长片岩	24.80	40.20	5.13	23.60	4.80	1.21	4.86	0.80	4.88	0.90
D5975-XT10	含斜长石二云石英片岩	36.70	74.00	9.97	46.30	7.65	1.20	4.41	0.61	3.45	0.78
D5975-XT13	黑云斜长变粒岩	43.20	65.50	7.95	35.10	6.58	1.11	5.40	0.91	5.82	1.21
D5975-XTS17	绢云石英片岩	47.70	81.70	10.10	40.90	8.39	1.45	6.32	1.12	6.40	1.24

样品号	岩石名称	稀土元素含量(×10⁻⁶)							特征参数值	
		Er	Tm	Yb	Lu	LREE	HREE	ΣREE	LREE/HREE	δEu
D5975-XTS3	二云石英片岩	3.56	0.54	3.77	0.54	188.42	21.63	210.05	8.71	0.53
D5975-XT8	方解绿泥钠长片岩	2.71	0.38	2.22	0.30	99.74	17.05	116.79	5.85	0.76
D5975-XT10	含斜长石二云石英片岩	2.39	0.36	2.60	0.36	175.82	14.96	190.78	11.70	0.58
D5975-XT13	黑云斜长变粒岩	3.55	0.52	3.54	0.50	159.44	21.45	180.89	7.43	0.55
D5975-XTS17	绢云石英片岩	3.53	0.52	3.29	0.41	190.24	22.83	213.07	8.33	0.59

注:样品由国土资源部中南矿产资源监测检测中心测试分析

(四)区域变化及地层对比

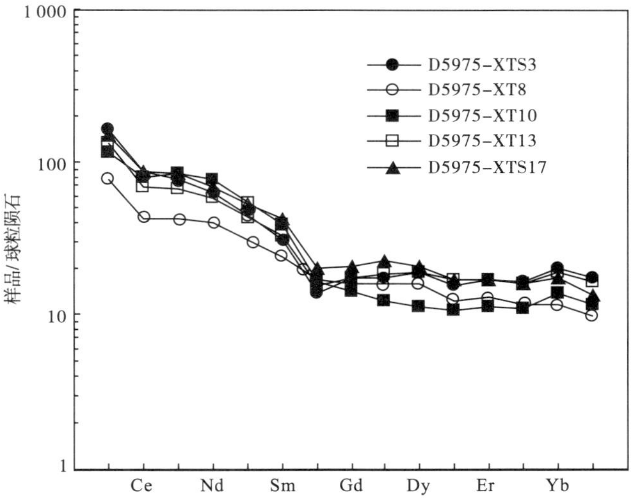

图 2-3　埃连卡特岩群稀土元素球粒陨石标准化分布图

埃连卡特岩群岩性总体变化不大,但该群b、c两岩组向西至阿克奈斯达坂、冬巴克一带(康西瓦幅)岩性有些变化:b岩组岩性主要为灰色斜长二云石英片岩、灰色二云斜长石英片岩、二云石英片岩、斜长白云石英片岩、灰色黑云斜长片麻岩、二云斜长片麻岩、灰—浅灰绿色片理化斜长变粒岩、二云母钙质片岩,岩石中片麻岩明显增加,变质程度加深;c岩组岩性主要为灰色含石榴子石黑云斜长片麻岩、含石榴子石二云斜长片麻岩、灰—浅灰绿色绿泥石化含石榴子石白云斜长片麻岩、灰色含石榴子石二云石英片岩、灰色石榴斜长白云石英片岩、灰色黑云斜长变粒岩、灰—浅灰绿色绿泥石化含石榴子石斜长变粒岩,岩石以含石榴子石为特征,但岩性总体仍以片麻岩、变粒岩为主。该群在阿克奈斯达坂和冬巴克(康西瓦幅)b、c两组岩性虽有一定的差异,但其岩性组合、变质程度仍然与图幅基本一致,总体可以对比。

(五)形成时代讨论

埃连卡特岩群在图区出露范围较大,埃连卡特岩群前人普遍将其划归古元古代。图幅埃连卡特岩群变质程度比上覆长城系塞拉加兹塔格岩群变质程度高、变形较强,与甜水海微陆块出露的下元古界布伦阔勒岩群变质程度相似,图幅布雅煤矿北见新元古代片麻状花岗岩(?)侵入该群,在西部康西瓦幅博斯腾塔河一带可见长城系塞拉加兹塔格岩群呈角度不整合于该群之上,故将该岩群的时代划为古元古代。

第三节　长城系

图幅长城系包括塞拉加兹塔格岩群和赛图拉岩群两个地层单位，主要分布于昆中地块和铁克里克山一带，分别属塔里木地层区和昆仑山地层区。

一、长城系塞拉加兹塔格岩群(ChS)

塞拉加兹塔格岩群由地质矿产部十三大队张良臣(1958)创名于叶城县塞拉加兹塔格，原始定义：该群属典型的细碧角斑岩系，主要有细碧岩、石英斑岩、石英角斑岩、霏细斑岩、霏细岩、正长斑岩、玄武岩、酸性和基性熔岩、凝灰岩和沉凝灰岩，还有砂岩、千枚岩、页岩及灰岩，与上覆博查特塔格岩群呈平行不整合接触，下未见底。汪玉珍(1985)在阿其克河中游采钾质角斑岩同位素年龄(Rb - Sr 法)，获得其年龄值 1 764Ma，定为长城系。新疆 1∶200 万编图、《新疆维吾尔自治区区域地质志》、《新疆维吾尔自治区岩石地层》采用汪玉珍的意见，将其划为长城系。现在定义：指被上覆博查特塔格岩群平行不整合覆盖的一套细碧角斑岩系，主要有细碧岩、石英斑岩、石英角斑岩、霏细岩、霏细斑岩、正长斑岩、玄武岩、酸性和基性凝灰岩，此外还有砂岩、千枚岩及灰岩。正层型为叶城县苏玛兰河塞拉加兹塔格剖面。本次区调沿用塞拉加兹塔格岩群一名及时代。

该岩群属于铁克里克地层分区，出露于图幅西北角与玉龙喀什河口—米提子河一带，呈构造岩片分布于埃连卡特岩群北侧，与下伏埃连卡特岩群为韧性断层接触，北部推覆于阿图什组、西域砾岩之上，总体呈绿色、灰绿色，岩性以含绿泥石的各种片岩为主，根据其岩性组合可分为两个岩组，a 岩组(ChS^a)、b 岩组(ChS^b)为韧性断层接触，呈构造岩片相互叠覆，岩片长轴方向与韧性断层方向一致，为北东东—南西西向展布，出露面积约 930km^2。

(一)地层特征

图幅内该岩群以新疆和田县玉龙喀什河地层出露较为齐全、露头较好，剖面起点坐标：N36°48′50″、E79°59′25″，终点坐标：N36°38′43″、E79°52′10″。该剖面(图 2 - 4)岩性由上至下依次如下。

新疆和田县玉龙喀什河长城系塞拉加兹塔格岩群实测地质剖面：

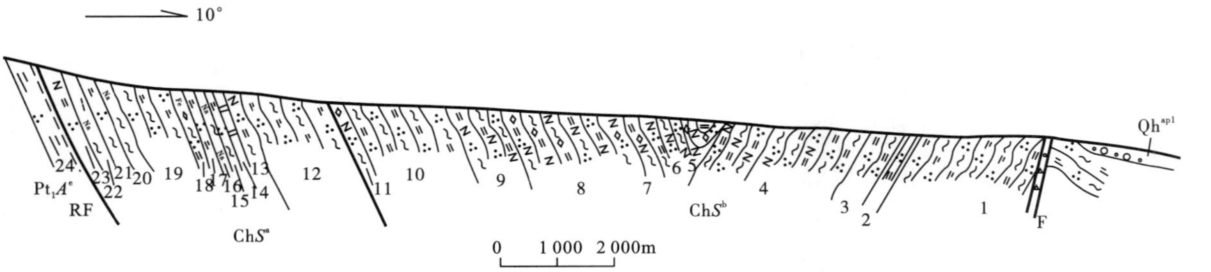

图 2 - 4　新疆和田县玉龙喀什河长城系塞拉加兹塔格岩群实测地质剖面图

上覆地层：上新统西域砾岩

═══　断层接触　═══

塞拉加兹塔格岩群(Ch*S*)　　7 223.82m

b 岩组(Ch*S*^{b})　　>4 396.68m

（未　见　顶）

5. 灰绿色斜长方解绿泥白云石英片岩	95.81m
6. 灰绿色斜长绿泥白云石英片岩	228.22m
7. 灰绿色斜长方解绿泥白云石英片岩	86.35m
8. 灰绿色方解斜长绿泥白云石英片岩	1 617.80m
9. 灰绿色斜长绿泥白云石英片岩	658.12m
10. 灰绿色绿泥白云石英片岩	1 689.63m
11. 暗绿色方解斜长绿泥片岩	20.75m

══════ 韧性断层接触 ══════

a 岩组（ChS^a）	**2 827.14m**
12. 灰绿色方解绿泥钠长片岩	950.25m
13. 深绿色斜长绿泥白云石英片岩	78.36m
14. 灰绿色绿泥绢云石英片岩	42.11m
15. 灰绿色绿泥绢云石英片岩与深灰色绢云石英片岩	69.78m
16. 深绿色绿泥钠长片岩夹灰绿色绿泥绢云石英片岩	108.14m
17. 深灰色绢云石英片岩夹灰绿色绿泥绢云石英片岩	68.78m
18. 灰绿色含铁方解石斜长绿泥白云石英片岩	29.76m
19. 灰绿色绿泥绢云石英片岩	905.10m
20. 灰绿色绿泥钠长片岩	86.00m
21. 灰绿色绿泥绢云石英片岩	300.30m
22. 深灰色绿帘钠长绿泥黑云阳起片岩	123.92m
23. 灰绿色斜长白云石英片岩	64.64m

══════ 韧性断层接触 ══════

下伏地层：埃连卡特岩群（Pt_1A）

依据岩性组合，该岩群分为 a、b 两个岩组，分述如下。

a 岩组（ChS^a）：岩层叠置厚度 2 827.14m，出露面积 220km^2。主要岩性为灰绿色方解绿泥钠长片岩、灰色绿泥绢云石英片岩、灰绿色绿泥钠长片岩、深绿色斜长绿泥白云石英片岩夹灰绿色绿帘钠长阳起片岩。该岩组片岩类主要矿物为石英、斜长石、白云母、绿泥石等，岩石呈鳞片粒状变晶结构、片状结构，变质程度为高绿片岩相。

b 岩组（ChS^b）：岩层叠置厚度 4 396.68m，出露面积约 900km^2。主要为灰绿色方解绿泥云母石英片岩、灰绿色斜长绿泥云母石英片岩、灰绿—绿色绿泥云母石英片岩、斜长绿泥石英片岩。该岩组主要为含绿泥石、白云母、方解石的片岩，岩石为显微鳞片—粒状变晶结构，片状构造，高绿片岩相变质。

（二）构造变形特征

塞拉加兹塔格岩群构造变形强烈，S_1 片理（片麻理）呈残余构造面理近顺层发育，S_2 区域性主期构造面理置换较彻底，南倾的 S_3 褶劈理叠加其上，伴随发育不同期（层）次的紧闭掩卧褶皱、同斜紧闭褶皱、韧性剪切带构造，晚期以 S_2 面理为变形面的褶皱、脆性断层进一步叠加。变质程度达高绿片岩相。

（三）岩石地球化学成分特征

塞拉加兹塔格岩群的岩石化学成分见表 2-6，除大理岩外，第一种为绿帘斜长角闪片岩、方解石英绿泥钠长片岩，以低的 SiO_2 含量，高的 $FeO+Fe_2O_3$ 及 MgO 含量为特征，其中 $SiO_2=46.42\%\sim$

46.69%，$FeO+Fe_2O_3$=11.92%～12.11%，MgO=5.43%～6.47%，且 $Na_2O>K_2O$，其余岩性以相对较高的的 SiO_2 含量，较低的 $FeO+Fe_2O_3$ 和 MgO 为特征，其中 SiO_2=63.52%～68.63%，$FeO+Fe_2O_3$=5.61%～6.55%，MgO=2.80%～3.13%。根据岩石化学计算，利用[(al+fm)-(c+alk)]-Si 图解、(Al+Fe+Ti)-(Ca+Mg)图解、A-C-F 三角图解、c-n-f 图解及 TiO_2-F 图解等判别，第一种岩石均投入正变质基性岩区、火山岩区或玄武岩类、基性火山岩区，说明其原岩为基性火山岩；利用 A-F-M 图解判别，为拉斑玄武岩系列，其里特曼指数 σ 分别为 2.49、7.16，为钙碱性岩系和碱钙性岩系；利用 FeO-MgO-Al_2O_3 图(Pearce，1977)判别，方解绿泥钠长片岩落入大洋岛屿区，绿帘斜长角闪片岩落入大陆板块区，与世界玄武岩相比较，变基性火山岩的 SiO_2、Fe_2O_3+FeO、MgO 含量较低，其余成分与其持平。第二种岩石均落入副变质基性岩区、沉积岩区、泥质岩区，或砂岩区、厚层泥岩等沉积岩区，总体为副变质岩区，从环境判别及野外产状综合判断，其为含基性火山碎屑的砂岩、泥岩。综上所述，该岩群原岩总体为一套含基性凝灰质的碎屑岩-基性火山岩。说明图幅塔里木盆地地层分区此时地壳活动较为强烈；而含白云母大理岩中 $CaO+CO_2$ 为 85.33%，SiO_2=7.14%，说明大理岩中主要矿物为方解石，但也含有一定量的砂屑。

表 2-6　塞拉加兹塔格岩群岩石化学成分含量表　　(%)

岩群	岩组	样品号	岩石名称	SiO_2	TiO_2	Al_2O_3	Fe_2O_3	FeO	MnO	MgO	CaO
塞拉加兹塔格岩群	a岩组	D6406-TS1	含白云母石英大理岩	7.14	0.08	1.63	0.77	0.63	0.53	0.50	47.00
		D6406-GS1	斜长绿泥白云石英片岩	68.63	0.83	13.10	0.79	4.82	0.12	3.02	1.05
		D6407-GS1	方解绿泥白云石英片岩	66.73	0.64	10.94	0.88	4.29	0.10	3.05	3.45
		D6408-GS1	绿帘斜长角闪片岩	46.42	3.59	13.84	1.46	10.65	0.99	5.43	7.40
	b岩组	D6409-GS1	斜长绿泥白云石英片岩	63.52	0.90	16.12	1.77	4.21	0.14	2.80	1.15
		D6410-GS1	方解石英绿泥钠长片岩	46.69	2.54	11.95	1.34	10.58	0.26	6.47	7.50
		D6412-GS1	斜长绿泥白云石英片岩	65.01	0.73	12.93	2.04	4.51	0.14	3.13	1.65
	世界玄武岩(维氏，1962)			48.28	2.21	14.99	4.18	6.96	0.20	7.00	8.07

岩群	岩组	样品号	岩石名称	Na_2O	K_2O	P_2O_5	CO_2	H_2O^+	H_2O^-	LOI
塞拉加兹塔格岩群	a岩组	D6406-TS1	含白云母石英大理岩	0.40	0.34	0.04	38.33	0.01	0.01	39.06
		D6406-GS1	斜长绿泥白云石英片岩	2.25	2.45	0.12	0.28	2.23	0.22	2.73
		D6407-GS1	方解绿泥白云石英片岩	1.80	2.18	0.10	0.86	1.79	0.18	5.48
		D6408-GS1	绿帘斜长角闪片岩	2.65	2.30	0.99	0.34	1.55	0.17	2.02
	b岩组	D6409-GS1	斜长绿泥白云石英片岩	2.10	4.55	0.14	0.32	1.39	0.30	2.84
		D6410-GS1	方解石英绿泥钠长片岩	2.45	0.30	0.26	1.00	4.29	0.30	7.89
		D6412-GS1	斜长绿泥白云石英片岩	2.45	2.80	0.14	0.43	2.32	0.18	3.61
世界玄武岩(维氏，1962)				3.40	2.51	0.60	0.36	1.20	—	—

注：样品由国土资源部西安矿产资源监督检测中心测试分析

塞拉加兹塔格岩群微量元素含量见表 2-7。从表中可看出：基性火山岩(方解绿泥钠长片岩)中微量元素含量总体变化不大，其平均值与地壳克拉克值相比较，相容元素 Co、Zn、Mn 高于地壳克拉克值，Cr、Cu、Ni、P、Au 元素均低于地壳克拉克值；不相容元素 Nb、Sc、Zr 高于地壳克拉克值，Sr、Th、Ag 基本与地壳克拉克值接近，其余元素均低于地壳克拉克值，但相容元素、不相容元素不论是亏损还是富集，其与地壳克拉克值相差不大；含基性火山碎屑的沉积岩岩石微量元素含量平均值与地壳克拉克值相比较，Zn、Zr、Ag 高于地壳克拉克值，Co、Mn、Nb、Pb、Sc、Th、Zn、Au 元素含量基本与其接近，其余元素均低于地壳克拉克值，碎屑岩微量元素均值与地壳克拉克值相比相差不大，与基性玄武岩相似。

表 2-7 塞拉加兹塔格岩群岩石微量元素含量表

样品号	岩石名称	Ba	Co	Cr	Cu	Mn	Nb	Ni	P	Pb	Rb	Sc	Sr	Th	Zn	Zr	Sn	Ag	Sb	Au
D6406-GP1	绿泥绢云石英片岩	388	13.6	66.4	3.5	1 005	13.2	31.0	703	1.54	65.0	10.8	189	11.5	86.3	185	1.80	67	0.14	0.46
D6406-GP2	绿泥绢云石英片岩	408	6.1	41.7	15.8	653	9.4	16.6	330	8.10	79.2	9.5	733	8.4	53.2	209	2.50	140	0.10	1.16
D6406-GP7	大理岩	174	2.6	9.8	141.0	3 642	0.6	6.0	172	17.70	0.9	13.9	1 274	2.9	15.1	60	1.80	320	0.10	47.10
D6406-GP9	绿泥绢云石英片岩	563	13.4	85.8	9.2	581	16.7	49.7	713	3.88	79.9	10.3	138	12.6	78.8	257	2.30	75	0.10	0.99
D6406-GP12	绿泥绢云石英片岩	319	15.2	69.0	10.1	1 243	28.4	30.6	791	13.00	73.1	13.7	124	15.5	80.9	460	3.40	115	0.08	0.85
D6406-GP13	绢云绿泥石英片岩	296	15.6	94.3	6.7	860	10.8	35.5	687	3.85	69.0	13.1	170	14.4	91.5	368	3.30	90	0.09	0.43
D6407-GP2	绿泥绢云石英片岩	936	49.0	19.9	11.1	1 686	73.3	6.0	4 485	11.40	89.4	32.7	506	27.3	134.0	160	2.80	112	0.26	1.17
D6407-GP5	绿泥绢云石英片岩	310	18.5	74.5	39.5	725	21.9	42.0	823	62.90	83.7	16.3	92	16.1	130.0	335	2.40	180	0.24	1.06
D6407-GP7	绿泥绢云石英片岩	543	14.8	81.3	11.9	813	17.1	69.9	614	2.09	92.4	15.9	72	14.4	78.7	469	3.50	90	0.09	0.54
D6409-GP1	绿泥绢云石英片岩	950	15.1	80.0	30.2	730	25.2	32.2	749	4.46	122.0	17.0	99	15.4	99.9	472	2.40	54	0.11	1.15
D6409-GP2	绢云石英片岩	1 370	13.5	64.8	12.9	780	25.6	30.9	837	2.57	157.0	18.4	460	15.5	89.9	498	2.70	73	0.13	1.26
D6409-GP8	绿泥绢云石英片岩	618	28.8	112.0	37.0	592	35.2	74.1	930	2.39	197.0	19.4	64	24.4	166.0	783	7.00	86	0.08	0.58
D6409-GP9	绿泥绢云石英片岩	489	15.4	46.7	4.2	1 084	1.0	34.5	579	6.98	115.0	13.0	259	14.7	94.5	459	4.00	120	0.10	0.77
D6410-GP3	方解斜长绿泥片岩	257	10.4	61.9	11.4	524	8.3	22.6	538	5.18	65.5	7.6	105	11.0	72.2	335	2.05	63	0.08	0.44
D6410-GP4	方解斜长绿泥片岩	421	50.1	35.7	24.1	1 639	75.6	21.1	1 681	3.71	119.0	30.4	585	26.7	138.0	159	4.50	130	0.15	0.57
D6410-GP5	方解斜长绿泥片岩	962	24.0	85.3	63.8	916	25.5	63.3	888	13.20	186.0	16.3	225	20.6	160.0	541	2.60	50	0.15	0.87
D6410-GP6	方解斜长绿泥片岩	421	13.6	70.6	32.0	1 518	15.5	34.1	589	25.30	93.3	9.4	181	11.9	85.4	429	2.05	60	0.09	0.60
D6412-GP1	绿泥钠长片岩	860	15.2	60.8	32.0	656	15.9	34.5	540	13.80	95.6	10.7	124	12.9	126.0	338	2.60	86	0.08	0.48
D6412-GP3	绿泥绢云石英片岩	886	17.7	108.0	35.2	422	37.6	58.0	724	18.20	128.0	11.9	89	14.5	94.8	583	3.60	86	0.11	1.27
D6412-GP8	绿泥钠长片岩	534	13.3	61.0	13.8	644	14.1	37.8	893	5.52	72.8	10.9	183	13.9	73.2	394	1.80	68	0.12	0.63
火山岩平均值		518	23.0	67.0	30.0	1 058	32.0	38.0	884	10.00	128.0	16.0	235	17.0	114.0	422	3.00	71	0.10	1.00
碎屑岩平均值		566	16.0	67.0	25.0	1 048	21.0	36.0	863	11.00	94.0	14.0	288	14.0	90.0	380	3.00	116	0.10	3.00
世界基性玄武岩平均值(维氏,1962)		300	45.0	200.0	100.0	2 500	20.0	160.0	1 400	8.00	5.0	24.0	440	0.5	94.0	100	1.50	100	1.00	4.00
地壳克拉克值(维氏,1962)		650	18.0	83.0	47.0	1 000	20.0	58.0	930	16.00	150.0	10.0	340	13.0	83.0	170	25.00	70	25.00	3.40
碳酸盐岩平均值(涂和费,1961)		10	0.1	11.0	4.0	1 100	0.3	20.0	400	9.00	3.0	1.0	610	1.7	20.0	19	—	—	0.20	—

注:样品由国土资源部中南矿产资源监测检测中心分析;Au、Ag 元素含量单位为$\times10^{-9}$,其他元素含量单位为$\times10^{-6}$

塞拉加兹塔格岩群岩石稀土元素含量及特征值见表 2-8，球粒陨石配分模式曲线见图 2-5。从表、图中可看出：基性火山岩岩石轻、重稀土元素总量虽有一定的差别，但轻稀土元素总量(LREE)与重稀土元素(HREE)总量比值相差不大，其球粒陨石配分模式曲线相似，属富集型，δEu 为 0.9、1.24，Eu 为弱的负异常或正异常。而含基性火山碎屑的沉积岩、碳酸盐岩其稀土元素含量、总量虽有一定的差别，但其球粒陨石模式配分曲线右倾，且斜率相似，为轻稀土元素富集型，δEu=0.54～0.71，为负铕异常。与基性火山岩稀土元素特征有一定的差别，但差别不大，可能与碎屑岩中其含有基性岩碎屑有关。

表 2-8　塞拉加兹塔格岩群岩石稀土元素特征值表

样品号	岩石名称	稀土元素含量($\times10^{-6}$)									
		La	Ce	Pr	Nd	Sm	Eu	Gd	Tb	Dy	Ho
D6406-XT1	大理岩	16.40	22.60	3.74	11.90	2.35	0.59	2.74	0.48	3.38	0.70
D6407-XT1	方解石绿泥白云母石英片岩	39.10	62.20	7.58	28.80	5.89	1.14	4.27	0.70	4.08	0.87
D6408-XT1	绿帘石斜长石角闪片岩	50.90	80.60	9.52	46.00	9.29	3.49	7.52	1.27	6.58	1.15
D6409-XT1	斜长石绿泥白云母石英片岩	53.80	85.50	9.60	39.70	8.60	1.36	5.81	0.98	6.20	1.15
D6410-XT1	方解石石英绿泥钠长片岩	31.70	53.30	7.00	30.20	7.41	2.08	6.46	1.12	6.89	1.25
D6412-XT1	斜长绿泥白云母石英片岩	33.20	55.80	6.39	27.30	7.21	1.08	4.60	0.76	4.91	0.88

样品号	岩石名称	稀土元素含量($\times10^{-6}$)							特征参数值	
		Er	Tm	Yb	Lu	LREE	HREE	∑REE	LREE/HREE	δEu
D6406-XT1	大理岩	2.20	0.28	1.57	0.22	57.58	11.57	69.15	4.98	0.71
D6407-XT1	方解石绿泥白云母石英片岩	2.37	0.36	2.41	0.37	144.71	15.43	160.14	9.38	0.66
D6408-XT1	绿帘石斜长石角闪片岩	3.23	0.44	2.29	0.33	199.80	22.81	222.61	8.76	1.24
D6409-XT1	斜长石绿泥白云母石英片岩	3.07	0.43	2.43	0.32	198.56	20.39	218.95	9.74	0.56
D6410-XT1	方解石石英绿泥钠长片岩	3.36	0.48	2.80	0.37	131.69	22.73	154.42	5.79	0.90
D6412-XT1	斜长绿泥白云母石英片岩	2.81	0.40	2.34	0.34	130.98	17.04	148.02	7.69	0.54

注：样品由国土资源部中南矿产资源监测检测中心分析

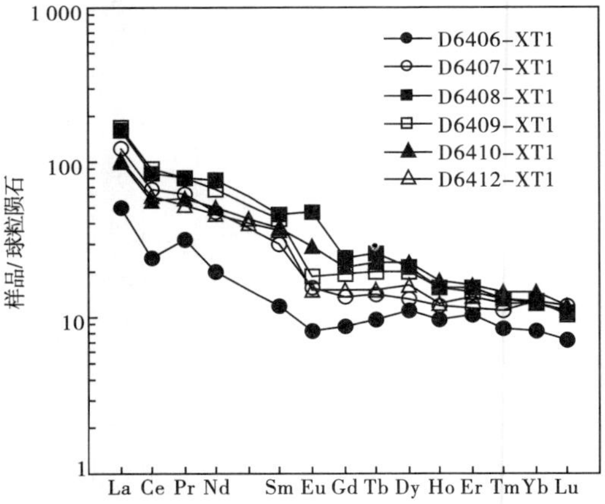

图 2-5　塞拉加兹塔格岩群岩石稀土元素球粒陨石标准化分布图

(四)区域变化及地层对比

图幅塞拉加兹塔格岩群向西到米提子河、喀拉喀什河一带，该群岩石主要为灰色绢云石英片岩、浅绿色绿泥绢云石英片岩夹灰色二云石英片岩，岩石中绢云石英片岩明显增加，但片岩中黑云母呈鳞片状，与埃连卡特岩群黑云母有明显的差别，变质程度为高绿片岩相。

(五)地层时代讨论

塞拉加兹塔格岩群变质程度较下伏埃连卡特岩群变质程度低,为高绿片岩相,且汪玉珍(1985)在阿其克河中游该群钾质角斑岩中获 1 764Ma 的同位素年龄值(Rb - Sr 法),因此将其时代厘定为长城纪。

二、赛图拉岩群(ChSt)

赛图拉岩群(Ch*St*)由毛国洪等(1960)创名于皮山县英西约 25km 的蒙古包,称赛图拉群,时代定为震旦纪。原定义为:大理岩,含有绢云母、绿泥石、黑云母、角闪石等的石英片岩与绢云母绿泥石化长英质变砂岩不均匀互层,夹少量岩屑凝灰岩、霏细钠长斑岩,底部有变质砾岩。梁云海等(1981)将该群时代改为蓟县纪,汪玉珍等(1985)又改为长城纪,1∶100 万河尾滩报告将赛图拉一带中深变质岩划为长城系巴什考贡群,《新疆维吾尔自治区区域地质志》(1993)称其为蓟县系阿拉玛斯群,《新疆维吾尔自治区岩石地层》(1999)将其定义为:分布于皮山县南英西约 25km 蒙古包的一套大理岩,不同程度地含绢云母、绿泥石、云母、角闪石的石英片岩,砂质泥岩,薄层灰岩,细砂岩,部分地段有阳起石片岩、角岩、混合岩、变质砂岩、砾岩等,其中夹有霏细岩、凝灰岩;与上覆地层桑株塔格群为不整合接触,下未见底,时代为长城纪。本次区调沿用《新疆维吾尔自治区岩石地层》(1999)划分方案,称赛图拉岩群(Ch*St*)。

图幅赛图拉岩群(Ch*St*)依据岩性组合及原岩建造可分为 a 岩组($ChSt^{a}$)、b 岩组($ChSt^{b}$)两个岩组。a 岩组($ChSt^{a}$)主要以片麻岩、变粒岩、斜长角闪岩、灰色斜长黑云石英片岩为主,夹条带状大理岩,其原岩主要为一套中酸性火山岩,变质相可达低角闪岩相;b 岩组($ChSt^{b}$)主要为一套混合岩化的变质岩,岩性以片麻岩、片岩、混合岩化片麻岩、变粒岩、浅粒岩为主,其原岩为一套碎屑岩与中酸性—中基性火山岩夹碳酸盐岩组合。

赛图拉岩群归属中昆仑地层分区,依据其岩性组合图幅内只出露 b 岩组($ChSt^{b}$),分布于图幅南部昆仑山主脊一带,沿昆仑山呈东西向展布。赛图拉岩群与下伏、上覆地层均为断层接触或片理面平行接触,被新元古代片麻状石英闪长岩、英云闪长岩及古生代花岗岩大面积吞侵,地层走向呈北北西—南南东向,与区域构造线展布方向一致,向北西西向延伸进入康西瓦幅。图幅出露面积约 410km^2。

(一)地层特征

测区赛图拉岩群以新疆和田县喀什塔什乡黑山长城系赛图拉岩群剖面岩性出露较全,现以该条实测地质剖面(图 2 - 6)为例,对赛图拉岩群介绍如下。该剖面起点坐标:N36°10′、E79°46′08″。

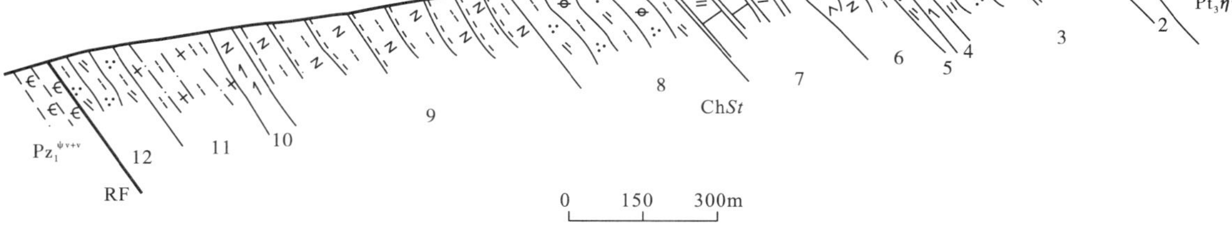

图 2 - 6 新疆和田县喀什塔什乡黑山长城系赛图拉岩群实测地质剖面图

新疆和田县喀什塔什乡黑山长城系赛图拉岩群实测地质剖面：

上覆地层：新元古代灰白色片麻状似斑状黑云二长花岗岩（$Pt_3\eta\gamma\pi$）

———— 侵入接触 ————

赛图拉岩群 b 岩组（ChSt^b）	**1 677.0m**
2. 浅灰绿色透闪石英岩	37.5m
3. 深灰色、黑色含碳白云石英片岩夹石英岩	190.2m
6. 黑色绢云石英片岩	8.9m
7. 黑色黑云斜长角闪片岩	113.9m
8. 灰白色白云质大理岩	193.6m
9. 灰色含绿帘石二云石英片岩	251.4m
10. 灰白色条带状混合岩化片麻岩夹绢云石英片岩	521.9m
11. 深灰色、黑色透闪黑云母变粒岩	156.3m
12. 深灰色二云母石英片岩	203.3m

（未　见　底）

赛图拉岩群 b 岩组在剖面上未见底，被新元古代片麻状花岗岩侵入，下部（南部）与库地-其曼于特构造蛇绿混杂岩带为韧性断层接触，岩层叠置厚度 1 677.0m，主要岩性为二云石英片岩、含绿帘石二云石英片岩、黑云斜长角闪片岩、透闪黑云母变粒岩、条带状混合岩化片麻岩夹白云质大理岩、透闪石英岩等。

赛图拉岩群 b 岩组以较发育混合岩、混合岩化作用为特征，岩石呈鳞片粒状变晶结构、粒状变晶结构，片状、条带状、似层状构造。岩石中后期脉体极为发育，主要以长英质脉为主，但岩石中混合岩化作用不均一，一般脉体大约占 5%～15%，局部达 20%，大致属中等混合岩化带，其变质程度为高绿片岩相-低角闪岩相，主变质期应为晋宁期。

（二）构造变形特征

赛图拉岩群紧邻康西瓦断裂带分布，由于受多期构造叠加，其内部岩石变形变质非常强烈，同时混合岩化作用也较强烈。赛图拉岩群发育混合岩化形成的长英质分泌脉体构成的无根褶皱、各种顺层韧性剪切褶皱、同斜紧闭尖棱褶皱及不规则塑性流变褶曲、叠加褶皱及石香肠构造等，主期变形以韧性剪切变形为主，属中深层次塑性流变作用形成的变形构造。

（三）岩石地球化学特征

赛图拉岩群 b 岩组岩石化学成分含量见表 2-9。从表 2-9 看，其岩石成分大致可分为两类，一类以斜长角闪片岩、透闪石黑云母变粒岩、黑云斜长片麻岩等为代表，以相对较低的 SiO_2 和 K_2O，高的 FeO、MgO、CaO 含量为特征；另一类则以含石榴子石斜长片岩、含石榴子石黑云二长片岩、石榴斜长绿泥白云石英片岩等为代表，以相对较高的 SiO_2 和 K_2O，低的 FeO、MgO、CaO 含量为特征。

根据岩石化学计算，利用[(al＋fm)-(c＋alk)]-Si 图解（Symoner，1953）、(Al＋Fe＋Ti)-(Ca＋Mg)图解（Monine，1968）、A-C-F 三角图解（НюпСеменеко）恢复原岩，第一类岩石组合主要落入基性火山岩区（详见第四章），其 σ=1.8～3，为钙碱性岩系；利用 A-F-M 图解判别基性火山岩主要为钙碱性系列；利用 TiO_2-MnO×10-P_2O_5×10 图解判别其主要落入大洋岛屿玄武岩区。第二类岩石组合主要落入杂砂岩、亚杂砂岩区。以上说明，赛图拉岩群 b 岩组原岩主要为碎屑岩、中一基性火山岩和碳酸盐岩。

表 2-9　赛图拉岩群岩石化学成分含量表　　(%)

样品号	岩石名称	SiO_2	Al_2O_3	Fe_2O_3	FeO	MgO	CaO	Na_2O	K_2O
D7278 - GS3	含石榴子石斜长片岩	56.11	16.75	1.21	7.10	4.82	3.30	2.25	4.60
D7278 - GS4	透闪黑云母变粒岩	61.22	14.38	0.92	5.19	3.95	6.30	1.75	3.65
D5888 - GS4	含石榴子石黑云二长片岩	73.60	13.54	0.45	0.98	0.14	1.80	2.94	5.35
D5888 - GS6	石榴斜长绿泥白云石英片岩	64.68	16.66	1.52	3.51	2.01	0.90	1.29	5.71
D5888 - GS11	斜长角闪片岩	50.45	14.82	2.64	8.79	6.90	9.20	2.50	1.20
D5888 - GS16	透闪黑云母变粒岩	57.57	16.57	1.47	6.16	5.75	4.80	1.87	3.19
D6246 - GS2	黑云斜长片麻岩	43.07	22.53	1.65	6.75	8.09	12.15	0.55	1.60

样品号	岩石名称	TiO_2	P_2O_5	MnO	CO_2	H_2O^+	H_2O^-	LOI
D7278 - GS3	含石榴子石斜长石英片岩	0.98	0.12	0.07	0.14	2.25	0.29	2.10
D7278 - GS4	透闪黑云母变粒岩	0.73	0.16	0.11	0.24	1.36	0.20	1.33
D5888 - GS4	含石榴子石黑云二长片岩	0.17	0.05	0.05	0.21	0.21	0.00	0.40
D5888 - GS6	石榴斜长绿泥白云石英片岩	0.84	0.07	0.09	0.16	0.69	0.19	1.78
D5888 - GS11	斜长角闪片岩	0.97	0.09	0.19	0.28	0.50	0.13	1.41
D5888 - GS16	透闪黑云母变粒岩	0.98	0.15	0.15	0.28	0.51	0.18	0.80
D6246 - GS2	黑云斜长片麻岩	0.08	0.01	0.01	0.22	1.62	0.18	3.23

注:样品由国土资源部西安矿产资源监督检测中心测试分析

赛图拉岩群微量元素含量见表 2-10,由表 2-10 可见:该群碎屑岩微量元素平均值与地壳克拉克值相比较,Hf、V、Sc 高于地壳克拉克值,Co、Cu、Nb、Th、Ag 与地壳克拉克值基本接近,其余元素低于地壳克拉克值,表现为不同程度的亏损;碳酸盐岩微量元素含量与世界碳酸盐岩平均值相比较,Ba、Co、Cr、Cu、Hf、V、Zn、Nb、Mo、Sb 元素含量高于世界碳酸盐岩平均值,Pb、Zr 与世界碳酸盐岩平均值相比较基本接近,其余元素偏低;变质基性火山岩的微量元素变化较大,含量较低,岩石微量元素平均值与世界基性玄武岩平均值(维氏,1962)相比较,相容元素 Co、Ni、Au 含量明显偏低,表现为不同程度的亏损,相容元素 Cr、Cu、Zn 含量明显偏高,表现为不同程度的富集,而不相容元素 Hf 等元素含量显示不同程度的富集,不相容元素 Rb、Sn 含量显示不同程度的亏损,其余元素含量偏低。变质碎屑岩微量元素平均值与 Bhatia(1985)的不同构造环境杂砂岩微量元素特征值相比较,其特征比较复杂,主体属于活动陆缘型,而变质基性火山岩的微量元素特征值图解,则显示主体为洋脊拉斑玄武岩环境(详见第四章变质岩)。

赛图拉岩群 b 岩组($ChSt^b$)岩石稀土元素含量及特征值见表 2-11,稀土元素球粒陨石标准化模式曲线见图 2-7。从图 2-7、表 2-11 看,原岩为基性火山岩的斜长角闪片岩与原岩为碎屑岩的含石榴子石斜长片岩、含石榴子石黑云二长片岩、石榴斜长绿泥白云石英片岩的稀土元素特征其球粒陨石标准化模式曲线区别较大,斜长角闪片岩稀土元素总量较低(62.78×10^{-6}),LREE/HREE 值较低(2.92),δEu 较高(0.93),铕表现为极弱的负异常,球粒陨石标准化模式曲线右倾,但斜率较小,为轻稀土元素略微富集型;而含石榴子石斜长片岩、含石榴子石黑云二长片岩、石榴斜长绿泥白云石英片岩稀土元素总量较高[$(176.86\sim244.43)\times10^{-6}$],LREE/HREE 值较高(7.12),$\delta$Eu 较低(0.57 左右),铕为负异常,球粒陨石标准化模式曲线右倾,且斜率较大,为轻稀土元素富集型。

表 2-10　赛图拉岩群岩石微量元素含量表

样品号	岩石名称	Ba	Co	Cr	Cu	Hf	Nb	Ni	Pb	Rb	Sc
D5888-GP17	黑云角闪片岩	193.0	33.3	121.0	107.0	21.8	31.0	59.7	4.86	32.9	14.8
D5888-GP18	黑云角闪片岩	17.5	0.6	16.3	4.3	0.4	1.6	2.2	10.10	2.0	0.2
D5888-GP19	白云质大理岩	98.5	5.7	33.5	24.9	4.2	1.8	14.3	7.57	1.6	1.3
D5888-GP20	绢云石英片岩	64.3	1.3	15.3	7.8	0.7	5.9	9.6	2.69	1.4	0.6
D6247-GP6	黑云变粒岩	110.0	27.3	43.3	65.6	14.0	25.1	27.5	2.19	132.0	24.0
D6247-GP1	长英质片麻岩	51.9	31.1	23.4	69.3	18.5	34.3	21.3	0.76	120.0	27.7
基性火山岩平均值		123.0	32.2	72.0	88.0	20.1	32.6	40.5	2.80	76.3	21.2
碎屑岩平均值		75.5	19.9	27.4	47.6	11.1	21.7	19.5	1.90	84.5	17.4
地壳克拉克值(维氏,1962)		650.0	18.0	83.0	47.0	1.0	20.0	58.0	16.00	150.0	10.0
碳酸盐岩平均值(涂和费,1961)		10.0	0.1	11.0	4.0	0.3	0.3	20.0	9.00	3.0	1.0

样品号	岩石名称	Th	V	Zn	Zr	Sn	Ag	Sb	Mo	Au	Sr
D5888-GP17	黑云角闪片岩	20.20	311	89.0	34.0	2.00	100	0.30	1.35	1.87	109
D5888-GP18	黑云角闪片岩	0.71	6	28.4	3.1	0.97	100	0.89	0.55	0.44	124
D5888-GP19	白云质大理岩	4.31	33	169.0	18.8	0.86	125	0.28	1.85	2.21	247
D5888-GP20	绢云石英片岩	0.34	71	18.6	22.2	0.86	54	0.20	0.55	1.28	361
D6247-GP6	黑云变粒岩	16.50	284	59.0	6.7	8.40	64	0.12	0.37	1.58	124
D6247-GP1	长英质片麻岩	21.60	353	77.6	9.7	5.80	100	0.15	0.25	1.82	114
基性火山岩平均值		21.00	332	83.0	22.0	3.90	100	0.20	0.80	1.80	112
碎屑岩平均值		13.00	236	52.0	12.9	5.00	3	0.20	0.40	1.60	200
地壳克拉克值(维氏,1962)		13.00	90	83.0	170.0	25.00	70	25.00	1.10	3.40	340
碳酸盐岩平均值(涂和费,1961)		1.70	20	20.0	19.0	—	—	0.20	0.40	—	610

注:样品由国土资源部西安矿产资源监督检测中心测试分析;其中 Au、Ag 元素含量单位为 $\times10^{-9}$,其他元素含量单位为 $\times10^{-6}$

表 2-11　赛图拉岩群稀土元素特征值表

样品号	岩石名称	稀土元素含量($\times10^{-6}$)									
		La	Ce	Pr	Nd	Sm	Eu	Gd	Tb	Dy	Ho
D5888-XT11	斜长角闪片岩	10.80	19.10	2.48	10.90	2.57	0.90	3.42	0.61	4.68	0.90
D7278-XT2	绿泥斜长片麻岩	53.60	86.50	11.4	51.20	10.0	1.70	7.97	1.24	8.62	1.67
D7278-XT3	含石榴子石斜长片岩	52.20	84.80	9.88	43.70	8.22	1.49	7.19	1.19	7.73	1.65
D7278-XT4	透闪黑云母变粒岩	37.80	66.60	7.67	34.60	7.14	1.22	5.47	0.89	6.00	1.22

样品号	岩石名称	稀土元素含量($\times10^{-6}$)							特征参数值	
		Er	Tm	Yb	Lu	LREE	HREE	ΣREE	LREE/HREE	δEu
D5888-XT11	斜长角闪片岩	3.02	0.47	2.60	0.33	46.75	16.03	62.78	2.92	0.93
D7278-XT2	绿泥斜长片麻岩	4.93	0.72	4.32	0.56	214.40	30.03	244.43	7.12	0.56
D7278-XT3	含石榴子石斜长片岩	4.69	0.68	4.22	0.55	200.29	27.90	228.19	7.12	0.58
D7278-XT4	透闪黑云母变粒岩	3.76	0.54	3.47	0.48	155.03	21.83	176.86	7.10	0.57

注:样品由国土资源部中南矿产资源监测检测中心分析

赛图拉岩群 b 岩组碎屑岩在砂岩-泥岩 K_2O/Na_2O-SiO_2 判别图解(Rosen 和 Korsh,1986)及砂岩判别图解(Bhatia,1985)上落入大洋弧或活动陆缘及岛弧区(见第四章),与火山岩判别的构造环境基本一致。

以上稀土元素特征、环境判别等说明，赛图拉岩群主要由一套变中—基性火山岩和副变质的碎屑岩组成，变中—基性火山岩岩石化学、微量元素及稀土元素特征与大洋岛屿玄武岩相似；副变质的碎屑岩岩石化学、微量元素与大洋弧或活动陆缘及岛弧区碎屑岩相似，说明该岩群总体为活动陆缘环境下形成的中基火山岩-碎屑岩。

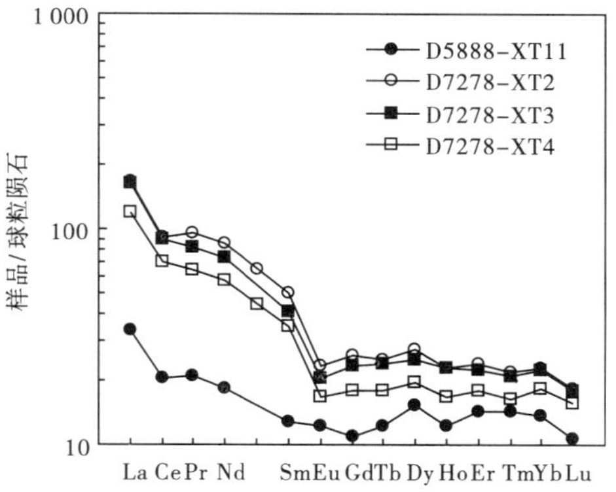

图 2-7　赛图拉岩群岩石球粒陨石标准化分布模式

（四）区域变化及地层对比

赛图拉岩群在图幅西部卡其一带主要为灰绿色绿泥斜长片岩、含石榴子石斜长黑云变粒岩、角闪黑云母变粒岩、黑云角闪变粒岩，岩层叠置厚度 2 114.6m，在图幅东部奴尔乡干吉萨尔河主要以灰色黑云母变粒岩、黑云斜长片麻岩、浅灰—灰绿色黑云变粒岩为主，岩层中变粒岩、片麻岩明显增加，岩层叠置厚度 1 633.73m。

（五）时代讨论

前人对赛图拉岩群的时代归属有争议，本次工作在测区发现赛图拉岩群多被奥陶纪—志留纪花岗岩体侵入，且在测区南部喀什塔什乡黑山一带见其被新元古代片麻状花岗岩侵入，另外在西部神仙湾幅可见其与上覆地层桑株塔格岩群呈不整合接触关系。因此，本次区调依据前人（汪玉珍等、新疆岩石地层）研究成果资料，结合测区岩石组合、变质变形特征以及区域地层对比，综合分析将该岩群时代仍厘定为长城纪。

第四节　蓟县系

桑株塔格岩群（JxS）

图幅内蓟县系地层仅出露桑株塔格岩群，分布于图幅南部昆仑山北麓，属中昆仑地层分区。

新疆地质矿产局和田地质大队（1960）在所编 1∶100 万和田地区地质图时，将叶尔羌—喀什河一带的地层创名为桑株塔格岩群，时代为太古宙—元古宙，原始定义为：是指上述地区一套较复杂的变质岩，包括片麻岩、片岩、变质碳酸盐岩。《西北地区区域地层表》、《新疆维吾尔自治区区域地质志》将西昆仑公格尔地区的地层仍沿用桑株塔格岩群，主要为各种片岩、片麻岩及碳酸盐岩和变质火山岩，但将其时代定为长城纪—青白口纪。新疆地质矿产局区调大队梁云海、张志德等（1982—1989）将西昆仑山的一套变质碎屑岩和碳酸盐岩不均匀互层的地层命名为塔西达坂岩群，其时代定为蓟县系。《新疆维吾尔自治区岩石地层》将昆仑山主脊主要岩性为变质碳酸盐岩（大理岩）与变质碎屑岩（砂岩、板岩）不均匀互层的一套地层厘定为桑株塔格岩群，颜色以灰—灰黑色为主，分布面积广（西昆仑山主脊）、出露厚度大、岩石变质较深（绿片岩-角闪岩相），仅局部浅变质地层含叠层石，时代定为蓟县纪，但认为其可能是古—中元古代的跨时代产物。本次工作仍沿用《新疆维吾尔自治区岩石地层》对桑株塔格岩群的划分方案。

桑株塔格岩群出露于图幅南部昆仑山主脊北麓塔什区可克—喀拉科勒—区委克一带向西延伸进入康西瓦幅。岩层走向北西西—南东东向，与区域构造线一致，岩层叠置厚度 3 053.85m，出露面积约 185km^2。与赛图拉岩群（Ch*St*）为韧性断层或片理面平行接触，被古生代岩体侵吞。桑株塔格岩群主要为变质碎屑岩、变质碳酸盐岩(大理岩),高绿片岩相,局部达角闪岩相变质,按其岩石组合可进一步划分为 a 岩组、b 岩组两个岩组,其中 a 岩组以白云石大理岩为主,b 岩组以片岩为主。

(一)地层特征

桑株塔格岩群以新疆策勒县奴尔乡干吉萨依河岩层出露较全,现以该剖面(图 2-8)介绍如下。

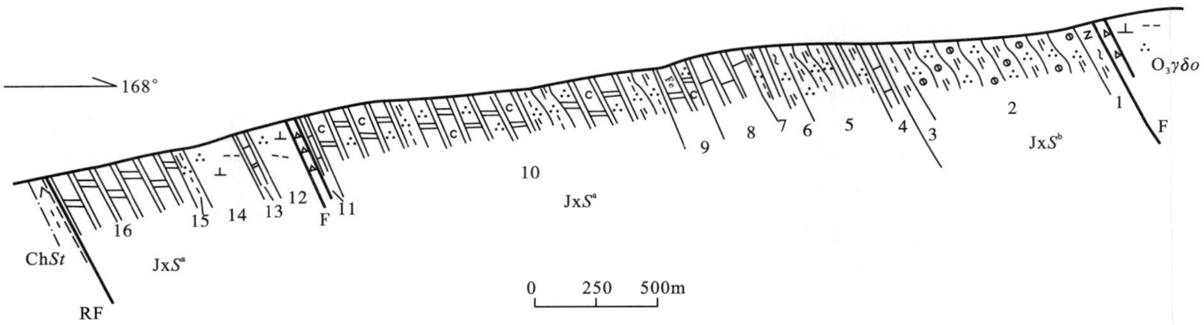

图 2-8　新疆策勒县奴尔乡干吉萨依河蓟县系桑株塔格岩群实测地质剖面图

桑株塔格岩群(*JxS*)　**3 053.85m**

b 岩组(JxS^b)　**849.15m**

(未　见　顶)

1. 灰绿色绿泥斜长片岩　43.00m
2. 深灰色绿帘绢云石英片岩　767.90m
3. 浅灰色、灰色二云母片岩　38.25m

———— 片理面平行接触 ————

a 岩组(JxS^a)　**2 204.70m**

4. 白色厚层状大理岩　8.20m
5. 深灰色石英片岩夹(互)白色大理岩、灰色含石英大理岩　172.29m
6. 灰绿色绿泥绢云石英片岩　27.65m
7. 灰黑色黑云绢云石英片岩、深灰色条纹状大理岩　55.53m
8. 白色大理岩　123.25m
9. 深灰色条纹状含石英铁质碳质白云质大理岩　142.70m
10. 深灰—灰色条纹状含石英铁质碳质白云石大理岩夹(互)黑色黑云绢云石英片岩　1 141.27m
11. 白色大理岩　58.66m
13. 灰色含透辉石滑石大理岩　21.47m
15. 深灰色二云石英片岩　26.72m
16—17. 白色中—厚层状白云石大理岩　426.96m

———— 片理面平行接触 ————

下伏地层:赛图拉岩群(Ch*St*)

桑株塔格岩群剖面未见顶,南部与早古生代英云闪长岩为侵入接触,与下伏赛图拉岩群为片理面平行接触,按其岩性可分为 a、b 两个岩组,两岩组之间为片理面平行接触,地层叠置厚度 3 053.85m。a 岩组以大理岩为主,b 岩组主要为片岩。

a 岩组(JxS^a):出露于图幅东南角喀什克艾克勒—努尔河垴一带及图幅西部尼萨,出露面积约 110km^2,地层叠置厚度 2 204.7m。岩性主要为白色中—厚层状白云石大理岩、深灰—灰色条纹状含石英铁质碳质白云石大理岩、白色大理岩、灰色含透辉石滑石大理岩、深灰色条纹状大理岩夹黑色黑云绢云石英片岩、灰绿色绿泥绢云石英片岩，从其野外产状观察大理岩、白云石大理岩，原岩为灰岩、白云岩。该岩群主要为大理岩、白云石大理岩夹片岩。岩石多呈粒状变晶结构，条纹状构造，主要矿物成分为白云石、方解石。本岩组岩石组合稳定，主要为一套碳酸盐岩建造。受岩性能干性控制，大理岩中有大量的顺层掩卧褶皱，变质程度达高绿片岩相-角闪岩相。

b岩组(JxS^b)：出露于图区塔什区可克—努尔河垴一带，出露面积约105km^2，地层叠置厚度849.15m，主要岩性为灰绿色绿泥斜长片岩，灰色绿帘绢云石英片岩，浅灰色、灰色二云母片岩，属高绿片岩相变质作用。

(二)构造变形特征

桑株塔格岩群位于库地-其曼于特构造混杂岩带南侧，其构造变形极为强烈，受多期构造变形、变质叠加改造极为强烈，不同(层)期的无根褶皱、顺层掩卧褶皱及韧性剪切断层极为发育。总体表现为中—深构造层变形特征。

(三)岩石地球化学特征

桑株塔格岩群主要岩石化学成分见表2-12。从表中可看出：该群各类岩石化学成分具较强的规律性，一种为二云石英片岩、二云斜长石英片岩、黑云绢云片岩等片岩，为b岩组主要岩性，其化学成分基本相似，以高的 SiO_2(55.90%～65.05%)、Al_2O_3(15.53%～16.54%)、K_2O(3.33%～4.60%)含量，低CaO(0.45%～2.70%)含量为特征；另一种为白色大理岩、白云透闪石英方解石片岩，以低的SiO_2(1.08%～16.89%)含量、高的CaO+MgO+CO_2(86.08%～97.4%)含量为特征，与原岩矿物成分第一种岩石以硅铝质矿物石英、长石、云母为主，第二种岩石以白云石、方解石为主相关。白云质大理岩中主要化学成分为CaO、MgO、CO_2，说明白云质大理岩中主要矿物成分为白云石，岩石中含有一定量的SiO_2，反映白云石大理岩中含有一定的砂屑。

表2-12　桑株塔格岩群岩石化学成分含量表　(%)

样品号	岩石名称	SiO_2	Al_2O_3	Fe_2O_3	FeO	MgO	CaO	Na_2O	K_2O
D6245-TS1	白云质大理岩	9.15	0.76	0.26	2.23	17.50	27.50	0.05	0.29
D6246-TS1	白云质大理岩	1.08	0.10	0.03	0.10	21.60	30.35	0.03	0.03
D5811-GS3	二云斜长石英片岩	55.90	16.54	0.04	8.20	3.41	2.70	2.73	3.33
D5811-GS4	二云石英片岩	63.31	15.53	1.30	5.56	2.41	1.55	0.87	3.75
D6244-GS1	黑云绢云片岩	65.05	15.78	1.28	4.20	2.84	0.45	0.45	4.60
D5811-GS5	白云透闪石英方解石片岩	16.89	7.79	2.40	1.10	1.69	38.65	0.32	0.80

样品号	岩石名称	TiO_2	P_2O_5	MnO	CO_2	H_2O^+	H_2O^-	LOI
D6245-TS1	白云质大理岩	0.02	0.02	0.10	41.08	0.06	—	99.03
D6246-TS1	白云质大理岩	0.00	0.14	0.04	45.53	0.01	—	99.03
D5811-GS3	二云斜长石英片岩	1.77	0.27	0.17	0.22	2.74	0.21	98.23
D5811-GS4	二云石英片岩	1.08	0.13	0.18	0.22	3.32	0.09	99.30
D6244-GS1	黑云绢云片岩	0.89	0.09	0.09	0.22	2.07	0.25	98.26
D5811-GS5	白云透闪石英方解石片岩	0.21	0.21	0.18	5.50	2.52	0.04	100.33

注：样品由国土资源部西安矿产资源监督检测中心测试分析

根据岩石化学计算，利用[(al＋fm)-(c＋alk)]-Si图解(Symoner，1953)恢复原岩，二云石英片岩、二云斜长石英片岩、黑云绢云片岩，投影到厚层泥岩区和砂岩区；利用(Al＋Fe＋Ti)-(Ca＋Mg)图解(Monine，1968)恢复原岩，有两个样品投影到亚杂砂岩区类与杂砂岩分界区、一个样品投到亚杂砂岩边缘区，白云透闪石英方解石片岩投到白云质杂砂岩或白云岩区(详见第四章变质岩)；利用A-C-F三角图解(НюпСеменеко)判别，二云石英片岩、二云斜长石英片岩、黑云绢云片岩投影到铁镁铝硅酸盐岩石亚类(原岩为铁质泥质岩类)，白云透闪石英方解石片岩投影到钙质碳酸盐岩石亚类(原岩为碳酸盐沉积区)(详见第四章)。以上说明，桑株塔格岩群中片岩原岩主要为碎屑岩。白云质大理岩、大理岩其野外产状和岩石化学特征显示，其原岩为灰岩、白云岩。

该岩群岩石化学特征说明a岩组原岩以砂岩、杂砂岩等碎屑岩为主，b岩组主要为白云岩、灰岩等碳酸盐岩夹砂岩、杂砂岩等碎屑岩。

桑株塔格群岩石微量元素含量见表2-13。从表2-13中可看出该群片岩中大部分微量元素含量变化较大，其平均值与地壳克拉克值相比，Ag、Mo、Sn高于地壳克拉克值，Co、Mn、Nb、Th与地壳克拉克值相近，其余元素均低于地壳克拉克值；大理岩、白云质大理岩中微量元素除Ba、Sr外，其余元素含量变化不大，大理岩、白云质大理岩岩石微量元素平均值与世界碳酸盐岩平均值(涂和费，1961)相比较，Ba、Co、Nb、Sc、Mo高于世界碳酸盐岩平均值，Rb、Cr、Th、Sb基本与世界碳酸盐岩平均值相近，其余元素低于世界碳酸盐岩平均值。

表2-13　桑株塔格岩群微量元素含量表

岩石名称	Ba	Co	Cr	Cu	Mn	Nb	Ni	Pb	Rb	Sc
大理岩	27.8	1.22	7.7	5.00	527	0.40	4.62	3.72	2.00	10.7
大理岩	120.0	14.30	20.5	7.34	311	1.99	11.80	3.75	18.30	8.9
条纹状大理岩	12.2	0.39	7.9	0.96	50	0.43	1.19	3.11	1.01	10.9
大理岩	14.3	0.41	7.3	1.25	259	0.58	1.83	3.38	0.76	11.3
滑石化大理岩	10.0	0.67	13.3	0.43	256	0.57	1.99	20.30	0.72	11.4
含透辉石白云石大理岩	10.7	0.25	5.6	0.51	79	0.49	0.92	3.18	1.89	11.9
大理岩平均值	32.5	3.00	10.0	2.60	247	0.70	3.70	6.20	4.10	10.8
浅粒岩	623.0	3.86	24.2	12.00	461	24.80	4.64	13.10	222.00	2.0
黑云石英片岩	410.0	31.10	145.0	1.32	1 431	41.40	78.60	0.47	92.10	10.5
二云石英片岩	728.0	18.50	72.3	41.80	1 074	18.60	40.20	6.00	133.00	7.1
云母长石石英片岩	159.0	3.67	30.0	21.30	795	6.13	10.20	6.81	2.13	1.1
碎屑岩平均值	480.0	14.30	68.0	19.00	940	23.00	33.40	6.60	112.00	5.0
地壳克拉克值(维氏，1962)	650.0	18.00	83.0	47.00	1 000	20.00	58.00	16.00	150.00	10.0
碳酸盐岩平均值(涂和费，1961)	10.0	0.10	11.0	4.00	1 100	0.30	20.00	9.00	3.00	1.0
岩石名称	Sr	Th	Zn	Zr	Sn	Ag	Sb	Hg	Mo	Au
大理岩	111	1.80	7.5	12.20	0.77	62	0.24	1.73	0.97	1.07
大理岩	9	2.83	7.4	46.10	1.20	74	0.20	13.00	0.90	0.82
条纹状大理岩	47	1.32	6.2	2.84	0.77	50	0.17	2.29	0.31	0.38
大理岩	58	1.40	7.3	3.92	1.20	50	0.23	1.73	3.50	0.59
滑石化大理岩	128	0.20	15.8	6.31	1.00	125	0.09	1.73	0.44	0.71
含透辉石白云石大理岩	61	1.59	5.6	1.73	1.00	52	0.07	1.73	0.50	0.40
大理岩平均值	69	1.50	8.3	12.20	1.00	69	0.20	3.70	1.10	0.70
浅粒岩	123	14.40	23.2	25.40	60.00	60	2.20	2.95	2.50	1.04
黑云石英片岩	90	24.90	67.2	10.70	50.00	50	3.00	3.77	0.92	0.75
二云石英片岩	62	17.20	73.4	14.00	105.00	105	5.20	18.20	1.10	1.14
云母长石石英片岩	780	2.91	43.7	9.65	105.00	105	0.88	3.96	2.50	1.57
碎屑岩平均值	264	15.00	52.0	15.00	80.00	80	2.80	7.20	1.80	1.10
地壳克拉克值(维氏，1962)	340	13.00	83.0	170.00	25.00	70	25.00	83.00	1.10	3.40
碳酸盐岩平均值(涂和费，1961)	610	1.70	20.0	19.00	—	—	0.20	40.00	0.40	—

注：样品由国土资源部西安矿产资源监督检测中心测试分析；其中Au、Ag、Hg元素含量单位为$\times10^{-9}$，其他元素含量单位为$\times10^{-6}$

桑株塔格岩群(JxS)稀土元素含量及特征值见表2-14,稀土元素球粒陨石标准化模式见图2-9。从图和表中可看出:片岩与碳酸盐岩在稀土元素含量、轻稀土元素总量(LREE)、重稀土元素总量(HREE)上差别不大。碳酸盐岩稀土元素含量、轻稀土元素总量、重稀土元素总量较低,而片岩、大理岩稀土元素含量、轻稀土元素总量、重稀土元素总量相对较高,但片岩、大理岩岩石LREE/HREE比值、δEu值,球粒陨石配分模式曲线除一个白云质大理岩样品外基本一致,为轻稀土富集型,具负铕异常。相似的稀土元素球粒陨石标准化模式曲线说明其具相似的物源和沉积环境。

表2-14　桑株塔格岩群稀土元素含量及特征值表

样品号	岩石名称	稀土元素含量($\times10^{-6}$)									
		La	Ce	Pr	Nd	Sm	Eu	Gd	Tb	Dy	Ho
D6245-XT1	大理岩	9.62	15.40	1.93	8.23	1.84	0.49	2.03	0.28	1.86	0.29
D6246-XT1	大理岩	11.00	10.80	0.58	2.63	0.54	0.08	0.27	0.04	0.22	0.03
D5811-XT3	二云斜长石英片岩	37.70	63.30	6.99	33.40	6.41	1.34	5.31	0.94	6.01	1.07
D5811-XT4	二云石英片岩	36.40	58.60	7.21	31.00	6.38	1.04	4.89	0.85	5.61	1.09
D5811-XT5	黑云绢云片岩	12.00	20.30	2.67	10.00	2.08	0.50	2.31	0.40	2.84	0.55
D6244-XT1	白云透闪石英方解石片岩	55.10	92.90	11.10	42.80	7.44	1.57	7.08	1.27	8.35	1.60

样品号	岩石名称	稀土元素含量($\times10^{-6}$)							特征参数值	
		Er	Tm	Yb	Lu	LREE	HREE	ΣREE	LREE/HREE	δEu
D6245-XT1	白云石大理岩	0.89	0.12	0.59	0.11	37.51	6.17	43.68	6.08	0.77
D6246-XT1	白云石大理岩	0.08	0.01	0.13	0.02	25.63	0.80	26.43	31.91	0.55
D5811-XT3	二云斜长石英片岩	3.12	0.42	2.88	0.34	149.10	20.09	169.23	7.42	0.68
D5811-XT4	二云石英片岩	3.09	0.48	3.01	0.38	140.63	19.40	160.03	7.25	0.55
D5811-XT5	黑云绢云片岩	1.59	0.21	1.27	0.16	47.55	9.33	56.88	5.10	0.69
D6244-XT1	白云透闪石英方解石片岩	4.65	0.72	4.26	0.50	210.91	28.43	239.34	7.42	0.65

注:样品由国土资源部中南矿产资源监督检测中心分析

(四)区域变化及地层对比

桑株塔格岩群向东至再依勒克河(阿克萨依湖幅)一带b岩组岩性主要为浅灰色二云石英片岩、二云斜长石英片岩、浅灰白色浅粒岩夹深灰色白云透闪方解石英片岩,岩石中绿泥绢云石英片岩明显减少。图幅桑株塔格岩群岩石组合与命名地基本相似,可以进行对比。

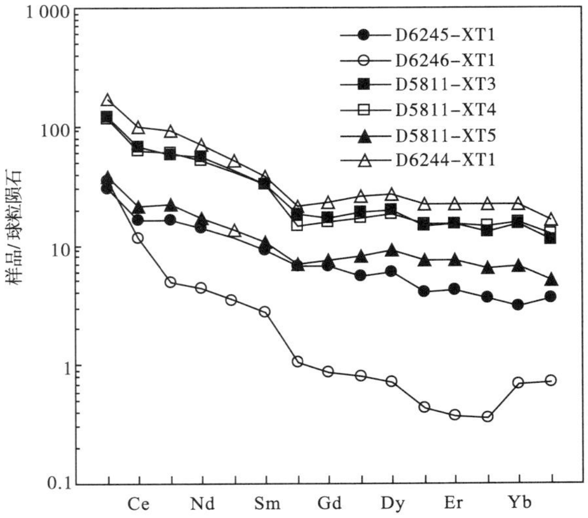

图2-9　桑珠塔格岩群岩石稀土元素球粒陨石标准化分布图

(五)地层时代

桑株塔格岩群岩性为一套高绿片岩相变质地层,岩石变形变质强烈,其变质程度与在同一地层分区的长城系赛图拉岩群(Ch*St*)相似,在测区被奥陶纪—志留纪侵入岩侵入,且前人在桑株塔格岩群a岩组采集到少量叠层石,主要有*Conophyton*,*Baicalia*,*Paraconophyton*,*Jacutophyton*,因此将其时代置于中元古代蓟县纪。

第五节　寒武系—奥陶系

寒武系—奥陶系地层主要有西和休岩组、阿其克片岩、奥米沙砂板岩及未分的早古生代库地-其曼于特蛇绿构造混杂岩，主要以非正式的岩石地层单位为主，出露于图幅北部阿其克山及南部卡其—包萨提牙伊拉克—玉龙—区委克一带，属塔里木盆地地层分区和昆中地层分区，其出露面积虽然不大，主要为构造蛇绿混杂岩、复理石及相关的边缘建造，由于受后期强烈向北推覆作用的改造，上述岩石地层单位为图幅早古生代残留的地质体，但对图幅内地质演化却有着极为重要的意义。

一、西合休岩组[(∈—O)x]

西合休岩组是陕西省地质调查院计文化等(2004)在神仙湾幅1∶25万区调时建立的岩石地层单位，命名地为新疆叶城县西合休一带。系指出露于西昆仑地层区沿库地结合带分布的一套绿片岩相变质地层，主要岩石为各种片岩、变粒岩、变质火山岩、千枚岩，与相邻地层均以断层接触，时代为寒武纪—奥陶纪。本次区调工作沿用。

西合休岩组为北昆仑地层分区地层单位，出露于图幅西南部尼萨一带，呈长楔状向东尖灭于库地-其曼于特接合带中，北与塞拉加兹塔格岩群、南与库地-其曼于特构造蛇绿混杂岩均为韧性断层接触，岩层走向北西—南东向，与区域主构造线方向一致，图区岩性主要为片岩夹少量的变粒岩，出露面积约20km^2。

(一)地层特征

图幅西合休岩组以新疆和田县卡其巴西科纳克代牙岩性较全，岩石露头较好，该条剖面起点坐标：N36°28′40″、E79°36′21″，该实测地质剖面岩性由新至老依次叙述如下(图2-10)。

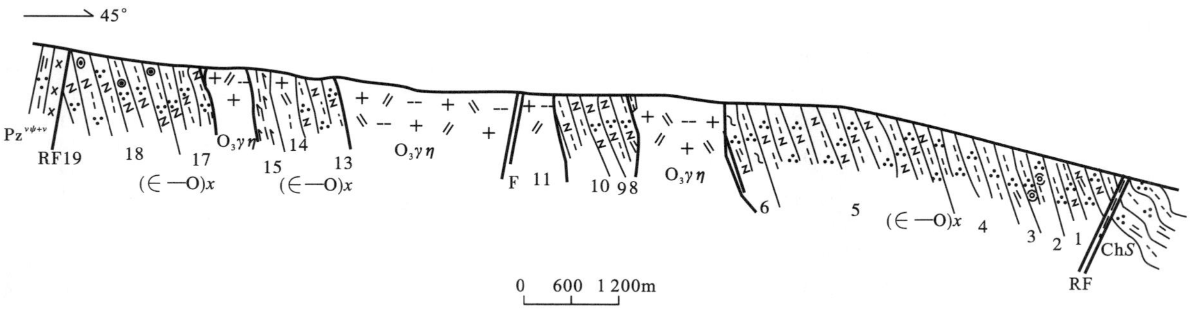

图2-10　新疆和田县卡其巴西科纳克代牙西和休组(∈—O)x实测地质剖面图

上覆地层：库地-其曼于特构造蛇绿混杂岩

西合休岩组(∈—O)x　　　　**>3 838.19m**

＝＝＝＝　韧性断层接触　＝＝＝＝

1. 灰色斜长二云石英片岩	429.01m
2. 灰黑色硅化黑云石英片岩	164.24m
3. 灰白色二云石英片岩	92.64m
4. 灰黑色黑云石英片岩	376.83m
5. 灰色、黑色斜长黑云石英片岩	858.56m

6. 灰黑色绿泥二云石英片岩	250.84m
8. 灰白色二云石英片岩	200.94m
10. 灰色黑云石英片岩	41.85m
13. 灰褐色黑云石英片岩	356.70m
15. 灰色辉石角闪石变粒岩	84.58m
17. 灰色斜长二云石英片岩	244.87m
18. 灰色含石榴子石斜长黑云石英片岩	737.13m

═══ 韧性断层接触 ═══

下伏地层:桑株塔格岩群 b 岩组

西合休岩组剖面上岩层叠置厚度大于 3 838.19m,北与下伏塞拉加兹塔格岩群 b 岩组呈韧性断层接触,南与上覆库地-其曼于特构造蛇绿混杂岩均呈韧性断层接触,呈构造岩片出露。岩性主要为灰黑色黑云石英片岩、灰色斜长二云石英片岩、灰色石榴斜长黑云石英片岩夹绿泥二云石英片岩、灰色辉石角闪石变粒岩,岩石呈鳞片变晶结构,片状构造、条带状构造发育,条带为暗色变质矿物与浅色矿物由于构造分异作用沿片理面相间排列而成,条带宽 2～4mm。西合休岩组岩石变质程度为绿片岩相。

(二)构造变形作用

由于西合休岩组沿库地-其曼于特结合带北侧分布,南、北夹持于韧性断裂带之间,受构造带影响岩石构造变形较强,但变质相对较浅,受区域大断裂多期活动的影响,岩石中叠加多期构造变形,片理等面理构造、流变褶皱构造、同斜紧闭褶皱构造等不同层次的变形构造发育,构造形迹以中层次韧性剪切带及流变褶皱为主,主变形期为早古生代末(加里东期)。

(三)岩石地球化学特征

西合休岩组岩石化学成分见表 2-15,利用岩石化学成分计算投影,该岩组主要岩性斜长二云石英片岩用 SiO_2-TiO_2 图解投影,落入沉积岩区(图 2-11),用 Log(Na_2O/K_2O)-Log(SiO_2/Al_2O_3)图解(图 2-12)投影,落入杂砂岩区,总体上该岩组原岩为杂砂岩。用砂岩-泥岩套的[(Log(K_2O/Na_2O)-SiO_2)]判别图解(Roser 等,1996)斜长二云石英片岩落入活动大陆边缘。

表 2-15 西和休岩组岩石化学成分含量表 (%)

样品号	岩石名称	SiO_2	TiO_2	Al_2O_3	Fe_2O_3	FeO	MnO	MgO	CaO
D7260-GS12	斜长黑云石英片岩	63.21	0.88	15.62	0.60	5.80	0.16	2.44	5.30
		Na_2O	K_2O	P_2O_5	CO_2	H_2O^+	H_2O^-	LOI	
		2.00	3.05	0.18	0.05	0.89	0.05	0.77	

注:样品由国土资源部西安矿产资源监督检测中心测试分析

西合休岩组岩石微量元素含量见表 2-16。从表中可看出,该岩组岩石微量元素除 Ba 外,总体含量变化不大。变碎屑岩岩石微量元素与地壳克拉克值相比较,Ag 高于地壳克拉克值,Co、Cu、Mn、Sc、Sr、Th、Ti、Zn、W 元素与地壳克拉克值大致接近,其余元素低于地壳克拉克值,不论是高于地壳克拉克值还是低于地壳克拉克值,但总体与地壳克拉克值相差不大,元素含量偏低。

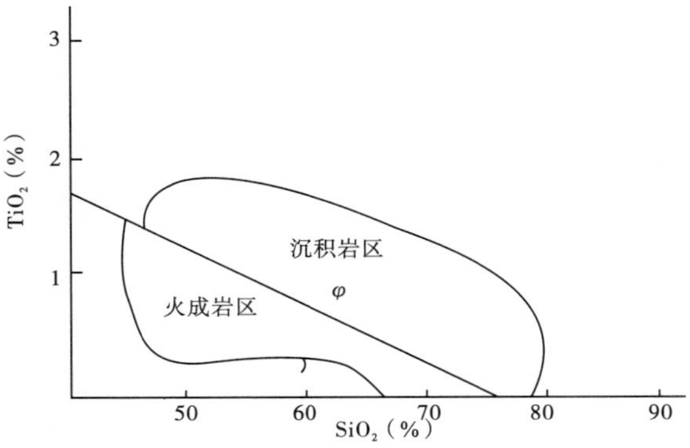

图 2-11　西合休岩组 SiO_2 - TiO_2 图解
（据 Tanry 1975）

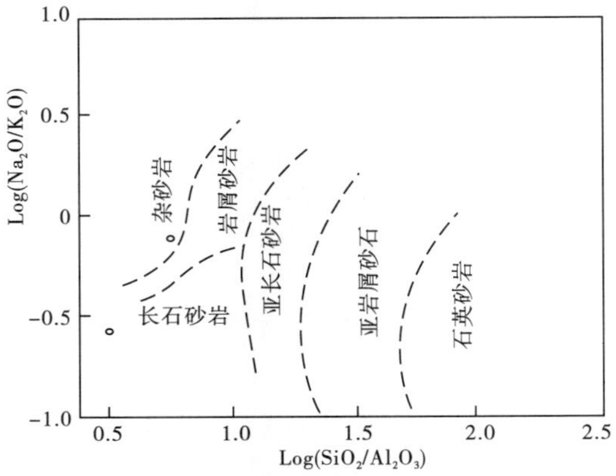

图 2-12　西合休岩组 $Log(Na_2O/K_2O)$-$Log(SiO_2/Al_2O_3)$图解　（据 Pettijohn，1972）

表 2-16　西和休岩组岩石微量元素含量表

样品号	岩石名称	Ba	Co	Cr	Cu	Mn	Nb	Ni	Pb	Rb	Sc
D7260-GP1	二云石英片岩	723	12.1	46.9	6.13	769	15.5	22.7	5.2	115	6.14
D7260-GP5	黑云石英片岩	813	14.1	93.3	3.95	632	18.1	42.6	16.2	129	7.92
D7260-GP6	斜长黑云石英片岩	531	17.1	66.9	31.50	1 130	19.9	43.3	23.8	152	9.67
D7260-GP9	绿泥二云石英片岩	601	13.2	93.0	57.10	884	17.7	32.9	12.1	156	6.87
D7260-GP11	斜长二云石英片岩	745	11.2	44.6	1.02	816	14.0	23.7	6.7	179	5.16
D7260-GP12	斜长二云石英片岩	664	10.4	39.3	2.12	787	13.3	20.2	6.6	186	5.02
D7260-GP13	斜长角闪石英片岩	105	8.56	63.3	75.80	1 338	12.4	24.7	2.0	5	5.04
D7260-GP18	斜长二云石英片岩	427	15.0	73.2	49.60	1 261	15.8	30.8	16.8	107	8.74
D7260-GP21	含石榴子石斜长石英片岩	343	11.3	41.1	15.00	1 260	8.9	30.8	13.9	106	3.81
变质碎屑岩平均值		449	12.0	64.0	40.00	1 098	15.0	29.0	11.0	101	7.00
地壳克拉克值(维氏，1962)		650	18.0	83.0	47.00	1 000	20.0	58.0	16.0	150	10.00

样品号	岩石名称	Sr	Th	Ti	Zn	Zr	Sn	Ag	W	Mo	Au
D7260-GP1	二云石英片岩	166	13.5	4 476	70.4	127	2.70	51	1.04	0.70	0.41
D7260-GP5	黑云石英片岩	271	11.9	4 242	84.8	139	2.20	50	1.32	0.50	1.26
D7260-GP6	斜长黑云石英片岩	251	14.5	5 137	89.4	226	2.60	63	1.21	0.40	2.67
D7260-GP9	绿泥二云石英片岩	119	14.2	3 636	82.6	116	2.70	63	1.95	1.28	0.57
D7260-GP11	斜长二云石英片岩	177	12.4	4 172	72.2	71	2.15	77	1.42	0.62	1.46
D7260-GP12	斜长二云石英片岩	172	11.3	4 293	80.2	71	2.45	170	1.10	0.50	0.58
D7260-GP13	斜长角闪石英片岩	658	9.7	3 902	52.0	66	7.20	290	1.04	1.93	0.74
D7260-GP18	斜长二云石英片岩	358	15.9	6 114	74.7	201	3.36	50	1.53	0.50	1.48
D7260-GP21	含石榴子石斜长石英片岩	298	9.9	2 950	72.2	77	1.40	50	0.62	0.40	1.42
变质碎屑岩平均值		358	13.0	4 569	71.1	126	4.00	122	1.00	0.90	1.00
地壳克拉克值(维氏，1962)		340	13.0	4 500	83.0	170	25.00	70	1.30	1.10	3.40

注：样品由国土资源部西安矿产资源监督检测中心测试分析；其中 Au、Ag 元素含量单位为 $\times 10^{-9}$，其余元素含量单位为 $\times 10^{-6}$

西合休岩组岩石稀土元素含量见表2-17、稀土元素球粒陨石模式曲线见图2-13。从图、表分析:该岩组片岩稀土元素含量、总量(∑REE)虽有一定的差异,但各类片岩轻稀土元素总量、重稀土元素总量值相差不大,LREE/HREE=7.14~11.11,岩石球粒陨石模式曲线极为相似(图2-13),δEu值相近,δEu=0.53~0.69,为铕的负异常。西合休岩组岩石基本相同的稀土元素特征值及相似的球粒陨石配分模式曲线,说明其具有相似的物源。

表2-17 西和休岩组稀土元素含量及特征值表

样品号	岩石名称	稀土元素含量($\times10^{-6}$)									
		La	Ce	Pr	Nd	Sm	Eu	Gd	Tb	Dy	Ho
D7260-XT1	二云石英片岩	46.1	74.9	8.02	37.9	6.66	1.12	4.63	0.80	4.25	0.87
D7260-XT3	黑云石英片岩	41.7	72.1	8.15	37.5	6.86	1.44	5.56	0.97	6.81	1.40
D7260-XT6	绿泥石二云石英片岩	35.2	68.6	7.12	28.4	6.30	1.0	4.96	0.72	4.68	1.06
D7260-XT8	斜长角闪片岩	24.0	39.8	4.35	17.4	3.34	0.73	3.05	0.57	3.51	0.70

样品号	岩石名称	稀土元素含量($\times10^{-6}$)							特征参数值	
		Er	Tm	Yb	Lu	LREE	HREE	∑REE	LREE/HREE	δEu
D7260-XT1	二云石英片岩	2.40	0.35	2.14	0.29	174.70	15.73	190.43	11.11	0.59
D7260-XT3	黑云石英片岩	4.15	0.59	3.59	0.43	167.75	23.50	191.25	7.14	0.69
D7260-XT6	绿泥石二云石英片岩	2.87	0.44	2.92	0.42	146.62	18.07	164.69	8.11	0.53
D7260-XT8	斜长角闪石英片岩	2.00	0.28	1.96	0.27	89.62	12.34	101.96	7.26	0.69

注:样品由国土资源部中南矿产资源监测检测中心分析

(四)区域变化及地层对比

西合休岩组向西至库尔良—苏格达坂一带(康西瓦幅),岩性主要为浅灰色二长浅粒岩、灰色黑云二长变粒岩、灰色黑云石英片岩、含石榴子石二云石英片岩、二云石英片岩、灰色阳起钠长绿泥片岩、灰绿色钠长阳起绿帘片岩、灰—深灰色黑云角闪钠长片岩、斜长角闪岩夹极少量灰色大理岩。与本图幅相比较,岩石中变粒岩,含绿泥石、阳起石的片岩增加,原岩主要为长英质砂岩、中—基性火山岩夹极少量灰岩,岩石中火山岩增多,地壳活动增强。

图幅内西合休岩组与西部叶城县西合休一带该岩组岩性组合基本可以对比,为同一岩石地层单位。

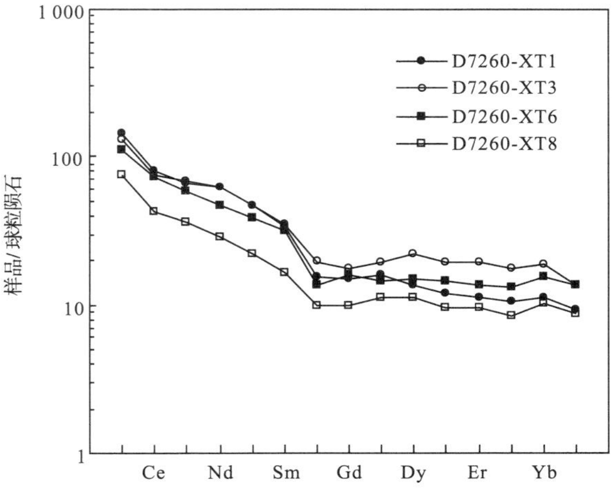

图2-13 西和休组岩石稀土元素球粒陨石标准化分布图

(五)地层时代

西合休岩组没有确切的时代依据,它沿着早古生代库地-其曼于特蛇绿混杂岩分布,与同期碰撞-俯冲型花岗岩伴生,其变质变形特征、岩石组合与相邻的元古宇地层明显不同,比后者变质浅,比南侧石炭系他龙群变质深(康西瓦幅),与于田县幅中库拉甫河岩群(韩芳林等,2002创名)沉积建造、变质变形比较相似。西合休组岩石组合和岩石地球化学特征说明其形成于大陆岛弧和活动大陆边缘环境中,为库地-其曼于特蛇绿岩带的北侧活动大陆边缘建造。故将其时代划为寒武纪—

奥陶纪。

二、阿其克片岩[(∈—O)^{sch}]

阿其克片岩[(∈—O)^{sch}]为本次工作新建立的非正式岩石地层单位，命名地为新疆洛浦县土库曼塔什塔格山南部阿其克一带，指出露于土库曼塔什塔格南部，岩性主要为灰绿色黑云绿泥方解石英片岩、浅绿色斜长石英绢云母片岩、绿泥绢云斜长石英片岩夹绿色绿泥绢云石英片岩、浅灰色长石石英变砂岩、浅灰色绢云方解石片岩、千枚岩等一套低绿片岩相的变质岩，与下伏地层呈断层接触，其与上覆上泥盆统奇自拉夫组(D_3q)陆相粗碎屑岩为角度不整合接触，原岩为碎屑岩。时代初步厘定为寒武纪—奥陶纪。

阿其克片岩[(∈—O)^{sch}]为塔里木地层分区和田地层小区地层单位，零星出露于土库曼塔什塔格南部，为褶皱枢纽近南北向的阿其克背斜核部最老的岩石地层，地表出露南北长10km，东西宽4km，面积约52km^2，该组岩石颜色以浅绿色、灰绿色为主，岩性以含绿泥石的各种片岩为主，南与塞拉加兹塔格岩群以铁克里克北缘断层呈断层接触。

(一)地层特征

测区阿其克片岩组[(∈—O)^{sch}]在洛浦县土库曼塔什塔格山南部阿其克山东部岩石出露较为齐全，基岩露头连续，该剖面起点为：N36°48′34″、E80°12′32″，现将新疆洛浦县土库曼塔什塔格山南部阿其克寒武系—奥陶系阿其克片岩剖面(图2-14)上的岩性自上而下叙述如下。

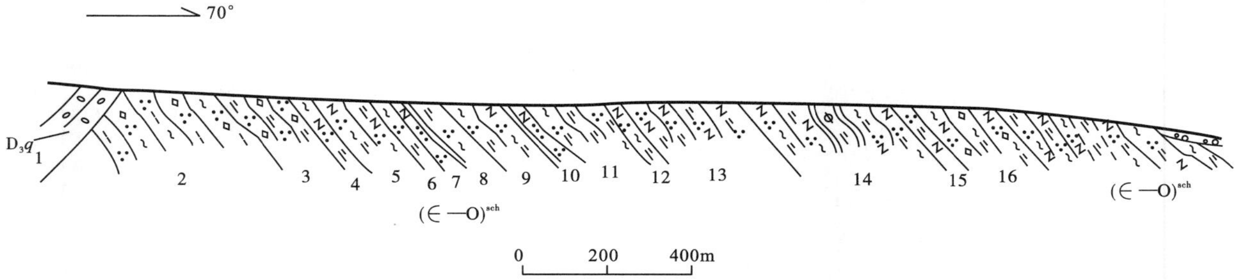

图2-14　新疆洛浦县土库曼塔什塔格山南部阿其克片岩组[(∈—O)^{sch}]实测地质剖面图

上覆地层：泥盆系奇自拉夫组(D_3q)

～～～～～～　角度不整合接触　～～～～～～

阿其克片岩(∈—O)^{sch}	**＞840.83m**
17. 浅绿色绢云绿泥斜长石英片岩夹绢云母千枚岩	71.39m
16. 浅灰色含绿泥石绢云方解斜长石英片岩	101.33m
15. 浅绿色、灰色斜长绢云石英片岩	3.94m
14. 浅灰色绿泥绢云斜长石英片岩夹灰色含绿帘绢云母板岩	62.97m
13. 浅绿色斜长石英绢云母片岩	98.80m
12. 浅灰色斜长绿泥绢云石英片岩夹灰色绢云母片岩	15.96m
11. 灰绿色含石英绿泥绢云母片岩夹绢云母片岩	79.45m
10. 浅灰色长石石英变砂岩	7.31m
9. 灰绿色绿泥绢云斜长石英片岩	41.44m
8. 浅绿色绿泥绢云石英片岩夹绢云母片岩	19.08m
7. 灰色长石石英变砂岩	43.21m
6. 灰色绿泥绢云片岩夹灰色绢云母片岩	5.63m

5. 灰绿色绿泥绢云斜长石英片岩 66.64m
4. 灰绿色绿泥绢云斜长石英片岩 3.20m
3. 浅灰色绢云方解石英片岩 70.63m
2. 灰绿色黑云绿泥方解石英片岩 149.85m

（未 见 底）

该剖面未见底，地层叠置厚度大于840.83m，上泥盆统奇自拉夫组角度不整合覆盖其上，其岩性主要为灰绿色黑云绿泥方解石英片岩、浅绿色斜长石英绢云母片岩、浅绿色绿泥绢云斜长石英片岩、绿色绿泥绢云石英片岩夹浅灰色长石石英变砂岩、浅灰色绢云方解石片岩、千枚岩等，含绿泥石的各种片岩发育显微鳞片—不等粒变晶结构，片状构造发育，岩石中常见残余的变余凝灰结构。含绿泥石的片岩中，矿物成分主要为石英、长石、绢云母、绿泥石及变火山碎屑等，从岩石颜色、矿物成分、变余组构综合推断，该岩组含绿泥石的各种片岩为含基性凝灰质等的砂岩、杂砂岩或凝灰岩，变质程度属低绿片岩相。

阿其克片岩岩石发育 S_1 流劈理，对原岩沉积组构置换殆尽，其 S_1 流劈理与铁克里克变质岩主期面理明显不协调。

（二）岩石地球化学特征

阿其克片岩[(∈—O)^{sch}]主要岩石化学特征值见表2-18。从表中可看出：该岩组主要岩石类型化学成分变化不大，利用(Al+Fe+Ti)-(Ca+Mg)图解(Monine，1968)投影，3个样品分别落入砂岩区、杂砂岩区和白云质杂砂岩区。利用[(al+fm)-(c+alk)]-Si图解(Symoner，1953)投影，两个样品落入厚层泥岩区；一个样品落入火山岩区。利用区分正副变质岩的c-n-f三角图解判别，3个样品均落入沉积岩区，且靠近f端元。利用A-C-F三角图解(НюпСеменеко)恢复原岩，3个样品分别落入铁质泥质岩区、泥灰质沉积岩区和基性火山岩及部分泥灰质沉积岩区。综合岩石中残留的变余凝灰结构及主要变质矿物推断，其原岩为含基性凝灰质的砂岩、杂砂岩或基性凝灰岩，其成分成熟度较低。

表2-18 阿其克片岩岩石化学成分含量表 (%)

岩组	样品号	岩石名称	SiO_2	TiO_2	Al_2O_3	Fe_2O_3	FeO	MnO	MgO	CaO
阿其克片岩	D6880-GS3	绿泥绢云石英片岩	62.66	0.53	11.06	0.49	3.25	0.09	1.98	8.15
	D6880-GS4	绿泥石英片岩	66.23	0.69	12.85	0.73	4.52	0.11	3.23	2.45
	D6880-GS7	绢云石英片岩	61.48	0.80	11.89	0.68	4.43	0.13	2.84	6.60
	样品号	岩石名称	Na_2O	K_2O	P_2O_5	CO_2	H_2O^+	H_2O^-	LOI	
	D6880-GS3	绿泥绢云石英片岩	2.30	1.85	0.09	1.35	1.39	0.14	7.63	
	D6880-GS4	绿泥石英片岩	2.70	1.95	0.11	0.47	2.57	0.36	3.83	
	D6880-GS7	绢云石英片岩	2.65	1.63	0.13	1.12	2.30	0.13	6.87	

注：样品由国土资源部西安矿产资源监督检测中心测试分析

阿其克片岩[(∈—O)^{sch}]主要岩石微量元素含量见表2-19。从表2-19中可看出：阿其克片岩主要岩石类型微量元素含量变化较大，可能与原岩中火山碎屑含量有关。其岩石微量元素平均值与地壳克拉克值相比较，相容元素Co、Cr、Ni、Zn与地壳克拉克值基本接近，Ag低于地壳克拉克值，不相容元素Ba、Hf、Th、V高于地壳克拉克值，Nb、Pb与地壳克拉克值大致接近，其余不相容元素低于地壳克拉克值。

阿其克片岩[(∈—O)^{sch}]岩石稀土元素含量及特征值见表2-20，岩石稀土元素球粒陨石配分模式曲线见图 2-15。从图、表中可看出：阿其克片岩主要岩石类型稀土元素含量变化不大，其轻、重稀土元素总量及比值接近，主要岩石球粒陨石配分模式曲线近乎重叠，δEu 值变化小，为 0.64～0.74，铕为相似的负异常，该岩组岩石相似的稀土元素含量、特征值及球粒陨石曲线说明其物源相似。

表 2-19　阿其克片岩微量元素含量表

样品号	岩石名称	Ba	Co	Cr	Cu	Hf	Nb	Ni	Pb	Rb	Sc
D6880-GP1	绿泥石英片岩	427	12.0	84.0	8.01	10.0	21.6	33.5	25.70	65	13.3
D6880-GP2	绢云母千枚岩	970	16.7	88.0	17.60	11.9	23.2	57.4	0.54	178	13.0
D6880-GP3	绢云石英片岩	896	16.8	80.0	1.93	12.2	30.7	36.4	9.87	105	14.0
D6880-GP5	绿泥绢云石英片岩	942	10.5	60.6	1 724	8.8	16.4	34.1	8.42	103	9.6
D6880-GP8	绿泥石英片岩	613	16.6	73.7	29.2	12.2	22.1	58.2	1.83	95	12.8
D6880-GP9	绢云石英片岩	502	19.3	74.9	6.66	13.1	11.6	86.6	1.13	126	12.4
D6880-GP13	绿泥绢云石英片岩	504	18.6	58.9	63.4	13.0	5.4	59.0	55.20	103	11.7
D6880-GP15	绢云母板岩	1 202	22.0	108.0	35.7	16.4	44.7	83.6	33.70	269	18.0
平均值		757	17.0	78.0	236.0	12.0	22.0	56.0	17.00	130	13.0
地壳克拉克值(维氏，1962)		650	18.0	83.0	47.0	1.0	20.0	58.0	16.00	150	10.0
样品号	岩石名称	Sr	Th	V	Zn	Zr	Sn	Ag	Sb	Mo	Au
D6880-GP1	绿泥石英片岩	192	13.2	70	52.1	420	3.40	230	1.40	0.37	2.11
D6880-GP2	绢云母千枚岩	84	16.1	138	93.8	346	2.90	50	0.26	0.20	0.91
D6880-GP3	绢云石英片岩	183	17.0	103	82.4	445	3.80	80	0.30	0.20	0.85
D6880-GP5	绿泥绢云石英片岩	194	11.8	77	62.4	255	2.60	360	0.37	0.25	2.06
D6880-GP8	绿泥石英片岩	242	16.2	86	103.0	298	2.60	50	0.22	0.25	0.89
D6880-GP9	绢云石英片岩	89	17.6	96	107.0	261	2.70	50	0.20	0.20	0.81
D6880-GP13	绿泥绢云石英片岩	94	17.1	92	116.0	249	2.50	50	0.31	0.31	3.47
D6880-GP15	绢云母板岩	60	22.4	186	124.0	296	4.40	60	0.26	0.56	1.07
平均值		142	16.0	106	93.0	321	3.00	116	0.40	0.30	1.50
地壳克拉克值(维氏，1962)		340	13.0	90	83.0	170	25.00	70	25.00	1.10	3.40

注：样品由国土资源部西安矿产资源监督检测中心测试分析；其中 Au、Ag 元素含量单位为 $\times10^{-9}$，其他元素含量单位为 $\times10^{-6}$

表 2-20　阿其克片岩稀土元素特征值表

样品号	岩石名称	稀土元素含量($\times10^{-6}$)									
		La	Ce	Pr	Nd	Sm	Eu	Gd	Tb	Dy	Ho
D6880-XT3	绿泥绢云斜长石英片岩	49.2	70.2	8.39	30.7	5.95	1.28	4.24	0.62	4.01	0.73
D6880-XT4	绢云绿泥石英片岩	45.1	72.6	8.76	33.6	6.96	1.26	4.64	0.78	4.42	0.80
D6880-XT7	含绿泥石绢云方解石英片岩	47.0	70.6	8.06	34.3	6.98	1.33	5.20	0.78	5.07	0.86

样品号	岩石名称	稀土元素含量($\times10^{-6}$)							特征参数值	
		Er	Tm	Yb	Lu	LREE	HREE	∑REE	δEu	LREE/HREE
D6880-XT3	绿泥绢云斜长石英片岩	2.29	0.34	2.01	0.33	165.72	14.57	180.29	0.74	11.37
D6880-XT4	绢云绿泥石英片岩	2.32	0.34	2.07	0.29	168.28	15.66	183.94	0.64	10.75
D6880-XT7	含绿泥石绢云方解石英片岩	2.90	0.40	2.42	0.30	168.27	17.93	186.20	0.65	9.38

注：样品由国土资源部中南矿产资源监督检测中心分析

（三）沉积环境探讨

阿其克片岩岩石主要为含绿泥石的各种片岩，其原岩为含基性凝灰质的砂岩、杂砂岩或凝灰岩，说明岩石构造活动较强，利用 $TiO_2-(Fe_2O_3^*+MgO)$ 双变量关系图（Bhatia，1983）判别（图 2－16），两个样品落入大陆岛弧区，一个样品落入空白区；利用 $Al_2O_3/SiO_2-(Fe_2O_3^*+MgO)$ 双变量关系图（Bhatia，1983）判别（图 2－17），两个样品落入大陆岛弧区，一个落入活动大陆边缘。综上所述，该组岩石化学特征及岩石组构反映其可能处于活动大陆边缘或岛弧环境。

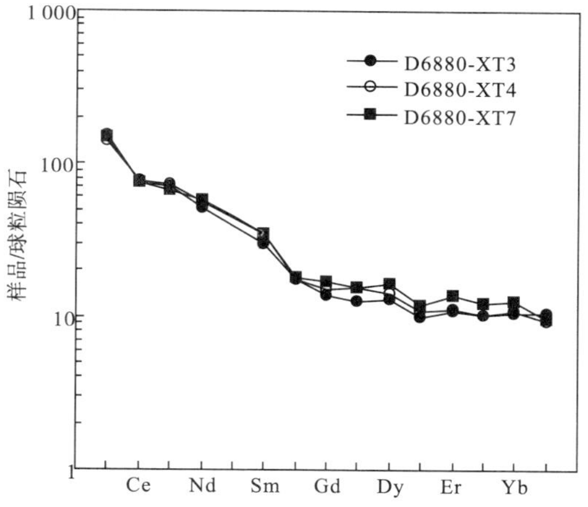

图 2－15 阿其克片岩岩石稀土元素球粒陨石标准化分布图

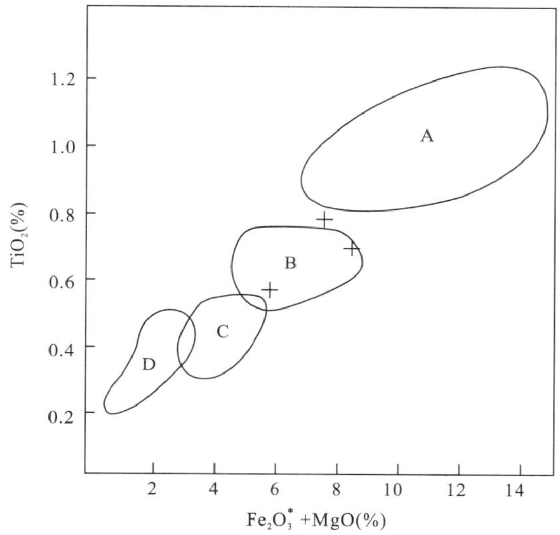

图 2－16 阿其克片岩变质碎屑岩 $TiO_2-(Fe_2O_3^*+MgO)$ 构造环境判别图解

A. 大洋弧岛；B. 大陆岛弧；C. 活动大陆边缘；D. 被动大陆边缘；＋. 阿其克片岩

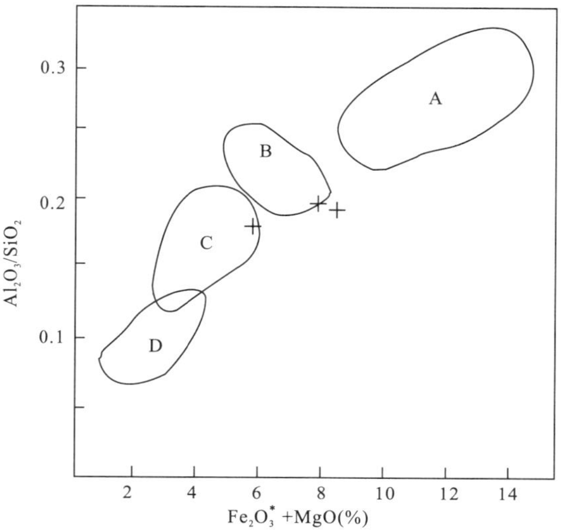

图 2－17 阿其克片岩变质碎屑岩 $Al_2O_3/SiO_2-Fe_2O_3^*+MgO$ 构造环境判别图解

A. 大洋弧岛；B. 大陆岛弧；C. 活动大陆边缘；D. 被动大陆边缘；＋. 阿其克片岩

（四）地层时代

前人曾将库鲁克塔格山（阿其克山）南部该套岩层划为长城纪塞拉加兹塔格岩群，经本次区调对比、研究发现，该岩组具变余凝灰结构，岩石变质程度为低绿片岩相，与铁克里克地层小区塞拉加兹塔格岩群的各种含绿泥石片岩岩石变质程度明显不同，应属不同的岩石地层单位。马润东、刘援朝、刘家铎等（成都理工大学）在《塔里木南缘浅变质岩系形成时代及构造背景》（新疆地质，2003 年第 1 期）一文发表了其在阿其克山该套岩石中获得的同位素年龄数据成果，其中在阿其克山该套地层所获年龄数据见表 2－21。从表 2－21 中可知，该岩组片岩中他们用 K－Ar 法获石英脉边缘变质矿物白云母、绿泥石年龄分别为 435Ma、506Ma，属变质年龄，用全岩 K－Ar 法获得的年龄主要集中在早寒武世中晚期至晚寒武世，用全岩 Rb－Sr 法获得的年龄为 453.65 Ma，为晚奥陶世；而其在塔里木南缘桑珠、阿其克、皮亚曼等地，在该套地层用 K－Ar 法、Rb－Sr 法所获年龄数据 92％大于379Ma，且有15件及半数以上分布在512～453Ma（寒武纪—中奥陶世）之间，其中全岩K－Ar法所获年龄在512～451Ma之间，由于放射性成因的氩在后期地质作用影响了变质岩中变质成因的富钾矿物，而白云母均为主变质其所形成，受后期干扰不大。假设早期的低温区域动力变质作用使岩石钾、氩同位素组成发生均一化，则所获K－Ar法年龄应能反映均一化作用时间；如果说由于变质作用温度较低的原因未能使钾、氩同位素均一化，则剩余氩将会使计算出的年龄偏大而接近于成岩作用年龄；考虑到全岩Rb－Sr法具抗干扰性强的特点，而用全岩Rb－Sr法在该套岩石中所获得的4个数据中，有3个数据主要为早—中志留世（437.85～423.57Ma），全岩Rb－Sr法所获的数据代表了其主变质期年龄数据明显低于全岩K－Ar法所获得的年龄，换句话说，全岩K－Ar法所获得的年龄数据512～453Ma（寒武纪—中奥陶世）可能代表了该套变质岩的原岩年龄；加之该岩组被产大量植物化石的晚泥盆世奇自拉夫组陆相粗碎屑岩以角度不整合覆盖（图2－18），综合考虑上述各种因素，本次区调工作将阿其克片岩时代厘定为寒武纪—奥陶纪。

表2－21　阿其克片岩年龄值表

样品位置	样品名称	年龄值(Ma)	备注
阿其克山	石英脉旁的白云母片岩中的白云母、绿泥石	435	片状矿物K－Ar法
	变质不等粒杂砂岩中的白云母、绿泥石	506	
	千枚岩、变质粉砂岩	512.5	全岩K－Ar法
		524.2	
		497.2	
	绢云母片岩、石英片岩	453.65	全岩Rb－Sr法

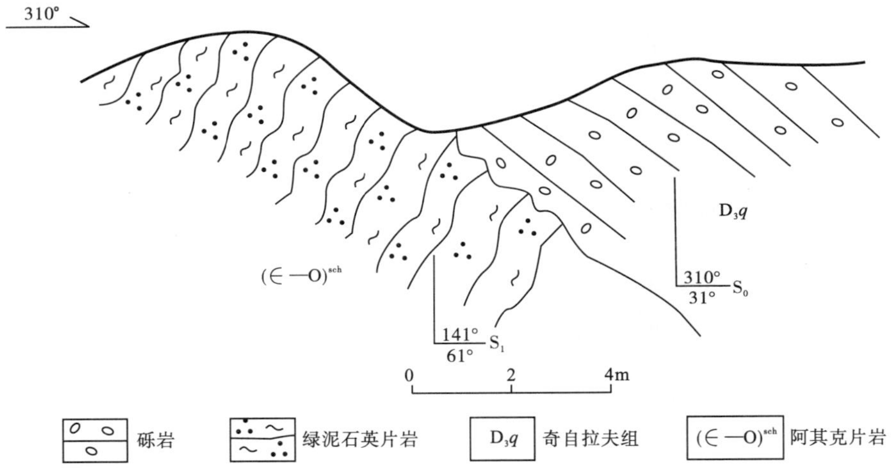

图2－18　奇自拉夫组（D_3q）与阿其克片岩（∈—O）^{sch}角度不整合接触素描图

三、奥米沙砂板岩（O^{sl}）

奥米沙砂板岩（O^{sl}）为本次地调工作新建立的非正式岩石地层单元，指分布于新疆和田县喀什塔什乡包萨提—奥米沙一带，以绿色、浅绿色为主的粉砂质泥板岩、粉砂质板岩、细粒长石砂岩、凝灰质变砂岩等细碎屑岩组成，以构造岩片叠置于库地-其曼于特构造混杂岩带中，上与石炭系卡拉乌依组、阿孜干组为角度不整合接触。

图幅内奥米沙砂板岩（O^{sl}）属昆北地层分区，主要出露于包萨提—奥米沙一带，在图幅东南角奴尔南区委克也有零星出露，主要呈长透镜状沿库地-其曼于特构造混杂岩带分布，地层走向呈近东西向，与区域断裂带（库地-其曼于特构造混杂岩带）走向一致，出露面积约 48km²。

（一）地层特征

奥米沙砂板岩（O^{sl}）在和田县喀什塔什乡喀浪古塔格村南包萨提岩性地层出露较为齐全，基岩露头好，且较为连续，剖面起点为：N36°12′01″、E79°46′01″。现以新疆维吾尔自治区和田县喀什塔什乡喀浪古塔格村南包萨提奥米沙砂板岩实测地质剖面（图 2－19）岩层由新至老介绍如下。

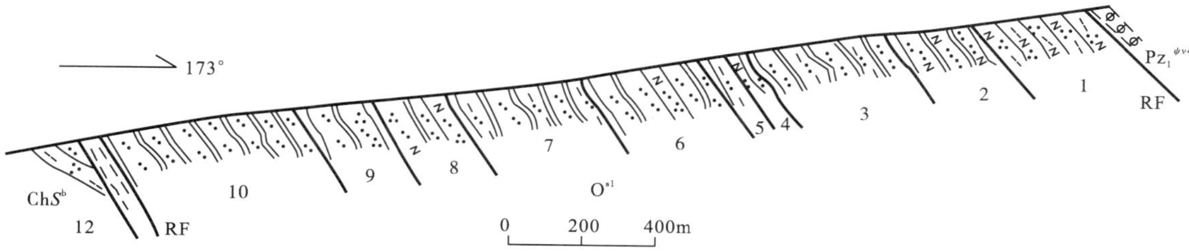

图 2－19　新疆和田县喀什塔什乡喀浪古塔格村南包萨提奥米沙砂板岩（O^{sl}）实测地质剖面图

上覆地层：库地-其曼于特构造混杂岩带

═══ 韧性断层接触 ═══

奥米沙砂板岩（O^{sl}）　　**>1 997.66m**

1. 深灰色绢云石英片岩	284.80m
2. 灰色变细粒长石砂岩	223.50m
3. 深灰色粉砂质板岩与粉砂质板岩不等厚互层	316.56m
4. 灰色长石石英砂岩夹粉砂质板岩	37.25m
5. 灰色粉砂质泥（绢云母）板岩	43.63m
6. 灰色粉砂质板岩夹灰色长石石英砂岩	237.70m
7. 深灰色粉砂质板岩与粉砂质泥板岩不等厚互层	206.98m
8. 灰色长石石英细砂岩夹粉砂质板岩	70.48m
9. 灰绿色凝灰质变砂岩	181.66m
10. 深灰色粉砂质板岩	395.10m

═══ 韧性断层接触 ═══

下伏地层：塞拉加兹塔格岩群（ChS）

奥米沙砂板岩在剖面上厚度大于 1 997.66m，从北向南地层由新变老，为一单斜地层，北与下伏塞拉加兹塔格岩群、南与上覆库地-其曼于特构造蛇绿混杂岩带均为韧性断层接触，以构造岩片叠置于断裂带之中，其岩性主要为绿色、浅绿色粉砂质板岩，浅绿色粉砂质泥板岩，浅绿色细粒长石砂岩，绿色凝灰质变砂岩。细砂岩、粉砂岩具细砂—粉砂质结构，主要矿物成分有石英、长石，其次为绢云母、绿泥石等，碎屑分选较好，粉砂质板岩、泥质粉砂质板岩、泥板岩具粉砂质—泥质结构，主要矿物成分为绢云母、长石、石英、绿泥石等，绿帘石少量。岩石中发育平行层理、水平行层理。奥米沙砂板岩岩石宏观特征表现为砂岩与板岩、泥板岩韵律状互层，单个韵律层厚度 5～10cm，似鲍马层序 B、D 层，或 C、D 层，具浊积岩特征。

奥米沙砂板岩岩石中板理面发育，但地层层序仍清晰可见，在断裂带附近岩石板理面极为发育，构造变形强烈，岩石沉积组构被后期片理面不同程度置换。

(二)岩石地球化学特征

奥米沙砂板岩主要岩石化学成分见表 2－22，其岩石化学成分在 Al_2O_3/SiO_2-($Fe_2O_3^*+MgO$)砂岩判别图解(Bhatia，1985)上，落入大洋弧边缘靠近大陆弧的一侧，用 Log(K_2O/Na_2O)－SiO_2图解投影，落入大洋弧区。

表 2－22　奥米沙砂板岩岩石化学成分含量表　　(%)

样品号	岩石名称	SiO_2	TiO_2	Al_2O_3	Fe_2O_3	FeO	MnO	MgO	CaO
D6249－GS1	粉砂质泥(绢云母)板岩	55.28	1.15	12.51	2.04	4.55	0.16	4.53	7.10
		Na_2O	K_2O	P_2O_5	CO_2	H_2O^+	H_2O^-	LOI	
		1.45	2.80	0.16	1.29	2.36	0.22	8.06	

注：样品由国土资源部西安矿产资源监督检测中心测试分析

奥米沙砂板岩(O^{sl})主要岩石化学成分微量元素含量见表 2－23。从表 2－23 看：奥米沙砂板岩显示微量元素含量变化不大，微量元素平均值与地壳平均值相比较，Zr、Ag、Th、As、W 元素含量略高于地壳克拉克值，Ba、P、Pb、Rb、Sc、V、Zn、Mo 大致与地壳克拉克值接近，其余元素低于地壳克拉克值，但总体相差不大。

表 2－23　奥米沙砂板岩微量元素含量表

样品号	岩石名称	Ba	Cu	P	Pb	Rb	Sc	Sr	Th	V
D5890－GP2	长石石英细砂岩	663	17.6	979	5.2	166	7.65	90	15.2	84.1
D5890－GP3	长石石英细砂岩	353	8.2	732	13.3	71	7.04	145	16.4	59.9
D5890－GP4	粉砂质板岩	497	16.9	1 132	4.1	143	8.33	81	15.7	79.3
D5890－GP5	粉砂质板岩	491	13.5	873	15.9	107	7.10	101	13.9	67.2
D5890－GP7	粉砂质泥板岩	670	19.7	932	18.3	171	10.20	86	17.1	99.5
D5890－GP9	粉砂质泥板岩	837	34.7	670	18.5	191	13.10	101	22.2	125.0
D5890－GP10	基性凝灰质砂岩	756	21.0	918	20.7	146	6.96	171	17.2	83.6
平均值		610	19.0	891	14.0	142	9.00	111	17.0	86.0
地壳克拉克值		650	47.0	930	16.0	150	10.00	340	13.0	90.0

样品号	岩石名称	Zn	Zr	Ag	As	Sb	Hg	W	Mo	Au
D5890－GP2	长石石英细砂岩	80.9	202	62	0.93	0.21	4.87	2.03	0.70	0.44
D5890－GP3	长石石英细砂岩	40.1	260	115	5.05	0.32	4.36	1.88	1.24	0.84
D5890－GP4	粉砂质板岩	92.3	239	94	0.78	0.17	4.65	1.66	0.97	0.53
D5890－GP5	粉砂质板岩	57.8	184	50	2.37	0.25	4.92	1.61	0.56	1.03
D5890－GP7	粉砂质泥板岩	91.5	245	80	1.92	0.32	5.96	2.46	0.13	3.36
D5890－GP9	粉砂质泥板岩	113.0	348	86	7.51	0.46	9.05	2.26	1.65	3.06
D5890－GP10	基性凝灰质砂岩	68.2	95	110	0.75	0.11	3.78	0.85	0.93	0.46
平均值		78.0	225	85	3.00	0	5.00	2.00	1.00	1.00
地壳克拉克值		83.0	170	70	1.70	25.00	83.00	1.30	1.10	3.40

注：样品由国土资源部西安矿产资源监督检测中心测试分析；Au、Ag、Hg 元素含量单位为 $\times10^{-9}$，其余元素含量单位为 $\times10^{-6}$

稀土元素含量及特征值见表 2－24，稀土元素球粒陨石模式配分曲线见图 2－20。从表看：轻稀土元素总量(LREE)与重稀土元素总量(HREE)比值 LREE/HREE＝0.70，球粒陨石配分模式曲线右倾，为轻稀土元素富集型。

表 2-24 奥米沙砂板岩岩石稀土元素特征值表

样品号	岩石名称	稀土元素含量($\times10^{-6}$)									
		La	Ce	Pr	Nd	Sm	Eu	Gd	Tb	Dy	Ho
D6249-XT1	绢云母板岩	43.0	77.5	7.90	39.5	7.40	1.61	6.49	1.14	7.53	1.39
样品号	岩石名称	稀土元素含量($\times10^{-6}$)							特征参数值	
		Er	Tm	Yb	Lu	LREE	HREE	ΣREE	LREE/HREE	δEu
D6249-XT1	绢云母板岩	3.98	0.60	3.49	0.40	176.91	25.02	201.93	0.70	7.07

注:样品由国土资源部中南矿产资源监督检测中心分析

(三)区域变化及岩性对比

奥米沙砂板岩(O^{sl})在图幅东、西部岩性较为稳定,在图区东部恰哈代里牙、怒尔河区委克南岩性主要为深灰色绢云母板岩、灰绿色钙质粉砂质绢云母板岩,地层厚度大于158.36m,以构造岩片叠置于库地-其曼于特蛇绿构造混杂岩之中,更新世半固结冲洪积砾石、砂砾石不整合于其上。

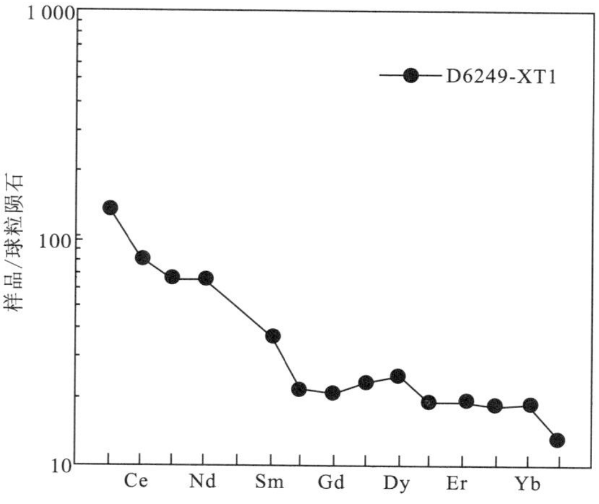

图 2-20 奥米沙砂板岩主要岩石稀土元素球粒陨石标准化分布图

(四)沉积环境讨论

奥米沙砂板岩地层中岩石以浅绿色的细—粉砂质板岩、泥质粉砂质板岩、泥板岩、凝灰质板岩的细碎屑岩,岩石中细—粉砂岩与板岩韵律清楚,具典型的浊积岩特征,岩石中发育平行层理、水平层理,为水体较深的大陆斜坡环境。

(五)地层时代讨论

奥米沙砂板岩在新疆和田县喀什塔什乡奥米沙北见与上覆含丰富化石的晚石炭世塔哈奇组为角度不整合接触(图 2-21),其主要为一套浊积岩建造,根据其所处的构造位置及区域大地构造背景综合分析,将其时代厘定为奥陶纪。

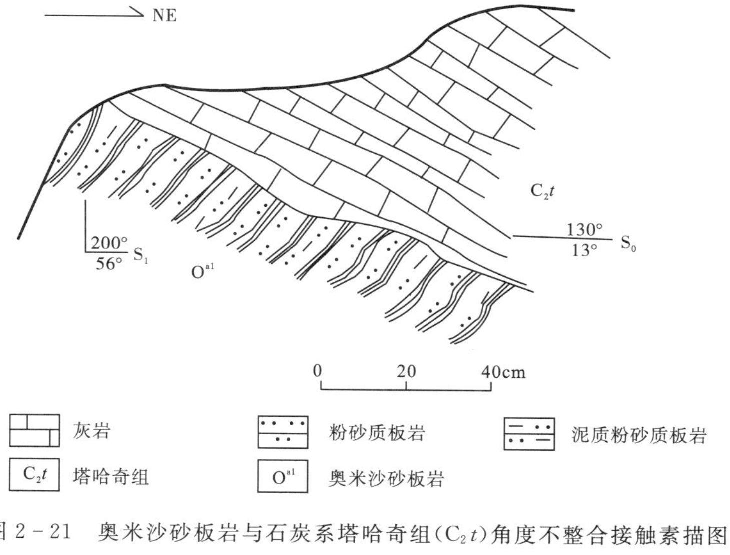

图 2-21 奥米沙砂板岩与石炭系塔哈奇组(C_2t)角度不整合接触素描图

四、库地-其曼于特构造蛇绿混杂岩($Pz_1^{\psi\nu+\nu}$)

库地-其曼于特构造蛇绿混杂岩为本次区调新建立的一个非正式构造岩石地层单位，指分布于图幅南部尼萨—包萨提—奥米沙—喀拉科勒—区委克一带库地-其曼于特构造蛇绿混杂岩，由剪切基质和刚性块体两部分组成，剪切基质为绿泥石英构造片岩、绿泥绢云构造片岩、碳质构造片岩、碳质石英构造片岩、条带状绢云石英片岩、糜棱岩等构造片岩，刚性块体有蛇纹岩、蛇纹石化辉橄岩、蚀变辉石岩、蚀变橄榄辉长岩、糜棱岩化蚀变辉长岩、蚀变辉长岩、辉绿岩、块状玄武岩等，剪切基质包绕蛇绿岩刚性块体组成的构造混杂岩。

库地-其曼于特构造蛇绿混杂岩带近东西向横穿图幅南部，沿库地-其曼于特结合带断续分布，出露宽度几十米到几千米不等，最宽约5km，均以构造岩片形式就位于库地-其曼于特结合带之中。可分为变形较弱的刚性构造块体和变形较强的基质两部分组成。刚性构造块体主要为超基性-基性岩，岩石类型有蛇纹岩、蛇纹石化辉橄岩、蚀变辉石岩、蚀变橄榄辉长岩、糜棱岩化蚀变辉长岩、蚀变辉长岩、辉绿岩、蚀变玄武岩、蚀变安山岩等，多共生产出，其颜色多为暗绿色、深灰绿色、灰黑色等。超基性岩—基性岩受不同程度的蚀变与变质，橄榄石以蛇纹石化、辉石纤闪石化、绿泥石化、阳起石化、透闪石化为主，角闪石以绿泥石化、阳起石化为主，斜长石以钠黝帘石化为主。该结合带中—基性火山岩发育，主要为蚀变玄武岩、安山岩，玄武岩呈暗绿色、暗灰绿色，发育枕状构造、杏仁状构造，细—隐晶质结构、斑状结构，基质为中细粒结构，安山岩为灰黑色、暗绿色，细—隐晶质结构，块状构造，发育气孔状构造、杏仁状构造。此外，在该结合带还可见到少量大理岩、浅粒岩、片麻岩块体，为围岩在构造活动过程中卷入结合带的构造块体。构造块体大小不一，为宽几厘米到几百米、长几厘米到近千米不等的长透镜状、长条状刚性块体，刚性块体长轴走向与结合带产状一致；基质为构造片岩，主要岩性为长英质糜棱岩、钙质糜棱岩、绿泥斜长片岩、绿泥绿帘斜长石英片岩，条带状二云母石英片岩，构造片岩片理产状与结合带产状一致，构造块体之间为基质分隔，构造块体为弱变形域，基质为强变形域。总之，库地-其曼于特结合带总体表现为变形较弱的刚性块体与强变形的构造片岩相间排列的格局。超基性岩—基性及中性火山岩(安山岩)岩石学、岩石化学特征显示其为蛇绿岩、岛弧火山岩或造山带火山岩。

测区各地库地-其曼于特构造蛇绿混杂岩中，由于构造混杂作用使其岩性变化较大，各地岩性出露不全，不同地段刚性块体的岩性、刚性块体的岩性组合均变化较大，超基性岩刚性块体主要出露于奥米沙、玉龙南、阿其克南库地-其曼于特构造蛇绿混杂岩中，其余各地库地-其曼于特构造蛇绿混杂岩中刚性块体主体以基性侵入岩与中—基性火山岩组合为主。

库地-其曼于特构造蛇绿混杂岩的基质主要来自结合带两侧的大陆边缘火山岩(如西和休岩组)、增生楔的浊积岩(奥米沙砂板岩)等，它们多已发生强烈的构造变形，多数为构造片岩或糜棱岩。

综上所述，根据物质来源差异和构造变形特征可分蛇绿岩岩块等刚性构造块体和剪切基质两部分共同组成，分别处于强、弱构造域中。由于自结合带两侧的大陆边缘火山岩(如西和休岩组)、增生楔的浊积岩(奥米沙砂板岩)等基质前已述及，在这里不再赘述；对于蛇绿岩岩块等刚性构造块体详见第三章蛇绿岩部分。库地-其曼于特构造蛇绿混杂岩中的超基性—基性刚性块体形成于震旦纪到早—中奥陶世(详见第三章)，构造就位于晚古生代(晚奥陶世—志留纪)，图面上库地-其曼于特构造蛇绿混杂岩代号为$Pz_1^{\psi\upsilon+\upsilon}$，考虑到该构造蛇绿混杂岩带超基性—基性岩的形成时代及意义，对于能填绘出的超基性—基性岩刚性块体，分别单独给其代号，其中蛇纹岩、蛇纹化辉橄岩、蚀变辉石岩等超基性岩用(Z—∈)Σ表示，蚀变橄榄辉长岩、糜棱岩化蚀变辉长岩、蚀变辉长岩、辉绿岩等基性侵入岩用(Z—∈)N表示，基—中性火山岩用(Z—∈)β表示。

第六节　泥盆系

图幅内仅见上泥盆统奇自拉夫组，其零星出露于塔里木盆地地层分区，为海陆交互相的粗碎屑磨拉石建造。

奇自拉夫组(D_3q)由中亚考察队德·泰拉等在1932年于奇自拉夫河及桑株河一带，将一套红色砂岩、砾岩及喷发岩地层创名为“提示那拉夫统”。别良耶夫斯基(Вернеский，1942)将该套划为下石炭统，苏联航测十三大队(1957)划归上泥盆统—下泥盆统。新疆地质局喀什地质大队(1964)将其缩小为上泥盆统，提示那拉夫组与奇自拉夫组属音译之差，应统一为奇自拉夫组。《新疆维吾尔自治区岩石地层》将其定义为一套滨海-陆相沉积的碎屑岩，由紫红色、灰绿色石英砂岩，粉砂岩和砾岩组成。本次区调沿用新疆维吾尔自治区岩石地层清理的单位奇自拉夫组(D_3q)一名及时代。

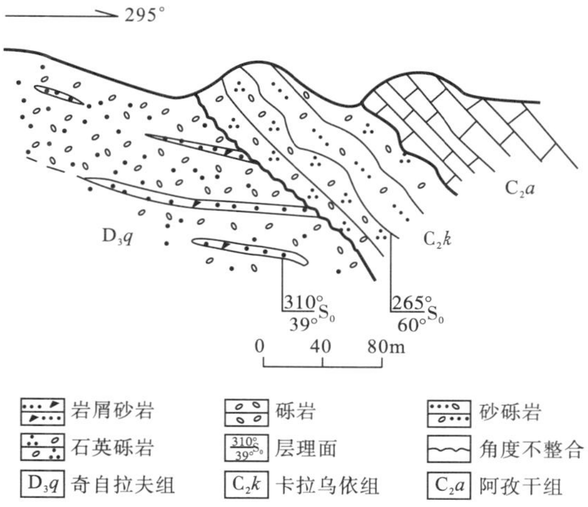

图 2-22　奇自拉夫组(D_3q)与卡拉乌依组(C_2k)角度不整合接触素描图

奇自拉夫组以不规则长条状出露于土库曼塔什塔格山北部，组成阿其克背斜北部转折端及西翼地层，与下伏寒武系—奥陶系阿其克片岩、上覆石炭系卡拉乌依组均为角度不整合接触(图2-22)，该组主要为一套紫红色海陆交互相粗碎屑岩，出露面积约50km²。

奇自拉夫组(D_3q)

(一)地层特征

图幅奇自拉夫组(D_3q)在洛浦县阿其克村东北约4km的阿其克背斜西翼岩性出露齐全；露头连续，剖面起点为：N36°48′33″、E80°12′35″。现以新疆洛浦县阿其克上泥盆统奇自拉夫组实测地质剖面(图2-23)为例叙述，该剖面上地层由新到老依次如下。

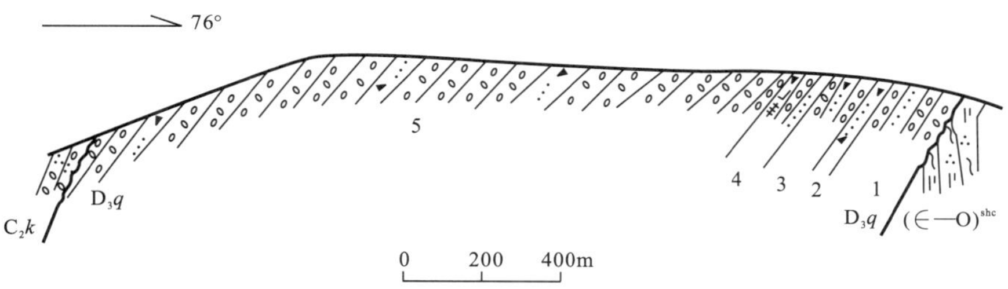

图 2-23　新疆洛浦县阿其克上泥盆统奇自拉夫组实测地质剖面图

上覆地层：上石炭统卡拉乌依组

～～～～～　角度不整合接触　～～～～～

奇自拉夫组(D_3q)　　**963.36m**

5. 紫红色厚—巨厚层状砾岩夹透镜状灰绿色薄—中层状细—粗砂岩　　754.77m

4. 灰绿色中—厚层状细—粗粒岩屑砂岩、紫红色薄层状钙质细粒岩屑长石杂砂岩、泥岩互层状夹紫红色中层状砾岩 27.50m

3. 紫红色巨厚层状砾岩，局部夹灰绿色透镜状岩屑砂岩 42.98m

2. 灰绿色中层状岩屑砂岩、黄绿色中层状砾岩互层状 6.80m

1. 紫红色巨厚层状砾岩，局部夹灰绿色透镜状薄层状岩屑砂岩 131.31m

~~~~~~ 角度不整合接触 ~~~~~~

下伏地层：寒武系—奥陶系阿其克片岩[∈—O)^{sch}]

该剖面位于枢纽近南北走向的阿其克背斜西翼，地层厚度963.36m，岩石颜色以紫红色为主，局部夹灰绿色，剖面上该组岩性变化较小，岩性主要以紫红色厚—巨厚层状砾岩为主，夹灰绿色中—厚层状细—粗粒岩屑砂岩、紫红色薄层状岩屑杂、泥岩砂岩，砂岩、杂砂岩。泥岩多呈透镜体状，砾岩以厚—巨厚层状构造为主，中层状构造次之，单层厚大于2m，砾石直径1～15cm不等，砾石成分以白色脉石英为主，其次为绿色绿泥石片岩，少量为大理岩，砾石磨圆度中等、分选性差，呈次棱角—次圆状，砾岩为基质—颗粒支撑，基质为中—粗砂质结构，主要为石英、岩屑等碎屑，砂岩多以透镜状产出，透镜体一般厚5～20cm，长几厘米到几米、数十米不等，在砾岩底部常见冲刷构造，砾岩、厚层砂岩中发育块状层理、平行层理、槽状层理，中—薄层砂岩中发育平行层理，砂岩中常见鳞木、薄皮木、芦木茎秆化石。

(二)岩石地球化学特征

奇自拉夫组岩石微量元素含量见表2-25，从表中看出：碎屑岩岩石微量元素含量变化不大，总体含量较低。岩石微量元素平均值与地壳克拉克值相比较，Ba、Ag、As高于地壳克拉克值，Pb、W与地壳克拉克值基本持平，其余元素低于地壳克拉克值。

表2-25 奇自拉夫组岩石微量元素含量表

样品号	岩石名称	Ba	Cu	P	Pb	Rb	Sr	V	Zn
D6386-GP2	砂岩	1 336	16.7	554	14.4	99.4	109	73.0	62.2
D6386-GP3	砂岩	873	17.1	532	15.2	60.4	211	44.0	46.7
D6386-GP4	砂岩	723	18.9	624	13.4	60.2	217	52.8	52.7
D6386-GP5	砂岩	664	15.7	513	13.9	51.4	212	36.0	42.5
D6386-GP6	砂岩	587	17.1	585	18.8	46.5	209	40.8	47.6
D6386-GP7	砂岩	635	14.3	521	15.3	45.6	148	41.9	54.7
D6386-GP8	粗砂岩	660	16.8	509	9.2	54.0	172	35.4	44.0
D6386-GP9	砂岩	650	17.1	485	7.1	64.0	151	41.9	47.2
平均值		762	19.0	554	13.0	77.0	172	56.0	57.0
地壳克拉克值(维氏，1962)		650	47.0	930	16.0	150.0	340	90.0	83.0
样品号	岩石名称	Sn	Ag	As	Sb	Hg	W	Mo	Au
D6386-GP2	砂岩	2.60	123	2.69	0.11	5.54	1.00	0.20	1.42
D6386-GP3	砂岩	1.30	110	5.85	0.39	5.90	1.05	0.50	3.37
D6386-GP4	砂岩	1.65	135	10.10	0.41	6.90	1.05	0.78	1.86
D6386-GP5	砂岩	0.82	73	8.00	0.41	10.60	0.85	0.64	2.19
D6386-GP6	砂岩	1.65	150	7.73	0.47	8.31	0.90	0.70	2.10
D6386-GP7	砂岩	1.10	112	7.64	0.38	6.88	1.05	0.64	0.62
D6386-GP8	粗砂岩	1.20	120	2.72	0.26	12.16	0.90	0.78	5.30
D6386-GP9	砂岩	1.60	125	1.71	0.17	7.71	0.75	0.28	5.58
平均值		2.00	114	7.00	0.30	7.90	1.10	0.50	2.60
地壳克拉克值(维氏，1962)		25.00	70	1.70	25.00	83.00	1.30	1.10	3.40

注：样品由国土资源部中南矿产资源监测检测中心分析；其中Au、Ag、Hg元素含量单位为$\times10^{-9}$，其他元素含量单位为$\times10^{-6}$
~~~~~~

（三）沉积环境

奇自拉夫组碎屑岩以紫红色为主，砾石岩石成分较为单一，以石英为主，绿片岩次之，砾石磨圆度中等，分选性好，砾岩、砂岩呈厚层块状，中—厚层结构，发育平行层理、块状层理、槽状层理，且常见植物茎秆化石，属河流和滨浅海沉积环境。

（四）地层时代

本次工作在奇自拉夫组采集到的植物化石有 *Cyclostigma kiltorkensies* Haughton。前人在该组地层中采集到大量化石，主要有斜方薄皮木：*Leptophloeum rhombicum*，亚鳞木：*Sublepdodendron* sp.。上述植物化石为准葛尔盆地上泥盆统(D_3)和我国南方长江中下游上泥盆统(D_3)的标准化石，而在亚、欧、北美、大洋洲也均产于晚泥盆世的地层中，故将这套岩层时代定为晚泥盆世。

综上所述，奇自拉夫组为一套陆相粗碎屑岩，属磨拉石建造。

第七节　石炭系

图幅内石炭系地层较为发育，有卡拉乌依组、阿孜干组、塔哈奇组等地层，主要为碎屑岩、碳酸盐岩，属稳定型滨-浅海环境的沉积物，主要分布于塔里木盆地区，出露于图幅土库曼塔什塔格（阿其克山）及铁克里克山周缘地区。

一、卡拉乌依组(C_2k)

卡拉乌依组由新疆区域地层表编写组(1981)编表时，据新疆石油管理局赵致信等测制的莎车县和什拉甫剖面创名，定义为与上覆和什拉甫组整合接触，在其他地区超覆在元古宇和泥盆系之上。岩性为各种暗色泥岩、砂岩、介壳灰岩、疙瘩状灰岩，含腕足、珊瑚、鲢等化石。1984 年赵致信、1991 年《新疆古生界》沿用其划分；《新疆维吾尔自治区岩石地层》(1999)沿用上述划分定义。本次区调沿用新疆区域地层表编写组的划分方案。

卡拉乌依组(C_2k)出露于土库曼塔什塔格西北部和铁克里克山东南缘策勒县哈龙龙及和田县喀什塔什乡提孜塔格山—布雅村一带，在土库曼塔什塔格构成阿其克背斜西翼和北部转折端，在喀什塔什乡提孜塔格山—布雅村一带组成向斜核部地层，与下伏埃连卡特岩群、奥米沙砂板岩、早古生代铁克里克花岗岩体均为角度不整合接触，与上覆普司格组为平行不整合接触，图幅卡拉乌依组岩石主要为碎屑岩和碳酸盐岩，由于该组地层厚度薄、地表出露较窄，图面无法表示，因此与阿孜干组、塔哈奇组统一用(C_2k+a+t)代号表示。

（一）地层特征

图幅内土库曼塔什塔格西北部和铁克里克山东南缘策勒县哈龙龙及和田县喀什塔什乡提孜塔格山—布雅村一带岩性一致，以土库曼塔什塔格西部剖面岩性露头好，地层出露较全。该剖面起点坐标为：N36°53′37″、E80°11′4″，该剖面(图 2－24)所出露的地层由新至老依次如下。

上覆地层：阿孜干组(C_2a)

———— 平行不整合接触 ————

卡拉乌依组(C_2k)	**209.7m**
10. 灰色薄层状泥岩、钙质粉砂质泥岩互层	7.7m
9. 灰白色含砾砂岩、棕色石英质粗砂岩不等厚层	58.7m

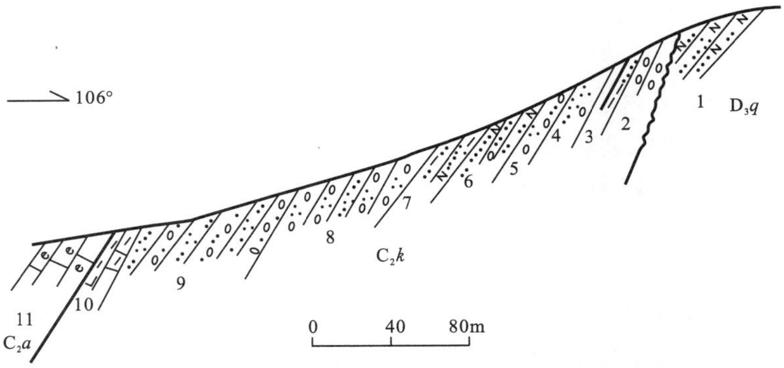

图 2-24　新疆洛浦县阿其克山石炭系卡拉乌依组(C_2k)实测地质剖面图

8. 灰白色石英质粗砾岩夹石英质粗砂岩	52.7m
7. 灰白色岩屑长石石英细砂岩与灰黑色含泥质粉砂岩互层	21.4m
6. 灰白色岩屑长石粗砂岩与长石石英细砂岩互层，夹石英质砂砾岩	20.5m
5. 灰白色石英质中—粗砾砾岩	9.9m
4. 灰色、灰白色中层状粗粒石英砂岩夹灰白色中层状石英质砾岩	17.7m
3. 黑色薄层状含碳粉砂质泥岩夹煤线	5.5m
2. 浅灰绿色中—粗砾砾岩	15.6m

～～～～～　角度不整合接触　～～～～～

下伏地层：上泥盆统奇自拉夫组

剖面上卡拉乌依组与下伏奇自拉夫组为角度不整合接触，与上覆阿孜干组为平行不整合接触，地层厚度 209.7m。从剖面上看，该组可分为下段、中段、上段 3 个岩段。下段岩性主要为浅灰绿色中—粗砾砾岩、黑色薄层状含碳粉砂质泥岩夹煤线，砾岩中砾石磨圆度中等、分选性差，以呈次棱角、次圆状为主，大小混杂堆积，砾石成分以白色石英岩为主，绿色片岩次之，砾岩中发育弱的平行层理，含碳粉砂岩中发育平行层理，产植物叶碎片；中段岩性主要以浅灰白色石英质细砾岩、石英质粗砂岩、浅灰白色石英质细砂岩、岩屑长石细砂岩为主夹棕红色石英质粗砂岩，岩石中碎屑成分成熟度较高，砂砾岩、砂岩中主要矿物成分、岩屑(砾屑)成分为石英或石英质岩屑，石英含量多大于 70%，其次为长石，碎屑磨圆度、分选较差，岩石中底面呈波状的低角度交错层理、平行层理等，地层自下而上，砾岩中砾石直径由 4～7cm 到 0.6～3cm，砾石砾径减小，含量逐渐减少，碎屑岩粒度由粗变细；上段岩性主要为灰色薄层状泥灰岩、钙质粉砂质泥岩不等厚互层，发育平行层理，薄层状构造、疙瘩状构造发育，单层厚 3～9cm。

综上所述，卡拉乌依组岩层中、下段岩性主要为成分成熟度较高的粗—细碎屑岩夹煤线，上段为碳酸盐岩和钙质细碎屑岩，自下而上碎屑粒度逐渐变小。

(二)岩石地球化学特征

卡拉乌依组岩石微量元素含量见表 2-26，从表中可看出：该组碎屑岩微量元素平均值与地壳克拉克值相比较，Ag、Mo 高于地壳克拉克值，Pb、As、W 与地壳克拉克值基本持平，其余元素低于地壳克拉克值，但不管是亏损还是富集，其总量均较低；灰岩微量元素 Ba、Rb、W、Mo 高于地壳克拉克值，Cu、V、Sb 基本与地壳克拉克值持平，其余元素低于地壳克拉克值。

(三)区域变化及地层对比

卡拉乌依组厚度虽然较薄，但在图幅内较为稳定，总体为一套成分成熟度较高的细—粗碎屑

表 2-26 卡拉乌依组、阿孜干组、塔哈奇组岩石微量元素含量表

岩组	样品号	岩石名称	Ba	Cu	P	Pb	Rb	Sr	V	Zn	Sn	Ag	As	Sb	Hg	W	Mo	Au
卡拉乌依组	D5966-GP1	煤	247	68.1	1 022	21.30	39.4	550	71.6	31.30	2.00	150	3.35	0.22	69.10	1.72	18.50	4.70
	D5966-GP2	石英质粗砂岩	196	4.7	54	4.75	22.2	61	22.8	7.66	0.77	50	1.76	0.17	3.18	0.70	3.30	0.51
	D5966-GP3	粗砂岩	1 195	8.1	37	10.90	28.8	59	30.6	47.60	0.77	74	0.75	0.13	5.15	0.85	1.08	1.12
	D5966-GP4	粉砂岩	331	26.3	102	5.40	75.1	82	82.6	55.40	1.90	106	1.05	0.11	8.12	1.50	0.20	1.42
	D5966-GP6	泥质灰岩	82	4.0	41	2.48	13.8	243	21.0	13.10	1.50	106	1.20	0.17	4.13	0.95	1.44	1.46
	碎屑岩平均值		492	27.0	304	11.00	41.0	188	52.0	35.00	1.40	95	1.70	0.20	21.40	1.20	5.80	1.90
阿孜干组	D5966-GP7	厚层灰岩	22	1.1	35	1.96	3.7	161	9.0	5.06	0.77	50	0.45	0.08	5.89	0.60	0.43	0.59
	D5966-GP8	灰岩	13	1.3	161	3.29	3.8	131	9.2	7.79	0.77	50	0.52	0.07	2.91	0.55	1.22	0.48
	D5966-GP9	灰岩	133	1.4	58	4.85	2.8	365	8.5	6.66	0.77	50	0.64	0.08	7.99	0.60	0.50	0.50
	平均值		56	1.0	85	3.00	3.0	219	9.0	6.50	0.8	50	0.50	0.10	5.60	0.60	0.70	0.50
塔哈奇组	D5966-GP10	中粒石英砂岩	357	3.2	44	3.81	2.0	489	11.8	6.25	0.77	50	1.00	0.11	2.26	0.65	0.93	1.00
	D5966-GP11	粉砂岩	79	15.1	176	5.11	89.3	1 994	35.5	20.70	0.77	50	7.11	1.01	30.00	1.66	0.43	1.31
	D6291-GP4	混晶灰岩	15	1.9	50	4.30	1.6	501	9.4	8.10	0.77	68	5.12	0.10	10.21	0.60	1.87	0.54
	D6291-GP5	生屑灰岩	15	2.2	83	3.71	1.1	575	12.4	10.40	0.77	50	1.19	0.12	8.05	0.65	0.93	0.70
	D6291-GP6	白云岩	69	10.5	243	7.78	53.0	201	34.0	28.00	0.90	50	3.14	0.26	14.80	0.90	3.60	0.42
	D6291-GP7	白云质灰岩	17	2.4	158	4.23	3.0	446	22.3	8.20	0.77	130	2.03	0.27	36.70	0.60	0.85	0.97
	碳酸盐岩平均值		218	9.0	110	4.00	46.0	1 242	24.0	13.00	0.80	50	4.10	0.60	16.10	1.20	0.70	1.20
	碎屑岩平均值		29	4.0	134	5.00	15.0	431	20.0	14.00	0.80	75	2.90	0.20	17.40	0.70	1.80	0.70
地壳克拉克值(维氏,1962)			650	47.0	930	16.00	150.0	340	90.0	83.00	25.00	70	1.70	25.00	83.00	1.30	1.10	3.40
世界碳酸盐岩平均值(涂和费,1961)			10	4.0	400	9.00	3.0	610	20.0	20.00	—	—	—	0.20	40.00	0.60	0.40	—

注:样品由国土资源部西安矿产资源监督检测中心测试分析;其中 Au、Ag、Hg 元素含量单位为$\times10^{-9}$,其他元素含量单位为$\times10^{-6}$

岩。在铁克里克东部哈龙龙一带，该组与下伏早古生代铁克里克岩体呈不整合接触，与上覆阿孜干组为整合接触，可划分为上、中、下3段，地层厚度209.7m。下段岩性主要为黑色碳质页岩；中部岩性主要为黄绿—深灰色泥页岩、深灰—黄绿色钙质石英细粒砂岩，碎屑岩中石英含量较高，最高达95%，岩石成分成熟度较高；上段主要为薄层状钙质砂岩、钙质粉砂岩、钙质粉砂质泥岩与泥灰岩互层。在图幅和田县喀什塔什乡皮夏一带，该组与下伏埃连卡特岩群为角度不整合接触。该组发育薄层状泥灰岩条带，发育平行层理、低角度的交错层理，其基本层序自下向上为砾岩→砂岩或砂岩→粉砂岩的正粒序，地层自下而上碎屑粒度逐渐变细，此处未见在阿其克、哈龙龙等地该组底部（下部）的含碳页岩、黑色泥岩及煤线。在新疆和田喀什塔什乡奥米沙一带，缺失卡拉乌依组，阿孜干组直接角度不整合于奥米沙砂板岩之上。

总体上看，图幅内卡拉乌依组由北向南该组地层厚度变薄、碎屑粒度变细、煤层（线）逐渐消失，直到在奥米沙一带缺失该层，其岩性组合、沉积组构、沉积环境综合分析对比说明，卡拉乌依组可能受多物源控制，既有来自铁克里克断隆的碎屑，也有来自昆仑山的物质，同时可能受后期构造破坏，改变了原来的分布，呈现为现在的展布特征。

（四）沉积环境

卡拉乌依组底部为底砾岩、黑色含碳粉砂质泥岩、碳质页岩夹煤线，煤层不稳定，向东南哈龙龙一带消失，为滨海沼泽环境的沉积物，中部岩石以成分成熟度较高的石英砂岩、石英质细砾岩为主，岩石中发育底面呈波状的低角度交错层理、平行层理，说明其属滨岸三角洲沉积环境，上部为钙质粉砂岩夹（互）泥灰岩，常呈红色、棕红色，具疙瘩状构造，为浅海陆棚相的沉积物。

（五）地层时代

前人在卡拉乌依组采集到大量的化石，在上部灰岩中化石主要有珊瑚：*Caninia-Carinokninck-ophyllum-Neokoninckophyllum* 组合带，*Pseudozaphrentoides*，*Profusulinella-Pseudostaffella* 带；底部碎屑岩中植物化石有芦木 *Calamites* sp.。据本组所含化石及其角度不整合在上泥盆统奇自拉夫组之上，故将其时代厘定为早石炭世早期。

二、阿孜干组（C_2a）

阿孜干组由新疆区域地层表编写组（1981）据新疆石油管理局资料创名，创命地为新疆皮山县克孜里曼。1958年地质部第十三地质大队、1960年乌斯特斯利基将此套地层划分为莫斯科建造；《西北地区区域地层表》、《新疆维吾尔自治区地层分层》（1981）将这套地层划分为阿孜干组，时代为中石炭世；新疆地质局张玉谦（1977）将这套地层划分为别什特康组，时代为中石炭世，1991年《新疆古生界》及《新疆维吾尔自治区岩石地层》沿用阿孜干组，时代为晚石炭世，将其定义为与上覆塔哈奇组及下伏卡拉乌依组均为整合接触的含丰富䗴、珊瑚、腕足、牙形石等化石的一套碳酸盐岩夹少量碎屑岩建造。以阿孜干组顶部紫红色、紫灰色疙瘩状构造薄层状灰岩或塔哈奇组底部红色含砾粗砂岩的出现为阿孜干组。本次区调采用《新疆维吾尔自治区岩石地层》划分方案。

阿孜干组呈南北向长条状出露于土库曼塔什塔格西部，组成阿其克破背斜西翼地层。阿孜干组在铁克里克山东南缘及皮夏河西提孜塔格山一带呈半圆环状分布，组成皮夏坳陷向斜下部地层。与下伏卡拉乌依组和上覆塔哈奇组均为整合接触，由于该组地层厚度较薄，图面无法表示，因此以卡拉乌依组、阿孜干组统一用 C_3k+a+t 表示。图区该组岩性主要为一套台地相碳酸盐岩建造。

（一）地层特征

图幅阿孜干组在新疆洛浦县阿其克背斜西翼该组剖面露头连续、岩性出露齐，该剖面与卡拉乌依组属同一实测地质剖面。现以新疆洛浦县阿其克山上石炭统阿孜干组地质剖面(图 2-25)所出露的该套地层序由新到老介绍如下。

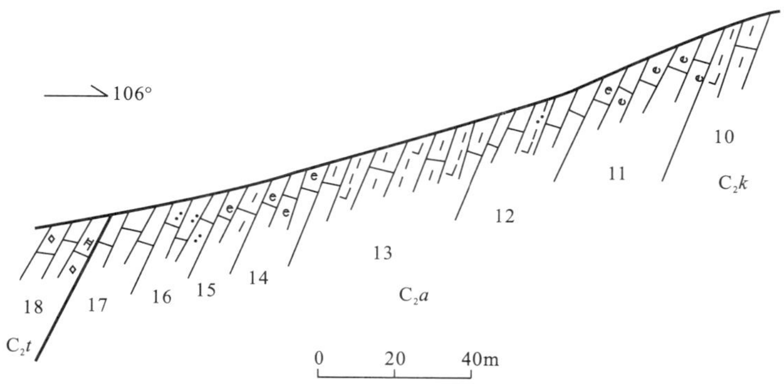

图 2-25 新疆洛浦县阿其克山上石炭统阿孜干组(C_2a)实测地质剖面图

上覆地层:塔哈奇组

——— 整合接触 ———

阿孜干组	**156.4m**
17. 紫红色薄层状微晶灰岩	16.0m
16. 灰色、灰白色中层状微晶灰岩	12.6m
15. 紫红色薄层状泥质灰岩	8.2m
14. 灰色、灰白色薄层状含生物碎屑灰岩	16.5m
13. 深灰色薄层状泥晶灰岩、灰色薄层状钙质泥岩互层	43.3m
12. 土黄色薄—中层状泥晶灰岩夹黑色钙质粉砂岩	27.7m
11. 灰白色厚层状—块状生物碎屑灰岩	32.1m

——— 整合接触 ———

下伏地层:卡拉乌依组

剖面上阿孜干组地层厚度 156.4m,与下伏、上覆地层均为整合接触。阿孜干组下部主要为灰白色、土黄色、深灰色薄层—中层状泥晶灰岩夹(互)灰色薄层状钙质泥岩,钙质粉砂质泥岩,基本层序自下而上为灰岩、粉砂质岩或泥岩,基本层序一般厚 10～25cm,底部灰岩为泥—微晶结构、薄—中层状构造,发育平行层理、波纹状层理,在厚层—块状层灰岩中见鸟眼构造,基本层序下部为灰岩,上部为粉砂质泥岩或钙质粉砂岩,基本层序由下自上灰岩厚度逐渐增加,泥岩厚度逐渐减少。卡拉乌依组上部主要为紫红色、灰色、灰白色泥晶灰岩,微晶灰岩,生物碎屑灰岩,灰岩为微晶结构、泥晶结构,薄层状构造,波纹状层理,灰岩中方解石含量大于 95%,局部高达 98%,纯度极高。下部以灰岩、粉砂岩、粉砂质泥岩为主,到上部逐渐以灰岩为主,岩石粒度逐渐变细。宏观上岩性组合特征及基本层序均为正粒序,为海水逐渐加深的退积型层序。

(二)岩石地球化学特征

阿孜干组岩石化学成分含量见表 2-27,从表 2-27 中可以看出:该组灰岩 $CaO+CO_2$ 为 92.83%～96.77%,说明灰岩纯度较高,主要矿物为方解石,局部方解石含量已达石灰石矿石品位。阿孜干组为塔里木南缘水泥灰岩矿主要赋矿层之一,目前洛浦县水泥厂所开采的水泥灰石矿该组灰岩为重要层位之一。

阿孜干组主要岩石类型微量元素含量见表 2-26,从表 2-26 可以看:该组灰岩中微量元素除 Ba、P、Sr 外,其余元素总体含量变化不大,其中 Ba 为$(13\sim133)\times10^{-6}$,P 为$(35\sim161)\times10^{-6}$、Sr

为(131～365)×10^{-6}，岩石微量元素与世界碳酸盐岩平均值相比较，除 Ba 高于世界碳酸盐岩平均值外，其余元素均低于世界碳酸盐岩平均值。

表 2-27　塔哈奇组、阿孜干组岩石化学成分含量表　(%)

岩组	样品号	岩石名称	SiO_2	TiO_2	Al_2O_3	Fe_2O_3	FeO	MnO	MgO	CaO
塔哈奇组	D6292-TS 2	细晶灰岩	1.21	0.00	0.27	0.07	0.10	0.04	0.86	53.90
	D7307-TS 4	细晶灰岩	2.34	0.00	0.36	0.16	0.11	0.04	1.33	52.50
阿孜干组	D6291-TS 1	生物碎屑泥质灰岩	3.95	0.05	1.18	0.82	0.50	0.09	1.08	50.35
	D7307-TS 1	细晶灰岩	0.46	0.00	0.19	0.02	0.05	0.04	1.15	54.30

岩组	样品号	岩石名称	Na_2O	K_2O	P_2O_5	CO_2	S	H_2O^-	LOI
塔哈奇组	D6292-TS 2	细晶灰岩	0.04	0.12	0.03	40.66	0.01	0.16	41.13
	D7307-TS 4	细晶灰岩	0.02	0.03	0.02	42.77	0.01	0.00	43.19
阿孜干组	D6291-TS 1	生物碎屑泥质灰岩	0.02	0.04	0.03	42.56	0.01	0.10	42.83
	D7307-TS 1	细晶灰岩	0.10	0.05	0.03	41.08	0.08	0.25	42.47

注：样品由国土资源部中南矿产资源监督检测中心分析

(三)沉积环境

阿孜干组岩石以灰色、灰白色、紫红色为主，岩石主要为细—微晶结构灰岩夹(互)钙质粉砂岩、粉砂质泥岩，灰岩为细—微晶结构、亮晶结构，薄层状构造，底部块状灰岩夹鸟眼构造，灰岩中含丰富的珊瑚、䗴、腕足、苔藓虫等化石，粉砂岩、泥岩为薄层状构造，发育平行层理，说明该组属温暖浅海陆棚环境的沉积物。

(四)区域变化及地层对比

阿孜干组岩性以碳酸盐岩为主，地层厚度虽然较薄，但区域上分布较为稳定，以其岩性组合、顶部紫红色薄层状灰岩为特征，较易与上覆、下伏地层区别。向西至哈龙龙一带，岩性主要为灰色薄层状微晶灰岩、深灰色生物碎屑灰岩、灰白色薄—中层状亮晶生物碎屑灰岩，顶部为紫红色钙质结核泥岩，地层厚度 17.24m；向西南到喀什塔什乡皮夏河一带地层厚度 32.87m，岩性主要为浅肉红色厚层—块状层生物碎屑微晶灰岩；再向南到喀什塔什乡奥米沙一带，该组岩与下伏奥米沙砂板岩为角度不整合接触，上覆塔哈奇组为整合接触，岩性主要为灰白色厚—块状层细晶灰岩、灰色中—薄层状细晶灰岩，顶部为薄层状微晶灰岩。

上述阿孜干组由北向南地层厚度有由厚变薄的趋势。

(五)地层时代

本次工作在该组岩石中采集到的化石有螺 *Naticopsis* sp.；贝 *Phricodothyris* sp.，*Cacreinella* sp.，*Chonetes* sp. 等。前人在该组灰岩中采集到大量的䗴、有孔虫、牙形石、珊瑚等化石，计有下列组合带：䗴 *Fusulina*-*Fusulinella* 带；有孔虫 *Bradyina*-*Lobivalvulina*-*Ammodiscus* 组合带；牙形石 *Streptognathodus parvus*-*S. suberectus* 组合带；珊瑚 *Skolekophyllum rotayi*，*Bothrophyllum pseudoconicum*，*Heritschioides neosymmetricus*。依据该组所含化石，其时代为晚石炭世中期。

三、塔哈奇组(C_2t)

塔哈奇组由新疆区域地层表编写组(1981)据资料创名，创命地为新疆皮山县克孜里奇曼剖面。1958 年地质部第十三地质大队曾将这套地层命名为阿图石雷克岩系，时代为晚石炭世—早二叠世，1960 年乌斯特斯利基将此套地层划分为阿图石雷克岩系上、下部两部分；1981 年新疆区域地层表编写组据新疆石油管理局资料首创塔哈奇群(组)(C_3)；1978 年新疆石油管理局在《新疆皮山、叶城一带石炭系—二叠系及牙形石岩初步研究》一文中将上述塔哈奇组上部新建立了克孜里奇曼组(P_3)。赵致信、韩建修、王增吉(1984)所著的《塔里木盆地西南缘石炭纪地层及其生物群》一书,对该区石炭系进行了深入研究,将上石炭统划分为塔哈奇组(下部)及克孜里奇曼组(上部),时代都为上石炭统。经对比研究,将之划归塔哈奇组,并将克孜里奇曼组一名停用,其时代为晚石炭世,指整合于阿孜干组之上,平行不整合于普司格组之下,含丰富䗴、珊瑚、腕足、腹足类、牙形石类化石的一套深灰—灰色中厚层—块状夹薄层状灰岩,常含团粒、鲕粒结构及疙瘩状构造,较少量褐灰色泥岩、灰褐色砂岩,上以普司格组褐红色陆相粗砂砾岩或棋盘格组海相灰绿色、灰色碎屑岩、灰岩与塔哈奇组分界,下以薄层状疙瘩灰岩与阿孜干组分界。本次工作采用《塔里木盆地西南缘石炭纪地层及其生物群》划分方案。

塔哈奇组在图幅内出露范围与卡拉乌依组、阿孜干组一致,呈南北向长条状出露于土库曼塔什塔格西部,半圆环状出露于铁克里克山东南缘及皮夏河西提孜塔格山一带,分布范围与卡拉乌依组一致,为阿其克破背斜西翼地层及皮夏坳陷向斜下部主要地层,与下伏阿孜干组整合接触,与上覆普司格组为平行不整合接触,主要为稳定大陆边缘的一套碳酸盐岩夹碎屑岩建造。由于该组岩层厚度较薄,图面无法表示,因此与卡拉乌依组、阿孜干组统一用 C_3k+a+t 表示。

(一)地层特征

图幅内塔哈奇组在阿其克背斜西翼剖面露头连续,岩性出露齐全,与上覆、下伏地层接触关系清晰,该剖面与卡拉乌依组、阿孜干组属同一实测地质剖面。现以新疆洛浦县阿其克村上石炭统阿孜干组剖面(图 2-26)所出露的地层层序由新到老介绍如下。

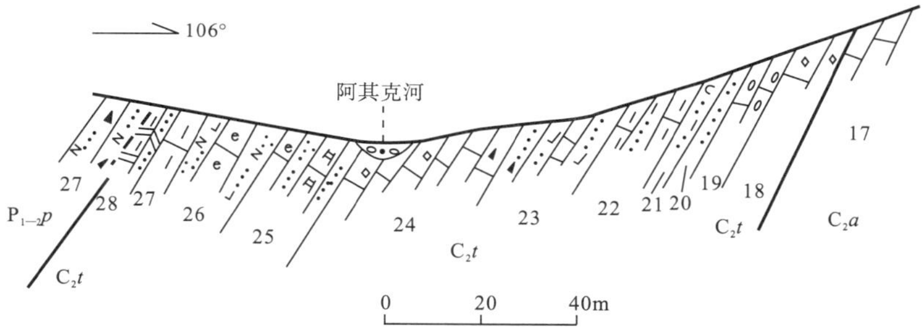

图 2-26 新疆洛浦县阿其克山石炭系塔哈奇组(C_2t)实测地质测面图

上覆地层:普司格组($P_{1-2}p$)

———— 平行不整合接触 ————

塔哈奇组(C_3t)	**131.1m**
28. 青灰色砂质泥晶白云岩与泥晶白云岩互层	4.0m
27. 灰白色中—厚层状泥灰岩	3.7m
26. 灰色中—薄层状钙质长石石英细砂岩夹生物碎屑泥质灰岩	12.1m
25. 灰色中—粗粒石英砂岩、细晶灰岩互层	11.6m
24. 深灰色中层状细晶灰岩	24.7m
23. 灰色中—薄层状钙质粉砂岩夹灰色砂质灰岩	16.1m
22. 灰色薄—中层状泥晶灰岩、薄层状泥质粉砂岩互层	14.0m
21. 深灰色薄层状含碳泥质粉砂岩夹细砾岩	1.7m
20. 灰色中粒石英砂岩	1.7m
19. 土黄色砾状灰岩	10.9m
18. 土黄色、灰黄色中层状微晶灰岩	12.6m

———— 整合接触 ————

下伏地层：阿孜干组(C_2a)

塔哈奇组在剖面上地层厚度131.1m，与下伏阿孜干组为整合接触，与上覆普司格组为平行不整合接触，主要岩性为碳酸盐岩和碎屑岩。塔哈奇组下部岩性主要为土黄色砾状灰岩、灰黄色中层状微晶灰岩，呈微—细晶结构，发育中层状构造、角砾状构造，灰岩中主要矿物为方解石，方解石含量大于95%。中部岩性主要为灰—深灰色中层状细晶灰岩、泥灰岩、砂质灰岩及深灰色中—薄层状钙质粉砂岩、薄层状泥质粉砂岩夹黑色含碳泥质粉砂岩。灰岩为泥晶结构，发育平行层理、水平层理，灰岩中砂屑含量较高，一般为10%；粉砂岩、泥岩以深灰色、黑色为主，发育平行层理。中部岩石宏观上为灰色灰岩、泥质灰岩与钙质粉砂岩、泥质粉砂岩不等厚韵律状互层，自下而上碎屑岩粒度变粗、夹层变厚。上部岩性为青灰色薄—中层状泥晶白云岩、砂质白云岩，地层厚度约7.7m。白云岩为原生白云岩，呈泥晶结构、薄—中层状构造，单层厚一般15～30cm，白云岩中白云石大于95%；砂质白云岩中砂屑含量较高，一般为15%～20%，以岩屑、石英碎屑为主，宏观上为深灰色砂质白云岩与灰色白云岩不等厚互层。

综上所述，塔哈奇组自下而上岩石由下部厚层状细—微晶灰岩到中部的灰色薄—中层状泥晶灰岩与灰黑色钙质粉砂岩、泥质粉砂岩、长石石英砂岩不等厚互层，岩石中碎屑岩明显增加，上部为泥晶白云岩、砂质白云岩，显示海水由深变浅的海退的进积型层序。

(二)岩石地球化学特征

塔哈奇组主要岩石化学成分含量见表2-27，从表中可看出：该组灰岩$CaO+CO_2$为95.03%～95.69%，说明灰岩纯度较高，主要成分为方解石，且方解石含量已达石灰石矿石品位。塔哈奇组灰岩为塔里木南缘水泥灰岩矿主要赋矿层之一，目前洛浦县水泥厂所开采的水泥石灰石矿即为该组灰岩。

塔哈奇组岩石微量元素见表2-26，从表中可看出：该组灰岩微量元素与世界碳酸盐岩平均值(涂和费，1961)比较，Cu、Rb、Sr、Sb、W、Mo高于世界碳酸盐岩平均值，一般为地壳克拉克值的2～3倍，V低于碳酸盐岩平均值；碎屑岩微量元素平均值与地壳克拉克值相比较，As、Sr、Mo高于地壳克拉克值，Ag与其基本接近，其余元素低于地壳克拉克值，碎屑岩微量元素总量总体较低。

(三)沉积环境

塔哈奇组主要岩性为灰色、青灰色薄—中层状泥晶灰岩、细晶灰岩、砾状灰岩、砂质泥晶白云岩、泥晶白云岩夹中—薄层状钙质粉砂岩、钙质长石石英细砂岩、黑色粉砂质泥岩、黑色含碳泥岩。岩石以灰色、灰黑色为主，灰岩为泥晶结构，细碎屑岩发育平行层理，岩石中产腕足类化石，岩石岩性组合、沉积建造及所产化石说明其为碳酸盐岩台地环境的沉积物。

(四)区域变化及地层对比

塔哈奇组在阿其克山出露较完整，主要为碳酸盐岩和碎屑岩，地层厚度虽然较薄，但区域上该组岩石较为稳定，下部以阿孜干组顶部紫红色薄层状灰岩为界，上部与普司格组的红色陆相碎屑岩较易区分，向西至哈龙龙一带，岩性主要为灰色薄层状微晶灰岩、灰色中—厚层状生物碎屑灰岩夹紫红色泥岩、灰白色鲕粒灰质白云岩，地层厚度115.87m；向西南到喀什塔什乡皮夏河一带地层厚度75.24m，岩性主要为灰色砂质生物碎屑灰岩、灰白色微晶生物碎屑白云质灰岩，灰白色微晶生物碎屑灰质白云岩夹黑色碳质页岩。综上所述，该组岩性主要为碳酸盐岩和细碎屑岩，图幅从北向南地层厚度由厚减薄。

(五)地层时代

本次工作在塔哈奇组底部采集到 *Chonetes* sp. 等化石，前人曾在土库曼塔什塔格阿其克采集到大量的䗴、珊瑚等化石，计有䗴 *Eoparafusulina shenggi* - *E. instabilis* 组合带、*Pseudoschwagerina* 组合带、*Triticites* 组合带；牙形石 *Neostreptognathodus pequopensis* - *Sweetognathodus whitei* - *Lonchodina festiva* 组合带；珊瑚 *Eowentzelellites*, *Pseudozaphrentoides*, *Lytvophyllum mengi*。依据所含化石，塔哈奇组的时代为晚石炭世晚期。

四、幕撒希玄武岩(C^{β})

幕撒希玄武岩(C^{β})为本次区调工作新建立的非正式岩石地层单位，指出露于塔里木盆地南缘新疆和田县喀什塔什乡南幕撒希山一带的基性火山岩夹火山角砾岩、凝灰岩，局部偶见灰色薄层灰岩，时代为晚石炭世。

幕撒希玄武岩(C^{β})出露于图幅南部喀什塔什乡南幕撒希山一带，面积约 35km²，厚度约 300m，与上部(南侧)石炭系塔哈奇组、阿孜干组为断层接触，与下部普司格组亦为断层接触。幕撒希玄武岩(C^{β})以喀什塔什乡南西拉克别希沟出露较全(图 2-27)，在地质路线剖面上，该组下部主要为灰绿色块状凝灰岩夹灰绿色火山角砾岩，角砾物质为玄武质成分，偶见片岩角砾，基质为灰绿色凝灰质；上部岩性主要为灰绿色块状玄武岩夹灰绿色火山凝灰岩、凝灰质熔岩。

幕撒希玄武岩(C^{β})与西邻伯力克幅阿羌火山岩组岩石组合相似，主要为一套中—基性火山岩，属晚石炭世塔里木南缘张性构造环境形成的火山岩。

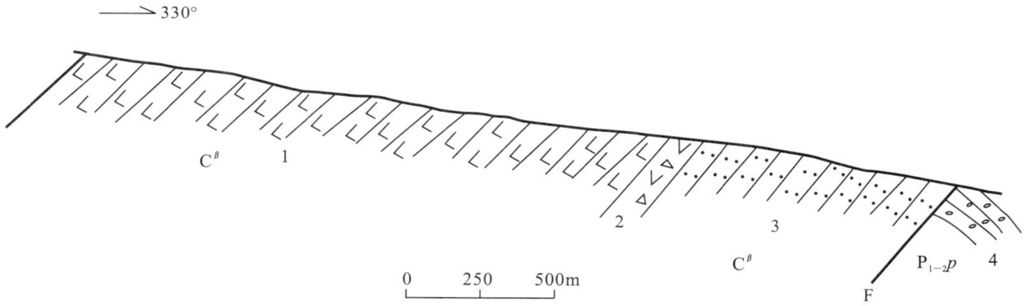

图 2-27　新疆和田县喀什塔什乡南幕撒希玄武岩(C^{β})实测地质剖面图

第八节　二叠系

二叠系图幅内出露地层为普司格组和黄羊岭群 c 组，普司格组出露于土库曼塔什塔格山、铁克里克山南缘、皮夏西提孜塔格山一带，为红色陆相碎屑岩。黄羊岭群 c 组分布于昆仑山，主要为一套深水复理石。

一、普司格组($P_{1-2}p$)

普司格组是新疆石油管理局 112 队(1972)在皮山县杜瓦测制的剖面上划分出的二叠系地层。新疆区域地层表编写组(1981)研究了新疆石油管理局 112 队(1972)在皮山县杜瓦测制的剖面后创建了普司格组($P_{1-2}p$)(下二叠统)。《新疆维吾尔自治区岩石地层》(1999)将和田地层小区该套地层仍称为普司格组，时代为 P_{1-2}，定义为：陆相碎屑岩加少许灰岩，局部有海相夹层，下部为暗棕红色砂岩，含砾粗砂岩、砂质泥岩不均匀互层夹少许钙质泥岩；上部为暗棕红色泥岩夹砂岩、砂质灰岩、泥灰岩、硅质粉砂岩，含植物、双壳化石。下与塔哈奇组灰岩呈平行不整合接触，上与侏罗系叶尔羌群、古近系喀什群、新近系乌恰群等为角度不整合接触。本次工作沿用《新疆维吾尔自治区岩石地层》划分方案。

普司格组在图幅北部出露于土库曼塔什塔格山西部，组成枢纽近南北向的阿其克破背斜西翼地层，地层走向南北向；在图幅中—南部为向西开口的半圆环状，出露于铁克里克山南缘布雅、皮夏河西提孜塔格山，为皮夏向斜枢纽倾向东南的北西转折端主要地层单位。该组东南部尖灭于库地-其曼于特构造混杂岩带上，北东被新近系乌恰群，更新统冲洪积砾层、砂砾石层不整合覆盖。该组与下伏塔哈奇组为平行不整合接触，与上覆叶尔羌群、喀什群、乌恰群为平行不整合接触或角度不整合接触。普司格组主要为一套红色陆相碎屑岩，出露面积较大，约 300km^2。

（一）地层特征

图幅内普司格组在新疆洛浦县阿其克背斜西翼地层剖面岩石露头连续，岩性出露齐全，与上覆、下伏岩层接触关系清晰，剖面起点坐标：N36°53′45″、E80°10′42″。现以新疆洛浦县阿其克村二叠系普司格组实测地质剖面（图 2-28）所出露的岩性由新到老介绍如下。

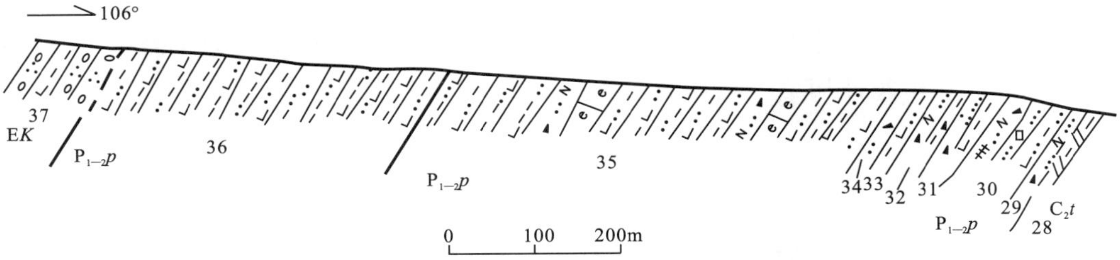

图 2-28　新疆洛浦县阿其克村二叠系普司格组（$P_{1-2}p$）实测地质剖面图

上覆地层：古近纪喀什群

——— 平行不整合接触 ———

普司格组（$P_{1-2}p$）	**703.7m**
36. 棕色薄层状钙质粉砂质泥岩夹灰色中—薄层状岩屑长石细砂岩	43.9m
35. 深棕色薄层状钙质粉砂泥岩夹灰色岩屑细粒砂岩	422.4m
34. 紫灰色岩屑长石粗粒砂岩夹深灰色细砾岩	15.9m
33. 棕色钙质粉砂质泥岩夹薄层状粉晶灰岩	26.4m
32. 棕色岩屑长石中粒砂岩夹薄层状钙质泥岩、棕色复成分砾岩	52.8m
31. 灰色长石石英岩屑中粗粒砂岩与棕色薄层状钙质泥岩互层	60.0m
30. 深棕色岩屑长石中粒杂砂岩、含砾砂岩与钙质粉砂质泥岩不等互层	69.6m
29. 深棕色薄层状岩屑细粒砂岩	12.7m

——— 平行不整合接触 ———

下伏地层：上石炭统塔哈奇组（C_2t）

剖面上普司格组地层厚度 703.7m，与下伏塔哈奇组、上覆喀什群均为平行不整合接触，岩石组合以深棕色、紫灰色碎屑岩为主，可划分为上、下两个岩性段。下段（第 29—34 层）岩性主要为紫灰色岩屑长石粗粒砂岩、深棕色岩屑长石中粒杂砂岩、含砾砂岩夹棕色钙质粉砂质泥岩，局部夹少量的粉晶灰岩，该地层基本层序自下而上为砂砾岩、含砾砂岩→砂岩→泥岩，属正粒序，局部地段缺失顶部泥岩或底部砂砾岩，基本层序一般厚度0.6～2m，砂岩与泥岩厚度之比2∶1，砂岩、含砾砂岩常为渐变过渡，具粒序层理，局部砾岩底部见斜层理、槽状层理，为中—厚层构造，发育平行层理；砂岩、砂砾岩为长透镜状，砂岩、含砾砂岩中碎屑分选、磨圆较差，多呈棱角状、次棱角状；碎屑成分复杂，主要有石英、长石、岩屑、云母等，泥岩、粉砂质泥岩为薄层构造，发育水平层理、平行层理。上段(第35—36层)岩石为棕色薄层状钙质粉砂质泥岩夹灰色中—薄层状岩屑长石砂岩、砂质灰岩。上段下部地层基本层序为细粒砂岩→钙质粉砂质泥岩→灰岩，上部地层基本层序为细粒砂岩→钙质粉砂质泥岩，基本层序为正粒序，宏观上表现细砂岩、粉砂质泥岩或细砂岩、粉砂质泥岩、灰岩呈韵律状不等厚互层，基本层序地表出露宽度6～10m，厚度2～4m，基本层序中砂岩、钙质粉砂泥岩、灰岩厚度之比为5∶15∶1，总体上以泥岩为主，细砂岩、粉砂质泥岩、灰岩均为突变接触，平行层理；细砂岩为薄层状构造，细粒粒状结构，发育水平层理，砂岩中矿物成分复杂，主要有岩屑、长石、石英、云母等，成分成熟度极低，碎屑磨圆、分选中等—较好，钙质粉砂质泥岩为粉砂质—泥质结构，薄层状构造，发育平行层理，基本层序顶部灰岩厚度一般为10～20cm，厚度较薄，为泥晶结构，薄层状构造，单层厚2～5cm。碎屑岩中含植物化石，灰岩中含介形石类化石。

综上所述，普司格组岩性主要为紫色、棕色陆相碎屑岩夹少量灰岩，岩石基本层序自下而上变细为正粒序，属湖水水体逐渐加深的退积型基本层序。

（二）岩石地球化学特征

普司格组主要岩石化学成分含量见表2-28。从表中可看出：普司格组岩石化学成分变化较大，SiO_2含量为61.22%～90.88%，Al_2O_3含量为2.3%～11.16%，Fe_2O_3含量为0.31%～4.87%，FeO含量为0.12%～1.45%，MgO含量为1.22%～3.84%，CaO含量为2.10%～8.10%，Na_2O含量为0.15%～3.10%，K_2O含量为0.15%～1.60%，说明普司格组成分变化较大，成分比较复杂。

表2-28　普司格组岩石化学成分含量表　（%）

样品号	岩石名称	SiO_2	TiO_2	Al_2O_3	Fe_2O_3	FeO	MnO	MgO	CaO
D7308-GS1	泥岩	61.22	0.62	10.56	3.10	0.63	0.03	2.95	8.10
D7308-GS2	灰黑色页岩	65.29	0.42	11.16	4.87	0.12	0.01	3.84	4.05
D7308-GS4	长石石英粗砂岩	90.88	0.09	2.30	0.31	1.45	0.05	1.22	2.10

样品号	岩石名称	Na_2O	K_2O	P_2O_5	CO_2	H_2O^+	H_2O^-	LOI
D7308-GS1	泥岩	3.10	1.60	0.07	0.40	5.82	1.49	7.29
D7308-GS2	灰黑色页岩	2.25	0.40	0.03	0.13	8.04	3.62	7.35
D7308-GS4	长石石英粗砂岩	0.15	0.15	0.03	0.64	2.01	0.30	1.42

注：样品由国土资源部西安矿产资源监督检测中心测试分析

普司格组岩石微量元素含量见表2-29。从表中可看出：岩石微量元素变化较大，与碎屑成分复杂有关，岩石微量元素平均值与地壳克拉克值比较，Ba、W、As高于地壳克拉克值，Ag、Sr、Mo与地壳克拉克值接近，其余元素均低于地壳克拉克值。

（三）沉积环境

普司格组下段岩石颜色为棕红色、棕色、紫灰色，岩性主要为紫灰色岩屑长石粗粒砂岩、深棕色岩屑长石中粒杂砂岩、含砾砂岩夹棕色钙质粉砂质泥岩，局部夹少量的粉晶灰岩，为中—厚层状构造、薄层状构造，含砾砂岩、细砂岩中发育粒序层理和平行层理，砾岩底部见斜层理、槽状层理，碎屑分选、磨圆度较差，说明其为湖相三角洲沉积环境的顶积层-前积层沉积环境的沉积物；上段岩石颜色以棕色、灰色为主，岩性主要为棕色薄层状钙质粉砂岩夹灰色中—薄层状岩屑长石细砂岩、灰色薄层状生物碎屑灰岩，岩石中发育平行层理、水平层理，灰岩中含介形类化石，从岩性组合、沉积组构及所含化石综合推断其为浅湖环境的沉积物。该套地层自下而上从三角洲沉积到浅湖环境沉积，为湖水逐渐加深的退积型基本层序。

表 2-29　普司格组岩石微量元素含量表

样品号	岩石名称	Ba	Cu	P	Pb	Rb	Sr	V	Zn	Sn
D5967-GP1	细砂岩	507	8.39	337	8.85	53.7	221	53.0	38.3	1.50
D5967-GP2	细砂岩	1 171	3.38	229	4.49	37.0	874	33.9	51.0	0.82
D5967-GP3	钙质粉砂质泥岩	726	14.80	610	15.60	158.0	183	65.5	62.1	1.20
D5967-GP4	细砂岩	186	6.65	194	4.40	43.5	196	29.9	25.3	0.77
D5967-GP5	复成分砂岩	2 289	5.69	158	4.66	30.7	293	30.3	28.6	1.10
D5967-GP6	复成分砂岩	326	11.80	234	10.20	128.0	128	69.4	52.4	1.40
碎屑岩平均值		868	8.00	293	8.00	75.0	316	47.0	43.0	1.10
地壳克拉克值(维氏,1962)		650	47.00	930	16.00	150.0	340	90.0	83.0	25.00
样品号	岩石名称	Sn	Ag	As	Sb	Hg	W	Mo	Au	Ag
D5967-GP1	细砂岩	1.50	52.0	0.95	0.26	6.25	1.61	0.20	1.14	52.0
D5967-GP2	细砂岩	0.82	77.0	3.25	0.25	36.30	1.30	1.44	1.97	77.0
D5967-GP3	钙质粉砂质泥岩	1.20	50.0	5.62	0.78	8.94	2.22	0.70	1.39	50.0
D5967-GP4	细砂岩	0.77	76.0	2.05	0.17	4.46	1.00	0.56	0.52	76.0
D5967-GP5	复成分砂岩	1.10	80.0	0.91	0.08	4.55	1.46	0.85	0.60	80.0
D5967-GP6	复成分砂岩	1.40	50.0	5.76	0.70	3.85	2.00	1.08	2.23	50.0
碎屑岩平均值		1.10	64.2	3.10	0.40	10.70	1.60	0.80	1.30	64.2
地壳克拉克值(维氏,1962)		25.00	70.0	1.70	25.00	83.00	1.30	1.10	3.40	70.0

注：样品由国土资源部西安矿产资源监督检测中心测试分析；Au、Ag、Hg 元素含量单位为 $\times10^{-9}$，其他元素含量单位均为 $\times10^{-6}$

（四）区域变化及地层对比

普司格组岩性较为稳定，主要为一套红色、棕红色陆相碎屑岩。在新疆和田县布雅村北一带，地层厚度为 161.2m，岩性主要为浅棕红色钙质粉砂质泥岩与棕色长石岩屑细砂岩、粉砂岩不等厚互层，为浅湖环境的沉积物；向南在和田县喀什塔什乡北土孜鲁克一带，普司格组地层厚度为 517.02m，中、上部岩性主要为紫红色粉砂质泥岩，灰色薄层状中细粒岩屑砂岩，灰绿色薄层状含粉砂质泥岩夹黑色泥岩，具平行层理，为浅湖-半深湖沉积环境的沉积物；下部岩性主要为砖红色中—厚层状含砾岩屑细砂岩与薄层状泥岩不等厚互层，以含砾砂岩为主，碎屑岩中砾石、细碎屑分选差，磨圆度中等，砾石成分以下伏岩层灰岩为主，发育平行层理，属湖滨三角洲环境；再向南到和田县喀什塔什乡东南提孜塔格山一带，该组下部岩性主要为褐红色中—厚层状粗砾砾岩、砂砾岩、粗砂岩夹细砂岩、粉砂质泥岩，砾岩中发育弱的平行层理，砾石分选性、磨圆度差，呈次棱角—次圆状，大小混杂，成分以灰岩、片岩为主，砾石成分与下伏岩性一致，细碎屑中发育平行层理，上部岩性为褐红色细砂岩、粉砂岩夹粉砂质泥岩，具平行层理，此处该组下部为冲洪积扇-湖成三角洲沉积环境，上部为浅湖环境。

综上所述，图幅内普司格组各地岩性组合、沉积组构、沉积环境综合分析判断，总体上从南（喀什塔什乡东南提孜塔格山）向北（阿其克一带）地层厚度由厚变薄、粒度由粗到细，盆地底部地形南高北低，物源主要来自南部的昆仑山和西部的铁克里克山。

（五）地层时代

前人（西北石油地质大队、新疆石油管理局）在阿其克该组岩石中采集到大量的孢粉、介形类及植物化石，主要有二叠纪孢粉组合：*Florinites*，*Leiotriletes*，*Lueckisporites*，*Pityoparites* 及 *Walchia*；双壳类 *Palaeomutela meglecta*，*P. subparallela*，*P. murchisoni*；植物化石 *Compsopteris won-*

gii，*Taeniopteris multinervis*，*Cordaites principalis*，*Callipteris* sp.。依据该组化石组合分析，改组时代为早二叠世至晚二叠世早期。

二、黄羊岭群(PH)

黄羊岭群为新疆地矿局第一区调大队齐德义等(1986)在木孜塔格西独高山、黄羊岭一带进行1∶100万区调工作时创建，并分上、中、下三亚群，将其定义为：下亚群为灰褐色砂岩、粉砂岩、钙质石英岩屑砂岩夹灰岩、粗砂岩；中上亚组为深灰色长石岩屑砂岩、石英岩屑砂岩及砂岩不均匀互层夹放射虫硅质岩、泥岩、钙质粉砂岩、灰岩等，上与云武岭群下岩群断层接触，下部未见底。新疆地矿局第一区域大队孙巧缡(1993)在《新疆昆仑山黄羊岭—木孜塔格一带早二叠世的䗴》一文中将黄羊岭群划分文上、下两亚群。《新疆维吾尔自治区岩石地层》(1999.12)将黄羊岭群降为黄羊岭组，将其分为上、下两个亚组。本次区调工作考虑到该套地层厚度巨大、组成复杂，在解体条件不成熟的情况下，沿用孙巧缡(1993)在《新疆昆仑山黄羊岭—木孜塔格一带早二叠世的䗴》的划分方案，并其进一步将黄羊岭群划分为下砂板岩组(PH_1)、凝灰岩(灰岩)组(PH_2)、上砂板岩组(PH_3)、板岩组(PH_4)4个岩组，时代厘定为二叠纪。本图幅黄羊岭群只出露上砂板岩组(PH_3)，仅分布于图幅西南部的苏盖提达坂、哈巴克达坂、玉龙喀什河上游一带，与下伏、上覆地层均为断层接触。

黄羊岭群上砂板岩组(PH_3)为大红柳滩地层分区地层单位，零星出露于图区西南角昆仑山主脊一带，面积约200km²，位于康西瓦断裂南侧，向西延伸进入康西瓦幅，地层走向北西西—南东东向，总体上由东北向西南地层由老变新，图幅内该群北以康西瓦断裂为界呈断层接触。

(一)地层描述

出露于图幅的黄羊岭群上砂板岩组(PH_3)由于其地处昆仑山主脊，自然条件极端恶劣，剖面无法测制，南部相邻阿克萨依湖幅新疆和田县玉龙喀什河南支沟该组岩性露头较好，岩层出露齐全，地层接触关系清晰。现以南部相邻图幅阿克萨依湖幅新疆和田县玉龙喀什河南支沟路线地质剖面(图2-29)为例介绍如下，该路线地质实测剖面起点坐标为：N36°44′34″、E80°4′20″。

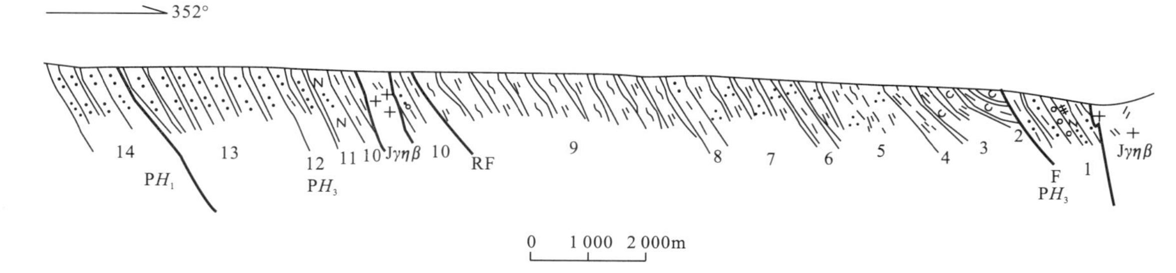

图2-29　新疆和田县玉龙喀什河南支沟二叠系黄羊岭群下砂板岩组(PH_1)、上砂板岩组(PH_3)实测地质剖面图

(未　见　顶)

黄羊岭群上砂板岩组(PH_3)	**9 933.79m**
1. 灰色粉砂质泥板岩夹巨厚层变质岩屑长石杂砂岩及细砾岩	633.16m
2. 灰黑色含碳泥质板岩	198.77m
3. 灰黑色含碳绢云母板岩夹灰色薄层状粉砂岩	297.13m
4. 灰绿色绢云母千枚岩	26.20m
5. 灰色绢云石英板岩夹绿泥绢云母千枚岩	798.76m
6. 灰色薄—中层状粉砂质泥岩夹灰色粉砂质板岩	171.43m
7. 灰色绢云母板岩	1 020.85m
8. 灰黑色薄层状泥岩	121.42m

9. 灰色绿泥绢云母板岩 2 374.78m
10. 灰色薄—中层状变质硅化泥岩 663.28m
11. 砖红色变质长石砂岩 251.14m
12. 灰色变粉砂质泥岩夹灰黑色粉砂质板岩 526.19m
13. 灰色粉砂质板岩夹灰色薄层粉砂岩 2 850.68m

———— 相变接触 ————

下伏地层：黄羊岭群下砂板岩组(PH_1)

在阿克萨依湖幅黄羊岭群上砂板岩组(PH_3)剖面上地层厚度为 9 933.79m。该组主要以灰色薄层状粉砂质泥岩、灰色粉砂质板岩、灰色绢云石英板岩、灰色绿泥绢云母板岩、灰黑色含碳绢云母板岩夹灰色中—厚层状变质长石杂砂岩，局部见及少量砂砾岩透镜体。

黄羊岭群上砂板岩组在本图幅与下伏黄羊岭群下砂板岩组、灰岩(凝灰岩)组为相变接触，与上部长城系赛图拉岩群为韧性断层接触，岩组内断裂构造极为发育。其宏观特征表现为细—粉砂质岩、粉砂岩、粉砂质板岩与绢云母(泥质)板岩、泥板岩、粉砂质泥板岩韵律状不等厚互层，岩石为中—薄层状构造，单层厚 3～15cm，发育平行层理、水平层理，粉砂岩、粉砂质板岩与泥板岩、粉砂质泥板岩分别相当于鲍马序列的 D、E 段。此外在该组顶部出现细砾岩、砂岩，岩层中基本层序自下而上由砂砾岩、砂岩、粉砂岩、粉砂质泥板岩组成，砂砾岩底部见冲刷面、印模构造，发育粒序层理，砂岩、粉砂岩、粉砂质泥板岩发育平行层理，其分别相当于与鲍马序列的 A、B、D、E 段，其中 A 段厚 2～4m、B+D 段厚 1.5～3m、E 段厚 3～15cm，岩石仍然以粉砂质泥板岩为主，泥岩与粉砂岩为突变接触，向东至玉龙喀什河上游该组以凝灰质长石细—粉砂岩、杂砂岩为主，岩石中凝灰质含量明显增加。

(二)沉积环境

本图幅黄羊岭群上砂板岩组岩石沉积组构具典型的浊积岩特征，上砂板岩组以浊积岩鲍马序列的 D 段或 E 段为主，相当于浊积扇的扇中及前缘部分，且在下砂板岩组粉砂质泥岩中见 3 000～5 000m 深海“Neveifos”相特有的遗迹化石——网格状爬迹等，为典型的浊积岩，深海“Neveifos”相网格爬迹说明黄羊岭群上砂板岩的沉积环境为大陆坡-远洋盆地沉积环境。

(三)岩石地球化学特征

黄羊岭群上砂板岩组岩石化学成分特征见表 2-30。从表中可看出：该群中碎屑岩化学成分含量基本相似，变化不大，以高的 SiO_2 含量(64.92%～69.33%)及较高的 Al_2O_3、FeO、MgO、Na_2O、K_2O 含量为特征，反映岩石成分较为复杂，岩石成分成熟度低。

表 2-30 黄羊岭群岩石化学成分含量表 (%)

样品号	岩石名称	SiO_2	Al_2O_3	Fe_2O_3	FeO	MgO	CaO	Na_2O	K_2O
D5122-GS1	粉砂岩	64.92	15.35	1.34	4.24	2.23	0.60	3.02	2.56
D5122-GS3	粉砂质泥岩	68.61	12.65	1.65	5.62	2.73	0.65	2.20	3.79
D5122-GS4	粉砂岩	69.33	13.47	1.02	3.18	2.01	1.35	1.89	2.89

样品号	岩石名称	TiO_2	P_2O_5	MnO	CO_2	H_2O^+	H_2O^-
D5122-GS1	粉砂岩	0.80	0.12	0.10	1.70	1.86	0.04
D5122-GS3	粉砂质泥岩	0.82	0.14	0.14	0.31	1.96	0.04
D5122-GS4	粉砂岩	0.62	0.21	0.12	0.72	2.50	0.03

注：样品由国土资源部西安矿产资源监督检测中心测试分析

黄羊岭群上砂板岩组岩石微量元素含量见表 2-31。从表中可看出：该群碎屑岩微量元素含量

表 2-31 黄羊岭群微量元素含量表

样品号	岩石名称	Sr	Rb	Pb	Zn	Cu	V	Ba	P	As	Sb	Hg	Sn	Ag	W	Mo	Au
D5122-GP1	板岩	98	143	19	109	39	106	557	766	13.8	0.64	15.5	2.30	70	1.35	0.44	0.93
D5122-GP2	含碳板岩	103	162	15	98	33	100	519	643	4.3	1.30	33.7	2.00	38	6.25	0.38	2.02
D5122-GP3	板岩	119	116	16	98	39	99	464	712	10.5	0.77	18.1	1.80	38	1.98	0.38	0.53
D5122-GP4	绿泥石英千枚岩	86	64	12	59	41	57	341	414	26.2	0.63	8.8	1.55	118	1.20	0.41	1.00
D5122-GP5	绿泥石英千枚岩	285	80	91	116	46	99	373	909	1.8	0.50	23.0	2.10	410	1.45	0.38	1.10
D5122-GP6	绢云石英板岩	109	81	8	78	28	100	384	858	6.2	0.36	21.7	1.40	38	1.00	0.50	0.78
D5122-GP7	粉砂岩	132	95	13	72	28	113	483	933	4.6	1.39	7.49	1.80	53	0.83	0.41	0.64
D5122-GP8	绢云石英板岩	119	104	9	72	28	120	435	972	6.0	0.40	15.0	2.50	45	1.05	0.38	0.66
D5122-GP9	粉砂岩	80	87	58	67	55	62	438	382	4.9	0.62	12.8	1.80	100	1.40	0.41	3.58
D5122-GP10	绢云石英板岩	111	160	22	87	36	111	633	719	20.6	1.05	27.9	2.50	58	1.72	0.93	1.26
D5122-GP11	绢云石英板岩	112	154	17	77	27	118	654	654	28.5	0.57	25.2	1.60	38	1.82	0.75	0.79
D5122-GP14	粉砂岩	98	101	41	92	38	116	522	827	24.4	0.79	17.3	2.00	38	1.05	0.38	0.79
D5122-GP15	粉砂岩	133	122	23	67	23	83	519	584	12.3	0.39	19.9	1.60	70	1.56	1.12	0.72
D5122-GP16	粉砂质板岩	155	135	23	70	27	71	436	533	13.4	0.40	25.2	1.62	74	1.13	1.30	0.67
D5122-GP17	粉砂岩	59	108	22	82	77	60	418	393	10.4	0.48	11.9	1.60	58	1.16	0.62	1.85
D5122-GP18	泥板岩	68	124	15	79	76	71	435	592	14.2	0.55	12.4	2.20	100	1.11	0.44	1.68
碎屑岩平均值		111	108	24	78	38	87	448	641	11.9	0.6	17.4	1.80	79	1.50	0.50	1.10
地壳克拉克值(维氏,1962)		340	150	16	83	47	90	650	930	1.7	0.50	83.0	25.00	70	1.30	1.10	3.40

注:样品由国土资源部中南矿产资源监测检测中心分析;其中 Au、Ag、Hg 元素含量单位为 $\times10^{-9}$,其他元素含量单位为 $\times10^{-6}$

平均值与地壳克拉克值相比，As 含量高于克拉克值，Pb、Zn、Ag、Sb、V、W 含量与地壳克拉克值总体一致，其余元素含量偏低。

黄羊岭群上砂板岩组岩石稀土元素含量及特征值见表 2-32，从表中可看出：碎屑岩稀土元素含量、轻稀土元素总量(LREE)、重稀土元素总量(HREE)、稀土元素总量含量(∑REE)基本相似，碎屑岩：LREE=(107.86～133.88)$\times10^{-6}$，HREE=(13.29～19.81)$\times10^{-6}$、∑REE=(121.15～153.69)$\times10^{-6}$，LREE/HREE=6.76～8.12，为轻稀土富集型。

表 2-32　黄羊岭群岩石稀土元素含量及特征值表

样品号	岩石名称	稀土元素含量($\times10^{-6}$)									
		La	Ce	Pr	Nd	Sm	Eu	Gd	Tb	Dy	Ho
D5122-XT1	粉砂岩	29.9	50.2	6.91	28.3	5.35	1.17	3.99	0.74	5.12	0.94
D5122-XT3	粉砂岩	35.0	54.7	7.14	29.7	6.17	1.17	4.62	0.90	6.07	1.16
D5122-XT4	粉砂岩	27.5	45.2	6.15	23.7	4.39	0.92	3.38	0.57	3.95	0.77

样品号	岩石名称	稀土元素含量($\times10^{-6}$)							特征参数值	
		Er	Tm	Yb	Lu	LREE	HREE	∑REE	LREE/HREE	δEu
D5122-XT1	粉砂岩	2.76	0.40	2.46	0.29	121.83	16.70	138.53	7.30	0.74
D5122-XT3	粉砂岩	3.35	0.48	2.89	0.34	133.88	19.81	153.69	6.76	0.64
D5122-XT4	粉砂岩	2.12	0.32	1.94	0.24	107.86	13.29	121.15	8.12	0.70

注：样品由国土资源部中南矿产资源监测检测中心分析

(四)古生物特征及地层时代

黄羊岭群上砂板岩组主要为浊积岩，所含化石较少，前人在该群采到少量䗴类 *Sumatrina annae*，*Neoschwangerina margaritae* 化石(可能在灰岩滑块中)；本次工作在黄羊岭群(*PH*)灰岩(凝灰岩)组采集到大量的珊瑚、菊石、海百合茎及螺等化石，经鉴定主要种属有珊瑚：*Tachylasma magnum hexasaseptatum* Hang，*Amplexus* sp.；螺：*Cylicoscapha* sp.，菊石类：*Agathiceras* cf. *frechi bose*，*Prostacheoceras* sp.，*Propinacocesa* sp.，*Agathiceras* cf. *altunense* Wang，*Domatoceras* sp.，*Propinacocesa* sp. 等大化石，其中 *Agathiceras*，*Propinacocesa*，*Prostacheoceras* 这三属广泛分布于北美、乌拉尔、帝汶岛、西西里岛及澳大利亚，在我国见于吉林范家屯、甘肃金宝山双宝堂口等地，在新疆见于柯坪的扎尔加尔组和昆仑的叶桑岗组，时代为早二叠世晚期—中二叠世早期(栖霞期)。另外，在甜水海北泉水沟垴，该群被中生代石英闪长岩[(240±3)Ma、全岩 Rb-Sr 法]侵吞，因此将黄羊岭群(*PH*)时代厘定为二叠纪。

第九节　侏罗系

叶尔羌群($J_{1-2}Y$)

在图幅内侏罗系仅有叶尔羌群，分布于恰哈地层小区的布雅煤矿一带，为一套陆相含煤的碎屑岩建造。

叶尔羌群($J_{1-2}Y$)是 1932 年德·泰拉在塔里木盆地西南至昆仑山进行地质考察所创立，但其命名的地层不够确切，其中包括一部分二叠纪地层，原始定义为一套含煤建造。别良斯基(1964)将其命名为含煤岩系。地矿部十三地质大队(1957)在埃格留姆河工作时，将该群命名为埃格留姆岩系(相当于萨里塔什组、康苏组和杨叶组)。西北煤田地质局 156 队(1962)将相当于埃格留姆岩系划为叶尔羌群。新疆区域地层表编写组(1981)将出露于托云、昆仑山、阿尔金山等地的一套湖沼相含煤碎屑岩划为叶尔羌群,其时代划归早—中侏罗世。《新疆维吾尔自治区岩石地层》(1999)沿用了新疆区域地层表编写组的划分方案,将其定义为一套湖相-沼相含煤建造,自下而上划分为萨里塔什组、康苏组、杨叶组、塔尔多组4个组。本次工作沿用《新疆维吾尔自治区岩石地层》的划分方案,采用叶尔羌群($J_{1-2}Y$)一名,图幅划分出塔尔多组、杨叶组两个地层单位。

叶尔羌群零星出露于图幅中南部喀什塔什乡布雅—皮夏河一带,位于皮夏向斜西部转折端,呈向东开口的"月牙"形,出露面积约14km²,与下伏普司格组(图2-30)、上覆喀什群及乌恰群为平行不整合接触,北部在布雅村向东尖灭,南部在皮夏南塔尔萨伊尖灭于与上覆乌恰群不整合面之下,该群主要为一套陆相含煤建造。

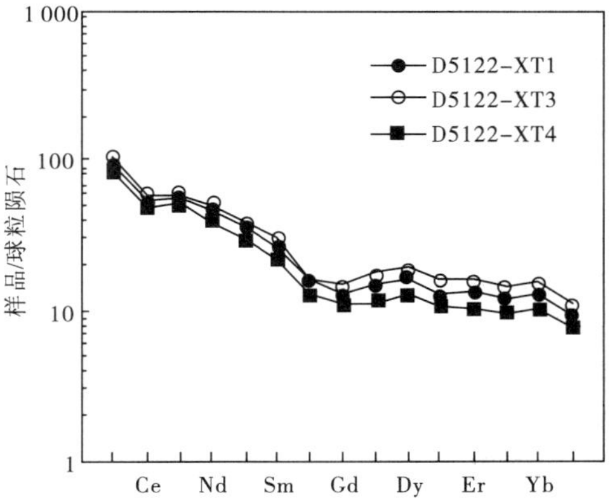

图2-30 黄羊岭群主要岩石稀土元素球粒陨石标准化分布图

(一)地层特征

图幅内叶尔羌群在新疆和田县布雅煤矿该群露头连续,岩性出露齐全,与下伏、上覆地层接触关系清晰,地质剖面起点坐标为:N36°22′53″、E79°57′31″。现以新疆和田县喀什塔什乡布雅煤矿侏罗系叶尔羌群实测剖面(图2-31)为例将该群地层层序由新到老依次叙述如下。

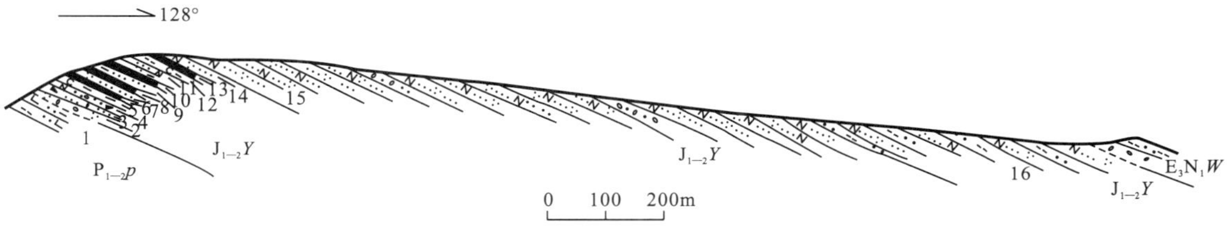

图2-31 新疆和田县喀什塔什乡布雅煤矿侏罗系叶尔羌群实测地质剖面图

上覆地层:古近系乌恰群(E_3N_1W)

——— 平行不整合接触 ———

叶尔羌群	**408.28m**
杨叶组	**334.39m**
16. 灰色、灰紫色厚—块状长石石英细砂岩与棕色、紫灰色薄层状粉砂质泥岩不等厚层互层	124.71m
15. 土黄色、紫灰色厚层状长石石英细砂岩与紫灰色中—厚层状长石石英粗砂岩互层夹紫灰色砂砾岩	209.68m
塔尔干组	**73.89m**
14. 土黄色、灰色中—厚层状长石岩屑中—粗粒砂岩	10.87m
13. 黑色中—薄层状煤层	2.25m
12. 深灰色、黑色薄层状碳质泥岩夹粉砂岩	1.79m
11. 灰色、土黄色中—厚层岩屑长石中—粗粒砂岩夹砂砾岩透镜体	32.48m
10. 黑色薄层状煤层夹黑色碳质粉砂岩	5.96m
9. 灰色、深灰色岩屑石英细砂岩	2.70m
8. 黑色中—薄层状煤层	6.48m
7. 灰色、深灰色薄层状细粒石英细砂岩	2.97m
6. 黑色中—薄层状煤层	3.78m

5. 灰色、深灰黑色含碳泥岩，深灰色粉砂质泥岩夹粉砂岩 0.81m

4. 灰色中—厚层状含砾砂岩夹砂砾岩透镜体 1.08m

3. 灰色中—厚层状长石石英粗砂岩 1.09m

2. 灰色石英质中—粗砾砾岩 1.63m

——— 平行不整合接触 ———

下伏地层：普司格组($P_{1-2}p$)

剖面上叶尔羌群与下伏普司格组、上覆喀什群均为平行不整合接触，地层厚度 408.28m，根据其岩性组合特征将其划分为塔尔干组、杨叶组。塔尔干组(1—14 层)底部为 1.63m 厚的灰色石英质中—粗砾砾岩，为底砾岩，主体岩性主要为灰色中—厚层状长石石英粗砂岩、灰色薄层状岩屑石英细砂岩、黑色中—薄层状煤层、黑色含碳粉砂岩、灰黑色薄层状碳质泥岩、泥岩夹砂砾岩透镜体，岩石中发育平行层理、水平层理、大型交错层理，交错层理常位于透镜状砂砾岩底部；细碎屑岩矿物成分主要为石英、长石，碎屑成分成熟度较高、磨圆度较差、分选中等，石英一般含量为 70%左右，碎屑呈次圆状—次棱角状，砾岩、砂砾岩中砾石成分较为单一，分选差，磨圆度中等，砾石主要为石英岩，砾石直径 1～10cm，呈次棱角—次圆状，分选性较差。杨叶组岩性主要为土黄色、紫灰色长石石英粗砂岩，长石石英细砂岩，棕色、紫灰色粉砂质泥岩夹砂砾岩透镜体，宏观上表现为粗砂岩与细砂岩或细砂岩与泥岩不等厚互层夹紫灰色砂砾岩透镜体，以砂岩为主，砂岩与泥岩厚度之比为(2～3)∶1，粗砂岩具中—厚块状构造，发育平行层理、块状层理；泥岩为薄层状构造，发育平行层理，在砂砾岩底部见冲刷构造。塔尔干组含碳泥岩、粉砂岩中蕨类植物碎片发育。

该群下部砂岩中斜层理、槽状层理显示古流向为 90°～110°，反映物源来自西部铁克里克山。

(二)岩石地球化学特征

叶尔羌群微量元素含量见表 2-33，从表中可看出：该组碎屑岩微量元素总量一般较低，含量变化不大，未见明显的富集(矿化)，叶尔羌群煤系地层中见小型铀矿。岩石微量元素平均值与地壳平均值相比较，除 Ag、As、W、Mo 高于地壳克拉克值外，其余元素含量偏低。

表 2-33 叶尔羌群岩石微量元素含量表

样品号	岩石名称	Ba	Cu	P	Pb	Rb	Sr	V	Zn
D5960-GP1	长石石英粗砂岩	160	9.39	119	96.7	45.2	46	49.5	18.4
D5960-GP2	石英细砂岩	392	16.8	241	23.8	49.1	209	54.8	44.8
D5960-GP3	长石石英细砂岩	293	11.7	154	46.4	111	51	94.1	84.3
D5960-GP4	煤	279	22.6	147	15.0	74.5	39	117	41.6
D5960-GP5	长石石英粗砂岩	264	24.0	412	24.2	69.2	343	67.7	49.8
D5960-GP6	长石石英粗砂岩	199	5.83	138	13.9	40.8	58	62.6	16.0
平均值		264	15	202	37	65	124	74	42
地壳克拉克值(维氏,1962)		650	47	930	16	150	340	90	83
样品号	岩石名称	Sn	Ag	As	Sb	Hg	W	Mo	Au
D5960-GP1	长石石英粗砂岩	2.60	150	29.8	1.10	13.3	2.17	21.30	3.27
D5960-GP2	石英细砂岩	1.80	170	8.05	0.42	76.5	0.70	0.50	1.48
D5960-GP3	长石石英细砂岩	5.10	150	1.46	0.19	32.7	3.30	2.00	2.31
D5960-GP4	煤	3.10	72.0	1.00	0.18	16.8	2.70	0.20	2.08
D5960-GP5	长石石英粗砂岩	1.40	96.0	8.62	0.56	64.0	0.65	5.00	0.89
D5960-GP6	长石石英粗砂岩	2.25	50.0	3.15	0.25	28.7	1.40	11.4	2.17
平均值		3	115	8.7	0.5	38.7	1.8	6.7	2.0
地壳克拉克值(维氏,1962)		25	70	1.7	25	83	1.3	1.1	3.4

注：样品由国土资源部中南矿产资源监测检测中心分析；Au、Ag、Hg 元素含量单位为$\times10^{-9}$，其他元素含量单位均为$\times10^{-6}$

(三)沉积环境

叶尔羌群塔尔干组为深灰色长石细粒砂岩,灰黑色、黑色含碳泥岩,含碳粉砂质泥岩,煤层夹砂砾岩,砂岩中见斜层理,含碳泥岩、含碳粉砂质泥岩中植物化石——蕨类叶子极为丰富,主要为一套含煤碎屑岩建造,属湖泊沼泽环境的沉积物;杨叶组地层岩性主要为紫灰色长石石英粗砂岩、细砂岩与粉砂质泥岩不等厚互层,碎屑岩中发育大型斜层理,为河流-洪积扇环境的沉积物。

(四)区域变化及地层对比

叶尔羌群由布雅煤矿向南塔尔干组含碳泥岩及煤层逐渐减薄,到喀什塔什乡皮夏南塔尔萨伊一带,煤层消失,其岩性主要为浅紫色、灰色含砾粗砂岩,砂砾岩,沉积环境为从河流-三角洲(顶积层)环境。由布雅煤矿向东至喀什塔什乡布雅村一带,塔尔干组岩性主要为浅灰色、土黄色石英质细砾岩,石英粗砂岩及黑色含碳泥岩夹一层厚度约 5cm 的煤线;杨叶组岩性为紫灰色、灰色、浅灰绿色长石石英中粒砂岩,中—粗粒砂岩,细砾岩夹砂砾岩透镜体,砂岩中大型交错层理极为发育,斜层理显示布雅村该群下段古流向为 170°~180°,说明物源来自北部的铁克里克山,此地该群属湖泊沼泽-河流环境的沉积物。

图幅内叶尔羌群砂岩中斜层理、槽状层理反映当时盆地的古流向为北部布雅村一带由北向南流动,西部布雅煤矿古流向为由西向东流动,因此可以推断,侏罗纪时当时盆地中心在布雅村南部、布雅煤矿东南部,即盆地中心大致在阿纳斯巴以一带,为进一步扩大寻找该群煤矿资源指明了方向。

综上所述,叶尔羌群为一套湖沼相含煤的碎屑岩。

(五)地层时代

本次工作在该群含碳泥岩、粉砂质泥岩中采集到的化石有 *Raphelia cliamensis* Seward,*Coniopteris hymenophlloides*,*Coniopteris hymenophylloides* (Brongniart) Seward,*Ginkgo sibirica* Heer 等,上述蕨类、银杏等植物化石,其组合均系我国北方中侏罗世煤系地层中的重要组合,从西向东,由新疆的叶尔羌群、青海的大煤沟组、陕西的延安组、山西的大同组等,这些地层时代都是相同的,完全可以对比,其生物组合面貌也都是相同的。考虑到所产化石层位为下中部地层,依据该群所含化石即产出层位,其时代应为早—中侏罗世。

第十节　古近系—新近系

图幅内古近系—新近系主要有乌恰群和阿图什组,乌恰群包括克孜洛依组、安居安组、帕卡布拉克组,新近系在图幅大面积出露,主要分布于新生代盆地区。

一、喀什群(EK)

图幅内古近系地层较少,仅见喀什群,零星出露于图幅北部土库曼塔什塔格山西北部及中南部布雅煤矿北一带,为一套潟湖相的化学沉积及碎屑岩。

喀什群(*EK*)由新疆区域地层表编写组创建,创名地位于乌恰县附近,原始定义:是指红色泥岩夹砂岩,下部为灰白色石膏。维亚洛夫(1940)将该套地层称为老第三系,此后 1952—1953 年苏联地质保矿部第十三航测大队首次命名为塔什萨克岩系,《西北地区地层表新疆维吾尔自治区分册》(1981)废弃了以上岩石地层单位,建立了喀什群;《新疆维吾尔自治区岩石地层》将其定义为一套潟湖相、海相的碎屑岩，并自下而上分为阿尔塔什组、其姆根组、卡拉塔尔组、乌拉根组、巴什布拉克组。本次区调沿用喀什群一名，图幅由于其出露不全、厚度较薄、出露范围较小，未进一步详细划分，叙述如下。

喀什群呈长条状出露于土库曼塔什塔格山西部及布雅煤矿北 5km 处，出露面积较小，仅 $6km^2$，与下伏叶尔羌群、普司格组为平行不整合或微角度不整合接触，与上覆喀什群为整合接触。图幅南部喀什群向东、南尖灭于普司格组与乌恰群之间的不整合面上。主要为一套潟湖相的化学沉积-碎屑岩。

(一)地层特征

图幅内喀什群在新疆洛浦县南土库曼塔什塔格山西部基岩露头连续，岩性出露齐全，与上覆、下伏岩层接触关系清晰。新疆洛浦县南土库曼塔什塔格山古近系喀什群实测地质剖面(图 2-32)剖面起点坐标为：N36°55′35″、E80°11′33″。剖面上该群地层岩层由新到老依次如下。

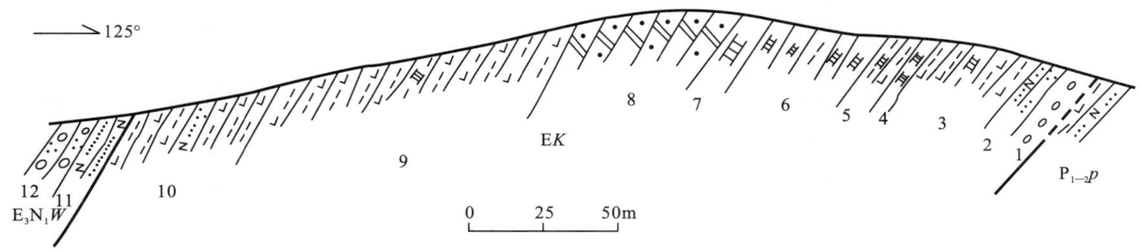

图 2-32　新疆洛浦县南土库曼塔什塔格山古近系喀什群(EK)实测地质剖面图

上覆地层：乌恰群

——— 整合接触 ———

喀什群(EK)	**211.2m**
10. 棕红色夹灰绿色薄层状钙质泥岩夹棕红色长石石英细砂岩	24.2m
9. 棕色薄层状钙质泥岩夹棕红色薄层状含石膏泥岩	68.7m
8. 灰白色中厚层状砂屑白云岩	44.2m
7. 雪白色细晶石膏层	6.3m
6. 灰白色厚层—块状石膏夹灰绿色薄层状泥岩	20.9m
5. 棕色薄层状钙质泥岩夹薄层状膏泥岩	8.7m
4. 灰白色中层状细晶石膏层	1.0m
3. 棕红色薄层状钙质泥岩夹棕红色膏泥岩	26.7m
2. 棕色中—薄层状岩屑中粗粒砂岩夹石英含砾砂岩	4.8m
1. 棕红色中粗砾砾岩	5.7m

— — — — 平行不整合接触 — — — —

下伏地层：二叠系普司格组($P_{1-2}p$)

喀什群在剖面上地层厚度 211.2m，根据其岩性组合该群可分为上、中、下 3 部分。下部岩性主要为白色厚层—块状细晶石膏层，棕红色、灰绿色薄层状钙质泥岩，膏泥岩，以白色厚层—巨厚层状石膏层为特点，石膏为细晶结构，块状—厚层状构造，成分为石膏，底部为 3～5m 的浅棕色石英质细—中砾岩；中部为灰色中层状砂质白云岩，白云岩具细晶结构，中层状构造；上部主要为棕红色夹灰绿色薄层状钙质泥岩、棕红色长石石英细砂岩夹膏泥岩，岩石中以薄层状构造为主，发育平行层理。

(二)岩石地球化学特征

喀什群岩石微量元素含量见表2-34。该群碎屑岩样品较少,碎屑岩微量元素含量与地壳克拉克值相比较,除Ag含量较高之外,其余元素均偏低,表现为亏损。该群化学沉积(石膏)与碎屑岩相比较,石膏层中P、Sr、V、Zn元素含量高于石英质粗砂岩,其中石膏层中Sr含量高达2 388×10^{-6},为碎屑岩的6倍,相对于碎屑岩显示明显的富集。

表2-34 喀什群岩石微量元素含量表

样品号	岩石名称	Ba	Cu	Mn	P	Pb	Rb	Sr	V
D5969-GP1	石英质粗砂岩	288	4.65	659	56	7.72	39.4	381	17.7
D5969-GP2	石膏	127	6.35	135	157	3.32	23.1	2 388	26.5
地壳克拉克值(维氏,1962)		650	47.00	1 000	930	16.00	150	340	90.0
样品号	岩石名称	Zn	Sn	Ag	As	Sb	Hg	Mo	Au
D5969-GP1	石英质粗砂岩	10.6	0.77	100	1.81	0.18	1.73	0.93	0.64
D5969-GP2	石膏	21.6	0.80	105	1.75	0.35	1.73	0.93	2.17
地壳克拉克值(维氏,1962)		83.0	25.00	70	1.70	25.00	83.00	1.10	3.40

注:样品由国土资源部西安矿产资源监督检测中心测试分析;其中Au、Ag、Hg元素含量单位为×10^{-9},其他元素含量单位为×10^{-6}

(三)沉积环境

喀什群下部岩性主要为白色中层状、厚层—块状细晶石膏层夹棕红色、灰绿色薄层状钙质泥岩,膏泥岩,以白色厚层—巨厚层状化学沉积的硫酸盐岩为特点,发育平行层理,为典型的盐湖萨勃哈沉积环境;中部为灰色中层状砂质白云岩,具中层状构造,为半咸化湖泊沉积环境;上部岩性主要为棕红色夹灰绿色薄层状钙质泥岩、棕红色长石石英细砂岩夹膏泥岩,岩石中以薄层状构造为主,发育平行层理,为半咸湖-正常浅湖环境。

喀什群岩石下部主要为一套化学沉积的硫酸盐岩和含硫酸盐岩的碎屑岩,中部为碳酸盐岩,上部为含膏盐的碎屑岩,地层自下而上碎屑岩中硫酸盐岩厚度减薄、含量减少,直到顶部消失,说明水体中含盐度逐渐降低,由下部的半封闭或封闭环境,逐渐到上部水体循环较好的开放环境,自下而上淡水体补给量逐渐增加,由早期的咸湖到中期的半咸湖,到后来的正常湖泊,湖水水体逐渐加深;在布雅、阿其克一带古近纪时期湖泊也为淡化湖泊,且布雅一带下部岩性为巨厚—厚层硫酸盐岩夹红色碎屑岩,中上部为砖红色中—厚层状粉砂岩、棕红色中层状长石石英细砂岩夹褐红色泥岩、红色铁质泥质粉晶灰岩,直接由咸湖环境进入正常的湖泊环境,其淡水量注入更大。

(四)区域变化及地层对比

图幅内喀什群岩性较为稳定,主要为一套潟湖相的硫酸盐岩-碳酸盐岩化学沉积和红色碎屑岩。特别是该群底部的红色石英质砾岩(底砾岩)、下部的厚层—块状白色石膏层,在阿其克背斜西翼近南北向延伸极为稳定,可作为该群底部和中部的标志层。在图幅南部布雅煤矿北,该群下部岩性主要为白色厚层—块状石膏层夹红色粉砂质泥岩,上部为砖红色中—厚层状粉砂岩、棕红色中层状长石石英细砂岩夹褐红色泥岩、红色铁质泥质粉晶灰岩,即下部为硫酸盐岩夹碎屑岩,属勃萨哈盐湖沉积环境,上部为半咸湖-正常湖相沉积,为湖水向上变淡的淡化盐湖,地层厚度426.95m,特别是下部石膏层夹红色粉砂质泥岩厚度大约为311.8m,明显大于北部阿其克一带的地层及石膏层厚度，反映南部布雅村一带湖底沉降幅度较大。

（五）地层时代

喀什群平行不整合于含丰富化石的下—中二叠统普司格组、下—中侏罗统叶尔羌群之上，与上覆古近系—新近系乌恰群为整合接触，岩性组合与区域上喀什群标准剖面相似，可以对比，前人在该群灰岩中采集到大量的双壳、有孔虫及介形虫，化石时代为古新世—渐新世，依据所产化石将其时代厘定为古近纪。

二、乌恰群（E_3N_1W）

新疆石油管理局王志武（1957）将出露于乌恰一带中新统的一套碎屑岩命名为乌恰群，时代为中新世。1950 年以前仅指第三系；1952—1953 年苏联地质保矿部第十三航测大队在喀什地区进行 1∶20 万区测时，将这套地层命名为玛萨盖特岩系；新疆石油管理局（1957）在这一地区开展石油普查，王志武将它更名为乌恰群，新疆石油管理局 18—120 分队（1960）将其划分为乌恰群；《西北地区地层表·新疆维吾尔自治区分册》（1980）沿用了乌恰群一名；《新疆维吾尔自治区岩石地层》（1999）将其定义为：以陆相碎屑岩为主的一套沉积序列，并自下而上分为克孜洛依组、安居安组和帕卡布拉克组。该群在命名地分组特点明显。本次区调工作沿用《新疆维吾尔自治区岩石地层》划分方案。

乌恰群（E_3N_1W）在图幅内大面积出露，主要分布于铁克里克隆起东南缘周边地区喀什塔什乡空阿于孜—布雅村—恰哈乡一带，另外在土库曼塔什塔格山阿其克背斜北部转折端零星出露。乌恰群在本图幅出露较全，主要为一套红色陆相碎屑岩，出露面积约 400km^2。测区乌恰群（E_3N_1W）各组从新到老依次介绍如下。

（一）克孜洛依组（E_3N_1k）

新疆石油管理局彭希龄等（1975）创名，创名地位于乌恰县城南约 10km 克孜洛依；新疆石油管理局王志武（1957）在巴什布拉克测剖面时将该套地层命名为下褐色组，1981 年新疆区域地层表中彭希龄正式命名为克孜洛依组，《新疆维吾尔自治区岩石地层》将其定义为上部由褐红色泥岩、砂质泥岩夹层灰绿色粉砂岩及细砾岩；下部主要为褐灰色泥岩、泥质粉砂岩夹薄层石膏及石膏团块，底部为 0.5m 的细砾岩，含咸水、半咸水动物群的沉积序列，上与安居安组、下与巴什布拉克组为整合接触。本次工作沿用《新疆维吾尔自治区岩石地层》划分方案。

1. 地层特征

图幅内克孜洛依组（E_3N_1k）主要分布于图区喀什塔什乡空阿于孜—布雅村—恰哈乡一带，沿铁克里克隆起东南缘周边展布。与下伏喀什群、上覆安居安组均为整合接触，在图幅中、南部布雅，布雅煤矿，皮夏西一带，与下伏叶尔羌群、普司格组为平行不整合或微角度不整合接触。

克孜洛依组在新疆和田县喀什塔什乡皮夏代里雅东地层序列清晰，剖面基岩露头连续，剖面起点坐标为：N36°19′20″、E79°55′15″。现以新疆和田县喀什塔什乡皮夏西新近系克孜洛依组实测地质剖面（图 2-33）为例，将该组地层层序自下而上介绍如下。

上覆地层：安居安组

———— 整合接触 ————

克孜洛依组（E_3N_1k）　　831.58m

4. 灰色中层状细砾复成分砾岩、含砾岩屑长石砂岩与砖红色厚层状—巨厚层状粉砂质泥岩不等厚互层　　588.20m

3. 暗灰色巨厚层含砾粗—中粒岩屑砂岩岩屑长石砂岩夹灰色中厚层复成分细砾岩和浅砖红色中层状粉砂质泥岩　118.03m

2. 浅砖红色巨厚层含砾粉砂质泥岩夹灰色中厚层状复成分砾岩或灰色巨厚层状中细砾复成分砾岩透镜体　114.03m

1. 灰色厚层状中细砾复成分砾岩夹砖红色厚层含砾粉砂岩　11.32m

——— 平行不整合接触 ———

下伏地层：叶尔羌群($J_{1-2}Y$)

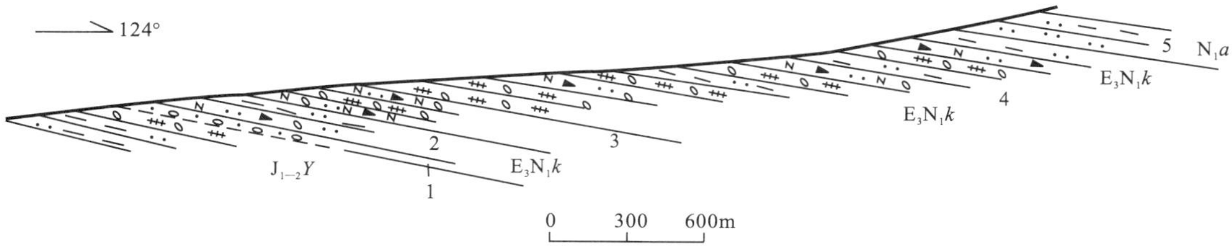

图 2－33　新疆和田县喀什塔什乡皮夏西古近系—新近系乌恰群(E_3N_1W)克孜洛依组(E_3N_1k)实测地质剖面图

剖面上该群与下伏叶尔羌群为平行不整合接触，与上覆安居安组为整合接触，地层厚度831.58m。从剖面上看：克孜洛依组岩性以砖红色为主，岩性主要为砖红色中细砾复成分砾岩、含砾砂岩与粉砂岩、粉砂质泥岩不等厚互层，岩石中发育中—厚层状构造、巨厚层状构造，发育平行层理、斜层理、块状层理，在砾岩、砂砾岩底部常见冲刷构造。砾岩为中—细砾结构、颗粒支撑，发育平行层理，在含砾砂岩、含砾粉砂质泥岩中的砾岩多呈透镜状产出，在砾岩底部常见冲刷构造，砾岩中砾石成分复杂，磨圆度中等，分选性差，砾石含量 35%～50%，其成分主要为石英岩、硅质岩、生物碎屑灰岩、泥晶灰岩等，砾石呈次圆状—次棱角状，砾石粒径 5～35mm，基质主要为石英、岩屑，含量为 30%～40%，胶结物以钙质为主；含砾粗—中砾岩屑砂岩为中—细粒结构，厚—巨厚层状构造，发育平行层理、块状层理，岩石中砾石成分、磨圆度与上述砾岩中砾石成分相似，砾石含量一般，砾石直径 2～4mm，岩石基质中碎屑物成分主要为石英、岩屑、长石等，基质中碎屑分选、磨圆度差，胶结物以钙质为主(10%～15%)；含砾粉砂质泥岩、粉砂岩为粉砂质结构和粉砂质泥质结构，呈厚—巨厚层状构造、块状构造，发育平行层理。

克孜洛依组岩性自下而上总体表现为碎屑粒度由粗到细、地层厚度由厚变薄的变化趋势。

喀什塔什乡西皮夏河一带砾岩底部冲刷槽方向为 12°、40°、45°、30°，总体呈北东向，显示此时(E_3—N_1)盆地西南部物源来自于西南部昆仑山一带。

克孜洛依组岩性较为单一，主要为砖红色中—厚层状细粒砂岩屑长石砂岩，为细粒结构、中—厚层状结构，局部为块状结构，发育块状层理、平行层理，局部见板状层理。岩石中碎屑分选、磨圆度差，碎屑成分主要为长石、石英、岩屑等。

2. 岩石地球化学特征

克孜洛依组岩石微量元素含量见表 2－35。从表中可看出：该组主要岩类微量元素未见明显的富集(矿化)、亏损，其微量元素平均值与地壳克拉克值相比较，Sr、As、Mo 元素含量较高，W、Ag 与地壳克拉克值大致接近，其余元素含量均偏低。

表 2-35　乌恰群岩石微量元素含量表

地层名称	样品号	岩石名称	Ba	Cu	P	Pb	Rb	Sr	V	Zn
克孜洛依组	D5970-GP1	细砂岩	240	3.6	130	6.61	25.3	415	12.7	10.5
	D5970-GP2	钙质泥岩	518	15.8	430	6.12	61.7	967	41.2	33.2
	D5970-GP3	细砂岩	297	18.3	701	16.00	142.0	922	105.0	93.9
	D5970-GP4	中细粒砂岩	296	14.8	503	9.21	63.6	329	52.2	43.7
	平均值		338	13.0	441	9.00	73.0	658	53.0	45.0
安居安组	D5970-GP5	细砂岩	320	13.7	615	11.80	97.0	500	72.7	64.4
	D5970-GP6	中粒砂岩	622	12.6	468	14.20	75.0	246	56.7	34.0
	D5970-GP7	细砂岩	479	14.8	383	9.99	58.2	183	60.1	43.1
	平均值		474	14.0	489	12.0	77.0	310	63.0	47.0
帕卡布拉克组	D5970-GP8	钙质长石细砂岩	236	11.3	291	6.29	51.9	144	35.6	37.7
	D5970-GP9	细砂岩	253	11.8	363	6.25	52.0	213	44.6	37.5
	D5970-GP10	细—中粒砂岩	396	14.5	546	12.80	70.8	354	54.9	48.8
	平均值		295	13.0	400	8.00	58.0	237	45.0	41.0
地壳克拉克值(维氏,1962)			650	47.0	930	16.00	150.0	340	90.0	83.0
地层名称	样品号	岩石名称	Sn	Ag	As	Sb	Hg	W	Mo	Au
克孜洛依组	D5970-GP1	细砂岩	0.77	55	7.74	0.08	1.73	0.60	17.10	1.70
	D5970-GP2	钙质泥岩	0.77	50	1.77	0.20	2.69	1.20	0.42	0.50
	D5970-GP3	细砂岩	1.80	75	5.64	0.96	5.64	1.05	0.56	4.65
	D5970-GP4	中细粒砂岩	1.65	135	5.89	0.40	7.85	1.40	0.93	1.13
	平均值		1.00	79	5.00	0.00	4.00	1.00	5.00	2.00
安居安组	D5970-GP5	细砂岩	1.70	60	7.97	0.63	7.35	1.82	0.78	1.70
	D5970-GP6	中粒砂岩	1.30	62	5.44	0.53	6.24	1.40	0.56	1.01
	D5970-GP7	细砂岩	1.00	80	8.54	0.66	14.60	1.30	0.50	1.18
	平均值		1.00	67	7.00	1.00	9.00	2.00	1.00	1.00
帕卡布拉克组	D5970-GP8	钙质长石细砂岩	1.23	100	7.05	0.60	8.87	1.00	2.00	1.54
	D5970-GP9	细砂岩	1.10	115	5.53	0.68	38.60	1.35	0.35	1.45
	D5970-GP10	细—中粒砂岩	1.30	140	7.37	0.77	10.70	1.15	0.35	1.64
	平均值		1.00	118	7.00	1.00	19.00	1.00	1.00	2.00
地壳克拉克值(维氏,1962)			25.00	70	1.70	25.00	83.00	1.30	1.10	3.40

注:样品由国土资源部西安矿产资源监督检测中心测试分析;其中 Au、Ag、Hg 元素含量单位为 $\times10^{-9}$,其他元素含量单位为 $\times10^{-6}$

3. 沉积环境

克孜洛依组岩石颜色以浅红色、砖红色为主,岩性以含砾岩屑粗—中粒砂岩、含砾粉砂质泥岩不等厚互层夹中—细砾复成分砾岩为主,砾岩中砾石分选较差、磨圆度中等,成分复杂;砂岩分选、磨圆度差,岩石中发育平行层理、块状层理,呈中—厚层状构造、块状构造,砾岩底部冲刷构造发育,属冲积-冲洪积平原沉积环境。

4. 区域变化及地层对比

图区内克孜洛依组岩性虽变化较大，但总体为一套陆相碎屑岩。恰哈地层小区南部皮夏代里雅主要为灰色中层状复成分细砾岩、砖红色厚层状含砾粗—中粒岩屑长石砂岩夹(互)砖红色中—厚层状粉砂质泥岩，地层厚度 831.58m，含砾砂岩、细砾岩为厚—巨厚层状构造，发育块状层理、平行层理，粗砂岩中见斜层理，属冲积-冲积平原沉积环境；向北到恰哈地层小区喀什塔什乡南部布雅村南克孜洛依组岩性单一，主要为砖红色中—厚层状细粒砂岩屑长石砂岩，地层厚度 319.6m，岩石为细粒结构、中—厚层状结构，局部为块状结构，岩层单层厚 50～100cm，块状层厚度 2～3.5m，最厚达 5m，发育块状层理、平行层理，局部见板状层理，岩石中碎屑分选、磨圆度差，碎屑成分主要为长石、石英、岩屑等，为湖成三角洲前积层快速堆积的典型沉积环境，此处该组岩石碎屑粒度明显较南部喀什塔什乡皮夏代里雅一带为细，地层厚度较南部喀什塔什乡东皮夏代里雅明显变薄，此处该组岩石沉积组构、岩石建造反映其湖水明显较喀什塔什乡东皮夏代里雅一带深。在图幅北部和田地层小区土库曼塔什塔格西部一带，地层厚度 423.12m，主要岩性为深灰色、深棕色夹灰绿色薄层状钙质泥岩与钙质粉砂岩不等厚互层，局部夹薄层状岩屑长石细砂岩，底部为 12.36m 的灰色中层状石英质中—细砾岩、含砾石英粗砂岩、石英质砂岩。单个韵律层由粉砂岩、粉砂质泥岩组成，厚度 1.5m，单个韵律层中泥岩与粉砂岩厚度之比为(3～4)∶1，以平行层理、水平层理为主，局部见小型沙纹交错层理。底部细砾岩中砾石成分单一，磨圆度好，分选好，砾石主要以石英质砾石为主，呈圆状—次圆状；石英细砂岩中碎屑主要为石英、石英质岩屑，碎屑成分成熟度高，分选磨圆好，其岩性组合和沉积组构说明下部石英质砾岩、石英质砂岩为滨湖沉积环境，上部为浅湖沉积环境，自下而上碎屑粒度由粗变浅，沉积环境由滨湖到浅湖，湖水逐渐加深，下部滨湖沉积为退积型地层层序，上部为加积型地层层序。

图区该组主要为一套红—砖红色陆相碎屑岩-粗碎屑岩。由于湖泊周围源区岩性差异较大，使测区该组岩性成分变化较大。

5. 形成时代

图幅内该组化石贫乏，但前人在该组巴什布拉克剖面采集了大量的化石，主要有陆相淡水介形虫：*Ilyocypris manasensis*，*Cyprinotus*(*Heteocypris*) *daductus*，*Potamocypris reflecta*；海相有孔虫：*Quinqueloculina* sp.，*Nonionella hebes*，*Anomalina* sp.；海相介形虫：*Cytheridea* sp. 等，时代为渐新世—中新世。据上述化石及岩性组合特征分析，本组应属渐新世—中新世。

(二)安居安组(N_1a)

安居安组由新疆石油管理局彭希龄等(1975)创名，创名地为新疆乌恰县城南约 20km 处的安居安种羊场。1944 年以前，苏联学者别良耶夫斯基将这套地层划归中新统加下更新统；吕正、张良臣等(1957)在昆仑山进行区调工作时对该组使用了苏联地质保矿部第十三航测大队于 1952 年所用的安吉然岩系；新疆石油管理局 110 等地质队将其定名为杂色岩系；彭希龄、王爱明等人于 1975 年按照《国际地层指南》的要求正式命名为安居安组(N_1a)；《西北区域地层表·新疆维吾尔自治区分册》(1981)将这套地层命名为安居安组(N_1a)；《新疆维吾尔自治区岩石地层》停用了安吉然岩系，用安居安组(N_1a)代表塔里木盆地西部地区中新世的沉积，将其定义为：上部为红褐色、褐色及褐灰色泥岩，砂岩和灰绿色砂岩、泥岩不等厚互层，含有有孔虫及介形虫，厚 200 余米；下部主要为灰绿色砂岩和粉砂岩，夹褐红色泥质条带，厚 400 余米，与上覆帕卡布拉克组、下伏克孜洛依组均为整合接触。本次区调采用《新疆维吾尔自治区岩石地层》划分方案。

1. 地层特征

图幅内安居安组主要分布于喀什塔什乡空阿于孜—布雅村—恰哈乡一带，沿铁克里克隆起东南缘周边展布，组成皮夏向斜主要地层单位，与下伏克孜洛依组、上覆帕卡布拉克组均为整合接触，在图幅中、东部恰哈，阿纳斯巴依一带，被更新统冲洪积砾石、砂砾石以角度不整合覆盖。该群在图幅内主要为一套陆相碎屑岩。

安居安组在新疆和田县布雅村南地层序列清晰，基岩露头连续，与上覆、下伏地层接触关系清晰。新疆和田县布雅村南新近系安居安组实测地质剖面起点坐标为：N36°23′38″、E80°08′09″。剖面上该组地层层序(图 2－34)从新到老依次如下。

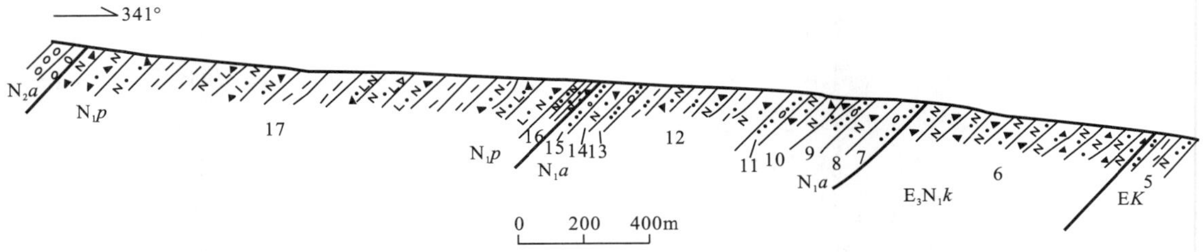

图 2－34 新疆和田县布雅村古近系—新近系乌恰群(E_3N_1W)克孜洛依组、安居安组、帕卡布拉克组实测地质剖面图

上覆地层：帕卡布拉克组

——— 整合接触 ———

安居安组(N_1a)	**330.37m**
15. 褐红色含细砾粗砂岩、粗砂岩砖红色中—厚层状细粒砂岩屑长石砂岩	13.40m
14. 砖红色中—厚层细粒岩屑长石砂岩	18.55m
13. 褐红色厚层状含细砾粗砂岩夹砖红色中—厚层状钙质细粒岩屑砂岩	11.50m
12. 砖红色中—厚层状钙质细粒砂岩屑长石砂岩夹薄层状泥质粉砂岩	131.56m
11. 褐红色含细砾粗砂岩	7.59m
10. 砖红色中—厚层状细粒砂岩屑长石砂岩	43.45m
9. 褐红色厚层状含砾粗砂岩、粗砂岩、砖红细粒岩屑长石砂岩	39.50m
8. 砖红色中层状细粒砂岩屑长石细粒砂岩夹砖红色中层状粉砂岩、褐红色薄层状泥岩	25.14m
7. 褐红色厚层状含砾粗砂岩、粗—中粒岩屑长石砂岩	39.68m

——— 整合接触 ———

下伏地层：克孜洛依组

剖面上安居安组以粗碎屑岩为主，地层厚度 330.37m，与下伏克孜洛依组、上覆帕卡布拉克组均为整合接触，颜色以褐红色、砖红色为主，主要为褐红色厚层状含砾粗砂岩，褐红色厚层状、砖红色中—厚层状细粒砂岩屑长石砂岩夹褐红色泥质粉砂岩；含砾粗砂岩、粗—中粒砂岩为中—厚层状结构，发育平行层理、板状交错层理、斜层理，砂砾岩、粗砂岩底部常见冲刷构造，岩层单层厚 25～100cm，碎屑磨圆、分选较差，成分复杂，粗碎屑砾石成分主要为石英岩、岩屑，砾石直径 2～10mm，为次棱角—棱角状，细碎屑成分主要为石英、岩屑等；泥质粉砂岩为薄层状构造，发育平行层理，其在岩石中所占厚度比例较低。含砾砂岩、泥岩多呈长透镜状。砂岩中斜层理显示古流向为 190°，说明恰哈地层小区物源来自北部的铁克里克山。

2. 岩石地球化学特征

安居安组主要岩石微量元素含量见表 2-36,从表中可看出:安居安组主要岩类微量元素未见明显的富集(矿化)、亏损,其微量元素平均值与地壳克拉克值相比较,除 As、W 元素高于地壳克拉克值,Ag 与地壳克拉克值相近,其余元素均低于地壳克拉克值。

3. 沉积环境

安居安组以砖红色、褐色、褐红色为主,岩性以含细砾粗砂岩、中—粗砂岩、细砂岩为主夹泥质粉砂岩,岩石中具中—厚层状结构,冲刷构造,平行层理、板状交错层理、斜层理发育,粗—细碎屑物分选差,化石贫乏。该组岩石组合、沉积组构综合说明其为冲积扇环境的沉积物,大致相当于冲积扇中扇微相环境。

4. 区域变化及地层对比

图幅内南部皮夏代里雅一带,安居安组岩性可分为上、下两个岩性段,该组地层厚度 599.79m。下段以灰绿色厚层状粉砂岩与灰绿色厚层状粉砂质泥岩为主,偶夹灰色薄层石膏;上段主要为灰绿色中—厚层状中细砾复成分砾岩、灰绿色中—厚层状含砾岩屑长石砂岩夹灰绿色中—厚层状细粒岩屑长石砂岩、粉砂质泥岩,其宏观上表现为砾岩、细粒砂岩、含碳粉砂质泥岩韵律状不等厚互层,基本层序由下至上为砾岩、粉砂岩、含碳粉砂质泥岩,为正粒序,粗碎屑岩(砾岩、含砾砂岩)中发育粒序层理,砂岩中发育平行层理、中—小型斜层理,泥岩在基本层序中所占地层厚度比例较少,砾岩、砂岩、泥岩为突变接触。皮夏代里雅一带安居安组总体为冲洪积环境的沉积物,下段为冲积扇前缘微相,上段为冲积扇中扇微相,岩石中斜层理显示古流向为 40°,说明恰哈地层小区皮夏河一带当时湖盆物源来自西南方。图幅北部土库曼塔什塔格西部安居安组地层厚度 94.1m,岩性主要为砖红色中—厚层状长石石英细砂岩、中—厚层状钙质岩屑长石中—细砂岩夹中红色薄层状钙质泥岩、钙质粉砂岩,为浅湖环境的沉积物,但湖水较该地下部克孜洛依组水体为浅。

图幅各地安居安组岩性由于物源的差异,使其岩性组合上有一定的差异,但沉积环境相似,总体为一套陆相细—粗碎屑岩,恰哈地层小区岩石碎屑粒度较粗,和田地层小区岩石碎屑岩粒度较细,且恰哈地层小区地层厚度远大于和田地层小区的该组地层厚度,说明恰哈—皮夏一带湖盆沉降较大、物源充足,且恰哈地层小区湖盆南、北沉降不均衡,南部较北部沉降较快、地层厚度大,而和田地层小区相对较为稳定。

5. 地层时代

图幅内安居安组化石贫乏。前人在乌恰县居安种羊场该组命名地剖面上采集到大量的化石,主要有有孔虫:*Cibicides* sp.;介形虫:*Darwinula stevensoni*,*Limnocythere aligra*,*Cyclocypris cavernosa*,*Cyprinotus daductas*;有孔虫:*Rotalia alta* 等,时代应属中新世。据上述化石组合特征分析,将安居安组时代厘定为中新世。

(三)帕卡布拉克组(N_1p)

帕卡布拉克组由新疆区域地层编写组(1981)创名,创名地位于乌恰县城南约 60km 的帕卡布拉克沟。1944 年以前,该套地层被苏联学者别良耶夫斯基划归上新统和下更新统;1957 年新疆地矿局张良臣、吕正等沿用了苏联地质保矿部第十三航测大队于 1952 年所用的托卡普岩系;新疆石油管理局 110 等地质队于 1971 年前后在该地区开展石油普查工作时,将这套地层与准格尔盆地中新统进行对比,命名为上新统。1981 年《西北区域地层表·新疆维吾尔自治区分册》将这套地层正式命名为帕卡布拉克组;《新疆维吾尔自治区岩石地层》(1999)沿用了该组,定义为:主要为灰色、棕灰色泥岩、粉砂岩及灰色或灰白色泥岩、粉砂岩、细砂岩互层的沉积序列,下与安居安组为整合接触,上与阿图什组为不整合接触,含有孔虫、介形类、轮藻和孢粉化石。本次工作沿用《新疆维吾尔自治区岩石地层》划分方案。

1. 地层特征

帕卡布拉克组出露于图幅喀什塔什乡空阿于孜—布雅村—恰哈乡一带,为皮夏向斜主要地层单位,与下伏安居安组为整合接触,与上覆阿图什组为平行不整合接触(图 2-35),在图幅中、东部恰哈,阿纳斯巴依一带,被更新统冲洪积砾石、砂砾石以角度不整合覆盖。图幅内帕卡布拉克组主要为一套陆相碎屑岩。

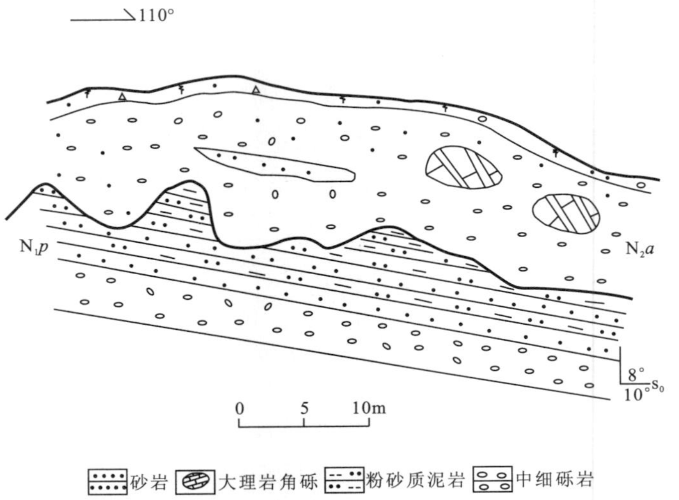

图 2-35 新疆和田县皮夏代里雅阿图什组(N_2a)与下伏乌恰群帕卡布拉克组(N_1p)平行不整合接触素描图

帕卡布拉克组在新疆和田县喀什塔什乡布雅村南该组地层序列清晰,剖面基岩露头连续。该组与安居安组属同一地质实测剖面,喀什塔什乡布雅村南中新统帕卡布拉克组实测地质剖面(见图 2-34)上该组岩层层序由新到老依次如下。

上覆地层:阿图什组

———— 平行不整合接触 ————

帕卡布拉克组(N_1p) **727.83m**

17. 砖红色中—厚层状钙质细粒岩屑长石砂岩、褐红色薄层状泥岩互层 696.54m

16. 砖红色中—厚层状钙质细粒岩屑长石砂岩夹薄层状粉砂岩 31.29m

———— 整合接触 ————

下伏地层:安居安组

剖面上帕卡布拉克组地层厚度 727.83m,颜色以砖红色为主,岩性较为单一,宏观上为砖红色中—厚层状钙质细粒岩屑长石砂岩与砖红色薄层状粉砂岩或褐红色泥岩不等厚互层。其中该组下部岩性为钙质细粒岩屑长石砂岩夹粉砂岩,基本层序中岩石自下而上为钙质细粒岩屑长石砂岩、薄层状粉砂岩,属正粒序,砂岩与泥岩为突变接触,基本层序厚度 35～110cm,其砂岩与粉砂岩厚度之比为(5～8):1;砂岩为中—厚层状构造,单层厚 30～80cm,发育平行层理、板状交错层理,砂岩底部见冲刷构造,碎屑分选较好,但磨圆度、成分成熟度较差,碎屑为棱角—次棱角状,成分以长石、岩屑为主;粉砂岩为薄层状构造,发育平行层理。上部岩性主要为钙质细粒岩屑长石砂岩与褐红色薄层状泥岩互层,基本层序中岩石自下而上为钙质细粒岩屑长石砂岩、泥岩,属正粒序,砂岩与泥岩为突变接触,基本层序厚度 25～100cm,其砂岩与泥岩厚度大致相当,砂岩为中—厚层状构造,单层厚 25～100cm,发育平行层理,碎屑分选较好,但磨圆度、成分成熟度较差,碎屑为棱角—次棱角状,成分以长石、岩屑为主;泥岩为薄层状构造,发育平行层理。

帕卡布拉克组岩石自下而上由下部的细砂岩夹粉砂岩到上部的细砂岩与泥岩互层,岩石基本层序由下部的细砂岩到粉砂岩,到上部的细砂岩到泥岩,碎屑粒径明显变小,为一正粒序。

2. 岩石地球化学特征

帕卡布拉克组主要岩石类型微量元素含量见表 2-36,从表中可看出:该组主要岩石类型微量元素含量变化不大,未见明显的富集(矿化)、亏损,与地壳克拉克值相比较,除 Ag、As 偏高、Mo 与其基本持平外,其余元素均低于地壳克拉克值。

3. 沉积环境

帕卡布拉克组下部岩石颜色为砖红色,主要为钙质细粒岩屑长石砂岩夹薄层状粉砂岩,砂岩为中—厚层构造,发育平行层理、板状层理,局部砂岩底部见冲刷构造,碎屑分选较好、磨圆度较差;粉砂岩中发育平行层理。岩石组合、沉积组构说明其为滨湖三角洲沉积环境。上部岩石颜色为砖红色、褐红色,主要为钙质细粒岩屑长石砂岩与泥岩互层,砂岩为中—厚层构造;泥岩为薄层状构造;碎屑岩发育平行层理、水平层理,碎屑分选较好、磨圆度较差。化石贫乏,为浅湖环境的沉积物。

帕卡布拉克组下部为滨湖三角洲沉积环境,上部为浅湖沉积环境,自下而上湖水逐渐加深。

4. 区域变化及地层对比

帕卡布拉克组在恰哈地层小区南部皮夏代里雅一带,地层厚度 826.7m,可分为上、下两部分。下部为砖红色厚—巨厚层状细粒岩屑长石砂岩与砖红色薄层状粉砂质泥岩不等厚互层,局部见砖红色含细砾岩屑长石细砂岩透镜状夹层,基本层序下部为细砂岩、上部为粉砂质泥岩,为正粒序,基本层序中细砂岩与泥岩厚度之比为(2～3)∶1,细砂岩为中—厚层状构造,发育平行层理、块状层理;粉砂质泥岩呈薄层状构造,发育水平层理。化石贫乏,帕卡布拉克组下部岩石组合、沉积组构特征反映其为三角洲环境(前积层)的沉积物。帕卡布拉克组上部为砖红色中层状粉砂岩与薄层状泥岩不等厚互层,局部夹厚层状砂岩,岩石基本层序由粉砂岩、粉砂质泥岩组成,基本层序下部为粉砂岩、上部为粉砂质泥岩,为正粒序,基本层序中细砂岩与泥岩厚度之比近于 1,粉砂岩为中层状构造,发育平行层理;粉砂质泥岩呈薄层状构造,发育水平层理。帕卡布拉克组(N_1p)上部岩石组合、沉积组构特征说明其为浅湖环境的沉积物。该组在图幅北部土库曼塔什塔格西部地层厚度 343.8m,岩性主要为深棕红色薄层状钙质泥岩夹(互)薄层状钙质粉砂岩,或紫红色薄层状细—中粒砂岩与紫灰色薄层状钙质粉砂岩不等厚互层,岩石中发育平行层理、水平层理,为浅湖环境的沉积物。

综上所述,图幅帕卡布拉克组岩性变化不大,为一套陆相(湖泊)红色碎屑岩。南部布雅村、皮夏代里雅一带地层厚度明显大于北部土库曼塔什塔格山一带地层厚度,由北向南地层厚度逐渐增厚,说明图幅南部湖盆沉降较大、物源充足,且南部湖盆沉降不均衡,南部皮夏代里雅一带比北部布雅村一带地层厚度大,湖盆沉降较快。

5. 形成时代

帕卡布拉克组整合于中新统安居安组之上,与上覆上新统阿图什组为平行不整合接触,因此该组时代应为中新统。

综上所述,图幅内乌恰群为一套以棕色、褐红色等红色为主的陆相粗—细碎屑岩,物源来自周围隆起的高山(铁克里克山、昆仑山),岩石成分及组构特征反映其为冲洪积-湖相沉积环境。

三、阿图什组(N_2a)

阿图什组由新疆区域地层编写组(1981)创名,创建于阿图什市北约 20km 的塔朗河西岸。苏联学者别良耶夫斯基(1944)将这套地层和下伏地层以上更新统加下更新统;田在艺等(1956)将该套地层划归上新统和下更新统；地矿部第十三大队张良臣、吕正等(1957)在昆仑山前进行 1∶20 万填图时，沿用了苏联地质保矿部第十三航测大队所划的安吉然岩系；新疆石油管理局 110 等队(1971)将该套地层与准格尔盆地南缘独山子地区的上新统苍棕山组(现为独山子组)对比，并沿用了这一地层名称，1981 年新疆区域地层表编写组正式命名为阿图什组。《新疆维吾尔自治区岩石地层》(1999)沿用了新疆区域地层表编写组划分方案，将其定义为：指整合于西域组之下、帕卡布拉克组之上的一灰色、浅褐色、浅棕色的泥岩和砂岩，有绿色砂岩夹层的湖相序列，上与砾状砂岩、砾岩为上界；下以厚层砂岩为底界。本次工作采用《新疆维吾尔自治区岩石地层》划分方案。

1. 地层特征

阿图什组主要出露于图幅南部恰哈—阿纳斯巴依一带和西北部喀拉喀什河—土库曼塔什塔格一带，组成皮夏向斜核部较新地层之一，出露面积约 550km²，本次工作首次在喀什塔什乡皮夏代里雅发现阿图什组与下伏帕卡布拉克组为平行不整合接触(见图 2-35)，其与上覆西域组，更新统—全新统的冲积物，冲洪积物半固结—松散状砾石、砂砾石、砂等均为角度不整合接触，属陆相粗碎屑磨拉石建造。

阿图什组在图幅新疆和田县喀什塔什乡布雅村东尼斯能吉勒河其基岩露头好，地层出露齐全，与上覆、下伏地层接触关系清晰，布雅村东尼斯能吉勒河地质实测剖面起点坐标为：N36°20′14″、E80°12′29″。新疆和田县布雅村东尼斯能吉勒河上新统阿图什组实测地质剖面(图 2-36)地层层序由新到老依次如下。

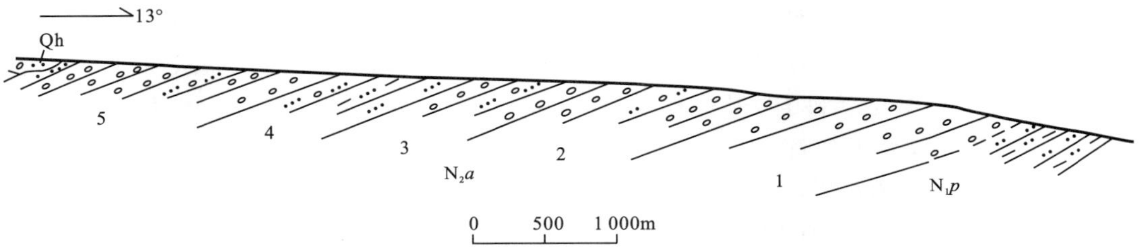

图 2-36　新疆和田县喀什塔什乡尼斯能吉勒河阿图什组(N_2a)实测地质剖面图

上覆地层：中更新统冲洪积砾石、砂砾石

～～～～～～　角度不整合接触　～～～～～～

阿图什组	**1 535.28m**
5. 灰色半固结中厚层中—细砾岩，偶夹含砾砂岩	467.47m
4. 灰色半固结中层含砾砂岩与浅砖红色半固结中层含粉砂质泥岩	239.60m
3. 灰色半固结巨厚层中细砾岩夹灰色半固结中层含砾砂岩	197.60m
2. 灰色半固结巨厚—厚层中细砾岩夹灰色半固结薄—中层含砾粗砂岩	286.41m
1. 灰色巨厚层中细砾砾岩	344.20m

————　平行不整合接触　————

下伏地层：帕卡布拉克组

剖面上阿图什组地层厚度为 1 535.28m，与下伏帕卡布拉克组为平行不整合接触，与上覆中更新统半固结冲洪积砾石、砂砾石微角度不整合接触。该组岩性较为单一，主要为灰色半固结中层状、厚层状、巨厚中细砾岩夹灰色半固结薄—中层含砾粗砂岩、浅砖红色半固结中层含粉砂质泥岩组成，砾岩多为厚—巨厚层—块状构造，发育块状层理，为颗粒支撑，砾石成分复杂，以花岗岩、片岩、灰岩为主，砾石分选差，大小混杂堆积，砾石直径一般 10～120mm，最大达 120cm，磨圆度中等，为次棱角状、次圆状；含砾砂岩、粗砂岩、粉砂岩为半固结状，发育平行层理，多呈透镜状夹层产出。在砂岩、砾岩底部见冲刷构造。

2. 沉积环境

阿图什组以粗碎屑砾岩为主夹砂砾岩、粗砂岩、含粉砂质泥岩，砾岩为厚层—块状构造，发育厚层—块状层理，砾岩中砾石磨圆度差、大小混杂堆积，砾岩、含砾砂岩底部常见冲刷构造，粗砂岩、砂岩、粉砂岩为长透镜夹层。该组岩性组合及沉积组构特征说明其为冲积扇环境快速堆积的沉积物。

3. 区域变化及地层对比

阿图什组向南在恰哈一带主要为灰绿色中厚层状含砾细砂岩、灰绿色中—厚层状细砾岩、灰绿色—褐红色中—厚层状泥质粉砂岩，地层厚度 876.16m，为冲洪积扇缘环境的沉积物物，显示从南向北远离物源区岩石碎屑粒度由粗变细、地层厚度由厚变薄的变化规律。阿图什组在图幅北部喀拉喀什河—阿其克一带以棕红色岩屑长石砂岩，钙质粉砂质泥岩夹灰色、棕红色砾岩，砂砾岩为主。

图幅阿图什组为陆相粗碎屑岩-细碎屑岩建造，属冲洪积-河湖相沉积，为磨拉石建造。

4. 地层时代

阿图什组在昆仑山前分布较广，主要为粗—细碎屑岩，图幅内该组位于下伏上新统帕卡布拉克组与上覆上新统—更新统西域砾岩之间，且前人在喀什、阿图什组采集到介形虫：*Ilyocypris manasensis*，*I. errabundis*，*Candona comprissaformis* 等，因此将其时代划归上新世比较合适。

第十一节　第四系

第四系在图幅内分布广泛，主要分布于图幅北部和东部山前。成因类型多种多样，以冲积、冲洪积、冰积、风积为主。形成时代从更新世到全新世，不同时代的沉积物特征明显，较易于划分识别。通过本次 1∶25 万区调工作，基本查明了图幅内第四系的组成与分布。

一、下更新统

西域组[(N_2—Qp^1)x]

图幅内上新统至下更新统地层仅见西域组[(N_2—Qp^1)x]。西域组又称西域砾岩，是由黄汲清、杨钟健(1944)命名于天山南侧库车河附近的盐水沟一带，20 世纪 60 年代初被刘东生先生引用并划归中更新世，此后，新疆地质局区域地质调查队等单位沿用，并将其时代确定为早更新世。西域组是与现代山脉快速隆升相关联的极重要的地层单位，遍布于塔里木盆地周缘地区，主要为山麓相磨拉石堆积，岩性为灰色砾岩、砂砾岩夹砂岩透镜体。本次工作沿用前人划分方案。

西域组在图幅大面积出露于北部铁克里克山北麓山前一带及东南部昆仑山北麓山前一带，其南界分别以铁克里克北缘断裂及昆仑山前断裂(库地构造岩带)为界，为现代山脉快速隆升的物质响应，受新构造运动影响该组多已变形形成宽缓褶皱，在卡拉塔什代牙组成皮夏向斜最新层。该组与上覆第四系冲积、冲洪积物均为角度不整合接触地层，在图区出露面积约 2 150km^2。主要为山麓相磨拉石堆积，岩性为灰色砾岩、砂砾岩夹砂岩透镜体。

测区西域组在新疆策勒县恰哈乡西南恰哈河剖面较为典型，剖面上该组地层层序出露齐全，与上覆地层接触关系清晰，该剖面起点坐标为：N36°34′36″、E80°48′54″。恰哈乡恰哈河上新统至下更新统西域组实测地质剖面(图 2－37)上该组地层层序由新到老依次如下。

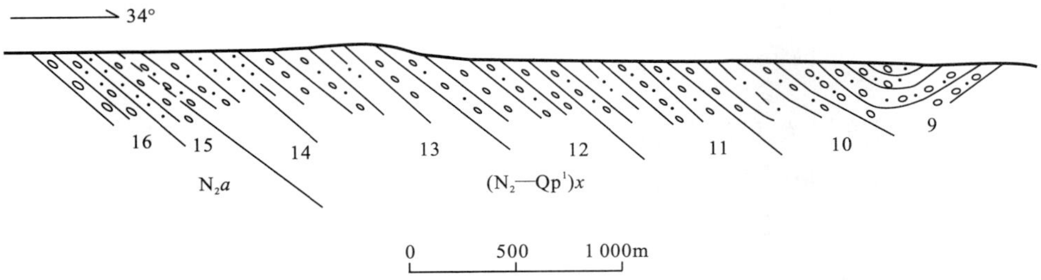

图 2-37　新疆策勒县恰哈乡西域组[$(N_2—Qp^1)x$]实测地质剖面图

上覆地层：中更新统砾石、砂砾石、砂等

～～～～～～　角度不整合接触　～～～～～～

西域组[$(N_2—Qp^1)x$]	**919.66m**
9. 青灰色中—厚层状中—细砾岩、含砾砂岩夹土黄色透镜状细砂岩、泥质粉砂岩	82.69m
10. 青灰色块状砾岩夹土黄—土灰色透镜状细砂岩、泥质粉砂岩	195.65m
11. 青灰色中—厚层状中—细砾岩、含砾砂岩夹土黄色泥质粉砂岩、青灰色透镜状粗砾粗卵砾岩	180.43m
12. 青灰色块状砾岩夹灰绿色含砾粗砂岩、中细砾岩、土黄色泥质粉砂岩	169.77m
13. 青灰色、灰绿色中层状粗砂岩，细砾岩，土黄—浅褐色薄—中层状泥质粉砂岩互层	165.73m
14. 青灰色中—厚层状中—细砾岩、含砾粗砂岩、细砂岩夹泥质粉砂岩，局部夹透镜状粗砾—卵砾岩互层	125.39m

————　平行不整合接触　————

下伏地层：阿图什组

图幅阿图什组地层厚度 919.66m，主要为青灰色块状砾岩、中—厚层状中—细砾岩、含砾砂岩、含砾砂岩夹土黄色透镜状细砂岩、泥质粉砂岩，砾岩、砂砾岩为中—厚层状构造，发育平行层理、块状层理；砾石成分复杂，主要有花岗岩、片岩、片麻岩等，砾石磨圆度中等，呈次圆状、次棱角状，无分选，大小混杂堆积，砾石直径一般为 0.5～15cm，最大达 40cm，砾岩胶结物砂泥质、钙质等；细砂岩、泥质粉砂岩多呈透镜状，砂岩、砂砾岩中见斜层理，底部常见冲刷构造。砂砾岩、砂岩中斜层理及叠瓦状层理说明恰哈南部一带古河道水流方向为 20°～40°。

图幅铁克里克山前一带主要为浅灰色半固结状中—细砾岩、粗砾岩、卵砾岩夹砂砾岩、砂岩透镜体，砾岩中砾石成分常因物源区成分不同而有差异，磨圆度一般，远离山区粒度逐渐变细。

西域组砾岩岩性组合及沉积组构反映其为河流相-冲洪积环境，属山麓相磨拉石堆积。

西域组目前尚无可靠的时代依据，前人在叶城以南山前一带的工作中认为其底界在新近系内部。图幅与上覆中—上更新统、全新统均为不整合接触且差别较大，上覆中—上更新统、全新统冲洪积物均为半固结—松散状，固结程度均较西域组砾岩差，因此暂将西域组时代置于上新世—早更新世。

二、中更新统

图幅中更新统主要以冲积、冲洪积为主。

1. 中更新统冲洪积层(Qp^{2apl})

中更新统冲洪积层出露于图幅东南部恰哈—玉龙克尔—区委乌鲁克一带，出露面积约460km²，与下伏巴什布拉克组、阿图什组、下更新统均为角度不整合接触，呈半固结状—松散状，岩性以漂砾、碎石、砾石、砂砾石、砂土层、粉砂层为主，与上覆松散状冲积物有较明显的区别。

2. 中更新统冲积层(Qp^{2al})

中更新统冲积层主要出露于图幅及喀拉喀什河、玉龙喀什河、策勒河两岸现代河床，多组成河床的高阶阶地(Ⅳ—Ⅴ级)，呈长条带状沿河道平行展布，多为漂砾、砾石、砂砾石砂等，固结—半固结状，高出河床几十米至近百米。砾石磨圆度、分选性较好，多呈鹅卵石状或扁平状，常见砾石垂直水流方向呈叠瓦状排列，砾石直径一般1～10cm，最大达120cm，具水平层理，砾石成分复杂，有花岗岩、片岩、花岗片麻岩、砂岩、石英岩、灰岩等。

3. 中—上更新统冲积层(Qp^{2-3al})

中—上更新统冲积层主要出露于图幅及喀拉喀什河、玉龙喀什河现代较大的河道两岸现代河床，呈条带状沿河床平行展布，由于河道深切、出露宽度较窄、图面表示方面的原因，为未分的河床Ⅱ级以上高阶地(一般Ⅱ—Ⅴ级)。

三、上更新统(Qp^3)

上更新统广泛分布，主要成因类型有冲积、冲洪积、冰积等成因。

1. 更新统冲积层(Qp^{2al})

更新统冲积层主要分布于图幅大河两岸喀拉喀什河、玉龙喀什河、策勒河两岸低级阶地基河口冲积平原上，由河床的Ⅱ级、Ⅲ级阶地组成，高出河床几十米不等，厚度由山前向平原变薄，多由漂砾、砾石、砂砾石、砂体层、粉砂层组成，呈松散状，砾石磨圆度好，分选较好，多以磨圆状、次圆状为主，砾石直径一般15～25cm，砾石成分复杂，主要为片岩、花岗岩、片麻状花岗岩、砂岩等。地表多为耕作区。

2. 上更新统冲、洪积层(Qp^{3apl})

上更新统冲、洪积层在图区大面积分布于山前倾斜平原及洪积扇前缘，底面较为平坦，土地较肥沃，多为绿洲所在地。由灰黄色松散状砾石、砂砾石、砂土、粉砂土等组成，砾石磨圆度较差，多呈次棱角状、次圆状，砾石大小混杂、无分选，砾石直径2～20cm，成分与上更新统相似。冲洪积平原上由北向南冲、洪积层(Qp^{3apl})粉砂质、泥质含量逐渐增加。

3. 更新统冰碛层(Qp^{3apl})

更新统冰碛层仅出露于昆仑山北麓塔格达里亚及策勒河垴，冰碛垄虽遭现代河床切割，但其冰蚀地貌形态保存完好。呈长舌状沿河谷分布，主要由漂砾、角砾、泥砾、粗砂粘土混杂堆积，砾石直径2～3m不等。

四、全新统(Qh)

图幅全新统虽然面积不大，但遍及图幅各地，成因类型较多，有冲积层、冲洪积层、风积层、冰碛层等。

1. 全新统冲积层(Qh^{al})

分布于现代河床及其两岸，组成现代河床、河漫滩及一级阶地，高出河床 1～3m，呈带状展布，冲积层一般由鹅卵石、砾石、砂砾石、砂砾层、砂等组成，堆积物分选性差，粒度极为不均，从几毫米到十几厘米、几米不等，但磨圆度较好，呈松散状。

2. 全新统冲洪积层(Qh^{apl})

分布面积不大，局限于现代河床河沟口的洪积扇，厚度不大，呈松散状，以松碎状碎石、砾石、砂土、粉砂土为主，砾石、碎石以物源不同而有差异。

3. 全新统风积层(Qh^{eol})

分布于图区北部策勒县西，由流动性新月形沙丘、沙丘链、沙垄组成，沙丘、沙垄高度一般为3～13m，岩性为灰黄色细砂、粉细砂、粉砂，呈松散状，出露面积约 140.5km^2。

4. 全新统冰碛层(Qh^{gl})

仅出露于图幅南部昆仑山脊以北的现代冰川前缘，属山岳-山谷冰川，呈舌状展布，冰碛物特征及冰蚀地貌清楚，冰碛地貌清晰，多呈冰碛垄、丘状垄岗，冰碛物为松散状漂砾、角砾、泥砾、粗砂粘土等，其上无植被。

5. 现代冰雪(Qh^{i})

图幅内冰雪主要分布于昆仑山脊之上，多呈冰被、冰盖、冰帽状，总面积约 270km^2。在昆仑山南坡雪线较高，一般为 4 500m 左右。图幅内冰川一般厚数十米至近百米，冰面有明显裂纹及消融的槽沟，冰川内具层状构造，节理发育，夹有大量冰蚀作用的角砾、粉砂、泥等。

图幅内冰川前缘发育冰碛物的冰碛垄、丘状垄岗地貌几乎未经改造，冰碛物与冰川距离从几十米到近百米不等，表现为冰退，这可能与近年来全球气候变暖、冰川消融、使冰川大面积退缩有关。

昆仑山主脊的冰川面积巨大，其冰川消融所形成的淡水为玉龙喀什河河水的主要补给冰川，是玉龙喀什河的固体“水库”，其冰川消融所形成的淡水是塔里盆地南缘玉龙喀什河流域人、畜生产和生活用水的主要来源。

第十二节　区域地层格架

图幅各地史时期沉积盆地的形成与发展、演化均受控于区域地质构造格局。塔里木运动是新元古代 Rodinia 超大陆形成的一次主要地质事件，随洋壳板块俯冲，新元古代洋盆闭合，南部甜水海古陆与塔里木古陆块碰撞、拼合、焊接为塔里木-羌塘联合古陆的一部分，使图区发生了最广泛的克拉通化，奠定了古陆块的基本轮廓。图幅前寒武纪之前各地史阶段地质记录因经历多期复杂的构造作用，造成地层被强烈改造、置换，岩相古地理面貌已很难恢复；而早古生代地层由于受多期次极为强烈的构造改造，特别是受早古生代末库地洋向北俯冲、昆中陆块与塔里木陆块碰撞及始新世以来印度板块与欧亚板块碰撞，印度板块持续向北俯冲，推动欧亚大陆，发生强烈的逆冲推覆作用，图区表现昆中微陆块向北逆冲推覆，使图区早古生代地层以构造岩片零星残存于库地构造蛇绿混杂岩带，并经历了不同程度差异置换，形成层状无序的构造-岩石地层，因此，对图区区域地层格架的研究主要针对寒武纪以来各地史阶段地层记录，且仅属概略性成果。

由于图幅范围内区域地质构造发展不均衡，本次工作地层格架研究所涉及的岩石地层发育范围有限，图区昆仑地层区基本未保留早古生代—新生代地层，巴颜喀拉山地层区仅出露少量二叠系地层，加之塔里木盆地地层区中生代由于受构造、剥蚀等的影响，仅出露侏罗纪陆相地层，而新生代该区为陆相盆地，主要为冲洪积扇-湖相沉积，以冲积扇为主，受事件地层影响极大，因此，将地层格架研究的重点放在塔里木地层区上古生界，所建地层格架仅为概略性地层格架。

一、层序地层格架

根据层序为“顶、底以不整合及相应整合界面为界，而有成因联系的相对整合的地层系统”的基本概念，综合前述各节对不同演化阶段盆地沉积、沉积相及地层层序结构变化规律的叙述，划分建立本区下古生界—新生界沉积地层层序。

（一）下古生界层序地层格架

塔里木盆地地层区下古生界大部分地层都基本保持了沉积地层的面貌，基本层序或多或少得以保留，但地层构造缺失较普遍，地层层序体系域的划分概括性不强。鉴于此，我们仅依盆地充填及构造演化特征，划分为3个层序。

1. 层序Ⅰ：仅包括奇自拉夫组，时代为晚泥盆世

（1）底面性质。层序底界面为一截然岩性界面，以奇自拉夫组底部砾岩底层面区域不整合为底界，界面具较大的起伏，界面下伏岩性为阿其克片岩组，埃连卡特岩群二云石英片岩、绢云石英片岩、绿片岩等，界面上覆岩性为奇自拉夫组砾岩、砂砾岩、砂岩，具冲洪积扇特征，为Ⅰ型不整合面。

（2）体系域特征。奇自拉夫组岩性主要以紫红色厚—巨厚层状砾岩为主夹灰绿色中—厚层状细—粗粒岩屑砂岩、紫红色薄层状岩屑杂砂岩、泥岩砂岩。砂岩、杂砂岩、泥岩多呈透镜体状，砾岩为块状构造，发育块状层理、平形层理，底部见冲刷构造，砂岩中发育平行层理，见槽状层理，为河流-冲洪积扇的沉积物，为低水位体系域[深切河谷充填物（ivf）]。

（3）顶界面性质。层序顶界面清晰，为一截然岩性界面，上覆为卡拉乌依组底部浅灰绿色中—粗砾砾岩夹煤线，发育河流回春及切蚀充填，为一区域性不整合面，应为Ⅰ型层序不整合面。

2. 层序Ⅱ：包括卡拉乌依组、阿孜干组、塔哈奇组，时限为晚石炭世

其底界为层序Ⅰ的顶界，岩性界线截然，为Ⅰ型层序界面。

（1）体系域特征：卡拉乌依组在阿其克、皮夏河一带下部为砾岩、含碳粉砂质岩、含碳泥岩夹煤线，中部为白色石英质砾岩、石英质粗砂岩、岩屑长石粗砂岩、长石石英细砂岩，砾石大小混杂、磨圆度中等，发育底部呈波状的斜层理、平行层理，在奥米沙一带缺失该层，为滨海沼泽-滨海三角洲沉积环境，属低水位体系域—低水位楔（LSF）；卡拉乌依组上部在阿其克一带为灰色薄层状泥岩、钙质粉砂质泥岩互层，在皮夏河一带为钙质粉砂质泥岩夹薄层状泥灰岩条带，发育平行层理、低角度的交错层理，属浅海陆棚相退积型基本层序，属海侵体系域（TST）。

阿孜干组为紫红色薄层状泥质灰岩、灰色中层状微晶灰岩、深灰色薄层状泥晶灰岩、厚层状—块状生物碎屑灰岩夹灰色薄层状钙质泥岩、黑色钙质粉砂岩，具浅海陆棚相退积型层序，属海侵体系域（TST）。

塔哈奇组主要岩性为砾状灰岩、中层状微晶灰岩、薄—中—厚层状泥晶灰岩、砂质泥晶白云岩、泥晶白云岩夹（互）灰色中—薄层状钙质粉砂岩、深灰色含碳泥质粉砂岩，属潮坪相加积型基本层序，属高水位体系域（HST）。

（2）顶界面。层系顶面为一区域平行不整合面。上、下岩性截然，下伏塔哈奇组青灰色白云岩、

灰岩、灰—深灰色钙质长石石英细砂岩，上覆紫红色、深棕色薄层状岩屑细粒砂岩、岩屑长石中粒杂砂岩、含砾砂岩、钙质粉砂质泥岩等，不发育河流回春及深切河谷，属Ⅱ型层序不整合面。

3. 层序Ⅲ：仅包括普司格组，为Ⅱ型层序不整合界面

该层序底面为层序Ⅱ顶面。

(1)普司格组下段主要岩性为紫灰色岩屑长石粗粒砂岩、深棕色中粒杂砂岩、含砾砂岩夹棕色钙质粉砂质泥岩，砂岩、含砾砂岩常为渐变过渡，具粒序层理，局部砾岩底部见斜层理、槽状层理，为中—厚层构造，发育平行层理，为三角洲环境(顶积层)，属低水位体系域—低水位楔(LSW)。

普司格组上段主要岩性为棕色薄层状钙质粉砂质泥岩夹灰色中—薄层状岩屑长石砂岩、砂质灰岩，具薄层构造，发育水平层理、平行层理，为浅湖环境，属湖水逐渐加深的退积型基本层序，属湖侵体系域。

(2)顶界面性质。为岩性截然界面，上覆岩性在阿其克一带为喀什群底部红色石英质砾岩，在布雅村、布雅煤矿一带为叶尔羌群底部灰色砾岩；下伏岩性为普司格组，为棕色细砂岩、粉砂岩、泥岩，顶界面具河谷切割，应为Ⅰ型层序不整合面。

(二)中生界层序地层格架

图幅内中生界由于受构造运动及剥蚀的影响，仅出露下—中侏罗统叶尔羌群。出露范围较小，地层体系域划分概括性不强，且为陆相沉积，因此，我们以湖盆充填特征划分了一个层序。

1. 层序Ⅰ：仅有叶尔羌群

(1)底界面性质。层序底界清楚，为一区域平行不整合面，岩性截然界面，上覆岩性在布雅村、布雅煤矿一带为叶尔羌群底部灰色砾岩；下伏岩性为普司格组棕色细砂岩、粉砂岩、泥岩，顶界面具河谷切割，应为Ⅰ型层序不整合面。

(2)体系域特征。叶尔羌群下组岩性主要为灰色中—厚层状长石石英粗砂岩、灰色薄层状岩屑石英细砂岩、黑色中—薄层状煤层、黑色含碳粉砂岩、灰黑色薄层状碳质泥岩、泥岩夹砂砾岩透镜体。岩石中发育平行层理、水平层理、大型交错层理，为河流-沼泽相。上组岩性主要为土黄色、紫灰色长石石英粗砂岩，长石石英细砂岩，棕色、紫灰色粉砂质泥岩夹砂砾岩透镜体，具中—厚—巨厚层状构造为主，发育块状层理、平行层理，属湖泊三角洲环境。

该组由下部的河流-沼泽相到上部的湖泊三角洲环境(顶进层)为湖水逐渐加深的退积型地层结构。

(3)顶界面特征。顶界面为一区域平行不整合面或微角度不整合面。上覆地层在布雅村、布雅煤矿—皮夏一带为乌恰群紫红色厚层状细砂岩，在布雅煤矿北4km上覆岩层为喀什群厚层状石膏层，截面界面截然，应为Ⅱ型层序不整合面。

二、区域地层格架

为客观反映塔里木盆地区晚古生代地史间隔内岩石地层序列的结构和空间排列型式、几何形态及其相互关系特征，在综合研究的基础上，根据地层格架所包含的空间和时间物理量，在对塔里木盆地区晚古生代地层序列时、空有序排列调查的基础上，建立了图幅塔里木盆地区岩石地层格架(图2-38)。

图区各晚古生代地壳运动引起的构造沉降作用和相对海平面的升降变化，在岩石地层单位的形成和演化过程中均起着极为重要的控制作用。塔里木南缘沉积盆地历次大幅度的相对海(湖)面升降旋回与地区性构造作用的综合，造就了相应的Ⅰ型或Ⅱ型层序不整合界面，亦成为层序地层单

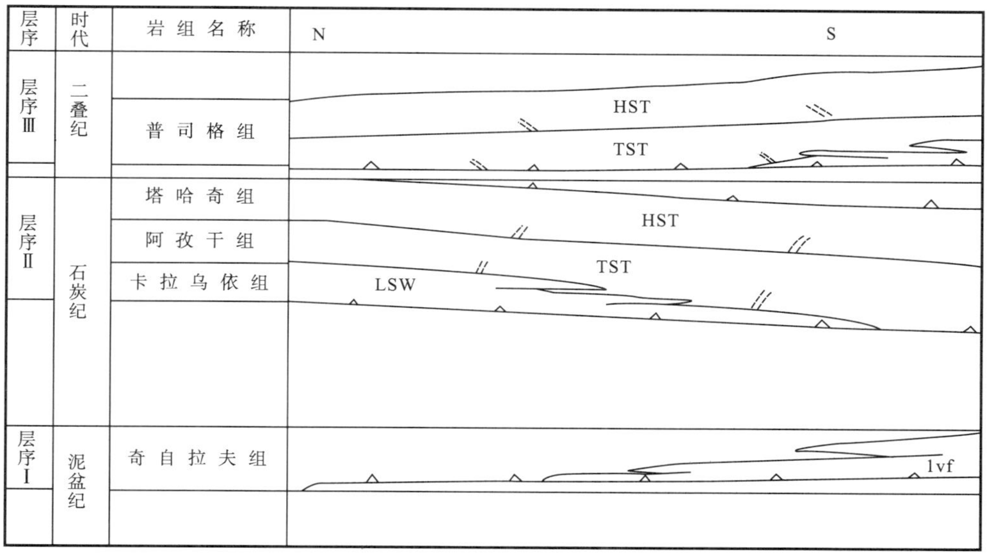

图 2－38　塔里木盆地南缘晚古生代岩石地层格架图

位划分的主要界面。

（一）晚古生代岩石地层格架

本区早古生代随着库地洋的俯冲消减、碰撞、闭合及康西瓦洋的扩张、闭合、碰撞，在塔里木陆块南缘、昆中陆块北缘，从奇自拉夫组开始，在塔里木盆地南缘形成了一个新的沉降盆地，经历了3次较大范围的海（湖）面升降周期。

1. 泥盆纪地层格架

本区早古生代随着库地洋的消减俯冲、碰撞，在志留纪末塔里木陆块与中昆仑陆块拼合、焊接成统一板块，形成西昆仑早古生代（加里东）造山带，随着新元古代早期（早—中泥盆世）造山带强烈抬升及剥蚀、夷平、充填，由于古地貌南部造山带高、北部塔里木盆地南缘低，造就了在库地-其曼于特造山带北侧沿塔里木南缘分布的晚泥盆世奇自拉夫组陆相粗碎屑岩堆积（磨拉石建造）为主。由于陆源碎屑岩的供给速率和沉积速率较高，地层层序在垂向变化较小，副层序兼并现象严重，层序内组成体系域的地层结构形式清晰度降低。层序底面为区域性角度不整合面。

2. 石炭纪岩石地层格架

早石炭世时，伴随着康西瓦洋的扩张，塔里木-昆仑陆块发生裂解，中昆仑陆块为古陆区，形成了以中昆仑陆块古陆区相隔的南部康西瓦大洋和北部塔里木南缘的伸展盆地，晚石炭世时，由于受南部康西瓦洋的裂解拉张进一步加剧效应的影响，处于拉张环境的塔里木南缘沉降加剧，在塔里木陆块南部的边缘盆地出现了南低北高的古地理格局，但地形起伏变化不大，此时受区域构造的影响，盆地处于扩张时期，并控制了盆地相沉积中心、相对海平面的升降、沉积速率等。因此，层序单位在结构序列上，下部以细碎屑岩为主；上部以碳酸盐岩、高镁碳酸盐岩为主，夹泥质细碎屑岩沉积。地层结构型式清晰，层序内各体系域特征较突出；对相对海平面的升降变化所造成的沉积环境演化反映较敏感；代表盆地发展各时期的体系域均较清晰，下部为低水位体系域（LSW）——滨岸沼泽-滨岸三角洲环境碎屑岩，中部为发展期海侵体系域（TST）和上部高水位体系域（HST），代表最大海泛期的低速沉积凝缩段(SS)不发育。层序底界面角度不整合特征突出,为Ⅰ型层序不整合界面。

3. 二叠纪地层格架

二叠纪早期,由于受南部康西瓦洋的扩张转入聚合的影响,康西瓦洋向北俯冲,塔里木南缘处于挤压环境,塔里木南缘地壳抬升,盆地变为大陆边缘陆相盆地,受康西瓦洋向北俯冲效应的影响,昆中陆块抬升带动塔里木南缘抬升,在盆地边缘出现了凹陷盆地,盆地继承了早期东西展布的特点,但总体为南高北低的古地理格局,此时期,受区域构造作用的影响,陆相盆地处于挤压环境,并控制陆相边缘盆地沉积的沉积中心、相对水平面的升降与沉积作用,物源主要来自于南部,随着南部古陆的剥蚀、夷平和对盆地的充填,盆地中心向北扩展。因此在盆地发展初期,地层单位在剖面结构上,下部以相对较粗的或粗的碎屑岩砾岩、砂砾岩、砂岩为主,物源充分,沉积速率较高;上部以细碎屑岩泥岩、粉砂质泥岩为主,物源较为贫乏,沉积速率低。地层结构型式清晰,层序内各体系域特征比较突出,下段代表湖水加深的湖侵体系域(TST)及上段代表湖水高水位体系域均较发育。随着康西瓦洋俯冲加剧,在二叠纪末康西瓦洋关闭,昆中陆块与甜水海陆块碰撞、拼贴、焊接,康西瓦晚古生代褶皱造山,塔里木陆块南缘不均衡急剧抬升,边缘盆地消失,造成了二叠纪普司格组与上覆岩层的平行不整合或微角度不整合接触或区域性角度不整合接触。层序顶界面、底界面均为区域性角度不整合面,为Ⅰ型层序界面。

晚古生代由于图幅地层缺失较大,仅为叶尔羌群陆相沼泽-湖泊三角洲沉积,且零星出露,加之盆地沉积受时间地层影响较大,地层格架概括性不强,鉴于此,对图幅内该时代地层格架不加叙述。

(二)年代地层格架

由于岩石地层单位或岩石地层格架是穿时的,掩盖了由各种沉积、侵蚀不整合面或沉积间断面所代表的相对较长的时间间隔。为反映塔里木地层区晚古生代岩石地层格架内不同层序单位及各层序单位内不同体系域在三维时间、空间内的相互关系,在综合分析的基础上,建立图幅塔里木盆地南缘晚古生代年代地层格架(图2-39)。

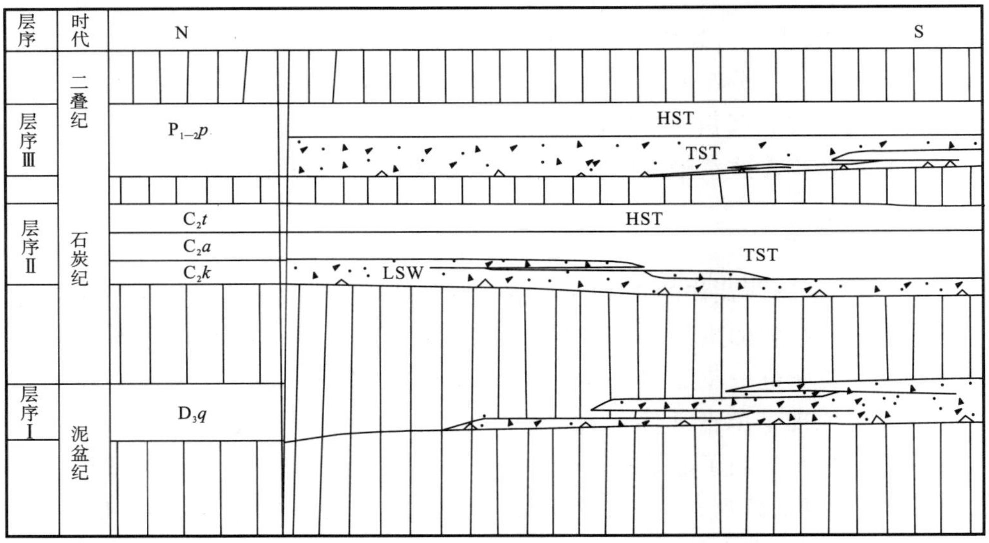

图2-39　塔里木盆地南缘晚古生代年代地层格架图

由图可看出：晚古生代塔里木南缘沉积盆地，各层序之间或断代地层之间，均以区域性不整合为界，超覆于下伏沉积基底之上而显示具全区性沉积间断，表明地壳运动造成的相对海平面下降幅度波及全区，形成区域性不整合。而向海(或湖)一侧，在地层格架上，层序界面以相应的整合形式出现。因此，区域性大的地壳构造变动造成的相对海平面周期性升降和古地理环境变迁，是控制本区晚古生代年代地层格架内无沉积空间的主要因素。

本区自晚泥盆世山麓相陆相沉积开始，沉积盆地的发展、演化，沉积环境的变迁等，始终受区域性构造沉降、隆升及相对海平面的升降效应的控制，使盆地明显地具有由浅逐渐加深的环境分带现象与环境分异特征。在整个泥盆纪—二叠纪不同沉积阶段时期的海(或湖)侵海退(或湖)旋回中，各断代沉积盆地基本上继承了这一特征，使其沉积地层的岩性、岩相、地层结构序列的表现形式在纵横向上发生规律性变化。

第三章　岩浆岩

图幅内岩浆岩分布面积约 1 410km²，占图幅总面积的 9.4%，本次工作共填绘出 15 个侵入体和古元古代、长城纪、震旦纪—早古生代、晚古生代 4 个层位的火山岩，划分出 3 个构造岩浆岩带(区)。时间上从古元古代—晚古生代均有岩浆活动，其中以早古生代岩浆活动最强烈、规模最大；空间上除塔里木盆地区外均有岩浆岩分布，岩石种类较多，从超基性岩到酸性岩均有出露；规模上侵入岩以中—酸性岩为主，火山岩次之；成因类型多样。其成因类型、时间、空间展布与区域断裂关系密切(图 3-1)，受主要边界断裂(蛇绿构造混杂岩带)及区域性大断裂控制，反映了其与板块体制下的蛇绿构造混杂岩带有着密切的伴生及演化关系。

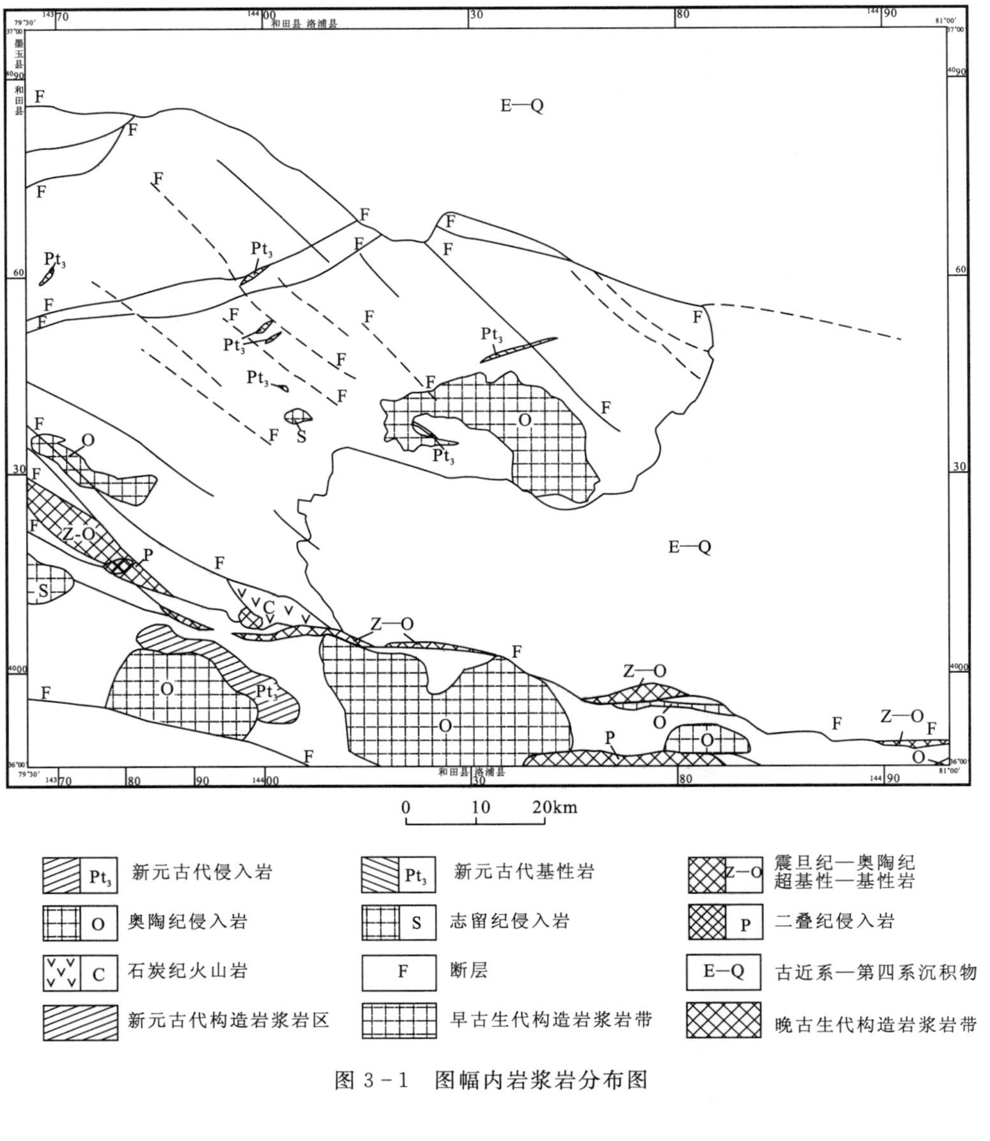

图 3-1　图幅内岩浆岩分布图

本次工作采用国际地科联(IUGS)火成岩分类委员会(Streckeisen,1973;Maitre,1989)推荐的深成岩类实际矿物定量分类方案和邱家骧等岩浆岩分类方案进行分类、命名,下面对图幅内岩浆岩按侵入岩、火山岩、蛇绿岩和脉岩依时间顺序由老到新叙述如下。

第一节　侵入岩

图幅内岩浆侵入作用是最主要的岩浆活动方式,侵入岩在图幅内大面积出露,约 1 355km²,出露于图幅中、南部昆仑山—铁克里克山一带,集中分布于中昆仑地层分区和铁克里克地层分区(图 3-1)。地质历史上岩浆活动频繁,以早古生代岩浆活动最为活跃,侵入岩分布面积最大,面积约 1 230km²,占到图区侵入岩的 90.8%,新元古代、晚古生代侵入岩在图幅中出露零星。侵入岩种类齐全,从超基性岩到酸性岩均有分布,以中—酸性侵入岩为主,基性岩、超基性岩主要分布于库地-其曼于特构造蛇绿岩带之中(详见第三节)。

构造岩浆岩带是指在同一地质时间内、统一构造背景下,由一次构造作用形成的岩浆岩组合。根据构造岩浆岩带的划分原则将图区早古生代—晚古生代侵入体(不包括基性岩、超基性岩)按其所处的大地构造位置、成因和形成时代分为早古生代构造岩浆岩带、晚古生代构造岩浆岩带两个构造岩浆岩带(表 3-1),对构造岩浆岩带按侵入岩成因进一步划分为俯冲型、碰撞型、碰撞后等成因类型,而对于新元古代侵入岩,由于其分布范围小、出露零星、区域上展布无一定的规律,未单独划分构造岩浆岩带;根据其分布的范围、形成时间及所处的大地构造背景划分为新元古代构造岩浆岩区,其成因类型为碰撞型侵入岩(表 3-1)。对图区构造岩浆岩带以其形成时代顺序由老到新分述如下。

一、新元古代构造岩浆岩区

新元古代构造岩浆岩区横跨铁克里克地层分区及昆中地层分区两个构造单元,广泛出露于图幅中南部铁克里克山—昆仑山主脊一带,但分布面积较小,仅为 86km²。该构造岩浆岩区岩体侵入于下元古界埃连卡特岩群灰色二云石英片岩及长城系赛图拉岩群二云石英片岩、灰色黑云斜长变粒岩、黑云斜长片麻岩等,灰色含石榴子石斜长变粒岩夹黑云斜长石英片岩等中—浅变质岩中,岩体变形较强,以发育片麻理为特征,片麻岩体为岩株状,主要岩类为片麻状花岗岩(酸性岩),依据岩性组合、岩石化学特征其属聚合型侵入岩,图区内以包萨提牙伊拉克片麻岩套、皮夏河口片麻岩、玉龙喀什河片麻岩为典型代表,分述如下。

碰撞型侵入岩

1. 包萨提牙伊拉克片麻岩套

包萨提牙伊拉克片麻岩套出露于图幅西南角昆仑山主脊北部的喀什塔什乡南包萨提牙伊拉克一带,出露面积约 75km²,为一长条状岩株分布于昆中地层区。

1)岩体特征

包萨提牙伊拉克片麻岩套侵入于长城系赛图拉岩群二云石英片岩、绢云石英片岩、变粒岩中,局部受后期构造面理改造作用,界面不清,该岩体南部被后期早古生代别仁界尕伊拉克岩体大面积侵吞。该片麻岩套为长条形,片麻岩套长轴呈北北西—南东东向,该片麻岩套以发育片麻状构造为特征,依据其岩石类型及空间位态划分为早期片麻状岩体($Pt_3\delta o gn$)、晚期片麻状岩体($Pt_3\pi\eta\gamma gn$)两个片麻状花岗岩体,其岩性为中—酸性岩。早期片麻状岩体为片麻状石英闪长岩,晚期片麻状岩体为片麻状似斑状黑云二长花岗岩，早、晚岩体两侧片麻理产状一致，片麻岩套中含较多暗色细粒闪长质深源包体。

表 3-1　图幅构造岩浆岩带一览表

时代		构造岩浆岩带		岩性分布	代号	岩性特征	同位素年龄值(Ma)	构造环境
晚古生代	二叠纪	晚古生代构造岩浆岩带	库尔良-阿羌构造岩浆亚带	乌鲁齐斯、奥米沙北	$P\eta\gamma$	黑云二长花岗岩		碰撞
						黑云二长花岗岩		
			康西瓦-再依勒克河构造岩浆亚带	再依勒克河北	$P\eta\gamma$	黑云二长花岗岩		俯冲
早古生代	志留纪	早古生代构造岩浆岩带		尼沙沟垴	$Sk\rho\gamma$	黑云二长花岗岩岩	430.7±2.6	碰撞后
				布雅煤矿北	$S\pi\xi\gamma$	中粒似斑状碱长花岗岩		
					$S\pi\eta\gamma$	中粗粒似斑状二长花岗岩		
					$S\pi\eta\gamma$	中粗粒似斑状黑云二长花岗岩		
	奥陶纪			铁克里克	$O_3\xi\gamma$	中粒钾长花岗岩		
					$O_3\gamma\eta$	似斑状二长花岗岩		
					$O_3\gamma\eta\beta$	黑云二长花岗岩		
					$O_3\gamma\delta o$	中粒英云闪长岩		
					$O_3\delta\beta$	黑云闪长岩		
					$O_3\psi$	角闪辉石岩		
				区委克南、阿克来克、阿克齐格	$O_3\pi\eta\gamma$	中—粗粒似斑状黑云二长花岗岩	442±4.8 锆石 U-Pb	
				加易陡维塔什塔格	$O_3\eta\gamma\beta$	中—粗粒黑云二长花岗岩		
					$O_3\gamma\delta o$	中粒英云闪长岩		
				台提南	$O_3\eta\gamma$	灰色中粒黑云二长花岗岩		同碰撞
				别仁界尕	$O_3\gamma\delta$	灰色中粒花岗闪长岩		
					$O_3\gamma\delta o$	灰色中—细粒英云闪长岩		
				慕士山	$O_{1-2}\delta o$	灰色中粒石英闪长岩		俯冲
				喀拉科勒	$O_1\delta o$	灰色中细粒石英闪长岩		
	震旦纪—奥陶纪			尼萨-奥米沙-区委克南	(Z—O)N	绿色、暗绿色辉长岩，辉绿岩	526±1.0 锆石 U-Pb	拉张
					(Z—O)Σ	深绿色、暗绿色蛇纹岩，蛇纹石化		
新元古代		新元古代构造岩浆岩区		包萨提牙伊拉克	$Pt_3\pi\eta\gamma gn$	片麻状似斑状黑云二长花岗岩		碰撞
					$Pt_3\delta ogn$	片麻状石英闪长岩		
				皮夏河口、玉龙喀什河	$Pt_3\gamma\delta o$	片麻状英云闪长岩		

早期片麻状岩体($Pt_3\delta ogn$)：位于包萨提牙伊拉克片麻岩套南部，呈长卵圆状，被晚期片麻状似斑状黑云二长花岗岩体侵吞，岩性为细粒片麻状石英闪长岩，呈浅灰色、灰色，变余半自形粒状花岗结构，显微鳞片、柱状—不等粒变晶结构，片麻状构造，矿物粒径 0.5～2mm，主要矿物成分：斜长石

35%～40%、石英20%～25%、角闪石15%～20%、黑云母20%～25%、绿帘石<5%，金属矿物、磷灰石、榍石、锆石少量。斜长石为残余板柱状不等粒变晶结构，角闪石柱状变晶结构，石英它形粒状结构，角闪石、斜长石大致定向平行分布，黑云母为显微鳞片变晶结构，呈断续条带状相对集中平行片麻理分布。岩石蚀变强烈，以斜长石发生绢云母化及角闪石次闪石、绿帘石化为主。

晚期片麻岩体（$Pt_3\pi\eta\gamma gn$）：呈长条状出露于包萨提牙伊拉克片麻岩套北部，侵入于长城系赛图拉岩群二云母片岩、浅粒岩之中，与围岩界面较为清晰，片麻岩外接触带见硅化、长石化、斑点状角岩化等蚀变现象。主要岩性为片麻状中—粗粒似斑状黑云二长花岗岩。岩石呈灰色、灰白色，具变余似斑状结构、变余半自形粒状花岗结构、显微鳞片状—不等粒变晶结构，片麻状构造。斑晶主要为钾长石，次为斜长石，矿物粒径7～13mm，含量10%～20%，钾长石及斜长石残斑呈眼球状及小透镜状定向分布，部分残斑出现不对称拖尾及叠瓦构造，基质中矿物为半自形粒状结构，矿物粒径0.5～2mm，主要矿物成分为钾长石25%～30%、斜长石15%～20%、石英20%～25%、黑云母15%～20%，金属矿物、磷灰石、榍石、锆石少量，次生矿物绿帘石5%～10%，白云母少量。钾长石为微斜长石及条纹长石，为半自形板状及它形粒状，斜长石呈自形板状及板柱状，黑云母为显微鳞片状沿片麻理定向分布，石英常被拉长为断续的条状定向分布，云母、长条状石英多围绕斑晶平行展布。岩石蚀变强烈，主要表现为斜长石发生绢云母化及绿帘石化、黑云母绿泥石化伴生绿帘石化。

2)岩石地球化学特征

新元古代包萨提牙伊拉克片麻岩套岩石化学成分含量及特征见表3-2。从表中可知：早期片麻岩体SiO_2为60.92%～61.41%，属中性岩，$(Na_2O)n>(K_2O)n$；晚期片麻岩体SiO_2为73.60%、

表3-2 新元古代侵入岩岩石化学成分含量及特征值表 (%)

时代	产地	样品号	岩石名称	SiO_2	TiO_2	Al_2O_3	Fe_2O_3	FeO	MnO	MgO	CaO	Na_2O	K_2O	P_2O_5
新元古代	鲍萨提牙伊拉克	D5888-GS4	片麻状似斑状黑云二长花岗岩($Pt_3\pi\eta\gamma gn$)	73.60	0.17	13.54	0.45	0.98	0.05	0.14	1.80	2.94	5.35	0.05
		D5888-GS2	片麻状石英闪长岩($Pt_3\delta ogn$)	60.92	1.04	16.57	1.37	4.06	0.11	2.88	5.20	3.95	1.92	0.17
		D5888-GS7		61.41	0.57	18.34	2.13	1.91	0.10	1.15	4.20	3.82	4.99	0.14
	皮夏河口及玉龙喀什河	D5975-GS4	片麻状英云闪长岩($Pt_3\gamma\delta o$)	74.47	0.38	12.06	0.26	2.18	0.06	1.51	2.00	3.60	2.15	0.11
世界花岗岩(维氏,1962)				71.27	0.25	14.25	1.24	1.62	0.08	0.8	1.62	3.79	4.03	0.16
世界闪长岩(维氏,1962)				57.39	0.89	16.42	3.10	4.15	0.18	3.77	5.55	4.20	2.57	0.37
世界石英闪长岩(维氏,1962)				60.51	0.73	16.70	2.84	3.49	0.14	2.54	4.68	3.68	2.65	0.46

时代	产地	样品号	岩石名称	CO_2	H_2O^+	H_2O^-	LOI	σ	DI	A/CNK	FeO/MgO	AR	$(Na_2O)_n/(K_2O)_n$
新元古代	鲍萨提牙伊拉克	D5888-GS4	片麻状似斑状黑云二长花岗岩($Pt_3\pi\eta\gamma gn$)	0.21	0.21	0.00	0.40	2.25	89.23	0.97	3.89	3.35	0.83
		D5888-GS2	片麻状石英闪长岩($Pt_3\delta ogn$)	0.10	0.37	0.16	0.70	1.92	59.94	0.92	0.78	1.74	3.12
		D5888-GS7		0.25	0.25	0.50	0.85	4.22	72.23	0.95	0.92	2.28	1.16
	皮夏河口及玉龙喀什河	D5975-GS4	片麻状英云闪长岩($Pt_3\gamma\delta o$)	0.14	0.61	0.040	0.76	1.05	81.98	1.01	0.80	2.38	2.54
世界花岗岩(维氏,1962)				0.33	0.56	—	—	2.16	—	1.05	1.13	2.94	1.43
世界闪长岩(维氏,1962)				0.43	0.89	—	—	3.19	—	0.83	0.61	1.89	2.48
世界石英闪长岩(维氏,1962)				0.75	0.88	—	—	2.29	—	0.96	0.76	1.84	2.11

注：样品由国土资源部西安矿产资源监督检测中心测试分析

$(Na_2O)n<(K_2O)n$，显示了该片麻岩套岩浆活动从早期到晚期岩浆向着酸性程度增高、从钠质向钾质方向演化的趋势。该片麻岩套$(Na_2O+K_2O)n<(Al_2O_3)n<(Na_2O+K_2O+CaO)n$，铝属正常成分类型，里特曼指数$\sigma$值为 1.92～4.22，考虑到 SiO_2大于 70%时，里特曼指数σ值碱度确定不准确，利用碱度率 AR - SiO_2图解（Wright，1969）判别，落入钙碱性岩区（图3-2），属钙碱性岩；该片麻岩套岩石 A/CNK 值在 0.92～0.97 之间，小于 1.1，属 I 型花岗岩类。

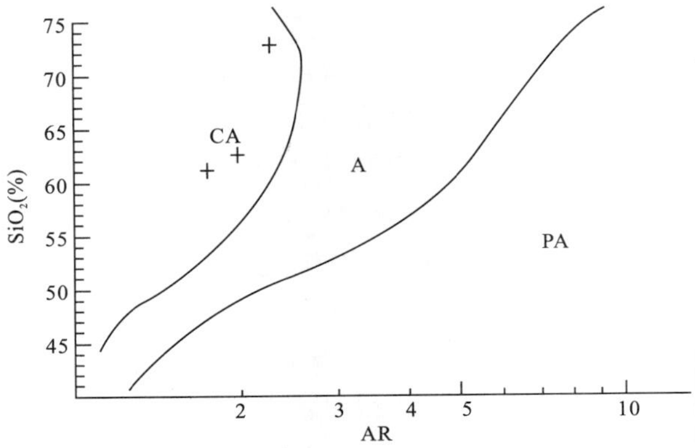

图 3-2　新元古代包萨提牙伊拉克片麻岩套碱度率图解

CA. 钙碱性；A. 碱性；PA. 过碱性　+包萨提牙伊拉克片麻岩套

新元古代包萨提牙伊拉克片麻岩套微量元素含量及特征见表 3-3。

表 3-3　新元古代包萨提牙伊拉克片麻岩套微量元素含量及特征值表

样品号	岩石名称	Cu	Pb	Zn	Cr	Ni	Co	Li	Rb	W	Mo	Sb	Sr
D5888-GP1	片麻状似斑状黑云二长花岗岩	0.40	13.3	52.6	18.7	9.66	8.59	61.0	114.8	0.67	1.20	0.19	354
D5888-GP2		0.73	15.2	53.7	20.5	4.93	5.50	36.3	115.9	0.62	1.28	0.20	199
D5888-GP3		1.15	17.7	53.0	14.3	1.27	3.92	17.0	113.0	0.55	1.20	0.19	116
D5888-GP4		37.10	3.6	98.3	26.9	13.70	24.7	83.6	124.4	0.62	1.42	0.20	497
D5888-GP5		2.46	9.2	89.0	17.8	11.50	18.7	85.9	235.7	0.72	1.57	0.20	194
D5888-GP13	片麻状英云闪长岩	0.64	6.1	30.7	22.8	15.20	4.12	3.2	19.5	0.67	0.92	0.28	33
平均值		7.00	11.0	63.0	20.0	9.00	11.00	48.0	121.0	1.00	1.00	0.21	232
世界中性岩平均值(维氏,1962)		5.00	15.0	70.0	50.0	55.00	10.00	20.0	100.0	1.50	0.90	0.20	800
世界花岗岩平均值(维氏,1962)		20.00	20.0	60.0	25.0	8.00	5.00	40.0	200.0	1.00	1.00	0.26	300
样品号	岩石名称	Ba	Sc	Nb	Hf	Au	Ag	U	Th	P	Mn	Ti	Rb/Sr
D5888-GP1	片麻状似斑状黑云二长花岗岩	793	3.39	15.5	5.18	1.27	0.058	1.73	10.2	770	628	3 646	0.32
D5888-GP2		870	2.76	11.7	4.54	0.52	0.05	1.11	9.0	543	536	2 781	0.58
D5888-GP3		1 031	2.10	17.0	4.00	1.65	0.05	1.46	10.8	455	520	2 701	0.98
D5888-GP4		418	10.60	41.8	18.20	1.21	0.05	8.00	25.6	2 511	1 375	6 455	0.25
D5888-GP5		701	6.81	28.3	12.60	1.41	0.07	6.40	20.9	1 061	861	7 597	1.22
D5888-GP13	片麻状英云闪长岩	88	1.46	2.0	6.64	1.76	0.11	1.78	7.9	122	831	1 323	0.58
平均值		650	5.00	19.0	9.00	1.00	0.05	3.00	14.0	910	792	4 084	1.00
世界中性岩平均值(维氏,1962)		650	2.50	20.0	1.00	—	70.00	1.80	7.0	1 600	1 200	3 400	0.13
世界花岗岩平均值(维氏,1962)		630	3.00	20.0	1.00	4.50	0.05	3.50	18.0	700	600	2 300	0.67

注：样品由西安岩矿测试中心测试分析；元素含量单位为$\times10^{-6}$，其中 Au$\times10^{-9}$

从表 3-3 看：该片麻岩套岩石微量元素平均值与世界花岗岩平均值（维氏，1962）比较，相容元素表现较为复杂，Cu、Pb、Cr、Au 元素含量低于世界花岗岩平均值，表现为亏损，约为世界花岗岩平均值的 1/2～1/3；Zn、Ni、W、Mo、U 元素含量与世界花岗岩平均值大致接近，Co、Li、Mn 元素含量高于世界花岗岩平均值，表现为不同程度的富集；大离子亲石元素 Rb、Sr、Sb 元素含量较低，表现为亏损，Ba 元素含量与其接近，大离子亲石元素总体亏损不大；高场强元素表现较为复杂，其中 Sc、P、Hf、Ti 元素含量偏高，表现为不同程度的富集，其中 Hf 是世界花岗岩的 9 倍，富集程度较高。

包萨提牙伊拉克片麻岩套微量元素球粒陨石标准化蛛网曲线见图 3-3。从图中看：相容元素除 P、Zr 与球粒陨石元素含量接近外，其余元素均表现为不同程度的富集，各单元样品球粒陨石标准化曲线相似，说明其为同源岩浆演化序列岩浆岩。

新元古代包萨提牙伊拉克片麻岩套稀土元素含量及特征见表 3-4，稀土元素球粒陨石配分模式曲线见图 3-4。从表、图可知：该片麻岩套稀土元素总量（∑REE）中等偏高，∑REE＝(141.29～231.74)$\times10^{-6}$，轻稀土元素总量（LREE）与重稀土元素总量（HREE）比值（LREE/HREE）为 5.40～8.72，球粒陨石标准化模式曲线右倾，$(La/Yb)_N$＝5.59～12.51，反映该片麻岩套轻、重稀土元素分馏较大，属轻稀土元素富集型，早期片麻岩体 δEu 值为 0.48～0.77，晚期片麻岩体 δEu 为 0.22，稀土元素球粒陨石模式配分模式曲线铕处具弱的谷状——较深的谷状，铕为负异常，且晚期片麻岩较早期片麻岩谷状，即 δEu 值比早期小，说明该片麻岩随着岩浆从早期到晚期演化，岩浆中早斜长石分离结晶作用明显增强。

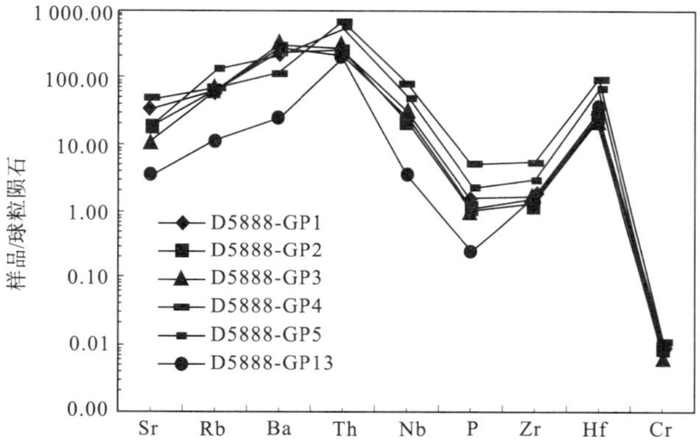

图 3-3　新元古代包萨提牙伊拉克片麻岩套球粒陨石标准化的微量元素蛛网图解

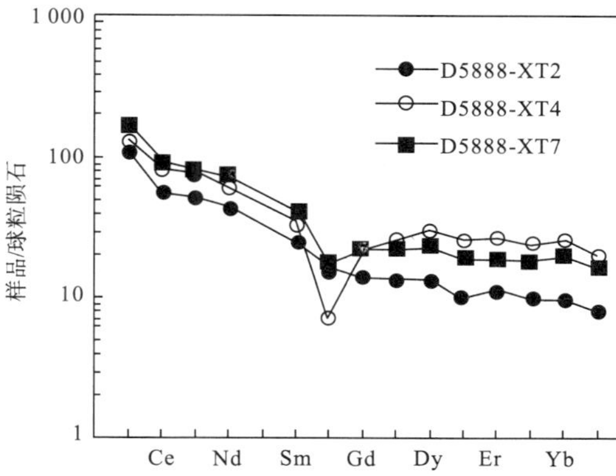

图 3-4　包萨提牙伊拉克片麻岩套稀土元素球粒陨石标准化分布图

D5888-XT4. 片麻状黑云二长花岗岩；
D5888-XT2、XT7. 片麻状石英闪长岩

3）包体特征

新元古代包萨提牙伊拉克片麻岩套中包体发育，包含暗色细粒闪长质深源包体和围岩捕虏体两类包体。

（1）暗色细粒闪长质深源包体：深灰—灰黑色，多呈不规则长椭圆状、长条状暗色包体，包体与寄主围岩为阴影过渡。包体直径大小一般(2～5)cm×(10～35)cm，长宽之比为(2∶1)～(4∶1)（图 3-5），分布不均匀，暗色包体长轴方向与片麻理走向一致，沿片麻理方向拉长变形明显。暗色包体发育片麻理，暗色包体中片麻理与寄主片麻岩体片麻理产状一致，且互相贯通。暗色包体呈中—细粒半自形粒状花岗结构、块状结构，主要矿物成分为角闪石、斜长石、黑云母等，矿物粒径一般为 0.5～1.5mm，斜长石为自形板状及板柱状、角闪石呈自形—半自形柱状、黑云母呈自形条状。包体蚀变较弱，主要为角闪石次闪石化、绿泥石化。

（2）围岩捕虏体：围岩捕虏体为主的地层包体较少，主要来源于片麻岩体围岩长城系赛图拉岩群片岩、浅粒岩、片麻岩等。捕虏体形态不规则、大小不等，多呈棱角状，虽经后期片麻理改造，但捕虏体与围岩界线仍较清晰，捕虏体直径一般十几厘米至几十厘米不等，最大见直径 2～5m 的捕虏

表 3-4 晚元古代侵入岩稀土元素含量及特征值表

片麻岩套名称	样品号	岩石名称	稀土元素含量($\times10^{-6}$)											
			La	Ce	Pr	Nd	Sm	Eu	Gd	Tb	Dy	Ho	Er	Tm
包萨提牙伊拉克片麻岩套	D5888-XT4	片麻状似斑状二长花岗岩($Pt_3\pi\eta\gamma gn$)	41.2	76.9	9.39	36.4	6.77	0.49	6.97	1.31	9.31	1.94	5.78	0.80
	D5888-XT2	片麻状石英闪长岩($Pt_3\sigma ogn$)	34.5	53.4	6.34	26.4	4.94	1.17	4.15	0.68	4.25	0.71	2.32	0.32
	D5888-XT7		54.9	86.0	9.96	45.6	8.42	1.23	6.85	1.11	7.31	1.40	4.02	0.62
皮夏河口及玉龙喀什河片麻岩	D5975-XT4	片麻状英云闪长岩($Pt_3\ \gamma\sigma o$)	46.5	69.8	7.87	33.0	6.25	0.80	5.11	0.85	5.49	1.07	3.26	0.48

片麻岩套名称	样品号	岩石名称	稀土元素含量($\times10^{-6}$)					特征参数值				
			Yb	Lu	ΣREE	LREE	HREE	LREE/HREE	δEu	$(La/Yb)_N$	$(La/Sm)_N$	$(Gd/Yb)_N$
包萨提牙伊拉克片麻岩套	D5888-XT4	片麻状似斑状二长花岗岩($Pt_3\pi\eta\gamma gn$)	4.97	0.61	202.84	171.15	31.69	5.40	0.22	5.59	3.83	1.13
	D5888-XT2	片麻状石英闪长岩($Pt_3\sigma ogn$)	1.86	0.25	141.29	126.75	14.54	8.72	0.77	12.51	4.39	1.80
	D5888-XT7		3.80	0.52	231.74	206.11	25.63	8.04	0.48	9.74	4.10	1.45
皮夏河口及玉龙喀什河片麻岩	D5975-XT4	片麻状英云闪长岩($Pt_3\ \gamma\sigma o$)	3.22	0.41	184.11	164.22	19.89	8.26	0.42	9.74	4.68	1.28

注:样品由国土资源部西南岩矿测试中心测试分析;元素含量单位为$\times10^{-6}$

体，捕虏体与寄主岩石边界截然，其在岩体边界附近分布较多，相对而言在片麻岩体中心含量较少。

综上所述，新元古代包萨提牙伊拉克片麻岩套中残留的大量的暗色深源闪长质包体说明该岩体具壳幔混熔的浆混特征，岩石中大量的围岩捕虏体，说明其对上地壳岩石具强烈同化作用。

4)副矿物特征

包萨提牙伊拉克片麻岩套中副矿物组合为磁铁矿-钛铁矿-锆石-黄铁矿型。锆石为淡玫瑰色，金刚光泽，以柱状聚形晶及残缺柱状晶形为主，锆石晶体表面具较细的细麻点熔蚀现象，表面略显粗糙，锆石长、宽比为(2∶3)～(4∶1)，锆石中包体以细小锆石为主。

5)岩浆成因及构造环境

包萨提牙伊拉克片麻岩套为钙碱性岩，岩性组合为石英闪长岩-二长花岗岩的中—酸性岩组合，属Ⅰ型花岗岩类，岩石化学成分及大量的深源暗色包体及围岩包体，说明其为壳幔混源的浆混花岗岩类。

利用 Batchel 等(1985)R_1-R_2 主要岩石类型组合图解(图 3-6)判别投点，该片麻岩套投点较为分散，一个样品落入板块碰撞前花岗岩区，一个样品落入碰撞后抬升与造山晚期花岗岩区分界处，第三个样品落入同碰撞期花岗岩区，考虑到该片麻岩套为Ⅰ型花岗岩类，其总体为与板块或古陆核聚合有关的花岗岩类。

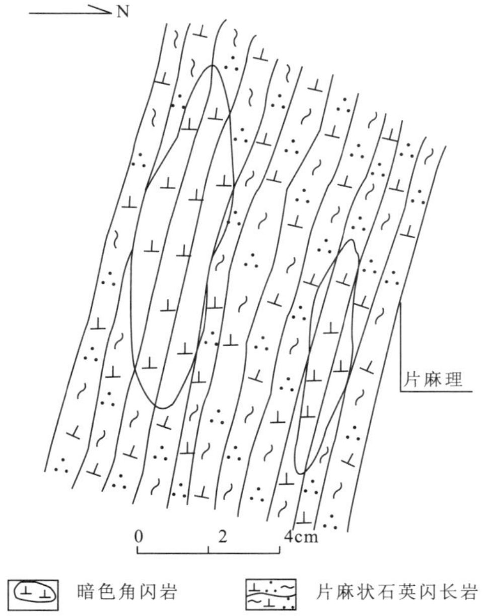

图 3-5　包萨提牙伊拉克片麻石英闪长岩中闪长质暗色包体形态素描图

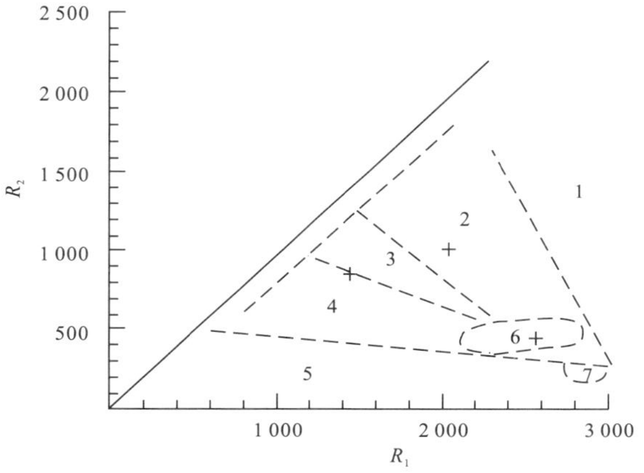

图 3-6　新元古代包萨提牙伊拉克片麻岩套主要花岗岩类岩石组合的示意性图解

1. 地幔分离；2. 板块碰撞前的；3. 碰撞后的抬升；4. 造山晚期的；5. 非造山的；6. 同碰撞期的；7. 造山期后的

相当的岩石是：组 1. 拉斑玄武岩；组 2. 钙碱性岩石和奥长花岗岩；组 3. 高钾钙碱性岩石；组 4. 次碱性二长岩；组 5. 碱性和过碱性岩石；组 6. 深熔二云母淡色花岗岩；

+. 包萨提牙伊拉克中的岩套

6)形成时代

包萨提牙伊拉克片麻岩套位于昆中地层分区，侵入于长城系赛图拉岩群之中，该片麻岩套片麻理与围岩片麻理产状一致，其变形、变质程度明显高于图幅内及区域上早古生代以后的地层变形、变质程度，且其被早古生代侵入体侵入，综合考虑该岩石成分特征、片麻岩套变形变质特征、片麻理与围岩关系等，将包萨提牙伊拉克片麻岩套形成时代置于新元古代，与罗迪尼亚(Rodinia)板块汇聚作用(塔里木运动)有关。

2. 皮夏河口片麻岩($Pt_3\gamma o$)、玉龙喀什河口片麻岩($Pt_3\gamma\delta o$)

皮夏河口片麻岩($Pt_3\gamma o$)及玉龙喀什河片麻岩($Pt_3\gamma\delta o$)位于铁克里克断隆区内，呈岩脉、小岩株状零星出露于皮夏河口及河口以北的玉龙喀什河东岸一带，规模极小，分别由一个孤立的片麻岩体组成，出露面积共约为 3km²，由于其岩性相似，均为英云闪长岩，下面一并叙述。

1)岩体特征

皮夏河口片麻岩体($Pt_3\gamma o$)及玉龙喀什河片麻岩体($Pt_3\gamma\delta o$)侵入于下元古界埃连卡特岩群二云石英片岩、黑云斜长片麻岩、浅粒岩之中，与围岩界面清晰，以发育片麻理为特征，片麻岩外接触带见硅化、角岩化等蚀变现象。片麻岩宽十几米至几百米、长几百米至近千米不等，受后期脆-韧性构造变形改造作用影响，片麻岩变形强烈，片麻岩中片麻理被后期片理置换，片麻理与围岩的褶劈理(图版Ⅲ-1、图版Ⅲ-2)一致，片麻岩与围岩界线为渐变过渡接触，片麻理切穿片麻岩与围岩接触界面。

皮夏河口片麻岩及玉龙喀什河片麻岩体岩性均为细粒片麻状(黑云母)英云闪长岩，呈灰白色、灰色，显微鳞片—粒状变晶结构，片麻状构造。矿物粒径小于 0.5mm，主要矿物成分：石英 30%～35%、斜长石 15%～35%、黑云母 15%～20%、白云母小于 5%，钾长石少量，金属矿物、磷灰石、锆石少量。石英、斜长石为粒状变晶结构，云母类片状矿物沿片理面呈断续条纹状相对集中分布。岩石蚀变较强，以黑云母发生绿泥石化为主。

2)地球化学特征

皮夏河口片麻岩及玉龙喀什河片麻岩主要岩石化学成分含量及特征见表 3-2。从表 3-2 中可知：片麻岩的 SiO_2 含量为 74.47%，属酸性侵入岩，与世界花岗岩平均值(维氏，1962)比较，片麻状(黑云母)二长花岗岩岩石化学成分 SiO_2、Na_2O+K_2O 含量明显偏高，以富集硅、碱为特征，利用 Q′F′-ANOR 分类命名图解(Streckisen D Le Maitre，1979)判别，落入英云闪长岩区(图 3-7)，在碱度率 AR-SiO_2 图解(Wright，1969)上，落入碱性岩与钙碱性岩区分节处靠近钙碱性岩一侧(图 3-8)，为钙碱性岩与碱性岩过渡性岩，岩石 A/CNK 为 1.01，小于 1.1，属 I 型花岗岩类。

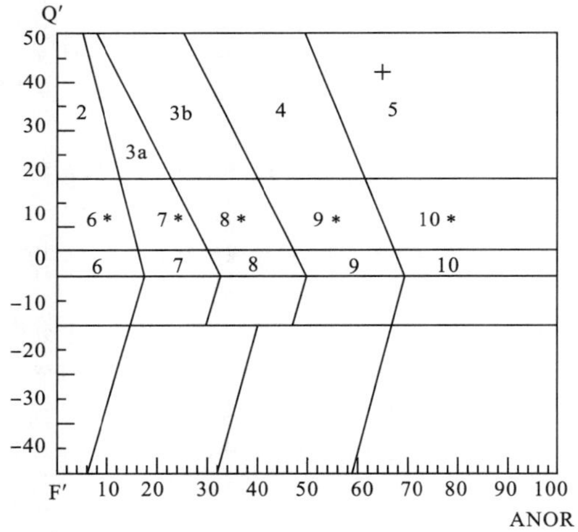

图 3-7　新元古代皮夏河口片麻岩 Q′F′-ANOR 分类命名图解

1a. 硅英岩；1b. 富石英花岗岩类；2. 碱长花岗岩；3a. 花岗岩(钾长花岗岩)；3b. 花岗岩(二长花岗岩)；4. 花岗闪长岩；5. 英云闪长岩；6*. 石英碱长正长岩；6. 碱长正长岩；7*. 石英正长岩；7. 正长岩；8*. 石英二长岩；8. 二长岩；9*. 石英二长闪长岩、石英二长辉长岩；9. 二长闪长岩、二长辉岩；10*. 石英闪长岩、石英辉长岩、石英斜长岩；10. 闪长岩、辉长岩、斜长岩。＋皮夏河口片麻岩

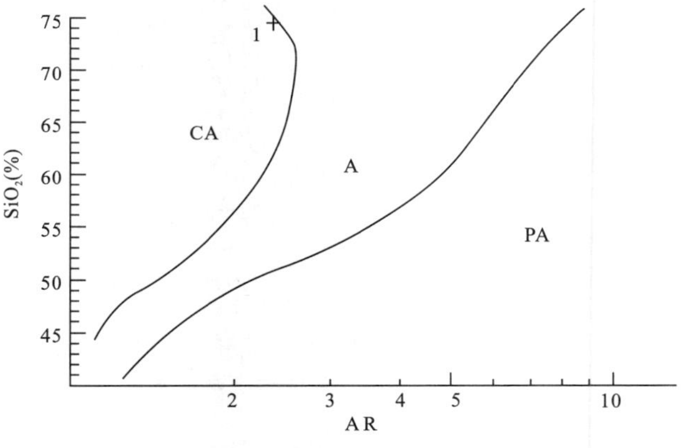

图 3-8　新元古代皮夏河口片麻岩碱度率 AR-SiO_2 图解

CA. 钙碱性；A. 碱性；PA. 过碱性。＋皮夏河口片麻岩

皮夏河口片麻岩及玉龙喀什河片麻岩体岩石微量元素含量及特征见表 3-5，片麻岩微量元素球粒陨石标准化蛛网图解见图 3-9。从表 3-5 看出：岩石微量元素平均值与世界花岗岩平均值

(维氏,1962)比较,相容元素 Cu、Pb、Li、Mo、Au、U、W 等元素含量偏低,其含量约是世界花岗岩的 1/2,Ag 元素含量高于世界花岗岩平均值的 2 倍,Zn、Cr、Co、Ni、Mn 元素含量与其平均值基本接近;大离子亲石元素 Rb、Sb、Sr、Ba 含量总体偏低;高场强元素 Nb、Th、P 元素含量低于世界花岗岩微量元素平均值,表现为亏损,Sc、Hf、Zr 元素含量高于世界花岗岩微量元素平均值。皮夏河口片麻岩及玉龙喀什河片麻岩微量元素球粒陨石标准化蛛网图解(图 3-9)曲线相似,说明其物源相似或相近。

表 3-5 新元古代皮夏河口片麻岩、玉龙喀什河片麻岩微量元素含量表

样品号	岩石名称	Cu	Pb	Zn	Cr	Ni	Co	Li	Rb	W	Mo	Sb	Sr
D5975-GP5	片麻状英云闪长岩	2.38	8.08	72.2	32.7	11.8	5.97	27.1	94.0	0.77	0.92	0.11	412
D5975-5-1		25.90	10.50	41.0	24.9	11.9	4.20	16.4	40.9	0.67	1.07	0.11	219
D5975-GP19		4.34	9.07	65.4	21.8	6.1	4.04	19.4	68.7	0.67	0.40	0.12	220
D5975-GP20		5.46	14.40	75.8	27.1	7.3	5.66	19.4	58.7	0.88	0.40	0.09	123
平均值		10.00	11.00	64.0	27.0	9.0	5.00	21.0	66.0	0.70	0.70	0.10	243
世界花岗岩(维氏,1962)		20.00	20.00	60.0	25.0	8.0	5.00	40.0	200.0	1.50	1.00	0.26	300

样品号	岩石名称	Ba	Sc	Nb	Zr	Hf	Au	Ag	U	Th	P	Mn	Ti
D5975-GP5	片麻状英云闪长岩	428	11.2	20.20	550	6.57	0.42	0.05	0.46	8.57	421	523	2 783
D5975-5-1		158	7.4	11.60	356	4.73	0.46	0.05	0.23	6.97	239	568	1 461
D5975-GP19		842	11.5	9.82	515	6.90	0.79	0.10	0.28	7.82	244	762	2 094
D5975-GP20		302	10.3	7.88	483	6.85	0.50	0.05	0.36	7.26	246	552	2 267
平均值		432	10.0	12.00	476	6.00	0.50	0.10	0.30	8.00	287	601	2 151
世界花岗岩(维氏,1962)		630	3.0	20.00	200	1.00	4.50	0.05	3.50	18.00	700	600	2 300

注:样品由国土资源部西安矿产资源监督检测中心测试分析;元素含量单位为$\times10^{-6}$,其中 Au 为$\times10^{-9}$

皮夏河口片麻岩及玉龙喀什河片麻岩体稀土元素含量及特征见表 3-4,稀土元素球粒陨石配分模式曲线见图 3-10。从表 3-4 中可看出:皮夏河口片麻岩及玉龙喀什河片麻岩中片麻状英云闪长岩岩石稀土元素总量($\sum$REE)较高,$\sum$REE$=184.11\times10^{-6}$,轻稀土元素总量(LREE)与重稀土元素总量(HREE)比值较大,LREE/HREE=8.26,球粒陨石标准化模式曲线右倾,$(La/Yb)_N=9.74$,斜率较大,说明轻、重稀土元素分馏较大,属轻稀土元素富集型,球粒陨石模式曲线 Eu 呈谷状,δEu 值为 0.42,铕具负异常。

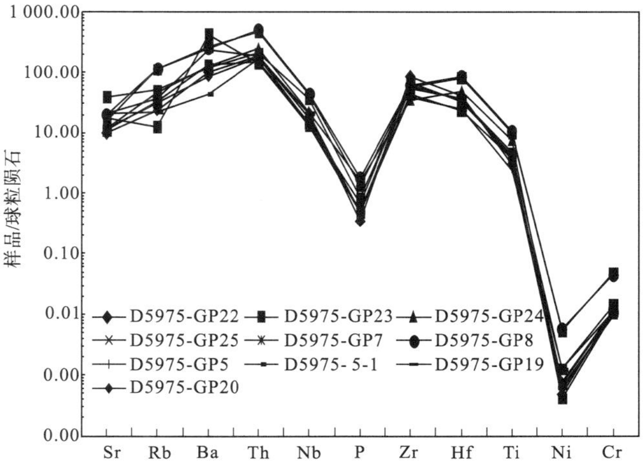

图 3-9 皮夏河口、玉龙喀什河片麻岩及围岩埃连卡特岩群片麻岩、片岩微量元素球粒陨石标准化蛛网图解

D5975-GP5、GP5-1.皮夏河口片麻岩;D5975-GP19、GP20.玉龙喀什河片麻岩;D5975-GP22-24.埃连卡特群黑云斜长浅粒岩;D5975-GP7-8.埃连卡特群二云石英片岩

3)副矿物特征

皮夏河口片麻岩及玉龙喀什河片麻岩副矿物组合为钛铁矿-磷灰石-磁铁矿-锆石型。锆石为淡玫瑰色,个别为玫瑰色或无

色，金刚光泽，透明状，晶体为四方锥状、残缺四方锥状及复四方双锥状，锆石包体较多，包体主要为黄铁矿、钛铁矿及杂乱无章的小锆石包体，呈残缺短柱状，锆石长、宽比为(2∶1)～(3∶1)，晶体表面多为细小的麻点。

4)岩浆成因及形成时代讨论

皮夏河口片麻岩体及玉龙喀什河片麻岩体侵入于古元古代片岩、片麻岩、浅粒岩之中，片麻岩与围岩二云石英片岩、黑云斜长片麻岩局部见模糊不清的渐变接触关系，通过对片麻状英云闪长岩与围岩埃连卡特岩群二云石英片岩和黑云斜长片麻岩的稀土元素、微量元素含量变化对比，研究发现，片麻状英云闪长岩与围岩二云石英片岩、黑云斜长片麻岩微量元素球粒陨石标准化蛛网图解(图 3-9)曲线极为相似，片麻岩体与围岩微量元素特征说明：片麻岩体为古元古代埃连卡特岩群片岩、片麻岩、浅粒岩等中深变质程度的变质-结晶基底局部熔融而成，为古老基底重熔型花岗岩。

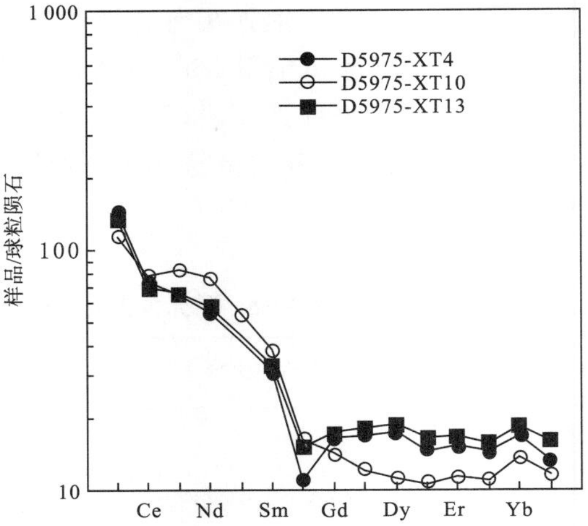

图 3-10　新元古代片麻状英云闪长岩稀土元素球粒陨石标准化分布图

D5975-XT4 为皮夏河口片麻岩；D5975-XT13 为埃连卡特群黑云斜长片麻岩；D5975-XT10 为埃连卡特岩群二云母石英片岩

皮夏河口片麻岩体及玉龙喀什河片麻岩体缺少同位素年龄，但皮夏河口片麻岩及玉龙喀什河片麻岩侵入于变质程度较深的古元古代埃连卡特岩群片岩、变粒岩中，且根据片麻岩中片麻理的褶劈理与围岩第二期面理一致(图版Ⅲ-1)，即片麻岩构造变形特征，结合区域大地构造背景分析，其形成时代应为新元古代，为与罗迪尼亚(Rodinia)汇聚事件有关的聚合型花岗岩类。

小结：上述包萨提牙伊拉克片麻岩体、皮夏河口片麻岩及玉龙喀什河片麻岩均侵位于中昆仑和塔南地层分区的长城系及下元古界中浅变质的变质岩中，岩性主要以中—酸性岩为主，为钙碱性岩或钙碱性与碱性岩过渡系列岩，均为Ⅰ型花岗岩类，属聚合型(俯冲-碰撞型)花岗岩类，表明新元古代花岗岩与各自所在的古老陆块形成、演化密切相关，反映了新元古代(蓟县纪末—青白口纪)Rodinia 超大陆的形成对岩浆的控制作用。

二、早古生代构造岩浆岩带

图区内早古生代侵入岩规模巨大，出露面积约 1 200km^2，大面积出露于图幅南部昆仑山主脊包萨提牙伊拉克—慕士山—阿克来克南和中部铁克里克山主峰一带，集中展布于早古生代库地-其曼于特结合带南、北两侧的昆中地层分区及铁克里克地层分区，沿早古生代库地-其曼于特结合带两侧呈北西西—南东东向展布(图 3-1)，其时、空、成因上受库地-其曼于特蛇绿混杂岩带控制明显，显示了岩体在成因类型与原特提斯洋的俯冲、碰撞造山作用有关。本次工作将填绘出的 11 个早古生代岩体(不包括构造蛇绿混杂岩带中基性—超基性岩)，根据构造岩浆岩带划分原则，归并为早古生代构造岩浆岩带。早古生代构造岩浆岩带的岩体多呈规模巨大的岩基状，少量呈岩株状，产出以中—酸性侵入岩为主，典型代表岩体有喀拉科勒岩体、慕士山岩体、加易陡维塔什塔格东岩体、别仁界尕伊拉克岩体、台提南岩体、加易陡维塔什塔格西岩体、阿克来克岩体、阿克其克岩体、区委克南岩体、铁克里克岩体、布雅煤矿北岩体等。测区早古生代构造岩浆岩带根据岩体岩型组合、成分特征及所处的构造位置等按岩体成因类型进一步划分为俯冲型、同碰撞型、碰撞后侵入岩 3 种类型，以下按形成时间先后顺序分述如下。

(一)俯冲型侵入岩

俯冲型侵入岩位于图幅南部慕士山到喀拉科勒一带,沿早古生代库地-其曼于特构造蛇绿混杂岩带南侧展布,紧邻早古生代结合带附近出露,呈岩株、岩基状,多为长条形、长卵圆形,岩石类型单一,为中性侵入岩,图幅内出露岩体为喀拉科勒岩体、慕士山岩体两个岩体,分述如下。

1. 喀拉科勒岩体($O_1\delta o$)

喀拉科勒岩体出露于图幅南部昆仑山北坡喀拉科勒—阿克来克一带,呈长条状位于库地-其曼于特结合带南侧,紧邻结合带出露,岩体长宽之比为(6~7)∶1,岩体东、西两侧尖灭于库地-其曼于特断裂带上,岩体地表宽 700~1 200m、长 20 多千米,地表出露面积约 18km^2。

1)岩体特征

喀拉科勒岩体侵入于赛图拉岩群片岩、浅粒岩、片麻岩之中,局部被库地-其曼于特断裂切割。岩体与围岩界面清晰,岩体与围岩外接触带见硅化、长石化、斑点状角岩化等蚀变现象。喀拉科勒岩体内部组构均一、岩性简单,为中粒石英闪长岩,呈浅灰—灰白色,中粒半自形粒状结构,块状构造,矿物粒径 2~5mm,主要矿物成分:斜长石 45%~50%、角闪石 15%~25%、石英 5%~15%、黑云母 10%~15%,金属矿物、磷灰石、锆石少量。其中斜长石呈自形板状及自形柱状,角闪石呈自形柱状,石英为它形粒状,黑云母为自形条状。岩石蚀变较强,主要为斜长石绿帘石化及绢云母、黑云母绿泥石化及角闪石次闪石化。

2)岩石化学特征

喀拉科勒岩体岩石化学成分含量及特征值见表 3-6。从表中可知:喀拉科勒岩体中 SiO_2 含量为 56.19%,属中性侵入岩,与世界石英闪长岩平均值(维氏,1962)相比较,岩体 SiO_2 含量低、MgO 含量高,明显偏基性;岩体里特曼指数 σ 为 1.54,为钙碱性岩;该岩体$(Na_2O+K_2O)n<(Al_2O_3)n<(Na_2O+K_2O+CaO)n$,铝为正常成分类型,利用碱度率 AR-$SiO_2$ 图解(Wright,1969)判别落入钙碱性岩区(图 3-11);该岩体分异指数(DI)为 43.98,数值较低,说明该岩体岩浆分异程度较低。岩体 A/CNK 为 0.86,小于 1.1,属 I 型花岗岩类。

喀拉科勒岩体微量元素含量及特征值见表 3-7。该岩体样品较少,从表中可知:该岩体微量元素含量与世界中性岩平均值(维氏,1962)相比较,相容元素 Cu、Zn、Co、Li、U、Ag 元素含量高,但总体偏差不大,Pb、Ni、W、Mn 元素含量较低,表现为亏损,其中 Ni 亏损程度较大,是世界中性岩 Ni 元素含量的 1/10;大离子亲石元素 Sb、Sr、Ba 元素含量表现为不同程度的亏损,但总体与世界中性岩(维氏)含量接近,Rb 元素含量略高;高场强元素 Sc、Hf、Th 元素含量略高,Sc、Th 元素含量为世界中性岩元素含量的 2 倍左右,Hf 高达 10 倍,富集程度较高,而 Nb、Zr 元素含量较低,表现为亏损。岩体中 Rb/Sr 值为 0.28,低于刘英俊同熔型花岗岩平均值 0.4。上述岩体复杂的微量元素含量特征说明其具壳幔混源的混合源型岩浆岩特征。

喀拉科勒岩体稀土元素含量及特征值见表 3-8,球粒陨石配分模式曲线见图 3-12,从表、图中可知:喀拉科勒岩体稀土元素总量($\sum$REE)中等,$\sum REE=175.5\times10^{-6}$,轻稀土元素总量(LREE)与重稀土元素总量(HREE)比值较大,LREE/HREE=8.29,球粒陨石配分模式曲线右倾,$(La/Yb)_N=11.14$,模式曲线斜率较大,为轻稀土元素富集型,δEu 为 0.75,球粒陨石配分模式曲线在 Eu 处呈弱的谷状,铕为负异常。

表 3-6 早古生代构造岩浆岩带岩石化学成分含量

时代	岩体名称	样品号	岩石名称	代号	早古生代构造岩浆岩带岩石化成分含量(%)															特征参数值				
					SiO_2	TiO_2	Al_2O_3	Fe_2O_3	FeO	MnO	MgO	CaO	Na_2O	K_2O	P_2O_5	CO_2	H_2O^+	H_2O^-	LOI	σ	DI	A/CNK	AR	$(Na_2O)n/(K_2O)n$
奥陶纪	阿克来克、区委克南	D6716-GS 1	似斑状黑云二长花岗岩	$O_2\eta\gamma\beta$	67.36	0.60	15.08	1.42	2.62	0.11	1.29	2.00	3.60	5.60	0.11	0.26	0.49	0.14	0.5	3.47	81.95	0.96	1.13	0.97
	加易陡维塔什塔格	D7260-GS 11	黑云二长花岗岩	$O_3\eta\gamma\beta$	70.73	0.34	14.53	0.78	1.91	0.05	1.94	2.80	3.65	2.00	0.13	0.05	1.11	−0.01	1.32	1.10	75.84	1.09	0.55	2.77
		D5254-GS 1	英云闪长岩	$O_3\gamma\delta o$	70.23	0.35	15.01	0.98	1.98	0.10	1.44	3.10	3.89	2.11	0.13	0.27	1.08	0.07	0.89	1.32	76.37	1.05	0.76	2.80
	台提南	D5275-GS 1	黑云二长花岗岩	$O_3\eta\gamma\beta$	72.01	0.29	13.02	0.15	1.97	0.04	0.58	1.90	2.80	5.95	0.09	0.14	0.39	−0.07	0.56	2.64	87.36	0.90	1.89	0.71
		D5275-GS 2			74.28	0.11	12.56	0.19	1.31	0.05	0.07	1.30	2.80	5.95	0.04	0.08	0.70	0.10	0.57	2.45	92.02	0.94	10.11	0.71
	别仁界尕伊拉克	D5886-GS 2	中粒花岗闪长岩	$O_3\gamma\delta$	72.94	0.24	13.89	0.48	1.42	0.07	0.61	1.65	3.14	4.63	0.09	0.10	0.30	0.01	0.44	2.02	86.68	1.05	1.29	1.03
		D5887-GS 1	中—细粒英云闪长岩	$O_3\gamma\delta o$	71.04	0.33	14.35	0.51	1.94	0.08	0.79	2.00	3.14	4.36	0.13	0.06	0.28	0.06	0.47	2.01	83.25	1.06	1.36	1.09
	慕士山	D6764-GS 1	中粒石英闪长岩	$O_{1-2}\delta o$	58.09	0.68	16.45	1.00	5.94	0.13	4.10	6.60	2.55	2.50	0.13	0.29	1.35	0.25	1.85	1.69	48.36	0.87	0.80	1.55
	喀拉科勒	D6739-GS 1	中粒石英闪长岩	$O_1\delta o$	56.19	0.75	16.98	1.42	5.79	0.17	4.31	7.40	2.60	1.90	0.17	0.27	1.88	0.29	2.16	1.54	43.98	0.86	0.75	2.07
世界花岗岩平均值(维氏,1962)					71.27	0.25	14.25	1.24	1.62	0.08	0.80	1.62	3.79	4.03	0.16	0.33	0.56	—	—	1.05	15.57	1.01	2.38	2.54
世界闪长岩平均值(维氏,1962)					57.39	0.89	16.42	3.10	4.15	0.18	3.77	5.55	4.20	2.57	0.37	0.43	0.89	—	—	2.16	6.97	1.05	2.94	1.43
世界石英闪长岩平均值(维氏,1962)					60.51	0.73	16.7	2.84	3.49	0.14	2.54	4.68	3.68	2.65	0.46	0.75	0.88	—	—	3.19	21.19	0.83	1.89	2.48

注:样品由国土资源部西安矿产资源监督检测中心测试分析

3)副矿物特征

喀拉科勒岩体副矿物组合为磁铁矿-榍石-锆石-磷灰石型。锆石以玫瑰色为主，浅玫瑰色次之，金刚光泽，以四方锥柱状为主，晶体表面熔蚀现象较细，晶面略显粗糙，表面凹凸不平，锆石长宽比为(2∶1)～(5∶1)，部分在(6∶1)～(7∶1)。锆石中包体较普遍，由分布杂乱的细小锆石及黑色矿物包体组成。岩体副矿物组合为磁铁矿型，说明该岩体有幔源物质的加入。

4)侵入深度、剥蚀程度及与构造环境

喀拉科勒岩体为半自形中粒花岗结构，块状构造，规模较小，但地表出露长度较大，岩体与围岩外接触带见弱的围岩蚀变，内部不发育叶理，岩体 $Fe_2O_3/(FeO+Fe_2O_3)$ 比值为 0.19，说明该岩体侵位深度中等—较深，剥蚀程度中等。

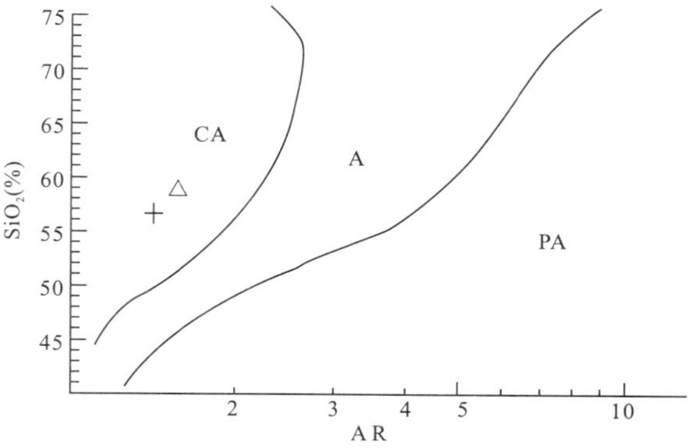

图 3-11　喀拉科勒岩体、慕士山岩体碱度率图解
(Wright,1969)
CA.钙碱性；A.碱性；PA.过碱性
＋喀拉科勒岩体；△慕士山岩体

表 3-7　古元古代喀拉科勒岩体微量元素含量及特征值表

样品号	岩石名称	Cu	Pb	Zn	Cr	Ni	Co	Li	Rb	W	Mo	Sb	Sr
D6739-GP1	石英闪长岩	10.2	9.20	97.3	42.9	4.74	14.5	28.9	123	0.50	0.31	0.11	438
世界中性岩(维氏,1962)		5.0	15.00	70.0	50.0	55.00	10.0	20.0	100	1.00	0.90	0.20	800

样品号	岩石名称	Ba	Sc	Nb	Zr	Hf	Au	Ag	U	Th	P	Mn	Ti	Rb/Sr
D6739-GP1	石英闪长岩	478	7.62	12.19	12	11.4	0.75	0.11	3.64	16.4	796	909	4 768	0.28
世界中性岩(维氏,1962)		650	2.50	20.00	260	1.0	—	0.07	1.80	7.0	1 600	1 200	8 000	0.13

注：样品由国土资源部西安矿产资源监督检测中心测试分析；元素含量单位为 $\times10^{-6}$，其中 Au 为 $\times10^{-9}$

喀拉科勒岩体紧邻早古生代库地-其曼于特结合带南侧出露，长条状岩体长轴与库地-其曼于特结合带走向完全一致，两侧尖灭于构造混杂岩带上，受结合带控制极为明显。

喀拉科勒岩体为中性侵入岩，MgO 含量较高，侵入体偏基性，属 I 型花岗岩类，加之其副矿物为磁铁矿型岩体，以上特征说明其为壳幔混合型的浆混花岗岩类。

喀拉科勒岩体为钙碱性系列中性岩，利用 Batchel 等(1985)R_1-R_2 主要岩石类型组合图解判别(图 3-13)，落入板块碰撞前的花岗岩区，为俯冲型花岗岩，与原特提斯洋俯冲作用有关，这与其所处大地构造位置及背景相吻合。

5)形成时代

喀拉科勒岩体暂无同位素年龄值，但该岩体侵入于长城系赛图拉岩群片岩中，2000—2002 年陕西省地调院韩芳林等在于田县幅、伯力克幅 1∶25 万区调工作时，在康西瓦-苏巴什晚古生代结合带以北昆中微陆块上该构造岩浆岩带阿拉玛斯中粒石英闪长岩体中获(481.8±3.6)Ma(单矿物锆石 U-Pb)等时线年龄，喀拉科勒石英闪长岩体与其岩性相同并处于同一构造岩浆岩带上，且副矿物组合相似，因此喀拉科勒石英闪长岩体时代对比为早奥陶世晚期。

表 3-8　早古生代构造岩浆带岩体稀土元素含量及特征值表

岩体名称	代号	样品号	岩石名称	稀土元素含量($\times10^{-6}$)											
				La	Ce	Pr	Nd	Sm	Eu	Gd	Tb	Dy	Ho	Er	Tm
阿克其格、阿克来克南、区委克南	$O_3\eta\gamma\pi$	D6716-XT1	中粒似斑状黑云二长花岗岩	62.1	104.0	12.60	54.4	9.69	1.76	7.87	1.36	8.90	1.66	4.58	0.68
台提南	$O_3\eta\gamma$	D5275-XT2	黑云二长花岗岩	55.0	103.0	14.10	42.6	10.70	0.43	9.88	1.65	11.00	2.27	6.19	0.92
		D5275-XT1	黑云二长花岗岩	130.0	194.0	18.80	69.8	12.20	1.04	7.92	1.29	6.42	1.03	2.68	0.38
加易陡维塔什塔格	$O_3\eta\gamma\beta$	D7260-XTS11	黑云二长花岗岩	32.2	48.4	3.65	18.7	2.89	0.63	2.31	0.40	1.84	0.31	0.96	0.14
	$O_3\gamma\delta o$	D5259-XT1	英云闪长岩	24.6	34.6	3.86	14.4	2.63	0.52	2.24	0.40	2.82	0.57	1.52	0.24
别仁界尕伊拉克	$O_3\gamma\delta$	D5886-XT2	中细粒花岗闪长岩	33.4	57.8	5.65	27.1	5.29	0.60	4.00	0.66	4.40	0.72	1.92	0.28
	$O_3\gamma\delta o$	D5887-XT1	中细粒英云闪长岩	42.4	65.0	7.09	29.8	6.37	0.82	4.08	0.64	4.00	0.70	2.09	0.30
慕士山	$O_{1-2}\delta o$	D6764-XT1	中粒石英闪长岩	35.4	61.5	7.31	33.3	6.17	1.11	5.51	0.91	5.84	1.11	3.13	0.48
喀拉科勒	$O_1\delta o$	D6739-XT1	中粒石英闪长岩	41.3	65.7	7.54	34.9	5.79	1.38	5.30	0.85	5.59	1.00	3.01	0.36

岩体名称	代号	样品号	岩石名称	稀土元素含量($\times10^{-6}$)					特征参数值				
				Yb	Lu	ΣREE	LREE	HREE	LREE/HREE	δEu	$(La/Yb)_N$	$(La/Sm)_N$	$(Gd/Yb)_N$
阿克其格、阿克来克南、区委克南	$O_3\eta\gamma\pi$	D6716-XT1	中粒似斑状黑云二长花岗岩	4.05	0.43	274.08	244.55	29.53	8.28	0.60	10.34	4.03	1.57
台提南	$O_3\eta\gamma$	D5275-XT2	黑云二长花岗岩	5.73	0.58	264.05	225.83	38.22	5.91	0.13	6.47	3.23	1.39
		D5275-XT1	黑云二长花岗岩	2.18	0.28	448.02	425.84	22.18	19.20	0.30	40.20	6.70	2.93
加易陡维塔什塔格	$O_3\eta\gamma\beta$	D7260-XTS11	黑云二长花岗岩	0.82	0.13	113.38	106.47	6.91	15.41	0.72	26.47	7.01	2.27
	$O_3\gamma\delta o$	D5259-XT1	英云闪长岩	1.65	0.20	90.25	80.61	9.64	8.36	0.64	10.05	5.88	1.10
别仁界尕伊拉克	$O_3\gamma\delta$	D5886-XT2	中细粒花岗闪长岩	1.48	0.19	143.49	129.84	13.65	9.51	0.38	15.21	3.97	2.18
	$O_3\gamma\delta o$	D5887-XT1	中细粒英云闪长岩	1.81	0.26	165.36	151.48	13.88	10.91	0.46	15.79	4.19	1.82
慕士山	$O_{1-2}\delta o$	D6764-XT1	中粒石英闪长岩	2.92	0.36	165.05	144.79	20.26	7.15	0.57	8.17	3.61	1.52
喀拉科勒	$O_1\delta o$	D6739-XT1	中粒石英闪长岩	2.50	0.28	175.50	156.61	18.89	8.29	0.75	11.14	4.49	1.71

注:样品由国土资源部中南矿产资源监测检测中心分析

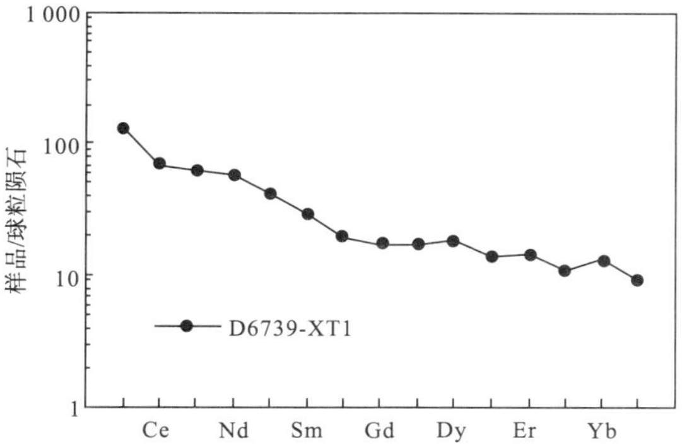

图 3-12　喀拉科勒岩体稀土元素球粒陨石标准化分布图

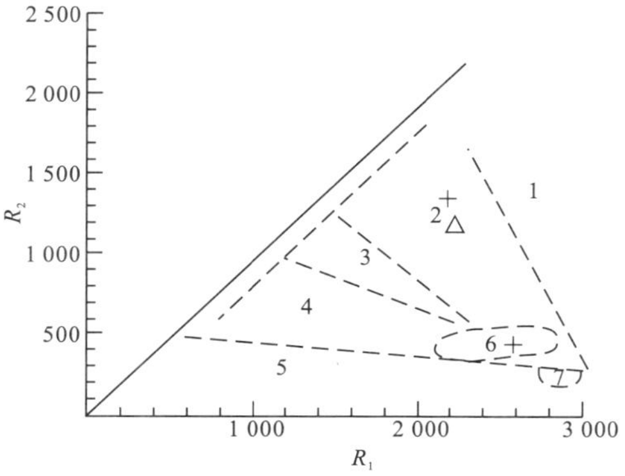

图 3-13　喀拉科勒岩体、慕士山岩体主要花岗岩类岩体组合的示意性图解

(Batchel & Bowdden,1985)

1. 地幔分离;2. 板块碰撞前的;3. 碰撞后的抬升;4. 造山晚期的;5. 非造山的;6. 同碰撞期的;7. 造山期后的

相当的岩石是:组 1. 拉斑玄武岩;组 2. 钙碱性岩石和奥长花岗岩;组 3. 高钾钙碱性岩石;组 4. 次碱性二长岩;组 5. 碱性和过碱性岩石;组 6. 深熔二云母淡色花岗岩。+喀拉科勒岩体;△慕士山岩体

2. 慕士山岩体($O_{1-2}\delta o$)

慕士山岩体出露于图幅南部慕士山主峰一带,规模巨大,面积约 240km²,呈不规则长卵圆状巨大岩基产出,向东南延伸进入阿克萨依湖幅,岩体主体位于图幅内。

1)岩体特征

慕士山岩体侵入于长城系赛图拉岩群及蓟县系桑株塔格岩群片岩、片麻岩、浅粒岩、白云质大理岩之中,与围岩界线截然,岩体外接触带围岩中见长石化、硅化、斑点状、大理岩化等角岩化接触蚀变,西部被晚古生代(晚奥陶世)台提南岩体似斑状黑云二长花岗岩侵吞,东南部被晚古生代(二叠纪)再依勒克河北岩体侵吞,慕士山岩体北侧局部地段被库地-其曼于特断裂带切割,岩基长轴方向与早古生代库地-其曼于特构造蛇绿混杂岩带走向一致。该岩体内部组构均一,岩性简单,为中粒石英闪长岩,呈灰白色、灰色,中粒半自形粒状结构,块状构造。矿物粒径 2~5mm,主要矿物成分:斜长石 45%~50%、黑云母 15%~20%、角闪石 10%~15%、石英 10%~15%、钾长石<5%,金属矿物、锆石、磷灰石少量,斜长石呈半自形板状及板柱状,角闪石呈自形柱状,黑云母呈自形条状,石英为它形粒状,充填于上述矿物之中。石英闪长岩单元中矿物成分石英含量较高,为中性岩向酸性岩的过渡岩石类型。岩石蚀变较强,以斜长石绢云母化及绿帘石化、角闪石次闪石化、黑云母绿泥石化为主。

2)岩石地球化学特征

慕士山岩体岩石化学成分含量及特征值见表 3-6。从表中可看出:慕士山岩体的 SiO_2 含量为 58.09%,属中性侵入岩,与世界中性侵入岩平均值(维氏,1962)比较,岩石中慕士山岩体石英闪长岩 SiO_2、Na_2O 含量偏低,Fe_2O_3+FeO、MgO 含量较高,以贫硅富镁为特征,岩石偏基性,$(Na_2O)n/(K_2O)n$ 值为 1.55、$(Na_2O)n>(K_2O)n$。该岩体岩石里特曼指数 σ 为 1.69,利用碱度率 AR-SiO_2 图解(Wright,1969)判别(图 3-11),落入钙碱性岩区,属钙碱性岩;岩体$(Na_2O+K_2O)n<(Al_2O_3)n<(Na_2O+K_2O+CaO)n$,铝为正常成分类型,A/CNK 值为 0.87,小于 1.1,属 I 型花岗岩类。岩体分异指数(DI)为 48.36,数值较低,反映其结晶程度较低。

慕山岩体岩石微量元素含量及特征值见表 3-9。从表中可看出:慕士山岩体微量元素表现较为复杂,其平均值与世界中性岩平均值(维氏,1962)比较,相容元素(Cu、Pb、Zn、Cr、Co、Ni、Mn、Li、W、Mo、Ag)含量与其相近,总体相差不大;其中 Cu、Zn、Cr、Co、Ni、W、Mn 含量低于世界中性岩平均值(维氏,1962),Pb、Li、Mo高于世界中性岩平均值;大离子亲石元素(Rb、Sb、Sr、Ba)含量除Rb略高于世界酸性岩外,其余均表现为不同程度的亏损;高场强元素则表现较为复杂,Rb、Hf、U、Th元素含量高于世界中性岩平均值,其中Hf高达12倍,Sc、Nb元素含量与世界中性岩平均值相近,Mn、Ti元素含量与世界中性岩平均值比较,含量偏低,为亏损,慕士山岩体石英闪长岩Rb/Sr比值较低,为0.30,与刘英俊同熔型花岗岩类Rb/Sr值0.4比较接近。慕士山岩体微量元素特征,特别是相容元素特征说明慕士山为幔壳混源型花岗岩。

表3-9 早古生代慕士山岩体微量元素含量

样品号	岩石名称	Cu	Pb	Zn	Cr	Ni	Co	Li	Rb	W	Mo	Sb	Sr
D6764-GP1	石英闪长岩	5.48	12.7	98.6	42.3	5.08	14.7	34.2	132	0.5	0.7	0.14	447
平均值		2.00	24.7	54.4	22.9	3.50	5.5	28.2	229	0.8	1.4	0.20	218
世界中性岩(维氏,1962)		5.00	15.0	70.0	50.0	5.50	10.0	20.0	100	1.0	0.9	0.20	800

样品号	岩石名称	Ba	Sc	Nb	Zr	Hf	Au	Ag	U	Th	P	Mn	Ti	Rb/Sr
D6764-GP1	石英闪长岩	425	7.45	15.0	49.1	12.2	1.10	0.07	3.45	18.9	815	1 007	5 000	0.30
平均值		429	3.00	18.0	33.8	5.8	0.80	0.10	2.20	19.6	425	545	2 383	2.00
世界中性岩(维氏,1962)		650	2.50	20.0	260.0	1.0	—	0.07	1.80	7.0	1 600	1 200	8 000	0.13

注:样品由国土资源部西安矿产资源监督检测中心测试分析;元素含量单位为$\times10^{-6}$,其中Au为$\times10^{-9}$

慕士山岩体稀土元素含量及特征值见表3-8,稀土元素球粒陨石配分模式曲线见图3-14,从表、图中可知:慕士山岩体石英闪长岩稀土元素总量($\sum$REE)中等,稀土元素总量$\sum REE=165.05\times10^{-6}$,轻稀土元素总量(LREE)与重稀土元素总量(HREE)比值较大,LREE/HREE值为7.15,球粒陨石标准化模式曲线右倾,$(La/Yb)_N$值为8.17,属轻稀土元素富集型,球粒陨石模式曲线Eu处呈弱—强的谷状,δEu值为0.57,铕具较为明显的负异常。与壳幔混合源型花岗岩类稀土元素特征相似。

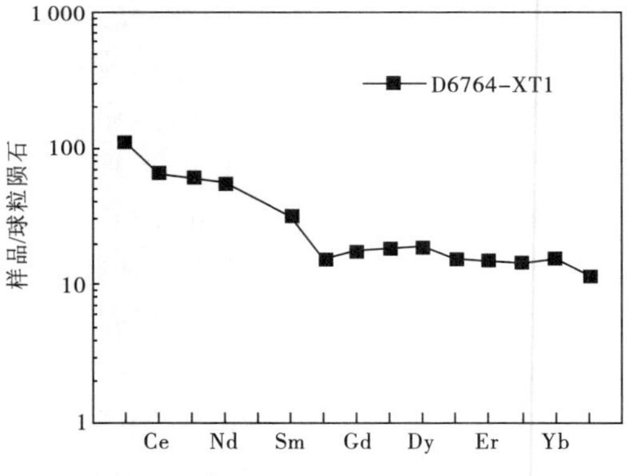

图3-14 慕士山岩体稀土元素球粒陨石标准化分布图

3)副矿物特征

慕士山岩体石英闪长岩副矿物组合主要为磁铁矿-磷灰石-锆石型,锆石为淡玫瑰色,弱金刚光泽,半透明,以次浑圆状为主,晶体为残缺的四方锥状及复四方锥状,锆石长宽比为(2∶1)～(3∶1),晶体表面溶蚀现象较为突出,表面多为细小的麻点。副矿物组合类型为磁铁矿型,说明岩浆有地幔物质的加入。

4)剥蚀程度及侵入深度

慕士山岩体为规模巨大的岩基,为中粒半自形粒状花岗结构、块状结构,岩体外接触带见弱的蚀变,与围岩接触界线截然,岩体边部见较多的围岩捕虏体,说明岩体剥蚀程度较浅,且岩体$Fe_2O_3/(Fe_2O_3+FeO)$值极低,为0.13,数值较低,说明其侵位深度中等—较深。

5)岩浆成因及形成环境

慕士山岩体岩基长轴方向与早古生代库地-其曼于特结合带方向一致，该结合带对其具控岩作用。慕士山岩体为中—酸性岩浆岩组合，属I型花岗岩，综合其微量元素、稀土元素特征，说明其为壳幔混源的混浆岩浆岩；利用 R_1-R_2 图解(Batchel 等，1985)判别(图 3-13)，慕士山岩体石英闪长岩体落入板块碰撞前的花岗岩区，说明慕士山岩体岩基为与库地-其曼于特结合带俯冲-碰撞作用有关的俯冲型花岗岩类，与区域构造背景相吻合。因此可以说明，该岩基是受早古生代库地消减带所携带大量含水的陆块边缘或洋壳物质进入上地幔后，与上地幔物质同熔产生的岩浆上侵而成，属壳幔混合源型混浆特征。

6)成岩时代

慕士山岩体与位于同一构造岩浆岩带东邻于田县幅 1：25 万区调在阿拉玛斯中粒石英闪长岩岩石成分组构类似，而前人(陕西省地质调查院韩芳林等，2002)在阿拉玛斯中粒石英闪长岩中获(481.8±3.6)Ma 的锆石 U-Pb 同位素年龄值，综合考虑该岩体成分、组构及所处的区域大地构造背景、位置等因素，将慕士山岩体侵位时代置于早—中奥陶世。

(二)同碰撞侵入岩

同碰撞型侵入岩出露于图幅南部昆仑山主脊西起加易陡维塔什塔格到东部慕士山一带，沿早古生代库地-其曼于特构造蛇绿混杂岩带两侧展布，呈岩株、岩基状，形状为长条形、长卵圆形，岩体长轴与区域构造线走向一致，岩体为酸性侵入岩，图幅内出露典型岩体有加易陡维塔什塔格岩体、别仁界尕伊拉克岩体、台提南岩体 3 个岩体，各岩体侵入于蓟县系—长城系黑云石英片岩、二云石英片岩、浅粒岩、大理岩中。各岩体特征分述如下。

1.别仁界尕伊拉克岩体

别仁界尕伊拉克岩体出露于图幅西南角昆仑山主脊喀什塔什乡别仁界尕伊拉克一带，出露面积约 190km²，为规模巨大的岩基，岩体为酸性侵入岩类，由早、晚两个侵入体组成。

1)岩体特征

别仁界尕伊拉克岩体分布于喀什塔什乡包萨提牙伊拉克南侧，侵入于长城纪赛图拉岩群二云石英片岩、绢云石英片岩、变粒岩之中，大面积侵吞新元古代包萨提牙伊拉克片麻岩套，与围岩呈侵入接触关系，岩体外接触带具硅化、角岩化蚀变。该岩体南部被康西瓦断裂带截切，岩体长轴与区域断裂带走向一致，为北西西—南东东向。依岩体成分演化及接触关系分早、晚两个侵入体，早期为英云闪长岩($O_3\gamma\delta o$)侵入体，晚期为黑云母花岗闪长岩($O_3\gamma\delta$)侵入体，两者为脉动接触。

早期英云闪长岩($O_3\gamma\delta o$)侵入体出露于别仁界尕伊拉克岩体北部，由一个侵入体组成，被晚期花岗闪长岩体大面积侵吞，与其为脉动接触，并大面积侵吞新元古代包萨提牙伊拉克片麻岩套，与围岩赛图拉岩群二云石英片岩、浅粒岩、黑云斜长片麻岩等片岩及新元古代包萨提牙伊拉克超单元为侵入接触，接触带具硅化、角岩化蚀变。该侵入体内部组构较为均一，岩性为中—细粒英云闪长岩，为灰白色，细—中粒半自形粒状花岗结构，块状构造，侵入体矿物成分主要为：斜长石 40%～55%、石英 20%～25%、黑云母 5%～15%、钾长石 5%±、角闪石 5%左右，少量磁铁矿、钛铁矿、磷灰石、锆石等。其中斜长石呈半自形板状，钾长石呈半自形板状及不规则板状，石英为它形粒状，黑云母为自形条状，矿物粒径多为 0.5～2mm。岩石蚀变轻微，以部分长石发生绢云母化为主。

晚期花岗闪长岩侵入体($O_3\gamma\delta$)呈长卵圆状位于岩基南部，由一个侵入体组成，大面积侵吞早期英云闪长岩侵入体，与其为脉动接触关系，侵入于赛图拉岩群二云石英片岩、浅粒岩、黑云斜长片麻岩及新元古代包萨提牙伊拉克片麻岩套，为侵入接触，岩体外接触带片岩具硅化、角岩化蚀变现象，岩体岩性为中—细粒花岗闪长岩，岩体内部结构均一，呈灰白色，中—细粒半自形粒状花岗结构、纤维蠕英交代结构，块状构造。矿物粒径 0.5～2mm，岩石矿物成分主要为：斜长石 60%～65%、钾长石<10%、石英 20%～25%、黑云母 5%～10%，白云母、金属矿物、磷灰石、锆石等少量。斜长石为半自形板状，钾长石和石英为它形粒状，黑云母为自形条状，钾长石交代斜长石在二者接触处斜长石旁侧内有蠕英状石英分布。岩石蚀变较弱，以斜长石绢云母化及高岭土化、黑云母绿泥石化及白云母化为主。

2）岩石地球化学特征

别仁界尕伊拉克岩体岩石化学成分含量及特征值见表 3-6。从表中可看出：该岩体从早期侵入体到晚期侵入体岩石的 SiO_2 含量增加，说明该岩体岩浆活动从早期到晚期岩浆成分向着酸性程度增高的方向演化，岩体的 SiO_2 含量为 71.04%～72.94%，属酸性岩，岩体成分以富硅、总碱（K_2O+Na_2O）含量较高为特征，总碱（K_2O+Na_2O）含量为 7.50%～7.77%，岩体中 $(K_2O)n \cong (Na_2O)n$，$(K_2O)n$ 与 $(Na_2O)n$ 含量基本平衡。别仁界尕岩体岩石化学成分含量与世界花岗岩平均值（维氏，1962）比较接近。该岩体 $(CaO+Na_2O+K_2O)n>(Al_2O_3)n>(Na_2O+K_2O)n$、铝为正常成分类型，里特曼指数 σ 为 2.01、2.02，利用 AR-SiO_2 碱度率图解（Wright，1969）判别落入钙碱性区与碱性岩分界处的钙碱性岩一侧（图 3-15），属钙碱性系列岩与碱性系列过渡性岩；该岩体 A/CNK 为 1.06、1.05，在 A-F-C 图解上落入 S 型与 I 型分界的 I 型一侧（图 3-16），为 I 型与 S 型过渡型系列花岗岩。早期英云闪长岩侵入体分异指数（DI）为 83.25，晚期花岗闪长岩侵入体分异指数（DI）为 86.68，反映该岩体岩浆活动从早期到晚期岩浆结晶程度逐渐增加。

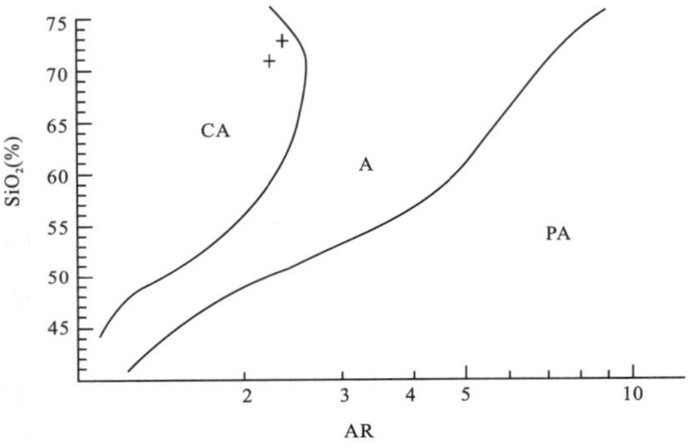

图 3-15　早古生代别仁界尕伊拉克岩体碱度率图解
（Wright，1969）
CA. 钙碱性；A. 碱性；PA. 过碱性
+早古生代别仁界尕伊拉克岩体

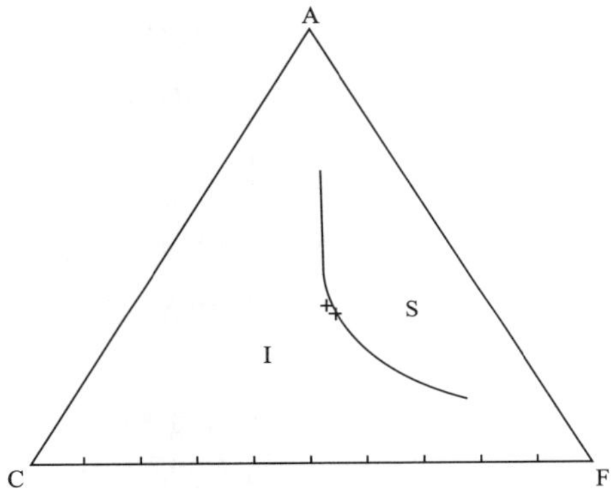

图 3-16　别仁界尕伊拉克岩体
S 型、I 型花岗岩判别图解
（仿中田节也，1979）
I. I 型花岗岩；S. S 型花岗岩
+别仁界尕伊拉克岩体

别仁界尕伊拉克岩体岩石微量元素含量及特征值见表 3-10，从表中可看出：该岩体岩石微量元素平均值与世界花岗岩（维氏，1962）比较，相容元素中，Cu、Pb、Ni、Co、Mo 元素含量偏高，Cr、Au、U、Ag 元素含量偏低，但相容元素含量总体上亏损，富集程度不大；大离子亲石元素 Rb、Ba 元素含量略微偏高，Sr 元素含量偏低，约为世界花岗岩平均值的 1/5，亏损程度较高；高场强元素 Nb、Ta、Zr、P 元素含量偏低，但总体偏低程度不大，含量与世界花岗岩平均值大致接近，Hf 元素含量略微偏高。Rb/Sr 比值变化较大，在 2.05～9.04 之间，平均值为 5。该岩体相容元素、不相容元素（大离子亲石元素、高场强元素）特征说明该岩体岩浆源于下地壳。

别仁界尕伊拉克岩体岩石微量元素球粒陨石标准化蛛网图解见图 3-17。从图中可知：该岩体不相容元素除 P 元素含量与球粒陨石接近外，其余 Sr、Rb、Th、Nb、Zr、Hf 元素含量均表现为不同程度的富集，相容元素 Ni、Cr 则表现为强烈的亏损，各岩体样品微量元素球粒陨石标准化蛛网图解

表 3-10 晚古生代别仁界尕伊拉克岩体微量元素含量及特征值表

样品号	岩石名称	Cu	Pb	Zn	Cr	Ni	Co	Li	Rb	W	Mo	Sr	Ba
D5886-GP1	中细粒花岗闪长岩($O_3\gamma\delta$)	61.4	44.8	56.8	8.95	8.5	2.5	49.9	255	0.12	1.82	44.8	689
D5886-GP2		45.4	48.2	47.6	9.90	12.0	4.1	57.1	265	1.15	0.76	29.3	572
D5886-GP3		38.8	54.4	39.8	13.50	14.6	6.0	69.2	256	0.79	2.35	34.8	510
D5887-GP1	中细粒英云闪长岩($O_3\gamma\delta o$)	44.3	40.5	53.2	10.60	13.4	7.0	41.9	192	0.79	0.24	93.8	1 080
D5887-GP2		38.2	31.9	58.9	11.70	14.4	10.2	68.2	204	0.76	2.62	87.9	926
D5887-GP3		38.0	39.0	39.6	10.20	13.5	10.4	47.1	230	1.09	3.42	57.2	721
平均值		44.0	43.0	49.0	11.00	13.0	7.0	56.0	234	1.00	2.00	58.0	750
世界花岗岩(维氏,1962)		20.0	20.0	60.0	25.00	8.0	5.0	40.0	200	1.50	1.00	300.0	630

样品号	岩石名称	Sc	Nb	Ta	Zr	Hf	Sn	Au	Ag	U	Th	P	Rb/Sr
D5886-GP1	中细粒花岗闪长岩($O_3\gamma\delta$)	2.65	11.3	1.92	109.0	3.19	2.5	1.5	0.06	2.72	25.2	388	5.69
D5886-GP2		2.88	10.5	1.06	85.8	3.02	3.6	1.2	0.08	2.10	16.5	443	9.04
D5886-GP3		2.68	12.0	1.70	92.8	3.28	2.5	1.3	0.06	1.94	15.1	450	7.36
D5887-GP1	中细粒英云闪长岩($O_3\gamma\delta o$)	4.58	14.4	1.51	142.0	4.36	2.0	1.6	0.02	4.74	16.4	704	2.05
D5887-GP2		5.38	17.4	2.17	151.0	4.03	3.4	1.2	0.03	2.95	16.2	931	2.32
D5887-GP3		3.07	11.4	0.84	79.3	2.45	9.0	1.3	0.03	3.65	14.6	634	4.02
平均值		4.00	13.0	2.00	110.0	3.00	4.0	1.3	0.04	3.00	17.0	592	5.00
世界花岗岩(维氏,1962)		3.00	20.0	3.50	200.0	1.00	3.0	4.5	0.05	3.50	18.0	700	0.67

注:样品由国土资源部西安矿产资源监督检测中心测试分析;元素含量单位为$\times10^{-6}$,其中 Au 为$\times10^{-9}$

曲线一致,说明其为同源岩浆演化的岩浆岩。

别仁界尕伊拉克岩体岩石稀土元素含量及特征值见表 3-8,岩石稀土元素球粒陨石配分模式曲线见图 3-18。从表、图可知:别仁界尕伊拉克岩体早、晚侵入体稀土元素含量变化不大,稀土元素总量($\sum$REE)中等,稀土元素总量($\sum$REE)为 143.49×10^{-6}、165.36×10^{-6},轻稀土元素总量(LREE)与重稀土元素总量(HREE)比值较高,LREE/HREE 值为 10.91、9.51,稀土元素球粒陨石标准化模式曲线右倾、$(La/Yb)_N$ 值为 15.21、15.79,为轻稀土元素富集型;该岩体稀土元素球粒陨石标准化模式曲线在 Eu 呈谷状,δEu 值为 0.38、0.46,含量较接近,铕具较为明显的负异常。该岩体早期英云闪长岩侵入体、晚花岗闪长岩侵入体稀土元素球粒陨石标准化模式曲线一致,说明其为同源岩浆演化的产物。

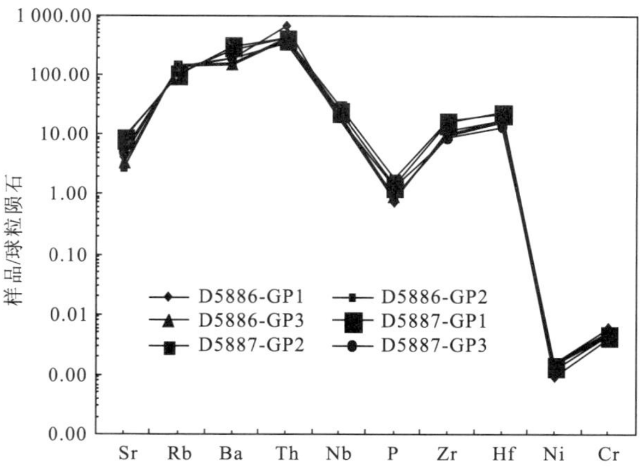

图 3-17 别仁界尕伊拉克岩体微量元素球粒陨石标准化蛛网图解

3)副矿物特征

该岩体各侵入体副矿物特征基本一致,主要为磁铁矿-钛铁矿-锆石-榍石型组合。锆石为淡玫瑰色,金刚光泽,透明—半透明,以残缺柱状及残缺块柱状为主,锆石晶体熔蚀较强,多呈粗糙不平的凹坑,锆石长宽比为(2∶1)~(3∶1),个别为(4∶1)~(5∶1),锆石中包体较发育,以细小锆石包体为主,黑云母极少量。

4)侵入深度及剥蚀程度

别仁界尕伊拉克岩体以中—细粒花岗结构为主,为规模较大的岩基,岩体围岩捕虏体少见,岩体与围岩外接触带片岩中见硅化、斑点状角岩化等围岩蚀变,岩体 $Fe_2O_3/(Fe_2O_3+FeO)$ 比值为 0.21、0.25,数值较小,因此该岩体侵位深度为中等—较深,而剥蚀程度中等。

5)构造环境与侵位时代讨论

别仁界尕伊拉克岩体为酸性侵入岩,为钙碱性岩与碱性过渡性岩,属 I 型与 S 型过渡类型花岗岩类,岩石中碱含量较高,反映岩体为下地壳岩石部分熔融而成,利用 Batchel 等(1985)R_1-R_2 主要岩石类型组合图解判别(图 3-19),岩体早期英云闪长岩、晚期花岗岩闪长岩样品均落入同碰撞期花岗岩区,说明该岩体为同碰撞型花岗岩类,为原特提斯洋库地-其曼于特蛇绿混杂岩带所代表的早古生代洋壳俯冲、闭合,昆中陆块与塔里木板块碰撞拼贴、焊接在一起时形成的同碰撞型花岗岩。

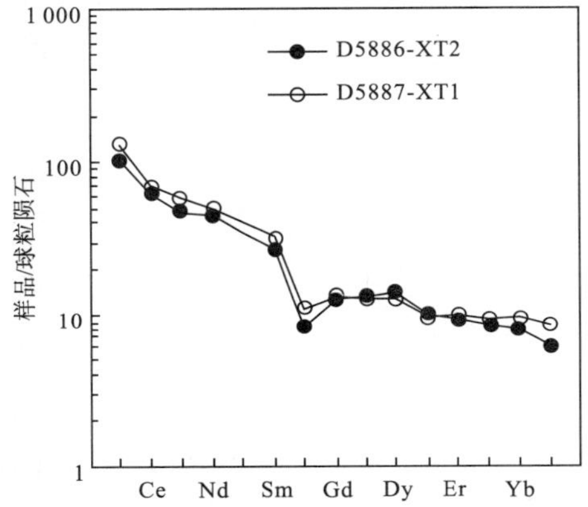

图 3-18 别仁界尕伊拉克岩体稀土元素球粒陨石标准化分布图

D5886-XT1 花岗闪长岩单元;
D5887-XT1 英云闪长岩单元

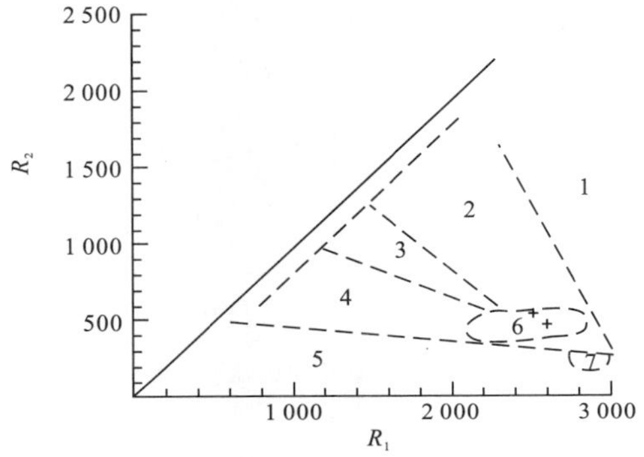

图 3-19 别仁界尕伊拉克岩体主要花岗岩类岩石组合的示意图

(Batchel & Bowdden,1985)

1. 地幔分离;2. 板块碰撞前的;3. 碰撞后的抬升;4. 造山晚期的;5. 非造山的;6. 同碰撞期的;7. 造山期后的;

相当的岩石是:组 1. 拉斑玄武岩;组 2. 钙碱性岩石和奥长花岗岩;组 3. 高钾钙碱性岩石;组 4. 次碱性二长岩;组 5. 碱性和过碱性岩石;组 6. 深熔二云母淡色花岗岩。+别仁界尕伊拉克岩体

该岩体同位素年龄未得到,但在昆中陆块上前人获得该构造岩浆岩带花岗岩年龄时代主要集中在早古生代,且通过近年来青藏高原西北缘空白区工作已经证实库地-其曼于特结合带在震旦纪—寒武纪为大洋盆地拉张期、早—中奥陶纪为俯冲期、晚奥陶世—志留纪为碰撞-造山期。因此综合考虑该岩体岩石类型及所处的大地构造背景,别仁界尕伊拉克岩体侵位时代应为晚奥陶世早—中期。

2. 台提南岩体($O_3\eta\gamma$)

台提南岩体($O_3\eta\gamma$)位于中昆仑地层分区,出露于图幅南部昆仑山主脊慕士山西北部,面积约 125km^2,规模巨大,为卵圆状岩基,岩体西北部被库地-其曼于特构造蛇绿混杂岩带切割。

1)岩体特征

台提南岩体($O_3\eta\gamma$)侵入于长城系赛图拉岩群及蓟县系桑株塔格岩群片岩、片麻岩、浅粒岩、白云质大理岩之中,侵入于其东部的早古生代慕士山岩体中,与围岩界线截然,岩体与围岩外接触带片岩中见几厘米至几米宽的长石化、硅化、斑点状、大理岩化、角岩化等接触蚀变,台提南岩体出露于昆仑山主脊喀什塔什乡东台提南一带,侵入于早—中奥陶世慕士山岩体中,与其为超动接触。岩体内部组构均一,岩性以中粒黑云二长花岗岩为主,中粒似斑状黑云二长花岗岩较少,岩石呈灰白色、灰色,具中—细粒半自形粒状花岗结构,块状构造,矿物粒径多数2～5mm,少部分0.5～2mm,岩体主要矿物成分:斜长石35%～40%、钾长石25%～30%、黑云母10%～15%、石英25%～30%,锆石、磷灰石少量,斜长石呈半自形板状及板柱状,钾长石以微斜长石及条纹长石为主,呈自形板状及它形粒状,黑云母为自形条状,石英为它形粒状,钾长石交代斜长石,在两者接触处的斜长石旁侧出现蠕英状石英。岩石蚀变较弱,斜长石高岭土化、绢云母化及绿帘石化,黑云母部分发生绿泥石化。

2)岩石地球化学特征

台提南岩体岩石化学成分含量及特征值见表3-6。从表中可知:台提南岩体中SiO_2含量为72.01%～74.28%,属酸性侵入岩。与世界花岗岩平均值(维氏,1962)比较,岩体以富硅(SiO_2)、富碱(Na_2O+K_2O)、贫MgO、贫MnO为特征,台提南岩体二长花岗岩中SiO_2、K_2O含量偏高,Na_2O、MgO、MnO含量偏低,岩石成分偏酸性,岩体(Na_2O+K_2O)含量高达8.75%,$(K_2O)n>(Na_2O)n$。该岩体岩石里特曼指数σ为2.64～2.45,考虑到里特曼指数σ划分的岩石类型的不准确性,利用碱度率AR-SiO_2图解(Wright,1969)判别(图3-20),样品落入钙碱性岩区,但靠近钙碱性岩区与碱性岩区界线附近,属钙碱性岩与碱性岩过渡性岩,$(Na_2O+K_2O)n<(Al_2O_3)n<(Na_2O+K_2O+CaO)n$,铝为正常成分类型,该岩体分异指数(DI)为87.36～92.02,数值加大,说明岩浆结晶程度较高。岩体A/CNK在0.90～0.94,小于1.1,属I型花岗岩类。

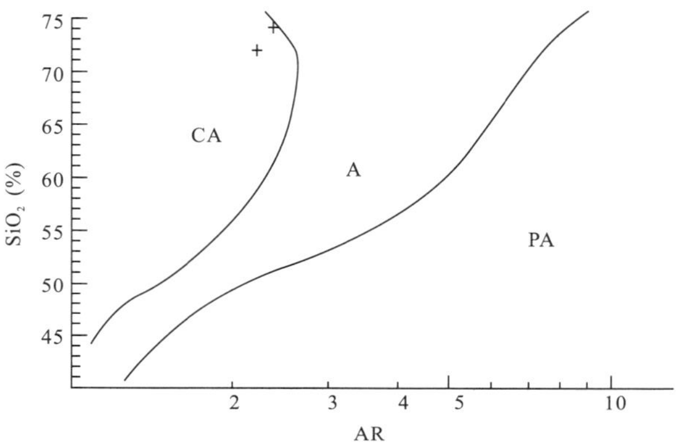

图3-20　台提南岩体碱度率图解
(Wright,1969)
CA.钙碱性;A.碱性;PA.过碱性
+台提南岩体

台提南岩体岩石微量元素含量及特征值见表3-11。从表3-11可知:台提南岩体微量元素含量总体表现较为复杂,与世界花岗岩平均值(维氏,1962)比较,相容元素多数(Zn、Cu、Cr、Ni、W、Au)元素含量较低,但亏损程度不大,少量相容元素(Ag、Pb、Mo)与其大致持平;大离子亲石元素(Rb、Sb、Ba、Sr)元素含量与世界花岗岩平均值(维氏,1962)比较表现较为复杂,Rb元素含量略为偏高,Sb元素与其大致持平,Sr、Ba元素含量偏低,其含量约为世界花岗岩平均值的1/2;与世界花岗岩平均值(维氏,1962)比较,高场强元素除Hf含量较高,其含量约为世界花岗岩平均值的2～4倍,Th元素含量与其基本一致,其余元素Sc、Nb、Th、Zr、U、Ti含量偏低,但亏损不大。台提南岩体Rb/Sr比值变化较大,在0.42～4.04之间,比值变化较大,其平均值为2.6,Rb/Sr比值大于刘英俊同熔型花岗岩Rb/Sr比值0.42,但远小于刘英俊改造型花岗岩Rb/Sr比值11.7,说明其同化表壳(上地壳)岩石较为强烈。

表 3-11　早古生代台提南岩体微量元素含量表

样品号	岩石名称	Cu	Pb	Zn	Cr	Ni	Co	Li	Rb	W	Mo	Sb	Sr
D5275-GP1	黑云二长花岗岩	0.94	20.2	66.4	18.6	2.21	5.02	26.2	136	0.82	1.20	0.24	325
D5275-GP2		1.76	30.3	44.3	22.7	5.38	3.77	39.6	326	1.27	2.07	0.21	98
D5275-GP3		1.16	26.6	31.9	18.7	3.04	2.13	19.9	257	0.72	1.64	0.19	148
D5275-GP5		0.79	33.8	31.0	12.0	1.68	1.89	20.9	296	0.77	1.35	0.22	73
世界中性岩(维氏,1962)		5.00	15.0	70.0	50.0	55.00	10.00	20.0	100	1.00	0.90	0.20	800
世界花岗岩(维氏,1962)		20.00	20.0	60.0	25.0	8.00	5.00	40.0	200	1.50	1.00	0.26	300

样品号	岩石名称	Ba	Sc	Nb	Zr	Hf	Au	Ag	U	Th	P	Mn	Ti	Rb/Sr
D5275-GP1	黑云二长花岗岩	635	2.10	12.2	21.1	6.57	1.17	0.05	2.00	12.3	633	644	2 471	0.42
D5275-GP2		352	2.39	32.7	36.6	4.15	0.54	0.05	2.33	24.1	286	380	2 026	3.31
D5275-GP3		367	1.38	13.2	30.9	2.74	0.58	0.05	1.83	20.9	265	280	1 212	1.74
D5275-GP5		364	1.64	16.9	31.1	3.26	0.41	0.05	1.38	21.8	126	415	1 207	4.04
世界中性岩(维氏,1962)		650	2.50	20.0	260.0	1.00	—	0.07	1.80	7.0	1 600	1 200	8 000	0.13
世界花岗岩(维氏,1962)		630	3.00	20.0	200.0	1.00	4.50	0.05	3.50	18.0	700	600	2 300	0.67

注:样品由国土资源部西安矿产资源监督检测中心测试分析;元素含量单位为$\times10^{-6}$,其中 Au 为$\times10^{-9}$

台提南岩体岩石微量元素球粒陨石标准化蛛网图解见图 3-21,从图中可知:不相容元素 P、Zr 元素与球粒陨石含量基本接近,其余 Sr、Rb、Ba、Th、Nb、Hf、Ti 元素均表现为不同程度的富集,相容元素 Ni、Cr 则表现为强烈的亏损,台提南岩体岩石微量元素球粒陨石标准化蛛网图解曲线相似,说明其为同源岩浆演化序列的产物。

台提南岩体稀土元素含量及特征见表 3-8,稀土元素球粒陨石配分模式曲线见图 3-22。从表、图中可知:台提南岩体稀土元素含量、稀土元素总量(∑REE)变化较大,稀土元素总量中等—较高,稀土元素总量∑REE 在(264.05～448.02)$\times10^{-6}$之间,轻稀土元素总量(LREE)与重稀土元素总量(HREE)比值较大,LREE/HREE 只在 5.91～19.20 之间,球粒陨石标准化模式曲线右倾,

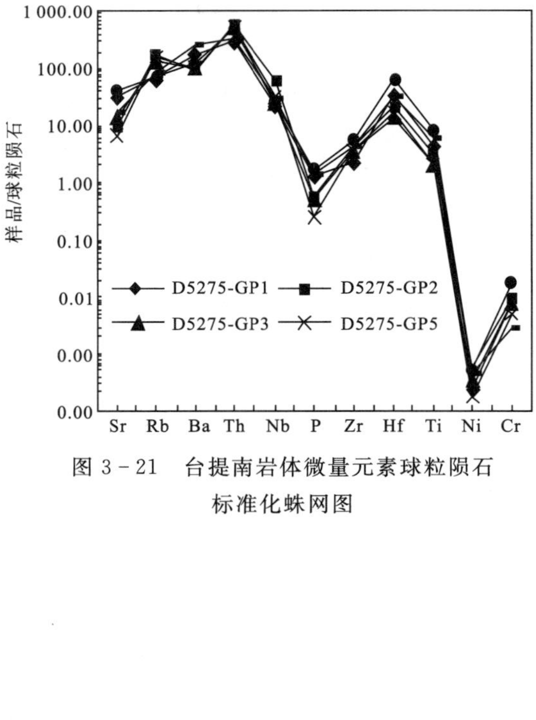

图 3-21　台提南岩体微量元素球粒陨石标准化蛛网图

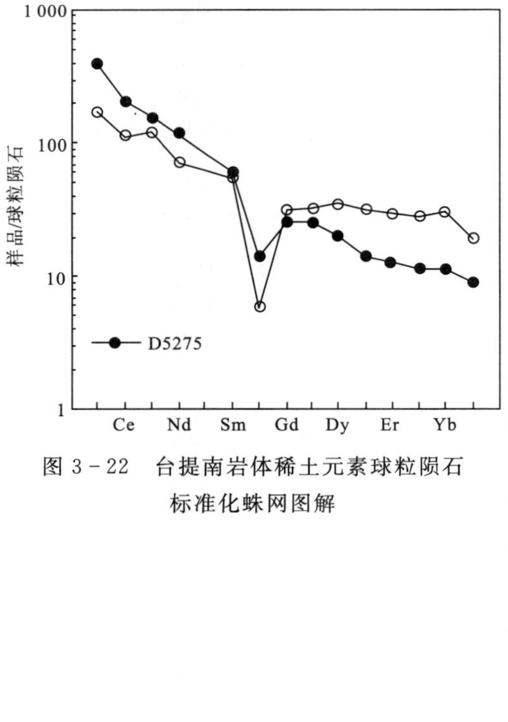

图 3-22　台提南岩体稀土元素球粒陨石标准化蛛网图解

$(La/Yb)_N$ 只在 6.47～40.20 之间，属轻稀土元素富集型，稀土元素球粒陨石模式曲线 Eu 处呈弱的—强的谷状，δEu 值在 0.13～0.30 间，铕具较为明显的负异常。

3)副矿物特征

台提南岩体黑云二长花岗岩的副矿物组合主要为磁铁矿-钛铁矿-磷灰石-锆石型。锆石为淡玫瑰色，弱金刚光泽，半透明，以次浑圆状为主，晶体为残缺的四方锥状及复四方锥状，锆石长宽比为(2∶1)～(3∶1)，晶体表面溶蚀现象较为突出，表面多为细小的麻点。

4)剥蚀程度及侵位深度

台提南岩体呈岩基状，规模较大，呈中粒半自形粒状花岗结构，块状构造，岩体与围岩外接触带见弱的蚀变，与围岩接触界线截然，岩体中顶部见宽度 750 多米、长约 3 000m 的围岩捕虏体或围岩顶盖，说明岩体剥蚀程度较浅；岩体 $Fe_2O_3/(Fe_2O_3+FeO)$ 值极低，在 0.07～0.14 之间，说明该岩体侵位深度为中等—较深。

5)岩浆成因及形成环境

台提南岩体长轴方向与早古生代库地-其曼于特结合带方向一致，岩体北部被断裂带切割，说明该结合带对其具控岩作用。台提南岩体为酸性岩浆岩，属钙碱性与碱性岩过渡型系列岩，I型花岗岩，综合其微量元素、稀土元素特征说明，该岩体岩浆源于下地壳，但可能有地幔物质的加入；利用 Batchel 等(1985)R_1-R_2 图解(图 3-23)判别，台提南岩体黑云二长花岗岩两个样品落入同碰撞花岗岩区，与其所处的构造位置相吻合，说明台提南岩体为与库地-其幔于特构造蛇绿混杂岩带所代表的洋壳俯冲-碰撞作用有关的同碰撞型花岗岩，与区域构造背景相吻合。

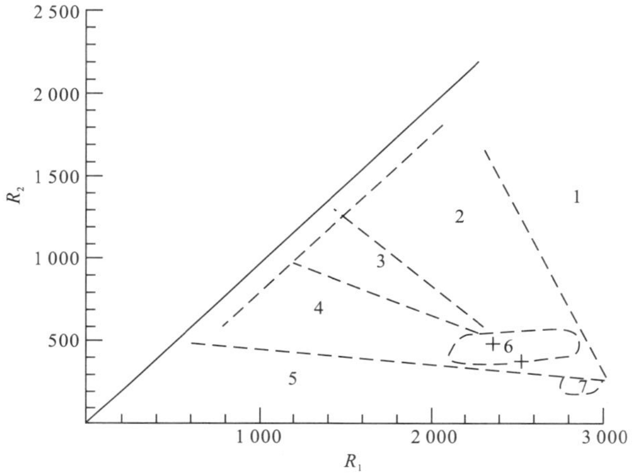

图 3-23　台提体南岩体主要花岗岩类岩石组合的示意性图解

(Batchel & Bowdden, 1985)

1. 地幔分离；2. 板块碰撞前的；3. 碰撞后的抬升；4. 造山晚期的；5. 非造山的；6. 同碰撞期的；7. 造山期后的

相当的岩石是：组 1. 拉斑玄武岩；组 2. 钙碱性岩石和奥长花岗岩；组 3. 高钾钙碱性岩石；组 4. 次碱性二长岩；组 5. 碱性和过碱性岩石；组 6. 深熔二云母淡色花岗岩。+台提南岩体

区域上昆中陆块上前人获得该构造岩浆岩带花岗岩年龄时代主要集中在早古生代，且近年来青藏高原西北缘空白区地质填图工作已经查明库地-其曼于特结合带所代表的洋盆在中奥陶世末已经闭合，晚奥陶世—志留纪为碰撞-造山期。因此综合考虑该岩体岩石类型及所处的大地构造背景，台提南岩体侵位时代应为晚奥陶世早期。

3. 加易陡维塔什塔格岩体

加易陡维塔什塔格岩体出露于图幅西部中间加易陡维塔什塔格山一带，位于库地-其曼于特结合带北侧铁克里克地层分区，呈不规则长条状形，岩体长宽之比为(4～5)∶1，出露面积约 60km²。

1)岩体特征

加易陡维塔什塔格岩体长轴为北西西—南东东向，与库地-其曼于特结合带走向一致，侵入于长城系塞拉加兹塔格岩群二云石英片岩、绿泥绢云石英片岩之中，被后期脆性段断裂切割，接触界面清晰、截然，岩体与围岩外接触带见硅化等烘烤蚀变现象。该岩体为酸性侵入岩，依成分演化及接触关系，该岩体由早、晚两个岩体组成，早期岩体为英云闪长岩($O_3\gamma\delta o$)，晚期岩体为黑云二长花岗岩($O_3\eta\gamma\beta$)，早、晚两个侵入体之间为脉动接触。

早期英云闪长岩($O_3\gamma\delta o$)侵入体出露于加易陡维塔什塔格岩体东部，其西部被晚期黑云二长花岗岩侵入体侵吞，两者之间为脉动接触，出露面积约 28km²。该岩体岩性单一，为中—细粒英云闪长岩，岩石呈浅灰色—浅灰白色，中粒半自形粒状结构，块状构造，矿物粒径主要为 0.5～2mm，主要矿物成分：斜长石 55%～60%、石英 25%～30%、黑云母 5%～10%、角闪石 10%～15%，钾长石少量，金属矿物、磷灰石、锆石微量。斜长石为自形板柱状，角闪石自形柱状，黑云母为自形条状，石英为它形粒状。岩石中蚀变较弱，主要为斜长石发生绢云母化，黑云母发生白云母化。

晚期黑云二长花岗岩（$O_3\eta\gamma\beta$）侵入体出露于加易陡维塔什塔格岩体西部，侵入于长城系塞拉加兹塔格岩群及早期英云闪长岩（$O_3\gamma\delta o$）岩体之中，与围岩塞拉加兹塔格岩群片岩为侵入接触，与早期英云闪长岩侵入体为脉动接触，出露面积 30km²。岩体与围岩外接触带见硅化、斑点状片岩等接触蚀变。该体岩性单一，主要为中—粗粒似斑状黑云二长花岗岩，浅肉红色，呈似斑状结构、中—粗粒半自形粒状结构，块状构造。斑晶主要为钾长石 10%～15%，呈半自形板状，粒径 10～15mm，基质为中粒半自形粒状结构，矿物粒径 2～5mm，主要矿物成分：斜长石 45%～50%、钾长石 20%～25%、石英 20%～25%、黑云母 5%～10%，金属矿物、磷灰石少量。斜长石为自形板柱状，钾长石以微斜长石为主，呈半自形板状及它形粒状，石英为它形粒状，黑云母为自形条状。岩石中蚀变较弱，主要为斜长石高岭土化及绢云母化，黑云母几乎全部白云母化。

2）岩石地球化学特征

加易陡维塔什塔格岩体岩石化学成分及特征见表 3-6。从表 3-6 看，该岩体早期、晚期侵入体 SiO_2 含量较高，SiO_2 含量为 70.23%～70.73%，为酸性岩。与世界花岗岩平均值比较，MgO 含量偏高、Na_2O 含量偏低，其余成分与世界花岗岩接近。该岩体里特曼指数 σ 值为 1.10～1.32，在 Wright（1969）的 AR-SiO_2 碱度率图解落入钙碱性区（图 3-24）为钙碱性岩，$(Na_2O)n/(K_2O)n$ 值为 2.77～2.8，$(Na_2O)n>(K_2O)n$；岩体为 $(CaO+Na_2O+K_2O)n>(Al_2O_3)n>(Na_2O+K_2O)n$，为铝饱和型，A/CNK 值为 1.09～1.05，接近于 1.1，属 S 型与 I 型过渡类型的花岗岩类。

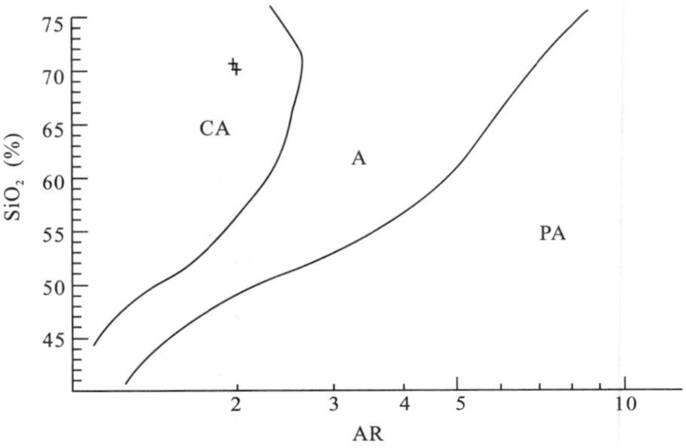

图 3-24　加易陡维塔什塔格岩体碱度率图解
（Wright，1969）
CA. 钙碱性；A. 碱性；PA. 过碱性；
+ 加易陡维塔什塔格岩体

该岩体微量元素含量见表 3-12，岩体微量元素平均值与世界花岗岩平均值（维氏，1962）比较，相容元素 Cu、Zn、Cr、Ni、W、Au、U、Mn 总体表现为亏损，除 Au、U 元素含量亏损较大，为世界花岗岩均值的 1/3 外，其余元素含量略为偏低，但亏损程度不大；大离子亲石元素 Rb、Sr、Ba 元素含量略为偏低，但偏离不大；高场强元素除 Sc、Hf 元素含量与世界花岗岩相近或富集，Th、P、Ti 元素含量是世界花岗岩平均值的 1/2～1/3，均表现为亏损。加易陡维塔什塔格岩体微量元素球粒陨石标准化蛛网图解见图 3-25，该岩体微量元素球粒陨石标准化蛛网图解曲线相似，为同源岩浆演化序列的岩浆岩。

加易陡维塔什塔格岩体稀土元素特征值见表 3-8，稀土元素球粒陨石标准化模式曲线见图 3-26。从表 3-8、图 3-26 中可知：该岩体稀土元素总量（∑REE）中等偏低，稀土元素总量（∑REE）在 $(90.25～113.38)\times10^{-6}$ 之间，轻稀土元素总量（LREE）与重稀土元素总量（HREE）比值 LREE/HREE 为 8.36～15.41，稀土元素球粒陨石模式曲线右倾，$(La/Yb)_N$ 值为 10.05～26.47，为轻稀土元素富集型，δEu 值在 0.64～0.72 之间，铕为负异常但不明显，具壳幔混合型花岗岩特征。

表 3-12　加易陡维塔什塔格岩体微量元素含量及特征值表

样品号	岩石名称	Cu	Pb	Zn	Cr	Ni	Co	Li	Rb	W	Mo	Sr	Ba
D7260-GP15	黑云二长花岗岩	7.3	23.8	23.5	7.6	3.17	0.82	15.8	129.0	0.88	0.85	85	252
D7260-GP16		10.1	3.8	51.2	20.5	5.96	5.87	40.6	74.9	1.00	0.62	273	522
D5254-GP1	英云闪长岩	21.7	26.5	81.0	21.0	10.10	6.14	49.4	55.2	0.55	0.77	299	523
平均值		13.0	18.0	51.9	16.4	6.40	4.30	35.3	86.4	0.80	0.70	219	432
世界花岗岩(维氏,1962)		20.0	20.0	60.0	25.0	8.00	5.00	40.0	200.0	1.50	1.00	300	630

样品号	岩石名称	Sc	Nb	Zr	Hf	Au	Ag	U	Th	P	Mn	Ti	Rb/Sr
D7260-GP15	黑云二长花岗岩	1.43	11.1	38.2	1.05	1.99	0.05	0.11	2.62	239	322	321	1.53
D7260-GP16		3.25	8.39	79.6	5.48	1.35	0.05	0.36	6.87	552	569	2 581	0.27
D5254—GP1	英云闪长岩	4.06	10.90	142.0	5.25	0.81	0.05	1.66	7.51	601	516	2 440	0.18
平均值		2.90	10.10	86.6	3.90	1.40	0.05	0.70	5.70	464	469	1 781	1.00
世界花岗岩(维氏,1962)		3.00	20.00	200.0	1.00	4.50	0.05	3.50	18.00	700	600	2 300	0.67

注:样品由国土资源部西安矿产资源监督检测中心测试分析;元素含量单位为 $\times10^{-6}$,Au 为 $\times10^{-9}$

3)副矿物特征

该岩体副矿物组合特征基本一致,主要为磁铁矿-磷灰石-榍石-锆石型组合及磁铁矿-磷灰石-榍石-锆石-钛铁矿型组合。锆石以浅玫瑰色为主,个别近无色,金刚光泽,多数为透明状,个别为半透明;锆石颗粒以残缺状、碎块状为主,锆石晶体表面具麻点状蚀相者居多,锆石长宽比多为(2∶1)～(3∶1),少量(6～7)∶1,锆石中包体发育,主要成分以细小锆石为主,少量为黑云母、绿泥石暗色矿物。

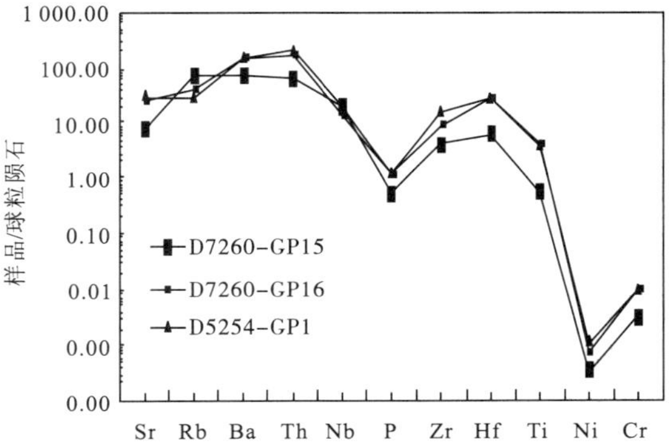

图 3-25　加易陡塔格岩体微量元素球粒陨石标准化蛛网图解

4)岩体侵入深度及剥蚀程度

加易陡维塔什塔格岩体以中—细粒花岗结构为主,呈长条状,出露面积较小,$Fe_2O_3/(Fe_2O_3+FeO)$值为 0.29～0.33,比值较低,岩体中围岩捕虏体不发育,以上岩体特征说明其侵位程度中等、剥蚀程度中等。

5)岩体构造环境与时代探讨

加易陡维塔什塔格岩体出露于库地-其曼于特构造蛇绿混杂岩带北侧,岩体长轴与其走向一致,结合带对其控岩作用极为明显。该岩体岩性为酸性岩,属 I 型与 S 型过渡类型的花岗岩类,结合岩体微量元素及副矿物组合特征,说明该岩体岩浆可能为下地壳物质部分熔融而成。利用主要花岗岩类岩石组合的示意图解(图 3-27)判别,一个样品落入同碰撞花岗岩区,另一个样品落入碰撞前花岗岩类区但靠近同碰撞型与碰撞前分界处,综合该岩体岩石类型及所处大地构造位置,其为同碰撞型花岗岩类。

上述说明,该岩体受库地-其曼于特结合带控制明显,近年来青藏高原西北缘大量基础地质研究资料表明,以早古生代其曼于特结合带所代表的洋壳,在中奥陶世末已经闭合,晚奥陶世—志留纪为碰撞-造山期,因此综合考虑其形成的区域大地构造背景及岩石类型,加易陡维塔什塔格岩体时代应为晚奥陶世。

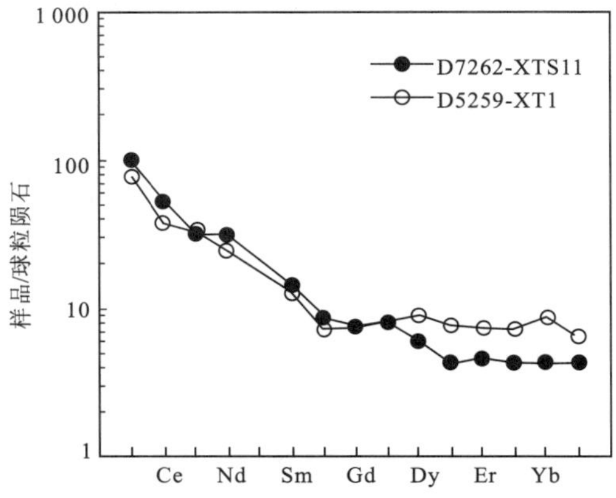

图 3-26　加易陡维塔什塔格岩体稀土元素球粒陨石标准化分布图

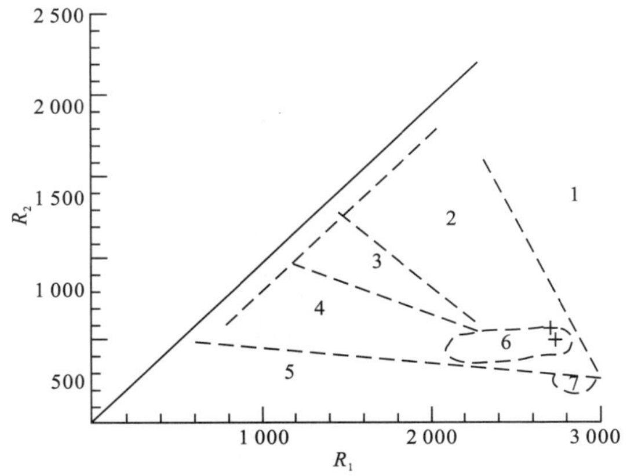

图 3-27　加易陡维塔什塔格岩体主要花岗岩类岩石组合的示意性图解
(Batchel & Bowdden,1985)

1. 地幔分离；2. 板块碰撞前的；3. 碰撞后的抬升；4. 造山晚期的；5. 非造山的；6. 同碰撞期的；7. 造山期后的
相当的岩石是：组 1. 拉斑玄武岩；组 2. 钙碱性岩石和奥长花岗岩；组 3. 高钾钙碱性岩石；组 4. 次碱性二长岩；组 5. 碱性和过碱性岩石；组 6. 深熔二云母淡色花岗岩。＋加易陡维塔什塔格岩体

小结：早古生代同碰撞型侵入岩，横跨图幅铁克里克地层分区及中昆仑地层分区两个构造单元，构造上位于早古生代其曼于特结合带南、北两侧附近，时代属晚奥陶世，岩体为岩基、岩株状，侵入于长城系赛图拉岩群及蓟县系桑株塔格岩群中，岩石类型为酸性岩，多为钙碱性岩与碱性岩过渡型岩，属Ⅰ型与S型过渡类相的花岗岩类，为同碰撞型花岗岩，早古生代同碰撞型侵入岩与其曼于特构造蛇绿混杂岩带所代表的洋盆演化相关。

（三）碰撞后侵入岩

碰撞后侵入岩广泛分布于图幅中、南部昆仑山主脊—铁克里克山一带，横跨图幅早古生代南、北两侧的昆中地层分区及铁克里克地层小区，晚古生代康西瓦-苏巴什结合带以南未见出露，呈岩株、岩基状，岩体侵入于蓟县系桑株塔格岩群，长城系赛图拉岩群，古元古代埃连卡特岩群的中浅变质的片岩、大理岩、片麻岩之中，岩石类型以酸性岩为主，局部见其侵入于早古生代其曼于特构造蛇绿混杂岩带之中，图幅内出露岩体有区委克南岩体、阿克来克岩体、汗尼牙伊拉克岩体、铁克里克岩体、布雅煤矿北岩体等岩体，其中以区委克南岩体、布雅煤矿北、铁克里克岩体、汗尼牙伊拉克岩体为典型代表，分述如下。

1. 区委克南岩体($O_3\pi\eta\gamma$)

区委克南岩体($O_3\pi\eta\gamma$)出露于图幅东南角昆仑山主脊北麓奴尔乡区委克南奴尔河垴一带，向东、向南延伸进入于田县幅、阿克萨依湖幅、伯力克幅，岩体主体位于于田县幅、阿克萨依湖幅，图幅内出露的岩体范围仅为该岩体的一小部分，在图区内出露面积为$4km^2$，约为岩体面积的1/8。该岩体在图幅内位于中昆仑地层区，侵入于长城系赛图拉岩群和蓟县系桑株塔格岩群中—浅变质的黑云石英片岩、二云斜长石英片岩、黑云斜长片麻岩、大理岩中，向东至于田县幅新疆阿羌乡卡尔苏代里牙河垴一带，该岩体侵入于古生代库地-其曼于特构造蛇绿岩带构造片岩、基性—超基性中及北部塔里木地层区长城系黑云石英片岩、黑云斜长片麻岩、黑云斜长浅粒岩中。

1)岩体特征

区委克南岩体($O_3\pi\eta\gamma$)内部组构均一、岩性简单，主要岩性为中—粗粒似斑状黑云二长花岗岩，少量为中粒钾长花岗岩脉。岩石呈灰白色，似斑状结构，块状构造。斑晶主要为斜长石、钾长石，矿物粒径 10～13mm，矿物含量 10%～15%，基质中矿物半自形粒状结构，矿物成分主要为斜长石、钾长石、石英及黑云母，基质中矿物粒径 2～5mm，基质中矿物为半自形粒状结构，岩石中主要矿物成分为：钾长石 40%～45%、斜长石 20%～25%、石英 25%～30%、黑云母 5%～10%，少量金属矿物、磷灰石、锆石、榍石等。钾长石主要为微斜长石及条纹长石，呈自形板状和不规则它形，斜长石呈自形板状，石英为它形，黑云母自形条状。岩石蚀变较弱，以斜长石绢云母化及绿帘石化、角闪石次闪石化、黑云母白云母化及绿泥石化为主。

2）岩石地球化学特征

区委克南岩体黑云二长花岗岩岩石化学含量及特征值见表 3-6。从表中看：该岩体 SiO_2 含量为 67.36%，为酸性岩，与世界花岗岩平均值（维氏，1962）相比较 SiO_2 含量偏低、总碱（Na_2O+K_2O）含量较高，其中 Na_2O+K_2O 高达 9.2%，$(Na_2O)n/(K_2O)n$ 值为 0.97，$(Na_2O)n \cong (K_2O)n$，K_2O、Na_2O 含量基本平衡；里特曼指数 σ 值为 3.47，属次钙碱性岩，利用 AR - SiO_2 图解判别，样品落入钙碱性岩与碱性区分界处钙碱性岩区一侧（图 3-28），说明其属钙碱性岩与碱性岩类或钙碱性岩类，岩体小于 $(Na_2O+K_2O+CaO)n$，铝为正常成分类型；岩石分异指数 DI 为 81.95，数值较大，说明其分异程度高，侵入体 A/CNK 值为 0.96，在 Na_2O - K_2O 图解上落入 A 型区（图 3-29），但岩石 $(Al_2O_3)n>(Na_2O+K_2O)n$，说明其为碱含量较高的非标准的 A 型花岗岩类，为造山带加厚地壳下部岩石部分熔融形成的岩浆岩。

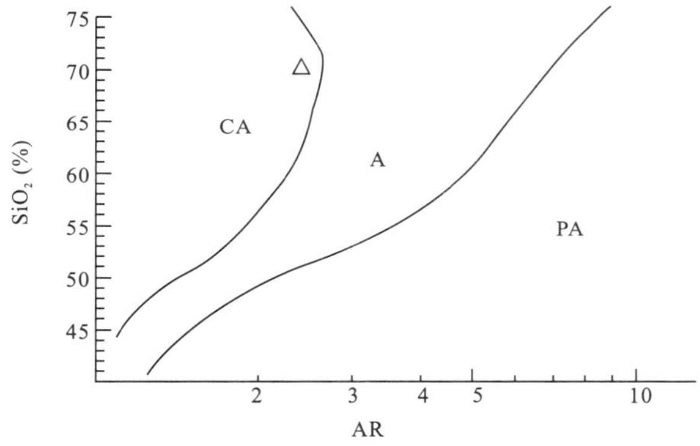

图 3-28　区委克南岩体碱度率图解

（Wright，1969）

CA. 钙碱性；A. 碱性；PA. 过碱性。△区委克南岩体

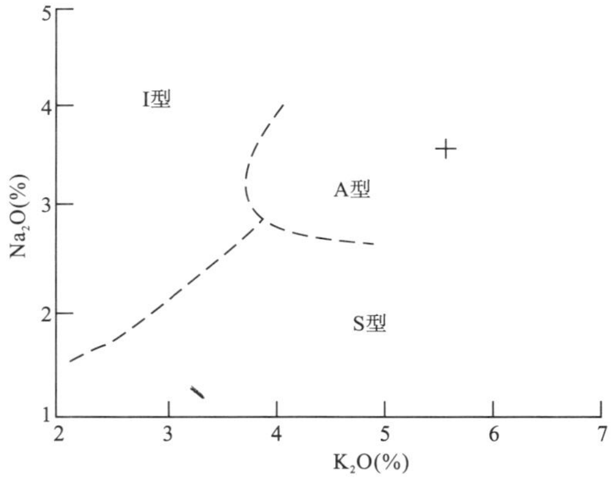

图 3-29　区委克岩体黑云母二长花岗岩

Na_2O - K_2O 图解

+区委克南岩体黑云二长花岗岩

区委克南黑云二长花岗岩岩石微量元素含量及特征值见表 3-13。从表中可知：与世界花岗岩平均值（维氏，1962）相比较，相容元素含量主要表现为亏损或与其大致接近，其中 Cu、Cr、Ni、Li、Au、Mn 含量低于世界花岗岩平均值，且亏损较大，世界花岗岩微量元素平均值是侵入岩含量的 2～4倍，其余相容元素 Pb、Zn、Co、Ag 含量与世界花岗岩平均值大致相近；大离子亲石元素多数与世界花岗岩平均值大致接近，其中 Rb、Sr、Sb 低于其平均值，只有 Ba 表现为富集，是世界花岗岩平均值的 1.5 倍；高场强元素中，Sc、Nb、Th、P 元素含量与世界花岗岩平均值大致相近，Zr 低于世界花岗岩平均值，是世界花岗岩平均值的 1/5，Ti 高于世界花岗岩平均值，是世界花岗岩平均值的 1.5 倍，岩体中 Rb/Sr 比值较低，为 0.92，与刘英俊中国同熔型花岗岩平均值接近，说明其为同熔型花岗岩。

表 3-13 早古生代奴尔乡区委克南岩体黑云二长花岗岩微量元素含量表

样品号	岩石名称	Cu	Pb	Zn	Cr	Ni	Co	Li	Rb	W	Sb	Sr
D6716-GP1	二长花岗岩	4.63	19.2	55.2	6.65	4.03	6.81	25.1	160	1.33	0.18	174
世界花岗岩(维氏,1962)		20.00	20.0	60.0	25.00	8.00	5.00	40.0	200	1.50	0.26	300

样品号	岩石名称	Ba	Sc	Nb	Zr	Au	Ag	U	Th	P	Mn	Ti	Rb/Sr
D6716-GP1	二长花岗岩	917	3.11	15.66	37	0.74	0.05	1.51	13.4	693	512	3 733	0.92
世界花岗岩(维氏,1962)		630	3.00	20.00	200	4.50	0.05	3.50	18.0	700	600	2 300	0.67

注:样品由国土资源部西安矿产资源监督检测中心测试分析;元素含量单位为$\times 10^{-6}$,其中 Au 为$\times 10^{-9}$

奴尔乡南区委克南岩体黑云二长花岗岩岩石稀土元素含量及特征值见表 3-8,岩体稀土元素球粒陨石标准化模式曲线见图 3-30,从表、图中可知:区委克南岩体黑云二长花岗岩岩石稀土元素总量($\sum$REE)偏高,$\sum$REE$=274.08\times 10^{-6}$,轻稀土元素总量(LREE)与重稀土元素总量(HREE)比值较大,LREE/HREE$=8.28$,稀土元素球粒陨石标准化模式曲线右倾,$(La/Yb)_N$ 值为 10.34,说明轻、重稀土元素分馏大,属轻稀土元素富集型,球粒陨石模式曲线 Eu 呈谷状,δEu 值为 0.60,铕具明显的负异常。稀土元素特征含量、特征值及球粒陨石模式曲线与下地壳型花岗岩稀土元素含量及特征相似。

其中阿克来克岩体($O_3\pi\eta\gamma$)、阿克其格岩体($O_3\pi\eta\gamma$)与区委克南岩体($O_3\pi\eta\gamma$)岩性相似,这里不再叙述。

3)副矿物特征

区委克南岩体副矿物组合为磁铁矿-锆石-钛铁矿-磷灰石-榍石型组合。锆石为浅—淡玫瑰色,金刚光泽,以短柱状聚形晶为主,锆石长宽比为(2∶1)~(3∶1),个别为 7∶1,晶体表面具麻点状、小丘状蚀坑及部分规则蚀痕,锆石中包裹体较普遍,主要为细小锆石,杂乱无章排列。

4)侵位深度及剥蚀程度

区委克南岩体黑云二长花岗岩为中—粗粒半自形粒状结构、似斑状结构,岩体为岩基状,岩体与围岩外接触带片岩中蚀变较强,岩体为捕虏体不发育,说明剥蚀程度中等,加之岩石中 $Fe_2O_3/(Fe_2O_3+FeO)$为 0.35,比值较小,说明其侵位深度中等。

5)构造环境及形成时代

区委克南岩体黑云二长花岗岩为酸性岩,属次钙碱性岩,岩石中碱含量较高,为非典型的 A 型花岗岩,加之岩体中微量元素及稀土元素特征均说明区委克南岩体形成于造山带加厚的地壳下部。利用 Batchel 等(1985)R_1-R_2 图解(图 3-31)判别,区委克南岩体黑云二长花岗岩落入造山晚期花岗岩类区,且该岩体侵入于早古生代库地-其曼于特构造蛇绿混杂带中的构造片岩、基性—超基性岩,进一步说明区委克南岩体为造山晚期花岗岩类。

2000—2002 年陕西地质调查院韩芳林等在于田县幅、伯力克幅 1∶25 万区地质填图工作时,在新疆卡尔苏河阿克塞因该岩体东部中—粗粒似斑状黑云二长花岗岩中获(442±4.8)Ma 的锆石 U-Pb 同位素年龄值,代表了该岩体的侵位年龄,其侵位时代为晚奥陶世。

2. 铁克里克岩体

铁克里克岩体位于铁克里克地层小区,出露于图幅中部铁克里克山主峰东南一带。该岩体规模巨大,呈不规则长条状岩基产出,岩基长轴近东西向,出露面积约 270km²。

1)岩体特征

铁克里克岩体侵入于新元古代埃连卡特岩群片岩、片麻岩、浅粒岩中,与围岩接触界面清晰、截然,接触界面向外陡倾,岩体与围岩外接触带见较强烈的硅化、长石化等接触蚀变。该岩体在铁克

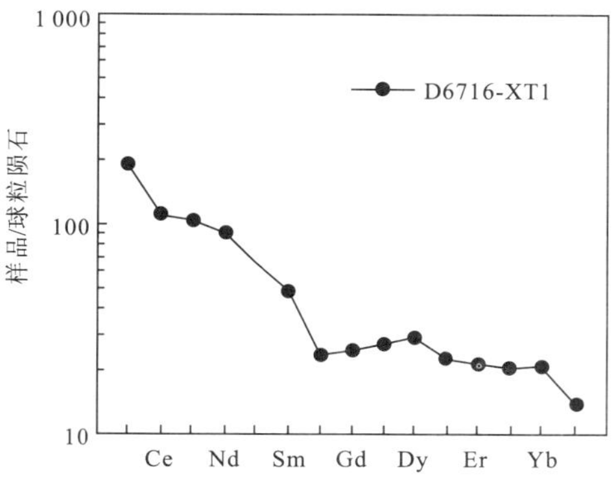

图 3-30　区委克南黑云二长花岗岩稀土元素球粒陨石标准化分布图

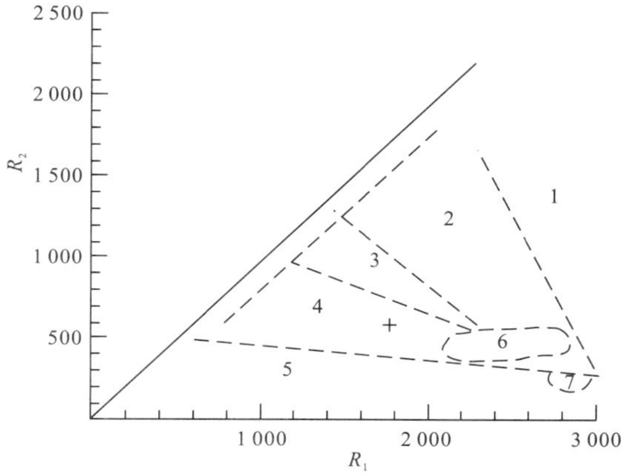

图 3-31　区委克南岩体主要花岗岩类岩石组合的示意性图解

(Batchel & Bowdden,1985)

1. 地幔分离;2. 板块碰撞前的;3. 碰撞后的抬升;4. 造山晚期的;5. 非造山的;6. 同碰撞期的;7. 造山期后的

相当的岩石是:组 1. 拉斑玄武岩;组 2. 钙碱性岩石和奥长花岗岩;组 3. 高钾钙碱性岩石;组 4. 次碱性二长岩;组 5. 碱性和过碱性岩石;组 6. 深熔二云母淡色花岗岩。+ 区委克南岩体

里克主峰南喀什塔什乡布雅村北、恰哈乡哈隆隆一带见上石炭统卡拉乌依组、阿孜干组碎屑盐岩-碳酸盐岩呈角度不整合于其上。该岩体岩性复杂,从超基性侵入岩、中性侵入岩到酸性侵入岩均有发育,该岩体由 9 个侵入体组成,可归并为 6 个填图单位。依成分演化及接触关系,该岩体由早到晚依次为角闪辉石岩、黑云闪长岩、英云闪长岩、黑云二长花岗岩、似斑状二长花岗岩、钾长花岗岩等侵入体,各侵入体之间为脉动接触。各侵入体特征如下:

角闪辉石岩侵入体($O_3\psi$)　呈不规则长卵圆状出露于铁克里克岩体中部,由一个侵入体组成,面积约 15km^2,被后期黑云角闪岩体、黑云二长花岗岩体侵吞,与晚期侵入体为脉动接触。岩石内部结构均一,岩性为中粒角闪辉石岩,呈暗灰绿色,中粒全自形粒状结构,块状构造。主要矿物成分:辉石大于 50%、角闪石 15%~20%、黑云母 15%~20%,金属矿物、磷灰石少量。其中角闪石及单斜辉石为自形柱状,黑云母为自形条状,矿物粒径多为 2~5mm。岩石蚀变较强,以单斜辉石及角闪石次闪石化为主。

黑云母闪长岩($O_3\delta\beta$)　出露于铁克里克岩体中北部,由一个侵入体组成,面积较小,约 3.5km^2,被后期黑云二长花岗岩侵吞,与早、晚侵入体均为脉动接触。岩石内部组构均一,岩性简单,为中粒柱粒状结构,块状构造。岩体主要矿物成分为:黑云母 5%~15%、角闪石 30%~35%、斜长石 45%~50%、钾长石小于 5%、石英 5%,金属矿物、磷灰石、榍石矿物少量。斜长石为自形柱状结构及长柱状,角闪石以自形柱状为主,钾长石为斜长石,为半自形板状及它形粒状,黑云母为自形条状,岩石蚀变较轻,以斜长石绢云母化、角闪石发生次闪石化。

英云闪长岩($O_3\gamma\delta o$)　侵入体主要出露于铁克里克岩体东南部,由两个侵入体组成,面积约 125km^2,侵入于古元古代埃连卡特岩群二云斜长石英片岩、绢云石英片岩、绿泥二云石英片岩、黑云斜长片麻岩之中,与其为侵入接触,侵入界线截然,岩体与围岩外接触带片岩中见硅化、角岩化等围岩蚀变。与早期侵入体未见直接接触,被后期黑云二长花岗岩侵入体侵吞,与其为脉动接触。在岩体东部石英闪长岩侵入体东端策勒乡哈隆隆见石炭系卡拉乌依组、阿孜干组碎屑岩-碳酸盐岩以角度不整合覆盖其上。该岩体内部结构均一,岩性单一,为中粒英云闪长岩,浅灰白色,中—细粒半自形粒状结构,块状构造,矿物粒径为 2~5mm。主要矿物成分:斜长石 45%~50%、钾长石 5%~10%、黑云母 5%~10%、石英 20%~25%、角闪石 5%~15%,金属矿物、磷灰石、锆石、榍石少量。其中斜长石及钾长石呈自形板状,角闪石为自形柱状,黑云母为自形条状,石英为它形粒状。岩石蚀变轻微,以长石高岭土化及绢云母化、部分黑云母绿泥石化等为主。

黑云二长花岗岩($O_3\eta\gamma\beta$)　侵入体呈不规则长条状出露于铁克里克岩体中西部，由一个侵入体组成，面积约120km²，岩体侵入于古元古代埃连卡特岩群二云斜长石英片岩、绿泥二云石英片岩、黑云斜长片麻岩之中，侵入界线截然，界面清晰，在该侵入体西南端布雅村北见石炭系卡拉乌依组、阿孜干组碎屑岩-碳酸盐岩以角度不整合接触覆盖其上，后期似斑状二长花岗岩、钾长花岗侵入体侵入其中，与其为脉动接触。该岩体内部结构较为均一，岩性主要为中粒黑云二长花岗岩，呈浅灰色，中粒半自形粒状结构，块状构造。主要矿物成分：斜长石30%～40%、钾长石25%～35%、石英20%～25%、黑云母5%～10%，磷灰石、褐帘石、锆石、金属矿物微量。矿物粒径多为0.5～2mm，斜长石多为板状，钾长石为半自行板状，石英为它形粒状，黑云母为自行条状。岩石蚀变较轻微，主要以长石绢云母化为主。

似斑状二长花岗岩侵入体($O_3\pi\gamma\eta$)　出露于铁克里克岩体中南部，侵入于黑云二长花岗岩侵入体中，该侵入体分布零星，面积约3km²，呈不规则长卵圆状，被晚期钾长花岗侵入体侵吞，与早期、晚期侵入体均为脉动接触关系，在岩体南部见其侵入于埃连卡特岩群片岩中，在岩体与围岩外接触带片岩中见硅化、长石化和斑点状片岩化等围岩蚀变。该侵入体内部组构较为均一，岩性单一，为似斑状黑云二长花岗岩，灰色、灰白色，中粒半自形粒状结构、似斑状结构，块状构造。斑晶主要以斜长石为主，钾长石、石英少量，斜长石为自形—半自形板状，粒径5～7mm，含量约为5%～10%；基质为中粒半自形粒状结构，斜长石30%～40%、钾长石25%～35%、石英20%～25%、黑云母5%～10%，角闪石、磷灰石、锆石、金属矿物少量。矿物粒径多为0.5～2mm，斜长石及钾长石多为自形—半自形板状，石英为它形粒状，黑云母为自形板状。岩石蚀变轻微，见少量斜长石绢云母化。

钾长花岗岩侵入体($O_3\xi\gamma$)　零星出露于铁克里克岩体东南部、中南部边缘一带，多呈长条状、脉状产于早期似斑状二长花岗岩侵入体、黑云二长花岗岩中，侵入体走向近东西向，与早期侵入体为脉动接触，侵入体长轴与岩体长轴走向一致，该侵入体地表出露宽度几十米到几百米、长几百米到千米不等，出露面积共约2km²。该侵入体岩性为中粒钾长花岗岩，淡肉红色，中粒半自形粒状结构，块状构造，矿物成分主要为：钾长石40%～45%、斜长石20%～25%、石英25%～30%、黑云母小于10%，金属矿物、磷灰石、榍石微量。钾长石及斜长石为半自形—它形板状为主，石英为它形，矿物粒径一般2～5mm。岩石次生蚀变轻微。

2)岩石地球化学特征

铁克里克岩体岩石主要化学成分含量及特征值见表3-14。从表中可看出：该岩体岩石成分变化较大，从基性岩、中性岩到酸性岩均有发育。早期角闪辉石侵入体为基性岩，黑云闪长岩侵入体为中性岩，中、晚期英云闪长侵入体、二长花岗岩侵入体、似斑状二长花岗岩侵入体、钾长花岗岩侵入体为酸性岩。该岩体从早期到晚期各侵入体中SiO_2、K_2O+Na_2O含量有增加的趋势，反映该岩体从早期到晚期岩浆活动从基性向酸性演化，向着酸性程度(SiO_2)增高、碱(K_2O+Na_2O)含量增加的方向演化。该岩体各侵入体除早期角闪辉石岩侵入体K_2O+Na_2O含量较低($K_2O+Na_2O=0.90\%$)外，其余均以K_2O+Na_2O含量较高、富碱为特征，各侵入体K_2O+Na_2O含量在7.30%～8.45%之间，该岩体角闪辉石岩侵入体里特曼数值σ为0.12，黑云闪长岩里特曼指数σ为6.79，英云闪长岩侵入体、二长花岗岩侵入体、似斑状二长花岗岩侵入体、钾长花岗岩侵入体里特曼指数σ值为1.93～2.67，考虑到SiO_2含量较大时，里特曼指数σ值判别不准，利用Wright(1969)的AR-SiO_2碱度率图解(图3-32)判别，该岩体各侵入体不论是落入钙碱性岩类区还是落入碱性岩类区，均处于碱性岩类区与钙碱性岩类区分界附近，因此该岩体总体为钙碱性岩和碱性岩的过渡岩类。该岩体各侵入体为$(CaO+Na_2O+K_2O)n>(Al_2O_3)n>(Na_2O+K_2O)n$，铝为正常成分类型，岩体A/CNK在0.6～0.98之间，在Na_2O-K_2O图解上，角闪辉石岩侵入体、黑云二长花岗岩侵入体、英云闪长岩侵入体落入I型区，黑云闪长岩、似斑状二长花岗岩、钾长花岗岩侵入体落入A型岩区(图3-33)。铁克里克岩体岩石组合及侵入体主要岩石化学成分说明其为壳幔混合作用的岩浆岩。

表 3-14 早古生代—晚古生代岩浆岩岩石化学成分含量及特征值

时代	岩体分布	样品号	岩石名称	代号	岩石元素化学成分含量(%)															特征参数值				
					SiO_2	TiO_2	Al_2O_3	Fe_2O_3	FeO	MnO	MgO	CaO	Na_2O	K_2O	P_2O_5	CO_2	H_2O^+	H_2O^-	LOI	σ	SI	A/CNK	AR	$(Na_2)n/(K_2O)n$
二叠纪	乌鲁齐斯	D5248-GS1	黑云二长花岗岩	$P\gamma\eta$	71.09	0.24	15.34	0.66	1.37	0.08	1.29	2.10	3.56	3.92	0.08	0.21	0.76	0.00	0.60	1.99	82.28	1.10	2.50	1.38
	奥米沙北	D5910-GS1	黑云二长花岗岩	$P\gamma\eta$	70.38	0.22	15.35	0.71	0.94	0.04	0.79	1.50	5.88	3.10	0.08	0.18	0.27	0.05	0.71	2.95	89.04	0.97	3.28	2.88
志留纪	布雅煤矿北	D5940-GS4	碱长花岗岩	$S_3k\gamma$	71.48	0.22	14.99	0.58	0.64	0.02	0.61	1.00	4.80	4.99	0.09	0.25	0.18	0.02	0.47	3.37	5.25	0.99	4.16	1.46
		D5940-GS1	粗粒似斑状钾长花岗岩	$S_3k\gamma\pi$	66.48	0.27	15.50	1.09	1.92	0.08	1.54	2.50	4.57	4.32	0.17	0.25	1.20	0.07	1.31	3.37	11.46	0.93	2.95	1.60
		D5940-GS3	暗色包体		58.37	0.70	14.20	1.75	4.23	0.11	4.60	6.70	4.22	3.38	0.58	0.24	0.64	0.05	0.74	3.76	25.30	0.62	2.14	1.89
		D5940-GS2	粗粒似斑状二长花岗岩	$S_3\gamma\eta\pi$	66.48	0.30	14.96	1.41	1.70	0.08	1.72	2.40	4.39	4.55	0.17	0.28	0.98	0.08	1.29	3.40	12.49	0.91	3.12	1.46
奥陶纪	铁克里克	D5936-GS7	钾长花岗岩	$O_3k\gamma$	69.73	0.42	13.73	0.77	1.65	0.05	1.65	1.70	3.15	5.30	0.18	0.060	0.82	0.09	0.69	2.67	84.13	0.98	3.42	0.90
		D5936-GS6	斑状二长花岗岩	$O_3\gamma\eta\pi$	69.64	0.39	13.71	0.64	1.63	0.04	1.65	2.80	3.75	4.35	0.11	0.045	0.51	0.02	0.42	2.46	81.86	0.86	2.93	1.31
		D5936-GS5	二长花岗岩	$O_3\gamma\eta\beta$	72.86	0.14	14.48	0.35	0.63	0.01	1.08	2.30	4.15	3.45	0.04	0.068	0.50	-0.02	0.32	1.93	84.90	0.98	2.66	1.82
		D6215-GS1	英云闪长岩	$O_3\gamma\delta o$	64.83	0.33	15.98	1.67	2.10	0.22	2.59	3.60	4.10	3.20	0.22	0.25	0.85	0.11	0.73	2.44	62.19	0.95	2.19	1.94
		D5936-GS1	黑云闪长岩	$O_3\delta\beta$	53.27	0.93	15.85	3.57	3.72	0.15	3.74	8.40	3.45	4.90	0.68	0.030	0.50	-0.02	0.42	6.79	56.14	0.60	2.05	1.07
		D5936-GS2	角闪辉石岩	$O_3\psi$	49.53	0.53	3.42	3.00	4.14	0.15	14.81	22.70	0.55	0.35	0.32	0.12	0.62	0.11	0.47	0.12	4.16	0.08	1.07	2.38
世界花岗岩(维氏,1962)					71.27	0.25	14.25	1.24	1.62	0.08	0.80	1.62	3.79	4.03	0.16	0.33	0.56	—	—	1.05	15.57	1.01	2.38	2.54
世界闪长岩(维氏,1962)					57.39	0.89	16.42	3.10	4.15	0.18	3.77	5.55	4.2	2.57	0.37	0.43	0.89	—	—	2.16	6.97	1.05	2.94	1.43
世界石英闪长岩(维氏,1962)					60.51	0.73	16.70	2.84	3.49	0.14	2.54	4.68	3.68	2.65	0.46	0.75	0.88	—	—	3.19	21.19	0.83	1.89	2.48

注:样品由国土资源部西安矿产资源监督检测中心测试分析

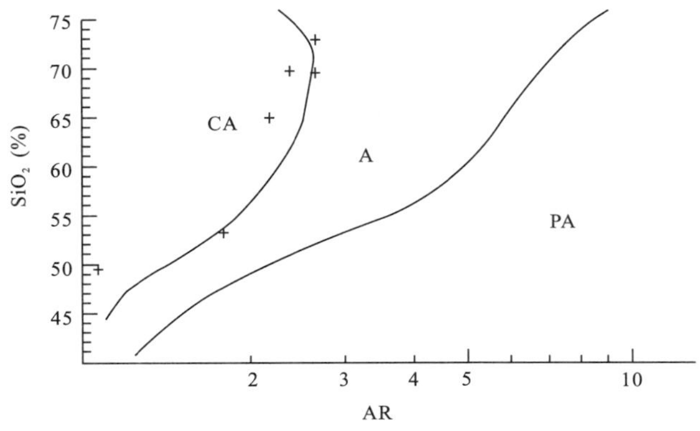

图 3-32 铁克里克岩体元碱度率图解

(Wright,1969)

CA. 钙碱性;A. 碱性;PA. 过碱性。+铁克里克岩体

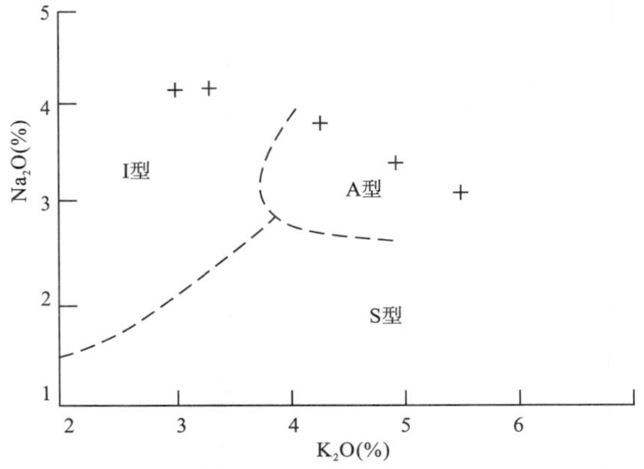

图 3-33 铁克里克岩体

Na_2O-K_2O 图解

+铁克里克岩体

铁克里克岩体各侵入体微量元素含量及特征值见表 3-15。从表中可知:角闪辉长岩微量元素含量与世界基性岩微量元素平均值(维氏,1962)比较,相容元素 Cu、Pb、Zn、Co、W 元素含量偏低,表现为亏损,其中 Cu 亏损程度较高,约为世界基性岩微量元素平均值的 1/10,而 Cr、Ni 元素表现为富集,其中 Cr、Ni 元素含量为世界基性岩平均值的 3 倍、2 倍,富集程度较高;大离子亲石元素 Rb 元素含量较高,Sr、Ba 元素含量较低,但总体富集、亏损程度不大。

表 3-15 铁克里克岩体微量元素含量表

样品号	岩石名称	Cu	Pb	Zn	Cr	Ni	Co	Li	Rb	W	Mo	Sb	Sr	Ba
D5936-GP14	钾长花岗岩 ($O_3\xi\gamma$)	4.54	36.8	103.0	14.9	8.36	5.34	22.4	157	0.62	0.63	0.12	995	1 764
D5936-GP12	似斑状黑云二长花岗岩 ($O_3\pi\eta\gamma$)	0.71	22.2	69.0	27.7	8.70	5.73	26.0	106	0.50	0.63	0.13	898	1 022
D5936-GP9	黑云二长花岗岩 ($O_3\eta\gamma\beta$)	2.57	46.5	42.6	10.5	4.34	1.88	17.6	108	0.50	0.44	0.12	954	1 001
D5936-GP10		1.54	62.3	64.7	16.5	3.68	2.65	20.1	121	0.50	0.37	0.15	919	1 173
D5936-GP11		4.20	38.6	36.9	21.9	8.71	3.22	9.6	104	0.57	0.90	0.18	947	1 158
D5933-GP3		2.44	32.9	32.0	14.8	4.67	0.77	30.5	78	0.50	1.50	0.22	270	1 926
D5933-GP4		1.50	32.5	35.6	10.3	2.75	0.70	34.4	78	0.50	1.20	0.22	276	1 859
D6215-GP1	英云闪长岩 ($O_3\gamma\delta o$)	2.02	14.3	48.5	32.3	19.3	10.20	19.0	80	0.57	0.56	0.16	1 148	1 363
D5933-GP1		0.79	8.13	48.8	14.2	3.41	3.37	29.0	59	0.50	1.14	0.25	337	569
D5933-GP2		0.45	9.10	48.7	14.1	2.63	3.31	31.9	53	0.88	1.35	0.19	318	602
平均值		1.80	26.6	45.6	17.5	6.60	3.70	24.5	81	0.6	1.00	0.20	637	1 134
D5936-GP1	黑云闪长岩 ($O_3\delta\beta$)	9.56	14.2	77.8	75.0	46.30	21.10	17.0	101	0.62	0.44	0.13	1 263	1 219
D5936-GP2		22.2	15.5	76.5	94.6	56.60	27.40	14.0	33	0.50	0.31	0.13	1 593	1 425
D5936-GP3		7.53	13.8	96.8	48.9	29.80	23.50	26.4	109	0.57	0.31	1.22	1 716	1 578
平均值		13.10	14.5	83.7	72.8	44.20	24.00	19.1	81	0.60	0.40	0.50	1 524	1 407
D5936-GP4	角闪辉石岩 ($O_3\psi$)	23.30	5.5	42.4	1 192	132.00	26.90	23.1	18	0.50	0.37	0.09	232	194
D5936-GP5		1.35	7.5	130.0	333.0	127.00	44.50	19.7	7	0.57	0.37	0.09	621	484
D5936-GP6		2.83	3.7	98.6	501.0	495.00	33.60	10.7	4	0.50	0.31	0.06	186	87
D5936-GP7		10.80	5.1	109.0	421.0	460.00	33.00	16.0	1	0.50	0.37	0.08	108	37
平均值		9.60	5.5	95.0	612.0	304.00	34.50	17.4	7	0.50	0.40	0.10	287	200
世界基性岩(维氏,1962)		100.00	8.0	130.0	200.0	160.00	45.00	15.0	5	1.00	1.40	0.10	440	300
世界中性岩(维氏,1962)		5.00	15.0	70.0	50.0	55.00	10.00	20.0	100	1.00	0.90	0.20	800	650
世界花岗岩(维氏,1962)		20.00	20.0	60.0	25.0	8.00	5.00	40.0	200	1.50	1.00	0.26	300	630

注:样品由国土资源部西安矿产资源监督检测中心测试分析;元素含量单位为 $\times10^{-6}$,其中 Au 为 $\times10^{-9}$

黑云闪长岩侵入体微量元素平均值与世界中性岩微量元素平均值(维氏,1962)比较,相容元素Cu、Co、Cr、Zn元素偏高,除Cu、Co元素是世界中性岩平均值的2～3倍外,Co、Zn元素富集程度不高,Pb、Li元素含量与世界中性岩平均值接近;大离子亲石元素Sr、Ba元素含量偏高,是世界中性岩元素含量的2～3倍,Rb元素含量与世界中性岩平均值相近。

英云闪长岩侵入体、黑云二长花岗岩侵入体、似斑状黑云二长花岗岩侵入体、钾长花岗岩侵入体微量元素平均值与世界花岗岩微量元素平均值(维氏,1962)比较,相容元素总体含量较低,其中Cu、Zn、Cr、Co、Li元素表现为不同程度的亏损,只有Pb元素含量略微偏高;大离子亲石元素Rb元素含量偏低,世界花岗岩平均值是其含量的2～3倍,Sr、Ba元素含量较高,是世界花岗岩平均值的2倍左右;高场强元素Sc、Hf元素含量较高,表现为富集。

铁克里克岩体各侵入体稀土元素含量及特征值见表3-16,稀土元素球粒陨石标准化配分模式曲线见图3-34。从表3-16、图3-34中可知:该岩体各侵入体稀土元素总量(∑REE)变化较大,稀土元素总量∑REE在(80.66～536.44)$\times 10^{-6}$之间;早期的基性岩—中性岩类角闪辉石岩、黑云闪长岩侵入体总位于稀土元素球粒陨石配分模式曲线上部,中、晚期酸性岩类黑云二长花岗岩,似斑状二长花岗岩稀土元素球粒陨石模式曲线位于下部;岩体轻稀土元素总量(LREE)与重稀土元素总量(HREE)比值在13.54～34.39之间,稀土元素球粒陨石配分模式曲线右倾且曲线斜率相近,近于平行,为轻稀土元素富集型,其δEu值在0.75～0.81之间,铕为弱的负异常。该岩体各侵入体相似的球粒陨石配分模式曲线说明其属同源岩浆演化系列。

3)包体特征

铁克里克岩体见两类包体。

一类为细粒暗色深源包体,含量较多,呈深灰—暗黑色,多呈不规则长椭圆状、浑圆状,边界较截然。包体大小一般3cm×25cm,分布不均匀,包体呈细粒花岗结构,为闪长质成分。

另一类为以围岩中古元古代埃连卡特岩群体片岩捕虏体为主的地层包体,该岩体边地层包体极为发育,形态不规则、大小不等,一般几十厘米到几米,最大近百米不等,在岩体与围岩边界附近较多,占岩体体积的5%左右,最大可占岩体的10%左右,向岩体内部逐渐减少,捕虏体多为蚀圆状,捕虏体中硅化、长石化极为强烈,与寄主沿体边界界线截然。

该岩体大量的围岩包体表明该岩体同化地表岩石较为强烈。

4)副矿物特征

铁克里克岩体副矿物特征基本一致,主要为磁铁矿-磷灰石-榍石-锆石型组合。锆石为淡玫瑰色,金刚光泽,以柱状聚形晶为主,锆石晶体表面具大小不等的蚀象,多为凹坑状、麻点状,表面比较粗糙,锆石长宽比为(2∶1)～(3∶1),少量为6∶1,锆石中包体较发育,以细小锆石包体为主,另有少量的红色氧化铁和星点状性质不明包体。

该岩体副矿物组合为磁铁矿型,说明该岩体岩浆有幔源物质的加入。

5)侵入深度及剥蚀程度

铁克里克岩体以中—细粒结构为主,块状构造,内部不发育叶理,为规模巨大的岩基状,岩体中$FeO/(FeO+Fe_2O_3)$比值为0.31～0.45,比值较小,说明岩体侵入深度中等—较深,岩体边部围岩捕虏体极为发育且捕虏体块径较大。上述岩体组构、捕虏体特征说明岩体剥蚀程度较浅。

6)构造环境及时代

铁克里克岩体位于塔里木板块南缘铁克里克断隆区内,主要岩石组合为角闪辉石岩、黑云闪长岩、英云闪长岩、二长花岗岩、钾长花岗岩,属基性岩-中性岩-酸性岩组合,为钙碱性岩与碱性岩过渡型系列岩类,属Ⅰ型或非典型的A型花岗岩类,说明铁克里克岩体岩浆源于地壳,但有地幔物质的加入,岩基中围岩包体极为发育,说明该岩体岩浆对地表岩石具强烈的同化作用。

利用Batchel等(1985)R_1-R_2主要岩石类型组合图解判别(图3-35)投点,其中角闪辉石岩侵

表 3-16　古生代侵入岩稀土元素含量及特征值表

岩体名称		样品号	岩石名称	早古生代侵入岩稀土元素含量($\times10^{-6}$)											
				La	Ce	Pr	Nd	Sm	Eu	Gd	Tb	Dy	Ho	Er	Tm
布雅煤矿北岩体	$S_3k\rho\gamma$	D5940-XT4	碱长花岗岩	54.4	81.0	7.58	30.2	5.64	0.94	2.67	0.42	1.48	0.22	0.60	0.06
	$S_3\pi\xi\gamma$	D5940-XT1	似斑状中—粗粒钾长岗岩	42.2	69.8	7.39	31.2	5.70	1.15	3.46	0.43	2.58	0.43	0.91	0.14
	$S_3\pi\eta\gamma$	D5940-XT2	似斑状中—粗粒二长花岗岩	54.3	85.3	8.48	37.4	6.14	1.15	3.92	0.58	2.91	0.47	1.13	0.19
铁克里克岩体	$O_3\xi\gamma$	D5936-XT7	钾长花岗岩	49.2	80.9	7.89	40.2	6.50	1.47	4.16	0.64	1.98	0.26	0.36	0.05
	$O_3\pi\eta\gamma$	D5936-XT6	斑状二长花岗岩	36.1	56.5	6.99	26.6	4.26	0.94	3.15	0.43	2.00	0.25	0.66	0.10
	$O_3\eta\gamma\beta$	D5936-XT5	二长花岗岩	21.4	32.8	3.43	15.2	2.93	0.64	1.86	0.28	1.25	0.15	0.35	0.05
	$O_3\gamma\delta o$	D6215-XT1	英云闪长岩	112.0	174.0	17.20	65.6	9.02	1.87	4.78	0.68	2.81	0.37	1.12	0.16
	$O_3\delta\beta$	D5936-XT1	黑云闪长岩	135.0	222.0	25.30	105.0	18.80	3.86	11.00	1.74	7.41	1.10	2.76	0.37
	$O_3\psi$	D5936-XT2	角闪辉石岩	49.9	97.5	14.10	65.7	11.80	2.67	8.36	1.23	5.19	0.62	1.38	0.18

岩体名称		样品号	岩石名称	早古生代侵入岩稀土元素含量($\times10^{-6}$)					特征参数值				
				Yb	Lu	ΣREE	LREE	HREE	LREE/HREE	δEu	$(La/Yb)_N$	$(La/Sm)_N$	$(Gd/Yb)_N$
布雅煤矿北岩体	$S_3k\rho\gamma$	D5940-XT4	碱长花岗岩	0.44	0.08	185.73	179.76	5.97	30.11	0.65	83.35	6.07	4.90
	$S_3\pi\xi\gamma$	D5940-XT1	似斑状中—粗粒钾长岗岩	0.89	0.11	166.39	157.44	8.95	17.59	0.73	31.97	4.66	3.14
	$S_3\pi\eta\gamma$	D5940-XT2	似斑状中—粗粒长花岗岩	1.13	0.13	203.23	192.77	10.46	18.43	0.67	32.40	5.56	2.80
铁克里克岩体	$O_3\xi\gamma$	D5936-XT7	钾长花岗岩	0.26	0.05	193.92	186.16	7.76	23.98	0.81	127.58	4.76	12.91
	$O_3\pi\eta\gamma$	D5936-XT6	斑状二长花岗岩	0.41	0.05	138.44	131.39	7.05	18.64	0.75	59.36	5.33	6.20
	$O_3\eta\gamma\beta$	D5936-XT5	二长花岗岩	0.27	0.05	80.66	76.40	4.26	17.95	0.78	53.44	4.59	5.56
	$O_3\gamma\delta o$	D6215-XT1	英云闪长岩	0.92	0.20	390.73	379.69	11.04	34.39	0.79	82.08	7.81	4.19
	$O_3\delta\beta$	D5936-XT1	黑云闪长岩	1.84	0.26	536.44	509.96	26.48	19.26	0.76	49.47	4.52	4.82
	$O_3\psi$	D5936-XT2	角闪辉石岩	0.80	0.09	259.52	241.67	17.85	13.54	0.78	42.05	2.66	8.43

注：样品由国土资源部中南矿产资源监测检测中心分析

入体落入图区外，其余侵入体：一个样品落入同碰撞期花岗岩区，两个样品落入碰撞后抬升期花岗岩类区，一个样品落入造山晚期的花岗岩类区，即该岩体各侵入体主体落入碰撞后抬升期—造山晚期花岗岩类区，说明该岩体为中昆陆块与塔里木板块碰撞后花岗岩类。

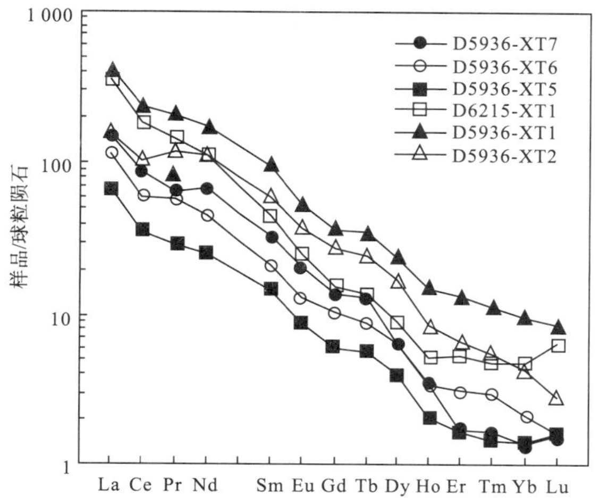

图 3-34 铁克里克岩体稀土元素球粒陨石标准化分布图

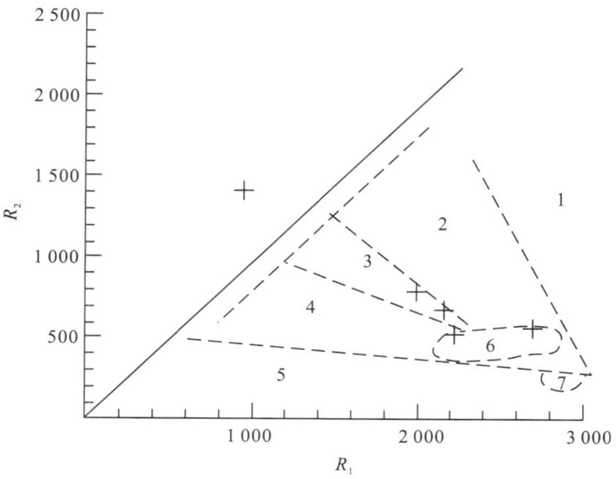

图 3-35 铁克里克岩体主要花岗岩类岩石组合的示意性图解
(Batchel & Bowdden,1985)

1. 地幔分离；2. 板块碰撞前的；3. 碰撞后的抬升；4. 造山晚期的；5. 非造山的；6. 同碰撞期的；7. 造山期后的
相当的岩石是：组 1. 拉斑玄武岩；组 2. 钙碱性岩石和奥长花岗岩；组 3. 高钾钙碱性岩石；组 4. 次碱性二长岩；组 5. 碱性和过碱性岩石；组 6. 深熔二云母淡色花岗岩。
＋铁克里克岩体

铁克里克岩体侵入于古元古代埃连卡特岩群片岩中，晚石炭世卡拉乌依组、阿孜干组碎屑岩-碳酸盐岩角度不整合于其上，且该岩体属碰撞后抬升期花岗岩类，综合考虑其所处的区域大地构造背景及岩石成分特征，铁克里克岩体侵位时间主体应为晚奥陶世。

3. 布雅煤矿北岩体

布雅煤矿北岩体出露于和田—布雅公路布雅煤矿北约 12km 处，位于铁克里克断隆区，呈卵圆形，为岩株状，出露面积约 9km^2。

1)岩体特征

布雅煤矿北岩体侵入于古元古代埃连卡特岩群黑云石英片岩、二云石英片岩、黑云斜长浅粒岩中，与围岩接触界面清晰、截然，岩体与围岩外接触带片岩中见较为强烈的硅化、钾长石化及烘烤变质等接触蚀变现象。依成分演化及接触关系该岩株由早、中、晚 3 个酸性侵入体组成，分别是早期为似斑状二长花岗侵入体、中期为似斑状钾长花岗侵入体、晚期为细粒碱长花岗岩侵入体，各侵入体之间为脉动接触关系。

2)岩石地球化学特征

布雅煤矿北岩体岩石化学成分及特征见表 3-14。从表中可知：该岩体中 SiO_2 含量大于 66.48%，为酸性岩类，该岩体成分以富碱(Na_2O+K_2O)、$(Na_2O)n>(K_2O)n$ 为特点，从早期、中期到晚期该岩体各侵入体 SiO_2、总碱含量(Na_2O+K_2O)逐渐增加，说明该岩体从早、中期到晚期岩浆活动向着酸性程度、碱度增加的方向演化，岩体中(Na_2O+K_2O)含量高达 8.94%～9.79%，$(Na_2O)n/(K_2O)n$ 值在 1.46～1.6 之间；布雅煤矿北岩体里特曼指数 σ 值为 3.37～3.40，进一步利用 AR-SiO_2 图解判别，均落入碱性区(图 3-36)，属碱性岩，$(CaO+Na_2O+K_2O)n>(Al_2O_3)n>$

$(Na_2O+K_2O)n$，铝为正常成分类型，该岩体各侵入体 A/CNK<1，利用 Na_2O-K_2O 图解判别，均落入 A 型花岗岩区（图 3-37），但岩体$(Al_2O_3)n>(Na_2O+K_2O)n$，以上该岩体碱性程度较高，属非标准的 A 型花岗岩类，为造山晚期碰撞后花岗岩类。

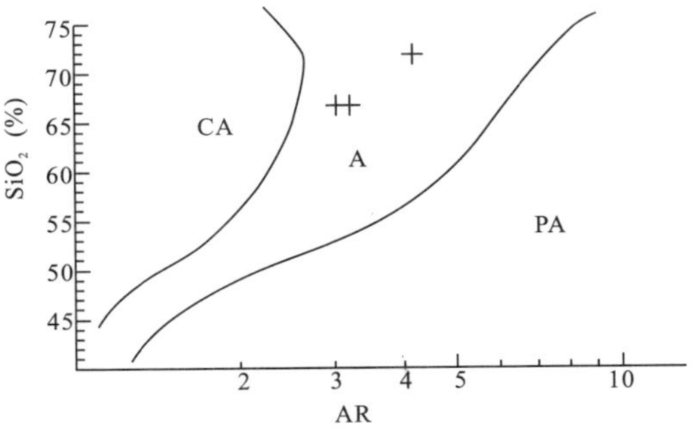

图 3-36　布雅煤矿北岩体碱度率图解

（Wright，1969）

CA. 钙碱性；A. 碱性；PA. 过碱性。＋布雅煤矿北岩体

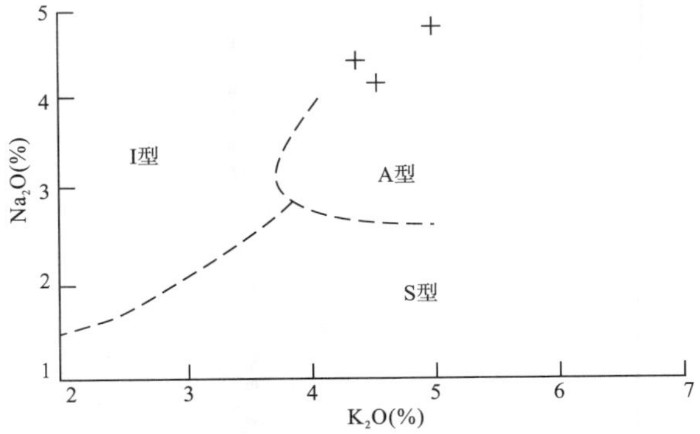

图 3-37　布雅煤矿北岩体

Na_2O-K_2O 图解

＋布雅煤矿北岩体

布雅煤矿北岩体微量元素含量见表 3-17，从表中可知：该岩体微量元素平均值与世界花岗岩平均值（维氏，1962）相比较，除少量相容元素（Ag、Mo）含量相近外，其他相容元素（Cu、Pb、Cr、Ni、Co、Li、Au、U、Mn）总体以亏损为主，但亏损程度不大；大离子亲石元素 Rb 元素含量与世界花岗岩平均值（维氏，1962）接近，Sr、Ba 元素含量表现为富集，是世界花岗岩平均值的 2～3 倍；高场强元素 Sc、Zr、Hf 元素含量是世界花岗岩平均值的 3～4 倍，Nb、Th、P、Ti 元素含量较低，除 Ti 元素亏损较大，是世界花岗岩平均值的 1/4 外，其余元素亏损不大。该岩体微量元素球粒陨石标准化蛛网图解见图 3-38，从图 3-38 看出，该岩体大离子亲石元素、高场强元素除 P、Ti 元素含量与球粒陨石含量接近外，其余元素富集程度相似，相容元素 Ni、Cr 表现为较强烈的亏损。该岩体微量元素球粒陨石标准化蛛网图解曲线相似，反映其岩浆来源相同，为同源岩浆演化系列。

表 3-17　布雅煤矿北岩体微量元素含量及特征值

样品号	岩石名称	Cu	Pb	Zn	Cr	Ni	Co	Li	Rb	W	Mo	Sb	Sr	Ba
D5940-GP1	似斑状中—粗粒钾长花岗岩	0.88	30.3	46.8	23.3	7.88	6.06	13.04	172	0.88	0.92	0.23	810	1 185
D5940-GP4		1.62	27.4	42.9	22.1	6.94	5.44	8.07	173	0.67	1.20	0.22	826	1 190
D5940-GP3	暗色包体	1.55	14.4	73.1	75.2	50.20	17.40	0.58	212	0.55	0.77	0.22	977	874
D5940-GP2	似斑状中—粗粒二长花岗岩	3.91	30.0	48.9	25.4	7.89	6.48	23.10	173	0.50	0.85	0.24	910	920
D5940-GP5	碱长花岗岩	0.77	58.7	43.2	15.9	3.31	2.62	17.70	220	0.62	1.14	0.23	757	1 137
D5940-GP6		2.17	46.8	29.7	18.2	3.54	1.70	9.79	211	0.77	1.14	0.24	667	964
D5940-GP7		0.75	47.0	38.8	16.8	3.83	2.16	19.70	231	0.67	0.92	0.23	836	1 156
D5940-GP8		0.89	63.3	39.6	17.8	3.77	2.70	27.50	225	0.72	0.77	0.22	823	1 169
平均值		1.60	43.4	41.4	19.9	5.30	3.90	17.00	201	0.70	1.00	0.20	804	1 103
世界中性岩（维氏，1962）		5.00	15.0	70.0	50.0	55.00	10.00	20.00	100	1.00	0.90	0.20	800	650
世界花岗岩（维氏，1962）		20.00	20.0	60.0	25.0	8.00	5.00	40.00	200	1.50	1.00	0.26	300	630

续表 3-17

样品号	岩石名称	Sc	Nb	Zr	Hf	Sn	Au	Ag	U	Th	P	Mn	Ti	Rb/Sr
D5940-GP1	似斑状中—粗粒钾长花岗岩	12.2	16.3	639	7.41	0.98	1.05	0.05	0.30	12.3	795	638	2 329	0.21
D5940-GP4		11.9	15.6	626	7.31	0.80	0.68	0.05	0.04	12.7	776	589	2 183	0.21
D5940-GP3	暗色包体	15.1	24.2	623	13.50	1.50	0.59	0.05	0.45	17.9	2 425	982	4 906	0.22
D5940-GP2	似斑状中—粗粒二长花岗岩	13.7	16.1	726	8.41	1.15	0.78	0.05	0.34	13.6	817	692	2 467	0.19
D5940-GP5	碱长花岗岩	11.3	12.5	660	4.80	1.05	1.12	0.05	0.10	11.9	422	309	1 828	0.29
D5940-GP6		7.0	8.39	407	3.33	0.77	0.56	0.05	0.09	10.0	193	318	1 198	0.32
D5940-GP7		8.7	10.8	499	4.08	1.00	0.41	0.05	0.18	8.08	220	317	1 467	0.28
D5940-GP8		11.2	12.3	659	4.87	0.77	0.44	0.05	1.46	10.9	392	368	1 816	0.27
平均值		10.9	13.1	602	5.70	0.90	0.70	0.10	0.40	11.4	517	462	1 898	0.30
世界中性岩(维氏,1962)		2.5	20.0	260	1.00	—	—	0.07	1.80	7.0	1 600	1 200	2 300	0.13
世界花岗岩(维氏,1962)		3.0	20.0	200	1.00	3.00	4.50	0.05	3.50	18.0	700	600	8 000	0.67

注:样品由国土资源部西安矿产资源监督检测中心测试分析;元素含量单位为$\times10^{6}$,其中 Au 为$\times10^{-9}$

布雅煤矿北岩体稀土元素含量及特征值见表 3-16,该岩体稀土元素球粒陨石配分模式曲线见图 3-39。从表 3-16、图 3-39 可知:布雅煤矿北岩体稀土元素总量($\sum$REE)中等,稀土元素总量($\sum$REE)在$(166.39\sim203.23)\times10^{-6}$之间,轻稀土元素总量(LREE)在$(157.44\sim192.77)\times10^{-6}$之间,重稀土元素总量(HREE)在$(5.97\sim10.46)\times10^{-6}$之间,轻稀土元素总量(LREE)与重稀土元素总量(HREE)比值 LREE/HREE 值在 17.95～30.11 之间,岩石稀土元素球粒陨石标准化模式曲线右倾,$(La/Yb)_N$在 31.97～83.35 之间,轻、重稀土元素分馏较大,为轻稀土元素富集型,δEu 值在 0.65～0.73 之间,铕为负异常。布雅煤矿北岩体各侵入体稀土元素球粒陨石配分模式曲线相似(图 3-39),说明其为同源岩浆演化序列岩浆岩。

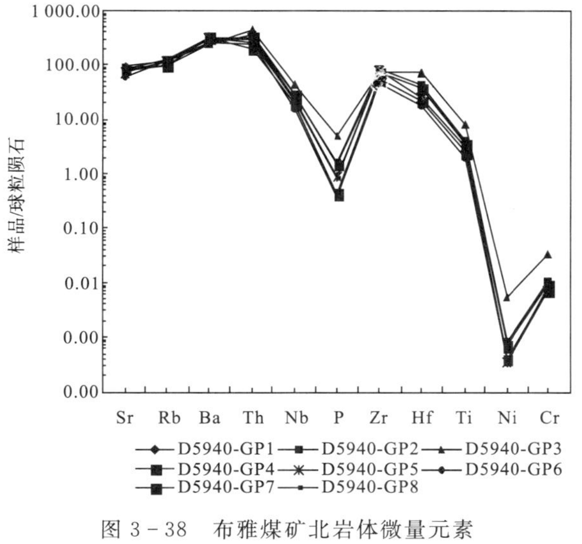

图 3-38　布雅煤矿北岩体微量元素球粒陨石标准化蛛网图解

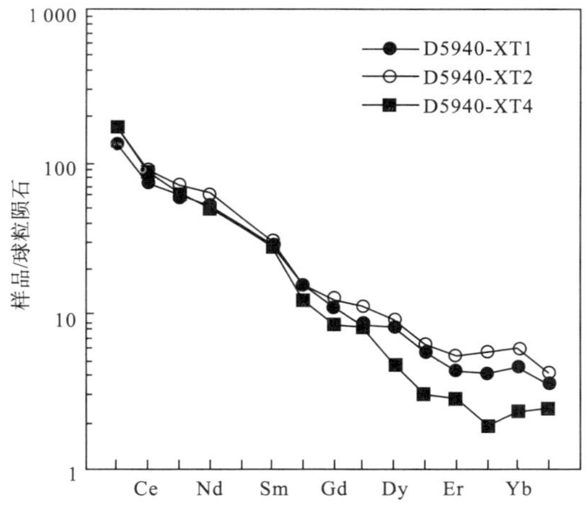

图 3-39　布雅煤矿北岩体稀土元素球粒陨石标准化分布图

3)包体特征

布雅煤矿北岩体发育闪长质暗色包体,包体分布不均匀,直径一般 5～30cm 不等,多呈浑圆状,成群分布,与寄主岩石边界界线较为截然。暗色包体主要矿物成分为角闪石 40%～50%、斜长石 10%～20%、黑云母 15%～20%、石英 5%。中—细粒半自形粒状结构，块状构造。暗色包体中见寄主岩石钾长石斑晶呈粗粒环斑状。暗色包体岩石化学成分见表 3－14，暗色包体中 SiO_2 为 58.37%，为中性岩；包体中铁镁含量明显较寄主岩体高，暗色包体岩石化学成分与世界中性岩平均值接近；暗色包体微量元素球粒陨石标准化蛛网图解曲线与寄主岩体一致(图 3－38)，说明其为岩浆源区难熔的残留体。

暗色包体特征说明布雅煤矿北岩体岩浆源于下地壳，但可能有少量的幔源物质加入。

4)副矿物特征

该岩体副矿物组合特征基本一致，主要为磁铁矿-磷灰石-榍石-钛铁矿-锆石型组合。锆石主要为深—浅黄褐—淡黄色，金刚光泽，多数为半透明—不透明状，少量为透明状，锆石颗粒以残缺状—完整的柱状聚形晶为主，锆石晶体表面多呈凹凸不平粗糙状或麻点状蚀相，锆石长宽比多为(2∶1)～(3∶1)，少量(3∶1)～(4∶1)，锆石中包体发育，主要成分以细小锆石和少量暗色包体为主。

岩体副矿物组合特征说明该岩体岩浆源于下地壳。

5)侵入深度及剥蚀程度

布雅煤矿北岩体以中—粗粒花岗结构为主，为卵圆形岩株状，岩体与围岩外接触带片岩中钾长石化、硅化强烈，该岩体外接触带岩体岩枝发育，$Fe_2O_3/(Fe_2O_3 + FeO)$值在 0.29～0.47 之间，岩体中围岩捕虏体不发育，上述岩体及围岩组构特征说明该岩体侵位程度、剥蚀程度均为中等。

6)构造环境及时代讨论

布雅煤矿北岩体位于塔里木板块南缘铁克里克断隆区，为酸性侵入岩，成分以总碱含量高、$(Na_2O)n>(K_2O)n$ 为特征，属碱性岩，为非典型的 A 型花岗岩类。上述岩体岩石学、岩石化学及暗色包体特征、副矿物组合特征说明，岩浆源于造山带加厚的下地壳，但可能有幔源物质的混入。利用主要花岗岩岩石组合类型示意图解(图 3－40)判别，3 个样品均落入造山期晚期花岗岩区，综合分析上述该岩体岩石化学成分特征，该岩体为造山期晚期碰撞后花岗岩类。

该岩体岩石化学成分碱含量较前述同碰撞、碰撞后花岗岩普遍为高，均为碱性岩类，形成时代应较前述侵入岩晚，综合考虑其所处的大地构造背景，布雅煤矿北岩体的形成时代大致为志留纪。

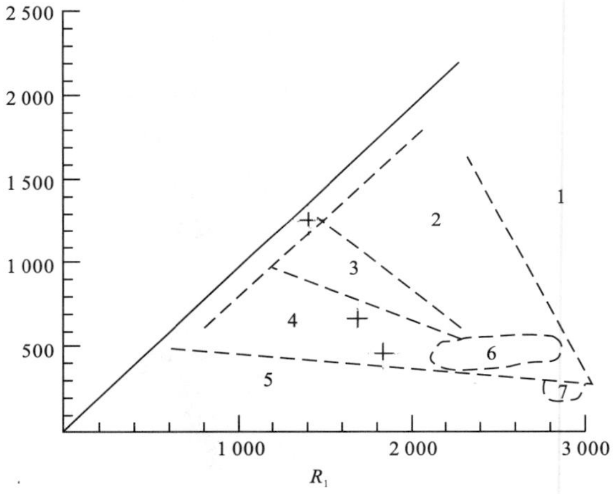

图 3－40　布雅煤矿北岩体
主要花岗岩类岩石组合的示意性图解
(Batchel & Bowdden，1985)

1. 地幔分离；2. 板块碰撞前的；3. 碰撞后的抬升；4. 造山晚期的；5. 非造山的；6. 同碰撞期的；7. 造山期后的
相当的岩石是：组 1. 拉斑玄武岩；组 2. 钙碱性岩石和奥长花岗岩；组 3. 高钾钙碱性岩石；组 4. 次碱性二长岩；组 5. 碱性和过碱性岩石；组 6. 深熔二云母淡色花岗岩。
＋布雅煤矿北岩体

4. 尼沙沟墒岩体($S_1\eta\gamma$)

尼沙沟墒岩体($S_1\eta\gamma$)位于中昆仑地层分区，出露于图幅西侧尼沙沟墒一带，向东延伸进入康西瓦图幅内，岩体主体位于康西瓦图区内，在图幅内出露面积较小，面积约 32km²，为岩基状。

尼沙沟墒岩体侵入于赛图拉岩群 b 岩组二云石英片岩、浅粒岩及碳酸盐岩中，岩体与围岩界线截然，岩体与围岩外接触带片岩中围岩蚀变较弱，见弱的硅化蚀变，岩体边部细粒边不发育，岩体中发育大量的赛图拉岩群变质地层捕虏体、残留体，多呈条带状、不规则状，大小(3m×10m)～(30m×100m)不等。岩体岩石内部组构较均匀，主要岩性为灰白色中粒少斑状黑云二长花岗岩，岩石呈灰白—浅灰色，中粒半自形粒状结构、少斑状结构，块状构造。主要矿物成分有似斑晶为钾长石，含量3%～5%，大小6～10mm；基质矿物粒径2～4mm，成分有钾长石35%～37%、斜长石30%～35%、石英20%～25%、黑云母3%～5%，白云母少量。钾长石似斑晶为半自形厚板状，洁净，格子双晶清晰，常包裹早期结晶的细小斜长石晶体；基质中斜长石呈半自形柱状，晶体较洁净，双晶不发育，显示钠长石律双晶和个别的卡钠复合双晶；钾长石呈它形粒状，部分具钠长石条纹结构，系条纹微斜长石和微斜长石。副矿物磷灰石、锆石、钛铁矿等少量。

该岩体副矿物组合主要为磷灰石、钛铁矿、锆石，磁铁矿少量，锆石长宽比为(2∶1)～(4∶1)，晶形较复杂为最大特征，为常见岩浆型副矿物组合。

该岩体与围岩界线截然及围岩较弱的硅化等蚀变，说明其为重熔型花岗岩类，本次区调在该岩体西部(康西瓦幅)获侵入岩锆石SHRIMP法同位素年龄为(430.7±2.6)Ma，时代为早志留世。

小结：早古生代后碰撞侵入岩岩体以富硅(SiO_2)、高碱(Na_2O)为特征，主要以酸性岩为主，属碱性岩类或钙碱性岩与碱性过渡型系列岩，属A型花岗岩类，但非典型的A型花岗岩类，其SiO_2、总碱(Na_2O+K_2O)含量较俯冲型、同碰撞侵入岩高，为造山期碰撞后花岗岩类。早古生代构造岩浆岩带从俯冲型、同碰撞型到后碰撞侵入岩岩体岩性由中性岩向酸性岩演化，岩体岩性由早到晚其成分SiO_2、Na_2O+K_2O向着增高的方向演化。

三、晚古生代构造岩浆岩带

图幅内晚古生代侵入岩出露零星，主要分布于图幅南部乌鲁齐斯、奥米沙、慕士山东等昆仑山主脊一带，岩体规模较小，多呈岩株状，以中—酸性侵入岩为主，总体呈北西西—南东东向展布，主要受康西瓦-苏巴什结合带和库尔良裂谷控制(图3-1)。图幅内晚古生代侵入岩包括再依勒克河北岩体、乌鲁齐斯黑云二长花岗岩两个岩体。

晚古生代构造岩浆岩带侵入岩位于塔里木板块南铁克里克地层区南缘及昆中地层小区南缘，岩体规模不大，多呈岩株状，出露面积共约84km²，其时、空、成因与晚古生代库尔良裂谷带、晚古生代蒙古包-普守构造活动带、康西瓦-苏巴什晚古生代蛇绿混杂岩带密切相关，空间上形成北部库尔良-阿羌构造岩浆岩亚带、南部康西瓦-再依勒克河构造岩浆岩亚带两个构造岩浆岩亚带，分别伴生于北部库尔良晚古生代裂谷闭合南侧和康西瓦-苏巴什蛇绿构造混杂岩带北侧附近，反映出它们之间密切的伴生关系。各构造岩浆岩亚带特征分述如下。

(一)库尔良-阿羌构造岩浆岩亚带

该构造岩浆岩亚带位于图幅西南部铁克里克南缘与中昆仑陆块结合部位，出露于乌鲁齐斯、奥米沙北一带，岩体出露零星，分布较少，仅有两个侵入体，为卵圆形、岩株状，单个岩株面积约6km²，其岩类为酸性侵入岩，岩性主要为(黑云母)二长花岗岩，岩体侵入于库地-其曼于特构造蛇绿混杂岩带的构造片岩、基性—超基性岩中或侵入于石炭系卡拉乌依组、阿孜干组碎屑岩-碳酸盐岩中，岩体虽出露零星，但总体呈北西西—南东东向展布，受区域上的库尔良裂谷控制明显。该构造岩浆岩亚带典型岩体为乌鲁齐斯岩体、奥米沙岩体，由于其岩体较少且岩性相似，下面一并叙述。

乌鲁齐斯岩体(P$\eta\gamma$)、奥米沙岩体(P$\eta\gamma$)

乌鲁齐斯岩体、奥米沙岩体分别出露于图幅南部新疆于田县喀什塔什乡乌鲁齐斯、奥米沙一带，各由一个独立侵入体组成，分述如下。

1)岩体特征

乌鲁齐斯岩体(P$\eta\gamma$)　分布于图幅南部乌鲁齐斯以西，呈卵圆形、岩株状，出露面积约6km²。乌鲁齐斯岩体侵入于库地-其曼于特构造蛇绿混杂岩带构造片岩、基性—超基性岩及蓟县系桑株塔格岩群大理岩、长城系赛图拉岩群二云石英片岩、黑云斜长变粒岩中，岩体与围岩界线截然、清晰，岩体外接触带片岩和大理岩见较强的硅化、斑点状片岩、大理岩化等围岩接触蚀变。岩体内部组构均一，岩性为细粒黑云二长花岗岩，呈浅灰白色，细粒半自形粒状结构，块状构造。矿物粒径0.5～2mm，主要矿物成分为斜长石45%～50%、钾长石20%～25%、石英20%～25%、黑云母5%～10%，金属矿物、磷灰石等少量。斜长石呈半自形板柱状，钾长石为半自形板状及不规则粒状，石英为它形粒状，黑云母呈自形条状。岩石蚀变较弱，以斜长石发生绢云母化及绿帘石化、黑云母白云母化为主。

奥米沙岩体($P\eta\gamma$)　出露于图幅南部奥米沙以北约4km处，呈卵圆形、岩株状，被后期断裂切割，岩体出露面积仅为7km^2，侵入于石炭系卡拉乌依组、阿孜干组灰岩中，岩体与围岩界线截然、清晰。该侵入体岩性为细—中粒黑云二长花岗岩，呈浅灰白色，细粒半自形粒状结构、似斑状结构，块状构造。斑晶为斜长石、钾长石，含量5%～10%，粒径2～5mm；基质为细粒结构，主要矿物成分为斜长石40%～45%、钾长石20%～25%、石英20%～25%、黑云母10%～15%，金属矿物、磷灰石、锆石等少量。斜长石呈半自形板柱状，钾长石为半自形板状及不规则粒状，石英为它形粒状，黑云母呈自形条状。岩石蚀变较弱，以斜长石发生绢云母化及绿帘石化为主。

2)岩石地球化学特征

乌鲁齐斯岩体、奥米沙岩体黑云二长花岗岩岩石化学成分含量及特征值见表3-14，从表中可知：岩体主要成分含量与世界花岗岩平均值(维氏，1962)基本接近，以富硅、富碱为特征，岩体SiO_2含量高达71.09%、70.38%，为酸性岩类，其总碱(Na_2O+K_2O)含量高达7.48%、8.98%，岩体里特曼指数σ值为1.99～2.95，为钙碱性岩，岩体$(Na_2O)n/(K_2O)n$值为1.38、2.88，$(Na_2O)n>(K_2O)n$，$(CaO+Na_2O+K_2O)n>(Al_2O_3)n>(Na_2O+K_2O)n$，为铝正常型和为过饱和型，A/CNK值为0.97～1.10，属I型和I型与S型过渡类型的花岗岩类。

乌鲁齐斯岩体、奥米沙岩体黑云二长花岗岩岩石微量元素含量及特征值见表3-18，微量元素球粒陨石标准化蛛网图解见图3-41。从表中可知：与世界花岗岩平均值(维氏，1962)比较，相容元素(Cu、Pb、Zn、Cr、Ni、W、Ag、Ti)含量略微偏高或与其相近；大离子亲石元素(Rb、Sr、Ba)：Rb元素含量偏低，表现为亏损，其含量约为世界花岗岩平均值的1/2，Sr、Ba元素则表现为富集、其含量约为世界花岗岩平均值的2～3倍；高场强元素(Nb、Zr、Hf、Au、Ag、U、Th)：除Hf元素含量较高、为世界花岗岩平均值的5倍外，其余元素均表现为亏损，但亏损不大。

表3-18　乌鲁齐斯岩体、奥米沙岩体微量元素含量及特征值

样品号	岩石名称	Cu	Pb	Zn	Cr	Ni	Co	Rb	W	Mo	Sr	Ba
D5248-GP1	黑云二长花岗岩	4.2	18.7	86.1	11.5	6.47	6.82	76	0.50	0.85	706	872
D5910-GP1		15.3	15.7	37.5	12.5	5.22	3.12	140	1.72	0.50	519	1 553
D5910-GP2		12.8	23.8	36.0	7.8	2.84	1.39	106	0.60	0.42	808	2 101
D5910-GP3		19.9	13.2	99.2	58.8	24.60	16.40	117	1.97	0.50	118	223
平均值		13.0	17.9	64.7	22.6	9.78	6.92	110	1.20	0.57	538	1 187
世界花岗岩(维氏，1962)		20.0	20.0	60.0	25.0	8.00	5.00	200	1.50	1.00	300	630

样品号	岩石名称	Nb	Zr	Hf	Au	Ag	U	Th	P	Mn	Ti	Rb/Sr
D5248-GP1	黑云二长花岗岩	23.70	10.3	5.46	1.33	0.05	1.19	10.40	937	484	3 970	0.11
D5910-GP1		5.75	129.0	2.61	1.06	0.05	1.66	5.98	351	349	1 495	0.27
D5910-GP2		4.15	109.0	1.86	0.70	0.05	0.89	3.93	255	329	1 004	0.13
D5910-GP3		20.40	7.1	10.70	0.82	0.06	4.68	15.70	621	779	5 622	0.99
平均值		13.50	63.6	5.16	0.98	0.05	2.11	9.01	541	485	3 023	0.37
世界花岗岩(维氏，1962)		20.00	200.0	1.00	4.50	0.05	3.50	18.00	700	600	2 300	0.67

注：样品由国土资源部西安矿产资源监督检测中心测试分析；元素含量单位$\times10^6$，其中Au为$\times10^{-9}$

从图 3-41 可知：与球粒陨石比较，不相容的大离子亲石元素 Sr、Rb、Ba 和高场强元素 Th、Nb、P、Zr、Hf、Ti 表现为不同程度的富集，P、Zr 元素含量与球粒陨石含量接触，相容元素 Ni、Co 均表现为较强烈的亏损。

乌鲁齐斯岩体、奥米沙岩体黑云二长花岗岩稀土元素含量及特征值见表 3-19，岩体稀土元素球粒陨石配分模式曲线见图 3-42。从表 3-19、图 3-42 中可知：乌鲁齐斯岩体、奥米沙岩体黑云二长花岗岩稀土元素总量（∑REE）偏低，稀土元素总量（∑REE）为（53.16～103.86）$\times 10^{-6}$，轻稀土元素总量（LREE）与重稀土元素总量（HREE）比值 LREE/HREE 值为 11.85～14.19，稀土元素球粒陨石模式曲线右倾，$(La/Yb)_N$ 值为 21.70～27.70，为轻稀土元素富集型，δEu 值为 0.70～0.93，铕具弱的负异常，与壳幔混源型花岗岩稀土元素含量及特征值相似。

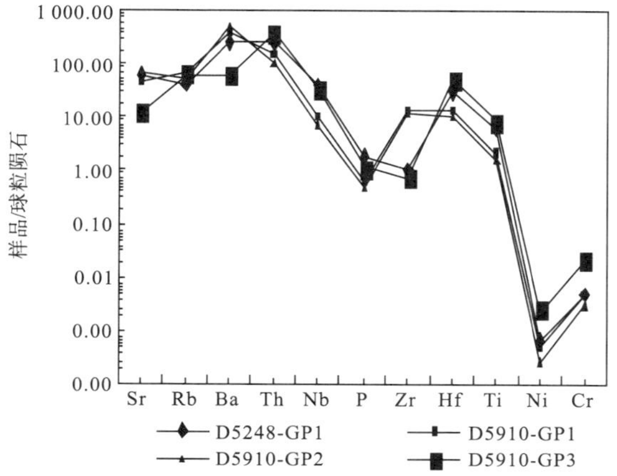

图 3-41　乌鲁齐斯岩体、奥米沙岩体微量元素球粒陨石标准化蛛网图解

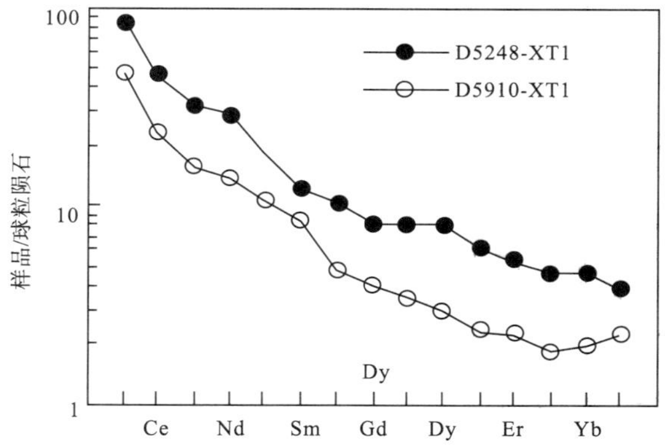

图 3-42　乌鲁齐斯、奥米沙岩体稀土元素球粒陨石标准化分布图

3）侵入深度及剥蚀程度

乌鲁齐斯岩体、奥米沙岩体黑云二长花岗岩以中—细粒花岗结构为主，为岩株状，出露面积较小，仅为数平方千米，$Fe_2O_3/(Fe_2O_3+FeO)$ 值为 0.32～0.43，比值较低，岩体围岩捕房体不发育，说明侵入体其侵位深度中等偏浅、剥蚀程度中等。

表 3-19　乌鲁齐斯岩体、奥米沙岩体稀土元素含量及特征值　（$\times 10^{-6}$）

岩体分布	样品号	岩石名称	La	Ce	Pr	Nd	Sm	Eu	Gd
乌鲁齐斯	D5910-XT1	二长花岗岩	15.2	22.1	1.92	8.39	1.70	0.35	1.25
奥米沙北	D5248-XT1	英云闪长岩	28.0	43.3	3.88	17.40	2.44	0.76	2.51
岩体分布	样品号	岩石名称	Tb	Dy	Ho	Er	Tm	Yb	Lu
乌鲁齐斯	D5910-XT1	二长花岗岩	0.17	0.94	0.17	0.47	0.06	0.37	0.07
奥米沙北	D5248-XT1	英云闪长岩	0.40	2.47	0.44	1.12	0.15	0.87	0.12

岩体分布	样品号	岩石名称	∑REE	LREE	HREE	LREE/HREE
乌鲁齐斯	D5910-XT1	二长花岗岩	53.16	49.66	3.50	14.19
奥米沙北	D5248-XT1	英云闪长岩	103.86	95.78	8.08	11.85
岩体分布	样品号	岩石名称	δEu	$(La/Yb)_N$	$(La/Sm)_N$	$(Gd/Yb)_N$
乌鲁齐斯	D5910-XT1	二长花岗岩	0.70	27.70	5.62	2.73
奥米沙北	D5248-XT1	英云闪长岩	0.93	21.70	7.22	2.33

注：样品由国土资源部中南矿产资源监测检测中心分析

4)构造环境及时代

乌鲁齐斯岩体、奥米沙岩体黑云二长花岗岩为钙碱性岩类，$(Na_2O)n>(K_2O)n$，属Ⅰ型和Ⅰ型与S型过渡类型的花岗岩类，加之稀土元素含量特征与幔壳混合源型岩浆相似，说明其岩浆为下地壳部分熔融而成，但可能有幔源物质加入的岩浆上侵形成，利用主要花岗岩岩石组合的示意图解(图3-43)判别，一个落入同碰撞花岗岩区，一个落入造山晚期花岗岩区，进一步说明该侵入体为古特提斯洋在二叠纪碰撞造山、挤压构造环境形成的花岗岩类，具体为塔里木板块南缘石炭纪库尔良裂谷在二叠纪聚合形成收缩类型花岗岩类。

乌鲁齐斯岩体、奥米沙岩体黑云二长花岗岩侵入于库地-其曼于特构造蛇绿混杂岩带中构造片岩、基性—超基性岩及石炭系卡拉乌依组、阿孜干灰岩之中，并被后期脆性断裂切割，结合古特提斯洋在二叠纪碰撞造山事实，因此将乌鲁齐斯岩体、奥米沙岩体侵入时代对比为二叠纪。

(二)康西瓦-再依勒克河构造岩浆岩亚带

该构造岩浆岩亚带位于图幅南部中昆仑陆块南部，出露于图幅南部昆仑山主脊南麓，仅有一个侵入体，面积约67.5km²，紧邻康西瓦断裂北侧展布，岩体为长条状，岩体长轴与康西瓦-苏巴什晚古生代构造蛇绿混杂岩带一致，明显受其控制。该构造岩浆岩亚带区域上向东南延伸进入阿克萨依湖幅、伯力克幅，向西延伸进入康西瓦幅及岔路口幅，岩体总体分布于该结合带两侧，该结合带控制着康西瓦-再依勒克河构造岩浆岩亚带岩体展布。该构造岩浆岩亚带岩体在图幅内仅有一个岩体，为再依勒克河北岩体，且该岩体主体部分位于阿克萨依湖幅内，其岩性组合为石英闪长岩-黑云二长花岗岩组合，再依勒克河北岩体特征如下。

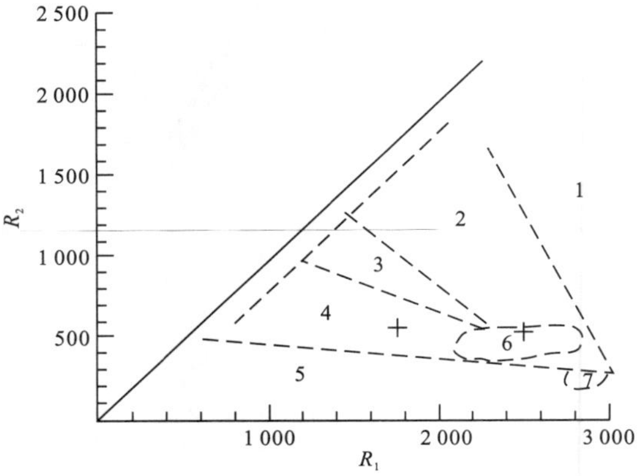

图3-43　二叠纪乌鲁齐斯岩体、奥米沙北岩体主要花岗岩类岩石组合的示意性图解

(Batchel & Bowdden,1985)

1. 地幔分离;2. 板块碰撞前的;3. 碰撞后的抬升;4. 造山晚期的;5. 非造山的;6. 同碰撞期的;7. 造山期后的

相当的岩石是:组1. 拉斑玄武岩;组2. 钙碱性岩石和奥长花岗岩;组3. 高钾钙碱性岩石;组4. 次碱性二长岩;组5. 碱性和过碱性岩石;组6. 深熔二云母淡色花岗岩。

+乌鲁齐斯岩体、奥米沙北岩体

再依勒克河北岩体出露于图幅南部昆仑山主脊一带，向东南延伸出图幅进入南部阿克萨依湖幅。再依勒克河北岩体包括早期中细粒英云闪长岩侵入体和晚期黑云二长花岗岩侵入体，共两个侵入体，图幅内出露晚期黑云二长花岗岩侵入体且为该侵入体的一小部分，约占该岩体面积的1/6，再依勒克河北岩体为长条形岩基状，出露于晚古生代康西瓦-苏巴什结合带北侧，岩体南部被康西瓦-苏巴什结合带切割，岩基长宽之比为(6～8)∶1，岩体长轴与晚古生代结合带走向一致，受结合带控岩明显。

1)岩体特征

晚期黑云二长花岗岩侵入体($P\eta\gamma\beta$)出露图区南部昆仑山主脊一带，侵入于蓟县系桑株塔格岩群片岩或与桑株塔格岩群片岩呈断层接触，侵入于早古生代慕士山岩体之中，岩体与围岩界面清晰，岩体外接触带片岩中硅化、斑点化等蚀变较强烈。

晚期黑云二长花岗岩($P\eta\gamma\beta$)侵入体岩石内部组构较为均一，岩性为中细粒似斑状黑云二长花岗岩，岩石呈灰白色，似斑状结构，块状构造。斑晶主要为斜长石，呈自形板状，粒径2～5mm，含量5%～15%；基质主要矿物成分为斜长石40%～45%、钾长石20%～25%、石英20%～25%、黑云母10%～15%，少量金属矿物、磷灰石、褐帘石、锆石等。基质为半自形粒状结构，矿物粒径0.5～2mm，基质中斜长石呈自形板柱状，钾长石呈它形—半自形，以微斜长石及条纹长石为主，石英为它形粒状，黑云母自形条状。岩石蚀变较弱，以斜长石绢云母化及绿帘石化、角闪石次闪石化、黑云母白云母化及绿泥石为主。

2)包体特征

该岩体包体发育,岩体内部主要包体以细粒闪长质暗色深源包体为主,呈深灰色—灰黑色,多呈不规则长椭圆状、浑圆状,边界较截然。包体大小一般为 5cm×25cm,分布不均匀。包体呈中—细粒半自形粒状花岗结构,块状构造。主要矿物成分:角闪石 55%~60%、斜长石 20%~30%、黑云母 5%~10%、石英 5%,少量金属矿物、磷灰石、榍石等,矿物粒径一般为 0.5~2mm,少量 2~4mm,斜长石为自形板状及板柱状,角闪石呈自形—半自形柱状,黑云母呈自形条状。包体蚀变较弱,主要为部分阳起石发生绿泥石化。

岩体中围岩捕虏体相对较少。

3)剥蚀深度及侵入深度

再依勒克河北岩体为中细粒半自形粒状结构、似斑状结构,岩体呈长条状规模巨大的岩基,侵入于桑株塔格岩群片岩之中,岩体围岩捕虏体不发育,说明该岩体侵位深度中等偏深、剥蚀程度中等。

4)岩浆源区与构造环境

再依勒克河北岩体分布于中昆仑地层分区南缘,受康西瓦-苏巴什结合带控制明显。该岩体岩性组合为石英闪长岩-黑云二长花岗岩组合,岩体中暗色闪长质包体大量发育,副矿物特征组合为磁铁矿-钛铁矿-锆石-黄铁矿型组合。上述该岩体岩石组合、包体特征及副矿物特征组合说明,该岩体为壳幔混合源型浆混花岗岩,为与康西瓦结合带双向俯冲-碰撞有关的俯冲型花岗岩类,与其所在的区域构造位置及背景相吻合。

新一轮青藏高原西北缘空白区区域地质调查工作在地层、岩浆岩、构造等方面的研究新成果说明:康西瓦-苏巴什构造蛇绿混杂带所代表的苏巴什洋壳俯冲时间为二叠纪,且东部伯力克幅在中昆仑地层区见三叠纪阿塔木帕夏组红色陆相粗碎屑岩与下伏岩层均为不整合接触,说明中昆仑在二叠纪末已褶皱造山,苏巴什洋壳已经关闭,因此,再依勒克河北岩体侵位时代对比应为二叠纪。

第二节　火山岩

图幅内火山岩较为发育,主要发育于早古生代,古元古代、中元古代、新古生代也有零星出露。按时代由老到新分述如下。

一、古元古代火山岩

古元古代火山岩赋存于埃连卡特岩群中,该群 a 岩组、b 岩组、c 岩组中,绿色、深绿色方解绿泥钠长片岩,绿泥钠长片岩经原岩恢复为基性火山岩(详见第四章),d 岩组灰色黑云斜长变粒岩经原岩恢复为酸性火山岩(详见第四章),变基性火山岩岩石学、岩石化学、岩石地球化学特征详见第二章、第四章,这里仅对其形成构造环境作一探讨。

1. 岩石学特征

灰色黑云斜长变粒岩　浅灰色、灰色,显微鳞片—不等粒变晶结构,片麻状构造。主要矿物成分:斜长石 25%~30%、石英 30%~35%、方解石 10%、黑云母 15%~20%、白云母 10%~15%,金属矿物,磷灰石、锆石少量。石英、斜长石及方解石为不等粒状变晶结构,块状构造、条纹状构造。矿物粒径小于 0.5mm,黑云母及白云母为显微鳞片状,且定向平行排列,呈断续条纹状相对集中分布,其原岩为酸性火山岩。

灰绿色方解石英绿泥钠长片岩　为深绿色、淡绿色，显微鳞片—粒状变晶结构，片状构造。主要矿物成分：钠长石 40%～45%、绿泥石 30%～35%、方解石 20%～25%、绿帘石小于 5%。钠长石及方解石矿呈粒状鳞片变晶结构，钠长石粒径 0.05～0.3mm，方解石粒径 0.3～1.5mm，方解石呈条纹状相对集中排列分布，绿泥石为显微鳞片变晶定向平行分布，黑云母呈鳞片变晶结构，定向分布，绿帘石为粒状变晶，粒径小于 0.05mm，绿帘石与金属矿物密切伴生，呈断续平行定向排列。其原岩为变含火山碎屑的沉积岩。

2. 岩石地球化学特征

变基性火山岩（方解石英绿泥钠长片岩）和变酸性火山岩（黑云斜长浅粒岩）的岩石化学成分含量、微量元素含量、稀土元素含量及特征值见表 2-3 至表 2-5，其岩石地球化学特征详见第二章。

埃连卡特岩群主要岩石原岩恢复详见第四章，利用[(al+fm)-(c+alk)]-Si 图解、(Al+Fe+Ti)-(Ca+Mg)图解、A-F-M 三角图解判别，黑云斜长变粒岩主要落入火山岩区，方解绿泥纳长片岩、绿泥纳长片岩部分落入火山岩区，部分落入沉积岩区，其余岩石均落入沉积岩区，综合考虑其野外宏观地质特征，黑云斜长变粒岩为变酸性火山岩，方解石绿泥纳长片岩、绿泥纳长片岩其原岩可能为含中—基性火山碎屑岩的沉积岩。

变酸性火山岩（黑云斜长变粒岩）里特曼指数 σ 为 1.12，在邱氏火山岩综合命名图解（邱家骧，1982）上落入流纹岩区（图 3-44），利用 Ol′-Ne′-Q′图解（Irvine et al.，1971）判别，落入亚碱性岩区（图 3-45），在 Al_2O_3-An′图解（Irvine，1971）上落入拉斑玄武岩系列区（图 3-46），为钙碱性岩基亚碱性系列岩。

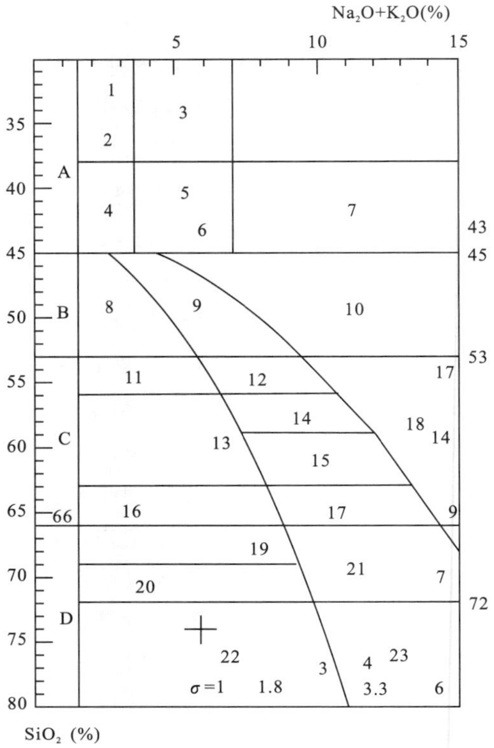

图 3-44　埃连卡特岩群变火山岩邱氏火山岩分类命名综合图解

（邱家骧，1982）

σ<1.8 为钙性岩；σ=1.8～3.3 为钙碱性岩；σ=3.3～9 为碱钙性(碱性)岩；σ>9 为碱性(过碱性岩) A(超基性岩类)：1、2. 玻基纯橄岩-金伯利岩类；3. 黄长玄武岩类；4. 苦橄岩类；5、6. 霞石碱玄岩-玻基辉(橄)岩类；7. 霞石岩类。B(基性岩类)：8. 玄武岩；9. 碱性玄武岩；10. 白榴碱玄岩-白榴岩类。C(中性岩类)：11. 玄武安山岩；12. 玄武粗安岩；13. 安山岩；14. 粗安岩；15. 粗面岩；16. 石英安山岩(安山英安岩)；17. 石英粗面岩；18. 响岩类。D(酸性岩类)：19. 英安岩(流纹英安岩)；20. 英安流纹岩；21. 碱流岩；22. 流纹岩；23. 碱性流纹岩 +埃连卡特岩群

变酸性火山岩稀土元素总量（$\sum$REE）中等偏高，轻重、稀土元素总量（LREE/HREE）比值较大（见表 2-5），（LREE/HREE）值为 7.43，稀土元素球粒陨石模式曲线右倾（见图 2-3），$(La/Yb)_N$ 值为 8.23，模式曲线斜率较大，为轻稀土元素富集型，δEu 值为 0.55，铕为负异常，变酸性火山岩稀土元素总量、稀土元素球粒陨石配分模式曲线与板块聚合边界-造山带火山岩稀土元素模式曲线相似。

变含火山碎屑的沉积岩（方解绿泥纳长片岩）稀土元素总量（$\sum$REE）中等偏低（$\sum REE = 116.79 \times 10^{-6}$），稀土元素球粒陨石模式曲线右倾（图 2-3），与变酸性火山岩相似，$(La/Yb)_N$ 值为 7.53，为轻稀土元素富集型，δEu 值为 0.76，铕为负异常，与造山带火山岩稀土元素球粒陨石模式曲线相似。

3. 构造环境讨论

古元古代埃连卡特岩群变酸性火山岩（黑云母斜长变粒岩）为流纹岩、变含火山碎屑的沉积岩（方解石绿泥纳长片岩）均属钙碱性岩，其稀土元素球粒陨石模式曲线与造山带岩浆岩稀土元素球

粒陨石模式曲线相似，利用里特曼-戈蒂里图解(Rittmann，1973)判别，落入聚合板块边缘区(岛弧及活动大陆边缘区)(图 3-47)，因此埃连卡特岩群变火山岩为聚合板块边界-造山带火山岩。

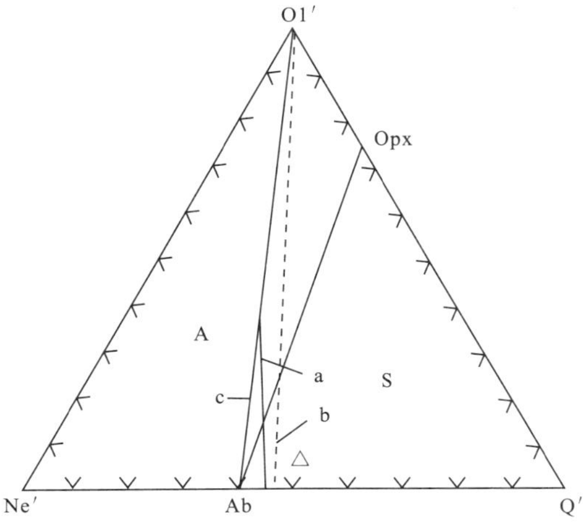

图 3-45　埃连卡特岩群火山岩

Ol′-Ne′-Q′图解

(Irvine et al.，1971)

a. Irvine(1971)；b. Peldervaart(1964)；c. Youd

A. 碱性区；S. 亚碱性区。△埃连卡特岩群变火山岩

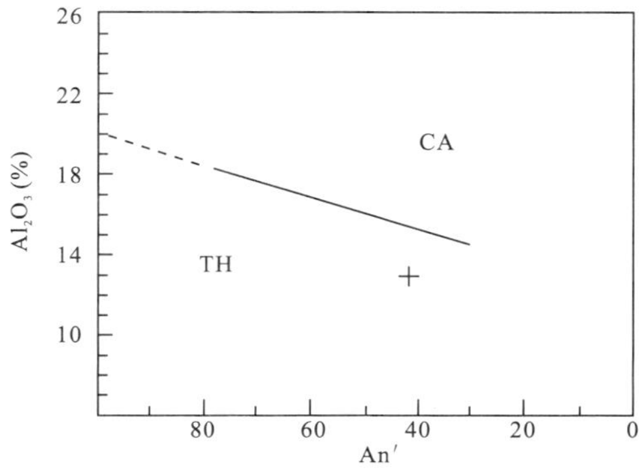

图 3-46　埃连卡特岩群变火山岩

Al_2O_3-An′图解

(Irvine，1971)

An′=100 * An/(An+Ab+5/3Ne)

TH. 拉斑玄武岩区；CA. 钙-碱性火山岩区。

+埃连卡特岩群变火山岩

二、长城纪火山岩

长城纪火山岩比较发育，主要赋存于长城系塞拉加兹塔格岩群和赛图拉岩群之中。赛图拉岩群中斜长角闪片岩经原岩恢复为变基性火山岩(详见第四章)，塞拉加兹塔格岩群中绿泥钠长片岩、方解石石英绿泥钠长片岩经原岩恢复为变基性火山岩。

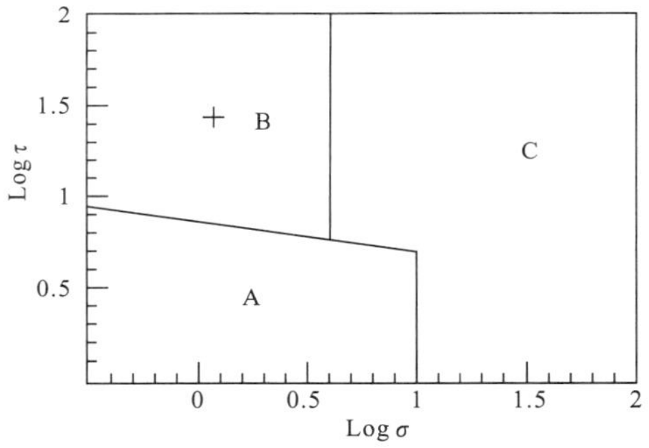

图 3-47　埃连卡特岩群火山岩

里特曼-戈蒂里图解

(Rittmann，1973)

A. 非造山带火山岩；B. 造山带火山岩；C. 为 A、B 区派生的碱性、偏碱性火山岩。

+埃连卡特岩群变火山岩

(一)塞拉加兹塔格岩群变基性火山岩

塞拉加兹塔格岩群 a 岩组中绿泥钠长片岩、方解石英绿泥钠长片岩经原岩恢复为变基性火山岩。

1. 岩石学特征

绿泥钠长片岩和方解石英绿泥钠长片岩呈浅绿色、绿色，呈粒状鳞片变晶结构，片状构造。主要矿物成分为斜长石 20%～25%、绿泥石 40%～45%、绿帘石 3%～5%、黑云母 5%～10%、石英 10%～15%、方解石 10%～15%，金属矿物及榍石少量。斜长石、石英及方解石呈不等粒状，粒径0.5～1mm，绿泥石及黑云母呈鳞片状定向分布，绿帘石呈粒状，一般多数粒径小于 0.05mm。

2. 岩石地球化学特征

塞拉加兹塔格岩群中的变基性火山岩(方解石英绿泥钠长片岩、绿泥钠长片岩)主要岩石化学成分含量、微量元素含量、稀土元素含量见表 2-6 至表 2-8，其岩石地球化学特征详见第二章。

变基性火山岩(方解石英绿泥钠长片岩)稀土元素含量中等($\sum$REE＝154.42×10^{-6}),轻、重稀土元素总量(LREE/HREE)比值为5.79,稀土元素球粒陨石模式曲线右倾,$(La/Yb)_N$值为7.63,轻、重稀土元素分馏较大,为轻稀土元素富集型(图2－5),δEu值为0.90,铕为极弱的负异常。

方解石英绿泥钠长片岩根据岩石化学计算(详见第四章),利用[(al＋fm)－(c＋alk)]－Si图解、(Al＋Fe＋Ti)－(Ca＋Mg)图解、A－C－F三角图解及TiO_2－F图解等多种图解判别,落入正变质基性岩区、火山岩区或玄武岩类、基性火山岩区(详见第四章),说明其原岩为基性火山岩;在邱氏火山岩综合命名图解(邱家骧,1982)上,落入玄武岩区(图3－48),利用Ol′－Ne′－Q′图解(Irvine,1971)判别,落入亚碱性岩区(图3－49),在Al_2O_3－An′图解(Irvine,1971)(图3－50)及F－A－M

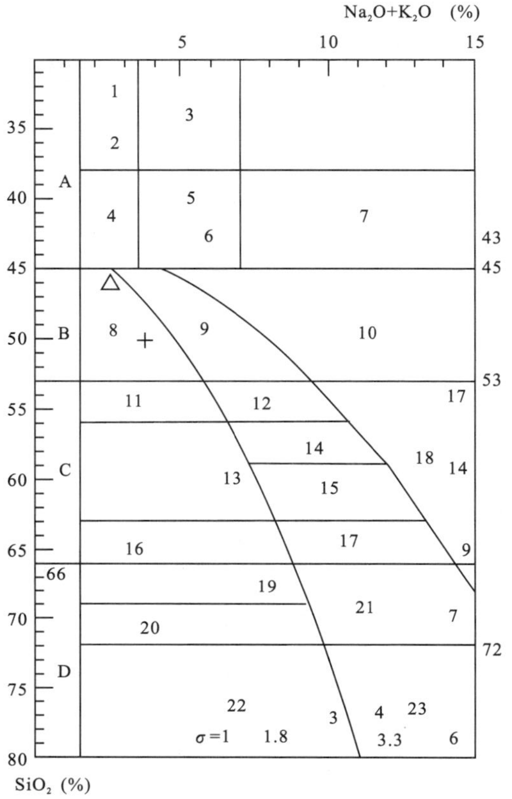

图3－48　塞拉加兹塔格岩群、赛图拉岩群变火山岩邱氏火山岩分类命名综合图解

(邱家骧,1982)

σ<1.8为钙性岩;σ＝1.8～3.3为钙碱性岩;σ＝3.3～9为碱钙性(碱性)岩;σ>9为碱性(过碱性岩)

A(超基性岩类):1、2.玻基纯橄岩-金伯利岩类;3.黄长玄武岩类;4.苦橄岩类;5、6.霞石碱玄岩-玻基辉(橄)岩类;7.霞石岩类。B(基性岩类):8.玄武岩;9.碱性玄武岩;10.白榴碱玄岩-白榴岩类。C(中性岩类):11.玄武安山岩;12.玄武粗安岩;13.安山岩;14.粗安岩;15.粗面岩;16.石英安山岩(安山英安岩);17.石英粗面岩;18.响岩类。D(酸性岩类):19.英安岩(流纹英安岩);20.英安流纹岩;21.碱流岩;22.流纹岩;23.碱性流纹岩。＋塞拉加兹塔格岩群;△赛图拉岩群火山岩

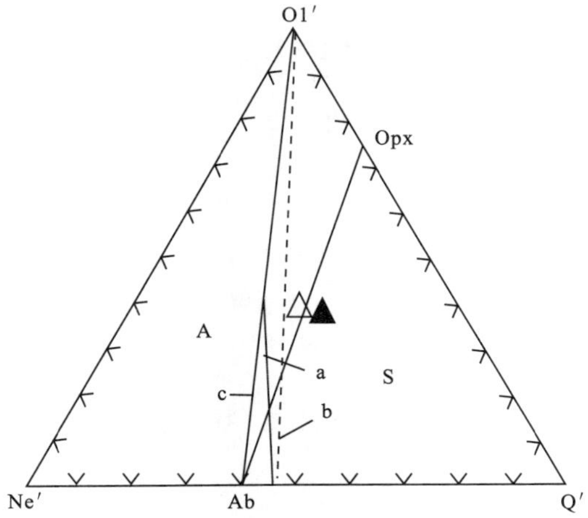

图3－49　塞拉加兹塔格岩群、赛图拉岩群变火山Ol′－Ne′－Q′图解(1)

(Irvine et al.,1971)

a. Irvine(1971);b. Peldervaart(1964);c. Youd

A.碱性区;S.亚碱性区。△塞拉加兹塔格岩群;▲赛图拉岩群火山岩

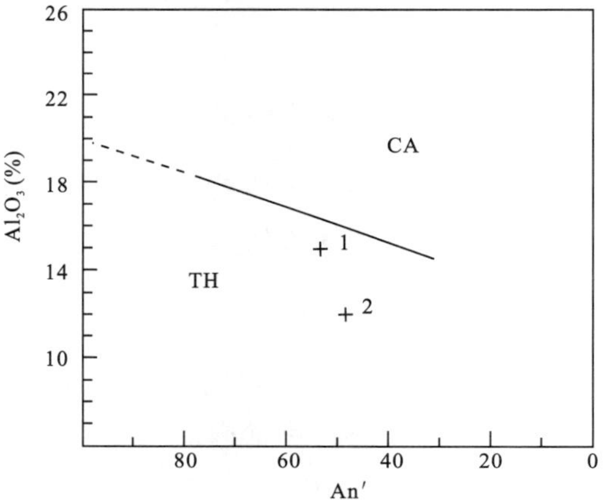

图3－50　塞拉加兹塔格岩群、赛图拉岩群火山岩Al_2O_3－An′图解

(Irvine,1971)

An′＝100＊An/(An＋Ab＋5/3Ne)

TH.拉斑玄武岩区;CA.钙-碱性火山岩区。

＋1.塞拉加兹塔格岩群;＋2.赛图拉岩群火山岩

图解(Irvine,1971)上,均落入拉斑玄武岩系列区(图 3－51),因此,该变基性岩为亚碱性岩、拉斑玄武岩系列。

3. 构造环境探讨

塞拉加兹塔格岩群变基性火山岩为拉斑玄武岩系列。利用岩石主要成分判别在 $FeO^*/MgO-TiO_2$ 图解(图 3－52)上落入洋岛玄武岩区(OIB),利用 $TiO_2-MnO\times10-P_2O_5\times10$ 图解(Mullen,1983)(图 3－53)判别,落入洋脊玄武岩区(MORB),在 $P_2O_5-TiO_2$ 图解(Bass,1973)(图 3－54)上,落入洋岛玄武岩区(OIB),利用微量元素 Ti－Zr 图解(Pearce,1980)(图 3－55)判别,样品落入板内玄武岩区,综合考虑变基性火山岩稀土元素球粒陨石配分模式曲线特征,塞拉加兹塔格岩群变基性火山岩应为活动陆缘岛弧环境形成。

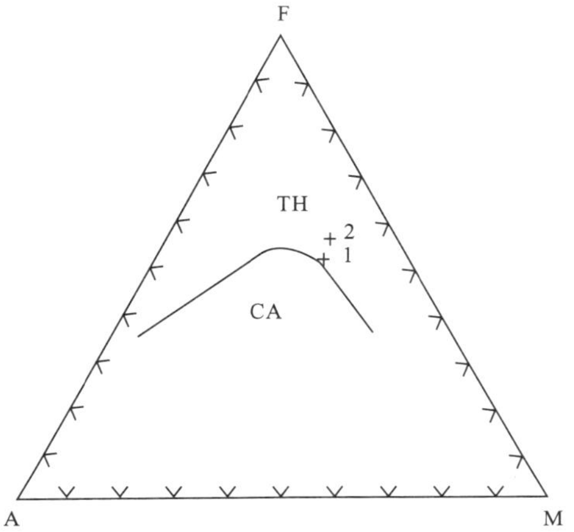

图 3－51　塞拉加兹塔格岩群、赛图拉岩群火山岩区分拉斑玄武岩和钙碱性玄武岩图解
(Irvine,1971)
TH. 拉斑玄武岩套;CA. 钙碱性岩套。
＋1. 塞拉加兹塔格岩群;＋2. 赛图拉岩群火山岩

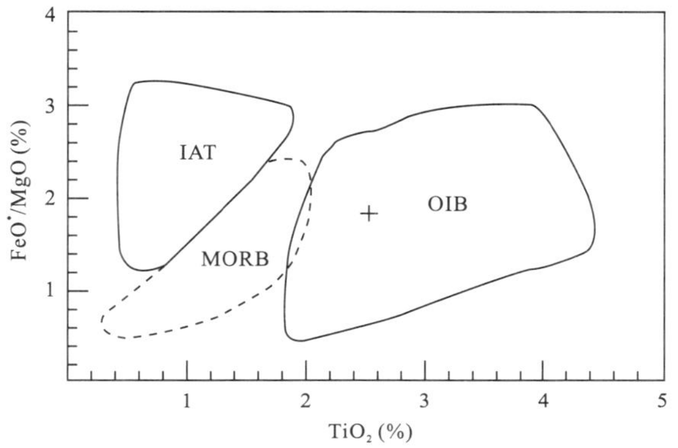

图 3－52　塞拉加兹塔格岩群变火山岩 $FeO^*/MgO-TiO_2$ 图解
(Glassily,1974)
MORB. 洋中脊拉斑玄武岩;OIB. 洋岛拉斑玄武岩;
IAT. 岛弧拉斑玄武岩。＋塞拉加兹塔格岩群

(二)赛图拉岩群变基性火山岩

赛图拉岩群中部深灰色、黑色角闪斜长片岩经原岩恢复为变基性火山岩。

1. 岩石学特征

赛图拉岩群中角闪斜长片岩为深灰色,粒状—柱状不等粒变晶结构,片状构造。主要矿物成分斜长石 55%～60%、角闪石 30%～35%、黑云母＋角闪石小于 3%,矿物粒径 0.3～1.5mm,金属矿物及榍石少量。角闪石呈柱状,斜长石呈不等粒板状,黑云母呈鳞片状,角闪石、黑云母沿片理定向平行分布。其野外地质特征及室内岩石化学特征综合研究,恢复其原岩为基性火山岩。

2. 岩石地球化学特征

变基性火山岩(角闪斜长片岩)主要岩石化学成分含量、微量元素含量、稀土元素含量见表 2－9 至表 2－11,其岩石地球化学特征详见第二章。

斜长角闪片岩利用[(al＋fm)－(c＋alk)]－Si 图解恢复原岩,投影到火山岩区,利用(Al＋Fe＋Ti)－(Ca＋Mg)图解恢复原岩,投影到玄武岩类区(详见第四章变质岩),岩石中 SiO_2 含量为

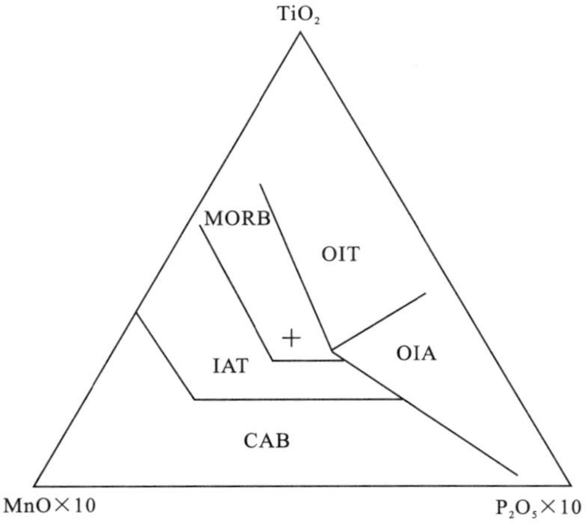

图 3-53　塞拉加兹塔格岩群变火山岩

$TiO_2-Mn\times10-P_2O_5\times10$ 图解

(Mullen,1983)

MORB. 洋脊玄武岩;OIT. 洋岛拉斑玄武岩;OIA. 洋岛碱性玄武岩;IAT. 岛弧拉斑玄武岩;CAB. 钙碱性玄武岩(岛弧)。

+塞拉加兹塔格岩群变火山岩

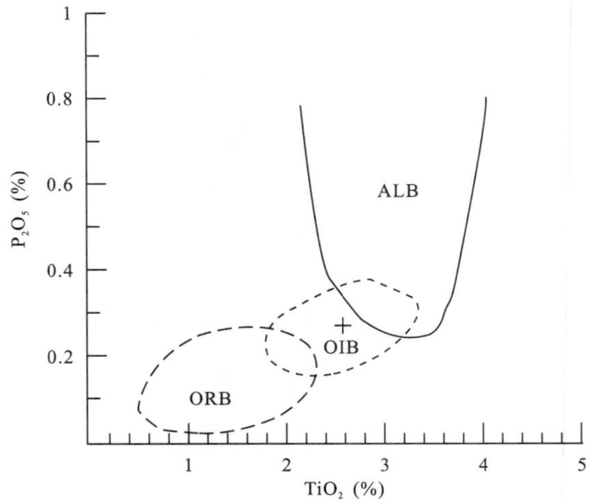

图 3-54　塞拉加兹塔格岩群变火山岩

$P_2O_5-TiO_2$ 图解

ORB. 洋脊拉斑玄武岩;OIB. 洋岛拉斑玄武岩;

ALB. 碱性拉斑玄武岩。

+塞拉加兹塔格岩群变火山岩

50.45%,其 $\sigma=2.07$,在邱氏火山岩酸度、碱度系列图解上落入玄武岩区(图 3-48),利用 Ol′-Ne′-Q′图解(Irvine,1971)判别,落入亚碱性岩区(图 3-49),在火山岩 Al_2O_3-An′图解(Irvin,1971)上落入拉斑玄武岩系列区(图 3-50),$(Na_2O)n/(K_2O)n$ 为 8.28,比值较大,$(Na_2O)n$ 远大于 $(K_2O)n$。上述赛图拉岩群变基性火山岩特征说明,其原岩为玄武岩属拉斑玄武岩系列,为钠质型。

变基性火山岩稀土元素含量较低(62.78%),轻重、稀土元素总量(LREE/HREE)比值仅为 2.92,稀土元素球粒陨石模式曲线 $(La/Yb)_N$ 值为 2.80,稀土元素球粒陨石标准化模式曲线略为右倾,为轻稀土元素略微的富集型,与岛弧火山岩模式曲线相似(见第二章图 2-7)。

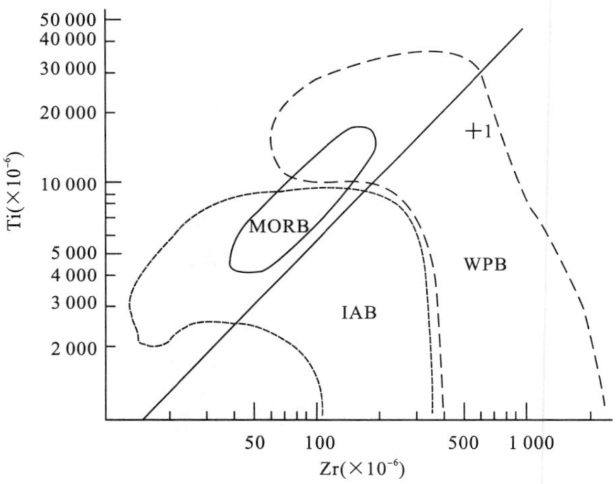

图 3-55　塞拉加兹塔格群变火山岩 Ti-Zr 图解

(Pearce,1980)

MORB. 洋中脊玄武岩;IAB. 岛弧玄武岩;WPB. 板内玄武岩。

+赛图拉岩群变火山岩

3. 构造环境探讨

变基性火山岩(方解绿泥石钠长片岩)为拉斑玄武岩,利用岩石主要成分判别在 $P_2O_5-TiO_2$ 图解(Bass,1973)上落入洋脊玄武岩区(图 3-56),在 $TiO_2-MnO\times10-P_2O_5\times10$ 图解(Mullen,1983)(图 3-57)上落入岛弧拉斑玄武岩(IAT);利用微量元素 Ti-Zr 图解(Pearce,1980)判别,一个样品落入洋脊玄武岩区,另一个样品落入岛弧玄武岩区(IAT)靠近 MORB 边界区(图 3-58),且赛图拉岩群变基性火山岩稀土元素球粒陨石模式曲线与岛弧火山岩相似,为轻稀土元素略微富集的富集型,岩石主要化学成分、微量元素和稀土元素特征均反映其为聚合板块边界的活动陆缘环境形成。

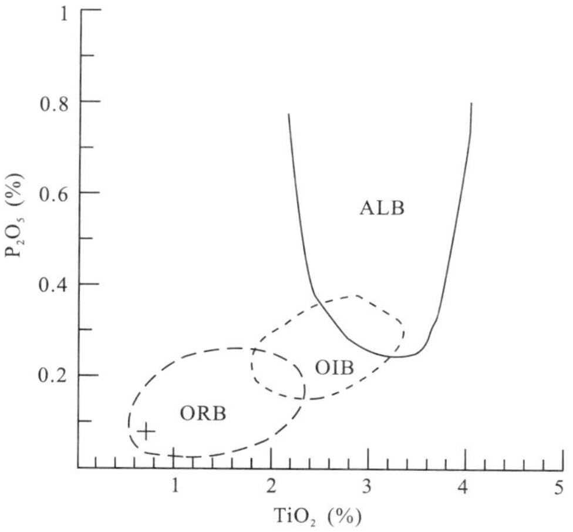

图 3-56　赛图拉岩群变基性火山岩

$P_2O_5-TiO_2$ 图解

ORB. 洋脊拉斑玄武岩；OIB. 洋岛拉斑玄武岩

ALB-碱性拉斑玄武岩。

+赛图拉岩群变基性火山岩

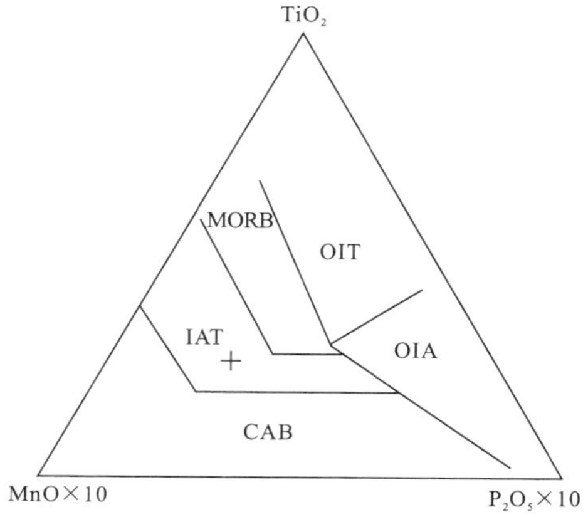

图 3-57　赛图拉岩群变基性火山岩

$TiO_2-MnO\times10-P_2O_5\times10$ 图解

(Mullen,1983)

MORB. 洋脊玄武岩；OIT. 洋岛拉斑玄武岩；OIA. 洋岛碱性玄武岩；IAT. 岛弧拉斑玄武岩；CAB. 钙碱性玄武岩(岛弧)。

+赛图拉岩群变基性火山岩

三、寒武纪—奥陶纪火山岩

图幅内寒武纪火山岩分布较广，除库地-其曼于特蛇绿岩(在蛇绿岩一节中介绍)之外，在塔里木南缘土库曼塔什塔格山南寒武系—奥陶系阿其克片岩组中绿泥绢云石英片岩、绿泥石英片岩经原岩恢复其原岩为凝灰质砂岩或凝灰岩。

1. 岩石学特征

寒武系—奥陶系阿其克片岩组中绿泥绢云石英片岩和绿泥石英片岩发育鳞片状—不等粒变晶结构、变余凝灰质结构，片状构造。主要矿物成分为斜长石 25%～30%、石英 20%～25.96%、方解石 20%～25.96%、绿泥石 10%～15%、白云母 5%～10%，其中斜长石、方解石及石英为不等粒变晶结构，粒径一般小于 0.5mm，绿泥石及白云母呈鳞片状，定向平行分布，部分斜长石及石英粒径大小不一、相差悬殊，少数为棱角状，故其原岩为凝灰质砂岩或凝灰岩等火山碎屑岩。

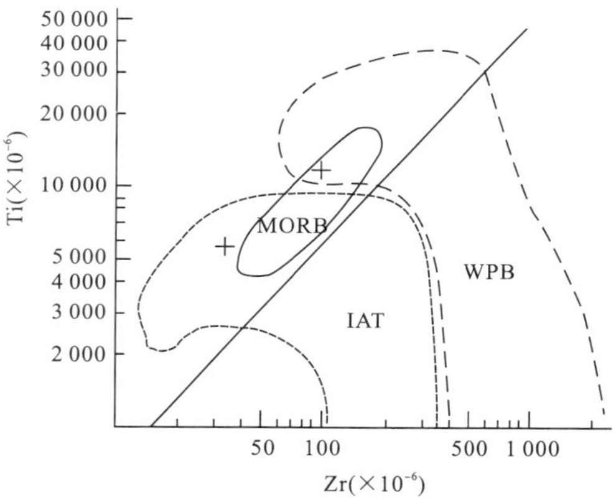

图 3-58　赛图拉岩群中变基性火山岩

Ti-Zr 图解

(Pearce,1980)

MORB. 洋中脊玄武岩；IAT. 岛弧玄武岩；WPB. 板内玄武岩。+赛图拉岩群中变玄武岩

2. 岩石地球化学特征

阿其克片岩组中的变余火山碎屑岩岩石化学成分、微量元素、稀土元素含量详见第二章(表 2-18 至表 2-20)。

阿其克片岩变余火山碎屑岩稀土元素总量(∑REE)中等偏高，∑REE 在(180.29～186.20)$\times10^{-6}$之间，轻、重稀土元素总量比值(LREE/HREE)在 9.38～11.37 之间，球粒陨石模式曲线右倾且斜率较大，属轻稀土元素富集型，δEu 值在 0.64～0.74 之间，铕为负异常。

3. 构造环境

阿其克片岩位于塔里木板块南缘，变凝灰岩或凝灰质砂岩稀土元素为轻稀土元素富集型。该岩组碎屑岩、凝灰质碎屑岩在 TiO_2-($Fe_2O_3^*$ +MgO)双变量关系图(Bhatia，1983)(图 2－16)上，两个样品落入大陆岛弧区，一个样品落入投影区外，利用 Al_2O_3/SiO_2-($Fe_2O_3^*$ +MgO)双变量关系图(Bhatia，1983)(图 2－17)判别，两个样品落入大陆岛弧区，一个落入活动大陆边缘区。

综上所述，阿其克片岩火山碎屑岩岩石化学特征及岩石组构反映其可能处于活动大陆边缘或岛弧环境。

四、石炭纪火山岩

慕撒希玄武岩是分布于库尔良裂谷带中的石炭纪火山岩，呈一小的构造岩片出露。石炭系慕撒希玄武岩以基性火山岩及火山碎屑岩为主。慕撒希玄武岩主要岩石类型有玄武岩、凝灰岩、火山角砾凝灰岩。

灰绿色块状玄武岩　出露于慕撒希玄武岩(C^β)上部，呈灰黑色、暗灰绿色，细—隐晶质结构、斑状结构，块状构造。斑晶为辉石小于 5%，少量为角闪石等。斑晶粒径 1～1.3mm，晶屑呈半自形—自形晶；基质为隐晶质结构，基质凝灰质粒径 0.01～0.15mm。岩石中次生蚀变强烈，以绿帘石化、绿泥石化、碳酸盐化为主。

灰绿色块状凝灰岩　产出于慕撒希玄武岩(C^β)下部，呈灰色、灰绿色，凝灰质结构，块状构造。主要成分为凝灰质，岩石中发育一组片理面，片理面透入性较强，片理面南倒北倾，凝灰质粒径 0.01～0.2mm。岩石中次生蚀变较为强烈，岩石中绿泥石化、绿帘石化、绢云母化强烈。白色碳酸盐细脉发育。

灰绿色火山角砾凝灰岩　出露于慕撒希玄武岩(C^β)下部，呈灰绿色，火山角砾含量 30%～65%，火山角砾直径 2～10mm，角砾成分以玄武质为主，片岩角砾少量，角砾为棱角状、次棱角状，基质为凝灰质结构，含量 35%～60%，颗粒大小 0.05～1.5mm，火山碎屑大小不一。岩石中次生蚀变较为强烈，次生蚀变矿物主要为绢云母＋绿泥石＋绿帘石。

慕撒希玄武岩是分布于库尔良裂谷带中的石炭纪火山岩，为特提斯大洋在晚古生代(石炭纪)扩张时弧后裂谷环境产物。

第三节　蛇绿岩

20 世纪 60 年代到 80 年代初，新疆地质矿产局第十地质大队、区调队等在相邻图幅开展地质工作时，在昆仑山前一带发现了零星的超基性—基性岩，将其时代定为海西晚期。陕西省地质调查院于 2000—2002 年在西邻于田县幅 1∶25 万区调工作时，在西昆仑山前其曼于特—卡羌一带发现大量的超基性岩、基性岩，通过对该超基性岩、基性岩岩石学、岩石地球化学研究其属蛇绿岩组成部分，研究认为其是库地蛇绿岩的东延部分，将其命名为库地-其曼于特蛇绿岩，时代厘定为早古生代。本次工作沿用库地-其曼于特蛇绿岩一名。

一、地质特征

图幅内蛇绿岩带呈北西西—南东东向横贯图幅南部，断续分布于昆仑山北麓尼萨、包萨提、奥米沙、台提南、喀拉科勒、区委克南一带的库地-其曼于特结合带之中，地表出露南北宽几十米到数千米不等，最宽处约 2km，向东延伸进入于田县幅，向西进入康西瓦幅。

库地-其曼于特蛇绿岩为库地-其曼于特构造蛇绿混杂岩带内变形较弱的刚性块体的主要组成部分，以超基性岩—基性岩为主。蛇绿混杂岩中主要岩石类型有蛇纹岩、蛇纹化橄榄岩、蚀变辉石岩、蚀变辉长岩、蚀变辉绿岩、蚀变玄武岩、蚀变玄武安山岩等。库地-其曼于特蛇绿岩中的超基性岩、基性岩刚性块体呈长透镜状，规模不一，长几十米至数百米甚至近千米不等，宽从数米至数百米不等，甚至在显微尺度也可见及，受后期构造改造作用影响，长透镜体产状与构造混杂岩带中构造片理产状一致，呈北西西—南东东向沿断层带、剪切带分布。刚性块体之间由构造片岩等剪切基质分隔，与剪切基质以韧-脆性断层接触，属构造变形较弱的弱变形域。

库地-其曼于特蛇绿岩受后期多期构造活动的破坏，其在图幅内没有一个完整的剖面。测区各处其曼于特构造蛇绿混杂岩中，由于构造混杂作用使蛇绿混杂岩中的岩性变化较大、岩性出露不全，不同地段刚性块体的岩性、刚性块体的岩性组合均变化较大，超基性岩刚性块体主要出露于奥米沙、玉龙南、阿其克南其曼于特构造蛇绿混杂岩中，其余各地其曼于特构造蛇绿混杂岩中刚性块体主体以基性侵入岩与中—基性火山岩组合为主。

二、岩石学特征

图幅内库地-其曼于特蛇绿岩带中出露的蛇绿岩岩石类型主要可分为超基性岩、基性侵入岩、基性火山岩三大类，常紧密共生，该超基性岩和基性岩岩石学、岩石化学、地球化学特征简述如下。

1. 超基性岩类

超基性岩类岩石类型有蛇纹岩、蛇纹石化辉橄岩、蚀变辉石岩。

蛇纹岩 为库地-其曼于特蛇绿岩中超基性岩主要岩性之一，呈暗绿色、翠绿色，具纤维状—叶片状变晶结构，次平行状构造。岩石蚀变极为强烈，矿物成分以蚀变矿物蛇纹石为主，蛇纹石大于 98%，蛇纹石呈纤维状及叶片状，且大致平行排列，金属矿物成星点状，原岩中暗色矿物全被蛇纹石取代，原生矿物几乎未见，根据岩石化学成分计算标准矿物(CIPW)投影，落入斜方辉石橄榄岩区，其原岩为斜方辉石橄榄岩(图 3-59)。

蛇纹石化辉橄岩 为库地-其曼于特蛇绿岩中超基性岩石的主要类型之一。岩石呈翠绿色，呈纤维—叶片状变晶结构，片状构造。岩石蚀变极为强烈，矿物成分以次生蚀变矿物蛇纹石、滑石、金属矿物为主，蛇纹石>80%、辉石 10%～15%、金属矿物≤5%。蛇纹石呈叶片状、纤维状平行分布，滑石为显微鳞片变晶结构，金属矿物呈次生网状及次生环状分布，岩石中方解石脉发育，岩石中原生矿物全被次生蚀变矿物蛇纹石、滑石及金属矿物取代。根据岩石化学成分计算标准矿物(CIPW)投影，落入二辉橄榄岩区(图 3-59)。

蚀变辉石岩 为库地-其曼于特蛇绿岩中超基性岩石的主要类型之一。岩石呈暗绿色，主要矿物成分为辉石、斜长石，黑云母少量，辉石几乎全部次闪石化。辉石含量>90%、斜长石 2%～5%、黑云母 5%。角闪石呈柱粒状，多数粒径 0.5～2mm，定向排列，角闪石具多色性；斜长石为变晶粒状；黑云母为显微粒状，粒径小于 0.5mm。呈中—细粒状变晶结构、显微鳞片状—粒状变晶结构，块状构造。

2. 基性侵入岩

基性侵入岩包括蚀变橄榄辉长岩、糜棱岩化蚀变辉长岩、蚀变辉长岩、辉绿岩。

蚀变橄榄辉长岩 为库地-其曼于特蛇绿岩中基性侵入岩的主要类型之一。岩石呈暗绿色，呈变余中—细粒辉长结构，块状构造。矿物粒度0.5～2mm，部分 2～5mm，岩石蚀变强烈，岩石中主要矿物成分为辉石>60%、橄榄石>20%。橄榄石蚀变为蛇纹石，辉石基本上已闪石化，斜长石10%～15%、角闪石5%～10%，金属矿物少量。斜长石呈自形板状。岩石蚀变强烈，以斜长石发生钠黝帘石化、辉石发生次闪石化及绿泥石化、角闪石次闪石化为主。由于其蚀变强烈，根据岩石化学成分计算标准矿物(CIPW)投影，落入橄榄辉长岩区，其原岩可能为橄榄辉长岩(图3-60)。

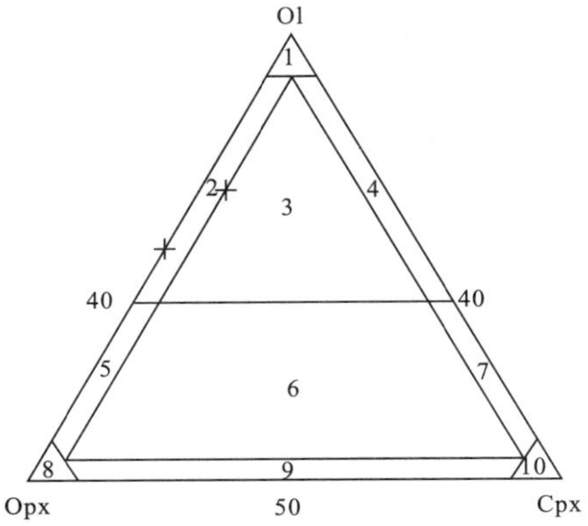

图3-59　库地-其曼于特蛇绿混杂岩中超镁铁质岩分类命名图解

(Streckeisen,1976)

Ol. 橄榄石；Opx. 斜方辉石；Cpx. 单斜辉石

1. 纯橄榄石；2. 斜方辉石橄榄岩；3. 二辉橄榄岩；4. 异剥单辉橄榄岩；5. 橄榄斜方辉石岩；6. 橄榄二辉岩；7. 橄榄单斜辉石岩；8. 斜方辉石岩；9. 二辉岩；10. 单斜辉石岩。

+其曼于特蛇绿混杂岩中超镁铁质岩

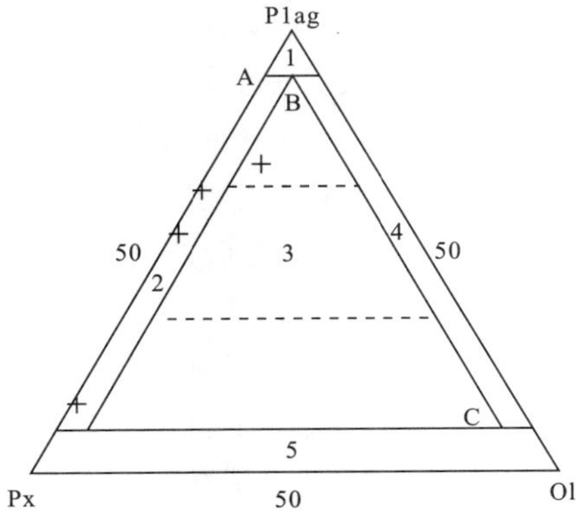

图3-60　库地-其曼于特蛇绿混杂岩中辉长岩分类命名图解(1)

(Streckeisen,1976)

Plag. 斜长石；Px. 辉石；Ol. 橄榄石

1. 斜长岩；2. 辉长岩、辉长苏长岩、苏长岩；3. 橄榄辉长岩、橄榄辉长苏长岩、橄榄苏长岩；4. 橄长岩；5. 含斜长石超镁铁质岩。+库地-其曼于特蛇绿混杂岩中基性侵入

糜棱岩化蚀变辉长岩　为库地-其曼于特蛇绿岩中基性侵入岩的主要岩石类型之一。岩石呈辉绿色，变余细粒辉长结构、糜棱结构、碎裂结构，条纹状构造。岩石细粒化强烈，矿物粒度0.5～2mm，少数2～5mm，岩石蚀变强烈。岩石中主要矿物成分为辉石45%～60%、斜长石35%～45%，金属矿物少量。斜长石及角闪石残斑成眼球状及小透镜状，定向平行排列分布，细粒化了的长石及角闪石小晶体呈流线状环绕残斑，其他次生矿物绿泥石、绿帘石均围绕残斑展布，部分残斑两段出现不对称拖尾，构成糜棱构造。残留的辉石、斜长石多呈近等轴它形粒状、柱状。岩石蚀变强烈，原生矿物80%～90%多已次生蚀变，以斜长石钠黝帘石化，辉石发生次闪石化、绿泥石化及绿帘石化为主。根据其残余矿物恢复及岩石化学成分计算标准矿物(CIPW)投影，落入辉长岩区，因此其原岩为辉长岩(图3-60)。

蚀变辉长岩　为库地-其曼于特蛇绿岩中基性侵入岩的主要岩石类型之一。岩石呈深灰及暗绿色，变余辉长结构，块状构造。矿物粒度0.5～2mm，少数2～5mm，岩石中主要矿物成分为辉石65%～75%、斜长石25%～35%，金属矿物、磷灰石等少量。辉石多已次闪石化、绿帘石化及绿泥石化，根据残余矿物及次生矿物集合体形态推断其原生矿物为辉石，残余辉石呈粒柱状，斜长石为半自形板状、柱状。岩石蚀变较强烈。根据其残余矿物及岩石化学成分计算标准矿物(CIPW)投影，岩石投影落入辉长岩区，因此其原岩为辉长岩(图3-60)。

辉绿岩　库地-其曼于特蛇绿岩中辉绿岩不发育，以岩脉状或岩脉群岩墙状侵入于辉长岩中，单脉宽度一般几十厘米到几米，具辉绿结构，块状构造。主要矿物成分为角闪石和斜长石，角闪石>65%、斜长石20%～25%、辉石10%～20%，部分辉绿岩中含少量的石英和钾长石，局部10%～15%，角闪石多已取代辉石。岩石次生蚀变强烈，以辉石角闪石化、斜长石绢云母化为主。

3. 基性火山岩

库地-其曼于特蛇绿混杂岩中的基性火山岩较为发育，主要岩石类型为蚀变玄武岩。

蚀变玄武岩　呈暗绿色、深绿色，呈鳞片—粒状变晶结构，在构造变形较弱处，见其呈变余细—隐晶质结构，块状构造、杏仁状构造，枕状构造不发育。岩石中矿物多数已蚀变，矿物成分含量变化较大，主要矿物有斜长石 40%～55%、角闪石 20%～35%、绿泥石、绿帘石、阳起石、绢云母、方解石等，金属矿物、磷灰石、榍石少量，其中绿泥石、绿帘石、阳起石含量约为 25%～30%。岩石次生蚀变较强，在变形强处多已成构造片岩。利用岩石化学成分在邱氏火山岩命名图解上投影落入玄武岩区，说明其原岩为玄武岩。

三、岩石地球化学特征

1. 岩石化学特征

库地-其曼于特蛇绿岩的岩石化学成分见表 3－20，CIPW 矿物含量见表 3－21，稀土元素含量及特征值见表 3－22，微量元素含量见表 3－23。

表 3－20　库地-其曼于特蛇绿混杂岩岩石化学成分含量及特征值

样品号	岩石名称	岩石化学成分含量(%)									
		SiO_2	TiO_2	Al_2O_3	Fe_2O_3	FeO	MnO	MgO	CaO	Na_2O	K_2O
D5131－GS1	糜棱岩化安山岩	57.86	0.50	16.84	2.84	2.93	0.16	4.71	7.30	3.92	1.50
D5131－GS6	蚀变玄武岩	52.66	0.99	12.91	4.46	4.22	0.13	4.82	9.50	3.46	0.76
D6718－GS1	片理化玄武岩	47.59	1.44	14.82	0.59	10.27	0.16	7.33	7.40	3.15	0.60
D6765－GS1	变玄武岩	46.24	1.69	15.13	1.45	7.51	0.09	6.79	9.05	2.95	0.20
D5131－GS4	糜棱岩化辉长岩	53.50	0.52	16.00	3.49	4.60	0.14	5.5	11.45	2.46	0.52
D7278－GS1	变辉长岩	49.01	1.06	14.60	2.09	7.79	0.18	8.19	11.00	1.10	1.60
D5131－GS5	糜棱岩化橄榄辉长岩	49.60	0.23	5.42	4.19	6.49	0.23	15.02	15.90	0.54	0.20
D5131－GS3	蚀变橄榄辉长岩	45.90	0.60	16.33	4.73	6.86	0.17	8.62	13.00	1.74	0.46
D5131－GS2	蚀变辉石岩	42.88	0.87	15.35	4.62	7.18	0.14	11.90	13.55	1.52	0.40
D7280－GS1	蛇纹岩	42.01	0.02	1.95	4.95	1.62	0.08	35.29	0.90	0.10	0.15
D6249－GS3	蛇纹石化二辉橄岩	40.49	0.04	1.90	5.89	1.45	0.03	34.79	2.80	0.15	0.15

样品号	岩石名称	岩石化学成分含量(%)					特征参数值				
		P_2O_5	CO_2	H_2O^+	H_2O^-	LOI	σ	SI	A/CNK	m/f	AR
D5131－GS1	糜棱岩化安山岩	0.15	0.22	0.41	0.01	—	1.98	29.62	0.79	1.48	1.58
D5131－GS6	蚀变玄武岩	0.35	0.07	0.92	0.01	—	1.84	27.20	0.54	1.03	1.46
D6718－GS1	片理化玄武岩	0.16	0.78	2.83	0.24	6.02	3.06	33.41	0.77	1.19	1.41
D6765－GS1	变玄武岩	0.09	1.02	4.63	0.31	8.23	3.06	35.93	0.70	1.35	1.30
D5131－GS4	糜棱岩化辉长岩	0.07	0.08	0.69	0.02	—	0.85	33.19	0.63	1.24	1.24
D7278－GS1	变辉长岩	0.25	0.05	2.45	0.03	2.39	1.21	39.43	0.62	1.48	1.24
D5131－GS5	糜棱岩化橄榄辉长岩	0.02	0.40	0.50	0.01	—	0.08	56.81	0.18	2.57	1.07
D5131－GS3	蚀变橄榄辉长岩	0.08	0.08	0.95	0.02	—	1.67	38.46	0.60	1.36	1.16
D5131－GS2	蚀变辉石岩	0.08	0.16	0.81	0.08	—	－30.72	46.45	0.56	1.84	1.14
D7280－GS1	蛇纹岩	0.03	0.14	10.61	0.40	12.42	－0.06	83.80	0.99	10.19	1.19
D6249－GS3	蛇纹石化二辉橄岩	0.03	0.38	7.29	0.69	12.37	－0.04	81.99	0.34	9.18	1.14

注：样品由国土资源部西安矿产资源监督检测中心测试分析

从表 3－20 看：超基性岩的化学成分以富铁（$FeO+Fe_2O_3$）、富镁（MgO）、贫硅（SiO_2）、贫钾（K_2O）、贫钠（Na_2O）为特征。超基性岩中 SiO_2 含量为 40.49%～42.88%，MgO 含量为 11.90%～35.29%，$FeO+Fe_2O_3$ 含量为 6.57%～11.18%。除蚀变辉石岩 m/f 比值较小，为 1.84 外，蛇纹岩、蚀变蛇纹石化二辉橄榄岩 m/f 比值分别为 9.18、10.19，比值较大，为吴利仁所划分的镁质超基性岩类。超基性岩中 K_2O、Na_2O 含量虽然较低，但 $(Na_2O)n/(K_2O)n$ 比值较大，在 4.6～5.9 之间，$(Na_2O)n$ 远大于 $(K_2O)n$。在 AR－SiO_2 碱度关系图上，均落入碱性岩区（图 3－61）。由于岩石蚀变强烈，其原岩类型难以恢复，利用其全岩化学分析结果计算的 CIPW 标准分子投图（图 3－59），3 个样品中 1 个落入二辉橄榄岩区，1 个样品落入斜方辉石橄榄岩区，1 个样品落在投影区外。基性侵入岩总体以富镁 MgO、富铁（$FeO+Fe_2O_3$）为特征，SiO_2 含量主要在 45.9%～53.5% 之间，MgO 含量在 5.5%～15.02% 之间、（$FeO+Fe_2O_3$）在 8.09%～11.59% 之间，基性侵入岩 m/f 比值较小，在 1.24～2.57 之间，属吴利仁所划分的铁质基性岩类。

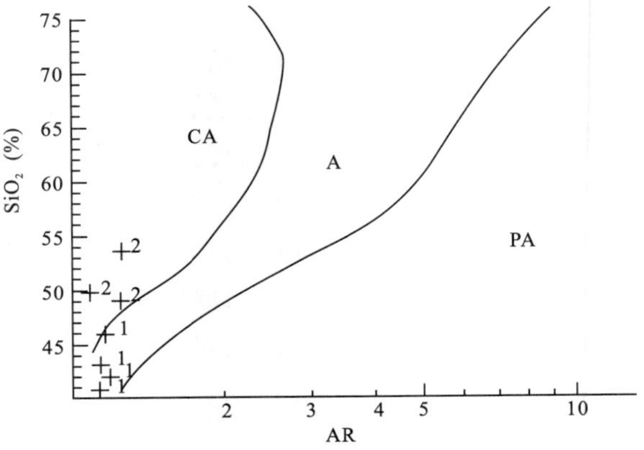

图 3－61　库地-其曼于特构造蛇绿混杂岩带中超基性岩、基性侵入岩碱度率图解。
（Wright，1969）
CA. 钙碱性；A. 碱性；PA. 过碱性。
+1 超基性岩；+2 基性侵入岩

表 3－21　库地-其曼于特蛇绿混杂岩 CIPW 矿物计算表　　（%）

样品号	岩石名称	Mt	Hm	Or	Ab	An	Qz	C	Di	Hy	Ol	Ne
D5131－GS1	糜棱岩化安山岩	4.17	—	8.98	33.60	24.24	8.47	—	9.18	10.07	—	—
D5131－GS6	蚀变玄武岩	6.86	—	4.76	31.06	18.51	8.19	—	23.29	4.52	—	—
D6718－GS1	片理化玄武岩	0.91	—	3.79	28.50	26.23	—	—	9.91	14.36	13.00	—
D6765－GS1	变玄武岩	2.31	—	1.30	27.37	30.10	—	—	15.07	14.70	5.42	—
D5131－GS4	糜棱岩化辉长岩	5.15	—	3.13	21.19	31.63	7.99	—	20.68	9.07	—	—
D7278－GS1	变辉长岩	3.13	—	9.76	9.61	31.15	1.25	—	19.21	23.25	—	—
D5131－GS5	糜棱岩化橄榄辉长岩	6.21	—	1.21	4.67	12.03	—	—	54.43	20.65	0.31	—
D5131－GS3	蚀变橄榄辉长岩	6.96	—	2.76	14.95	35.93	—	—	23.36	4.39	10.32	—
D5131－GS2	蚀变辉石岩	6.80	—	2.40	5.29	34.40	—	—	26.63	—	18.42	4.21
D7280－GS1	蛇纹岩	6.22	1.39	1.02	0.97	4.95	—	0.05	—	32.25	53.04	—
D6249－GS3	蛇纹石化二辉橄榄岩	5.29	3.07	1.01	1.45	4.64	—	—	8.59	11.36	64.46	—

基性侵入岩中 $(Na_2O)n/(K_2O)n$ 比值较大，在 3.5～4.9 之间，属钠质型。基性侵入岩里特曼指数 σ 值在 0.08～1.67 之间，利用 AR－SiO_2 碱度关系图（Wright，1969）判别（图 3－61），基性侵入

岩样品主要落入钙碱性岩区，属亚碱性岩，上述特征说明库地-其曼于特蛇绿岩中基性侵入岩为钙碱性岩。

表 3-22　库地-其曼于特蛇绿混杂岩稀土元素含量及特征值表

样品号	岩石名称	稀土元素含量($\times10^{-6}$)										
		La	Ce	Pr	Nd	Sm	Eu	Gd	Tb	Dy	Ho	Er
D5131-XT1	糜棱岩化安山岩	13.80	22.0	2.52	10.60	2.16	0.67	2.04	0.34	1.98	0.45	1.07
D5131-XT6	蚀变玄武岩	31.60	55.5	6.13	27.30	5.03	1.34	3.59	0.49	3.03	0.59	1.45
D6718-XT1	片理化玄武岩	18.50	29.3	3.25	15.10	4.06	1.36	4.88	0.85	6.24	1.32	4.17
D6765-XT1	变玄武岩	17.20	25.4	2.85	13.90	2.78	1.17	3.15	0.57	3.99	0.64	2.10
D5131-XT4	糜棱岩化辉长岩	6.08	11.4	1.99	7.16	1.94	0.62	2.14	0.38	2.60	0.55	1.45
D5131-XT5	糜棱岩化橄榄辉长岩	1.43	2.7	0.63	1.61	0.42	0.15	0.75	0.14	1.06	0.23	0.60
D5131-XT3	蚀变橄榄辉长岩	3.03	5.8	1.13	4.04	1.35	0.50	1.73	0.31	2.61	0.59	1.65
D5131-XT2	蚀变辉石岩	6.48	10.8	1.83	7.17	2.11	0.78	2.71	0.51	3.96	0.80	2.37
D7280-XT1	蛇纹岩	14.30	20.3	1.59	8.24	1.33	0.24	1.41	0.23	1.18	0.17	0.65
D6249-XT3	蛇纹石化二辉橄榄岩	7.21	8.9	0.82	3.20	0.64	0.22	0.48	0.07	0.36	0.06	0.16
样品号	岩石名称	稀土元素含量($\times10^{-6}$)						特征参数值				
		Tm	Yb	Lu	∑REE	LREE	HREE	LREE/HREE	δEu	$(La/Yb)_N$	$(La/Sm)_N$	$(Gd/Yb)_N$
D5131-XT1	糜棱岩化安山岩	0.16	1.04	0.17	59.00	51.75	7.25	7.14	0.96	8.95	4.02	1.58
D5131-XT6	蚀变玄武岩	0.20	1.09	0.16	137.50	126.90	10.60	11.97	0.92	19.55	3.95	2.66
D6718-XT1	片理化玄武岩	0.60	3.72	0.38	93.73	71.57	22.16	3.23	0.93	3.35	2.87	1.06
D6765-XT1	变玄武岩	0.32	1.73	0.17	75.97	63.30	12.67	5.00	1.21	6.70	3.89	1.47
D5131-XT4	糜棱岩化辉长岩	0.20	1.18	0.17	37.86	29.19	8.67	3.37	0.93	3.47	1.97	1.46
D5131-XT5	糜棱岩化橄榄辉长岩	0.08	0.46	0.08	10.38	6.98	3.40	2.05	0.81	2.10	2.14	1.32
D5131-XT3	蚀变橄榄辉长岩	0.26	1.53	0.20	24.69	15.81	8.88	1.78	1.00	1.34	1.41	0.91
D5131-XT2	蚀变辉石岩	0.36	2.06	0.26	42.20	29.17	13.03	2.24	1.00	2.12	1.93	1.06
D7280-XT1	蛇纹岩	0.11	0.63	0.10	50.48	46.00	4.48	10.27	0.53	15.30	6.76	1.81
D6249-XT3	蛇纹石化二辉橄榄岩	0.02	0.15	0.03	22.34	21.01	1.33	15.76	1.17	32.41	7.09	2.58

注：样品由西南岩矿测试中心测试分析

从表 3-20 看：库地-其曼于特蛇绿岩中火山岩成分变化较大，火山岩中 SiO_2 含量在 46.24%～57.86%，属中—基性岩。其中以基性火山岩为主，在邱家骧火山岩综合命名图解（图 3-62）上有 3 个样品落入玄武岩区，一个样品落入安山岩区。基性侵入岩里特曼指数 σ 值在 1.84～3.06 之间，为钙碱性岩，利用 Ol′-Ne′-Q′图解（Irivine，1971）判别，有 4 个样品均落入亚碱性岩区（图 3-63），但有两个样品位于碱性系列与亚碱性系列分界线区，属过渡型系列岩，利用 Al_2O_3-An′图解（Irivine，1971）判别，3 个样品均落入拉斑玄武岩区，一个样品落入钙碱性玄武岩区（图 3-64），火山岩中

$(Na_2O)n/(K_2O)n$ 比值为 2 左右，$(Na_2O)n>(K_2O)n$。上述岩石特征说明，库地蛇绿岩中—基性火山岩以亚碱性系列的拉斑玄武岩为主，钙碱性玄武岩少量。

表 3-23　库地-其曼于特蛇绿混杂岩微量元素含量及特征值表

样品号	岩石名称	Cu	Pb	Zn	Cr	Ni	Co	Li	Rb	W	Mo	Sr	Ba
D5131-GP7	糜棱岩化玄武岩	59	3.90	38.0	490	159	27.0	6.0	10.0	0.42	0.44	127	91
D6718-GP1	片理化玄武岩	66	11.20	94.2	55	34	35.4	26.3	25.1	0.78	0.20	118	164
D5131-GP4	糜棱岩化辉长岩	37	9.20	69.0	220	79	29.0	15.3	15.0	0.42	0.38	317	283
D5131-GP5	糜棱岩化角闪辉长岩	56	4.40	56.0	223	90	29.0	8.1	8.0	0.42	0.38	205	177
D5131-GP6	糜棱岩化角闪辉长岩	21	2.60	61.0	681	153	49.0	6.7	8.0	0.85	0.38	31	65
D5889-GP1	蛇纹岩	4	4.20	52.3	1 840	1 840	84.6	1.5	12.6	0.11	0.23	19	20
D5889-GP2	蛇纹岩	1	12.10	67.5	1 800	1 850	75.3	1.2	8.9	0.21	0.23	15	20
D5889-GP3	蛇纹岩	1	11.80	79.2	2 740	1 910	80.9	4.2	6.8	0.63	0.41	6	18
D5131-GP3	蚀变辉石岩	101	3.30	53.0	1 446	364	55.0	16.9	10.0	0.52	0.41	72	90
D7280-GP2	蛇纹岩	1	1.00	47.5	405	2 120	84.2	8.1	7.4	1.62	0.18	1	19
D5131-GP2	辉橄岩	39	27.50	67.0	63	18	15.0	12.8	31.0	0.42	0.41	466	935
世界基性岩(维氏,1962)		100	8.00	130.0	200	160	45.0	15.0	45.0	1.00	1.40	440	300

样品号	岩石名称	Sc	Nb	Ta	Zr	Au	Ag	U	Th	P	Rb/Li	Rb/Sr
D5131-GP7	糜棱岩化玄武岩	46.0	4.00	1.60	23.0	1.04	0.044	1.10	4.00	215	1.67	0.08
D6718-GP1	片理化玄武岩	16.4	30.73	1.60	157.0	1.23	0.175	6.61	23.40	775	0.95	0.21
D5131-GP4	糜棱岩化辉长岩	39.0	4.00	1.70	50.0	8.43	0.049	1.10	3.00	457	0.98	0.05
D5131-GP5	糜棱岩化角闪辉长岩	35.0	4.00	1.90	42.0	0.78	0.049	1.00	4.00	455	0.99	0.04
D5131-GP6	糜棱岩化角闪辉长岩	94.0	3.00	1.40	12.0	0.59	0.032	1.00	4.00	205	1.19	0.26
D5889-GP1	蛇纹岩	6.3	1.82	0.50	33.6	3.20	0.017	1.08	4.32	40	8.40	0.67
D5889-GP2	蛇纹岩	7.9	1.17	0.50	24.1	2.75	0.020	0.93	4.57	40	7.42	0.59
D5889-GP3	蛇纹岩	11.1	1.55	0.50	25.2	1.80	0.028	1.39	4.62	50	1.62	1.21
D5131-GP3	蚀变辉石岩	56.0	5.00	4.50	45.0	2.01	0.049	1.20	4.00	929	0.59	0.14
D7280-GP2	蛇纹岩	6.4	1.00	0.50	23.2	1.20	0.038	1.00	3.38	50	0.92	6.17
D5131-GP2	辉橄岩	19.0	4.00	1.70	81.0	1.70	0.085	1.40	4.00	1 005	2.42	0.07
世界基性岩(维氏,1962)		24.0	20.00	0.48	100.0	4.00	0.100	1.50	3.00	1 400	3.00	0.10

注：样品由国土资源部西安矿产资源监督检测中心测试分析；元素含量单位为 $\times10^{-6}$，其中 Au、Ag 含量单位为 $\times10^{-9}$

从库地-其曼于特蛇绿岩 CIPW 标准矿物表 3-21 看：基性火山岩标准矿物属于 SiO_2 饱和-过饱和性岩石。

2. 稀土元素特征

库地-其曼于特蛇绿岩的稀土元素分析结果见表 3-22，稀土元素球粒陨石标准化配分模式曲线见图 3-65 至图 3-67。如表 3-22 所示，该套蛇绿岩稀土总量变化较大，稀土元素总量在 $(10.38\sim137.5)\times10^{-6}$ 之间，超基性岩稀土元素总量较基性侵入岩、基性火山岩稀土元素含量偏低。

超基性岩稀土元素球粒陨石标准化配分模式曲线见图 3-65。从图 3-65 可知：一个样品球粒陨石标准化模式曲线近于水平，轻、重稀土元素分馏程度较低，$(La/Yb)_N$ 值为 2.12，为球粒陨石标

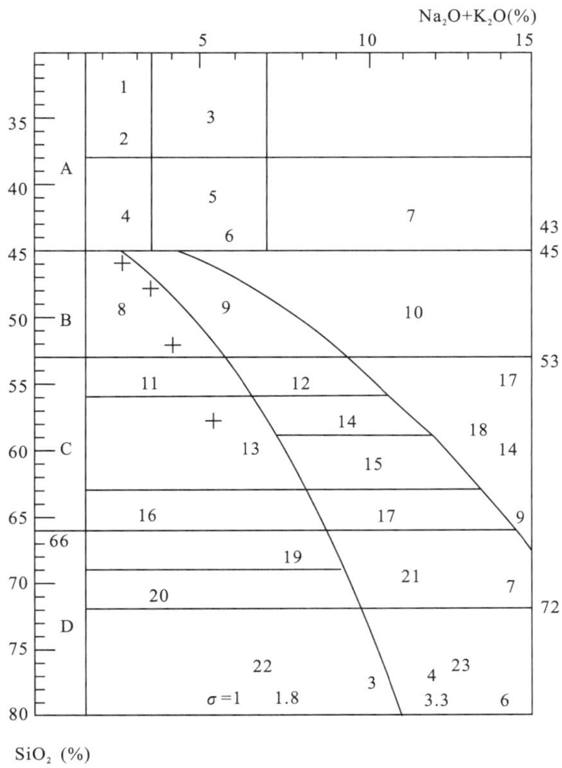

图 3-62　库地-其曼于特构造蛇绿混杂岩中火山岩邱氏火山岩分类命名综合图解

(邱家骧,1982)

σ<1.8 为钙性岩;σ=1.8～3.3 为钙碱性岩;σ=3.3～9 为碱钙性(碱性)岩;σ>9 为碱性(过碱性岩)。

A(超基性岩类):1、2. 玻基纯橄岩—金伯利岩类;3. 黄长玄武岩类;4. 苦橄岩类;5、6. 霞石碱玄岩-玻基辉(橄)岩类;7. 霞石岩类。B(基性岩类):8. 玄武岩;9. 碱性玄武岩;10. 白榴碱玄岩-白榴岩类。C(中性岩类):11. 玄武安山岩;12. 玄武粗安岩;13. 安山岩;14. 粗安岩;15. 粗面岩;16. 石英安山岩(安山英安岩);17. 石英粗面岩;18. 响岩类。D(酸性岩类):19. 英安岩(流纹英安岩);20. 英安流纹岩;21. 碱流岩;22. 流纹岩;23. 碱性流纹岩;

+库地-其曼于特蛇绿混杂岩中—基性火山岩

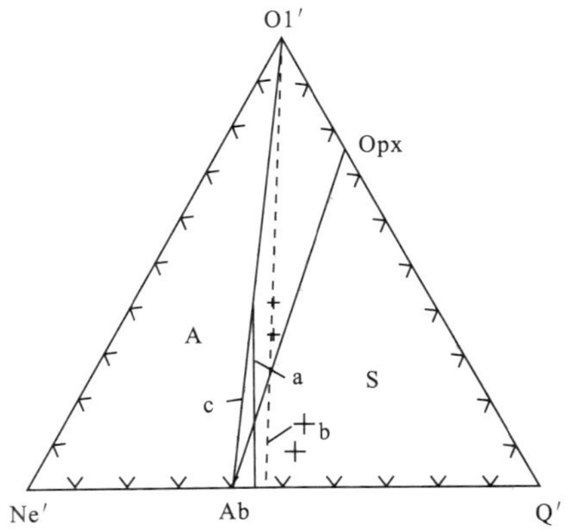

图 3-63　库地-其曼于特蛇绿混杂岩中—基性火山岩 Ol′-Ne′-Q′图解

(Irvine et al.,1971)

a. Irvine(1971);b. Peldervaart(1964);c. Youd

A. 碱性区;S. 亚碱性区。

+库地-其曼于特蛇绿混杂岩中—基性火山岩

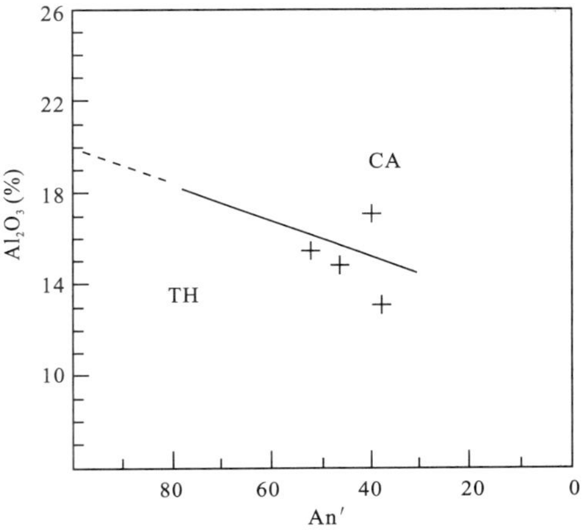

图 3-64　库地-其曼于特蛇绿混杂岩中—基性火山岩 Al_2O_3 - An′图解

(Irvine,1971)

An′=100×An/(An+Ab+5/3Ne)

H. 拉斑玄武岩区;CA. 钙-碱性火山岩区。

+库地-其曼于特蛇绿混杂岩中—基性火山岩

准化模式曲线,呈平坦型,与洋脊玄武岩球粒陨石标准化模式曲线相似;两个样品稀土元素球粒陨石标准化模式曲线右倾,$(La/Yb)_N$值为 15.30×10^{-6}、32.41×10^{-6},为轻稀土元素富集型,轻、重稀土元素分馏程度较高。

从表 3-22、图 3-66 可知:库地-其曼于特蛇绿岩中基性侵入岩稀土元素总量(∑REE)较低、基性侵入岩稀土元素总量(∑REE)变化较小,稀土元素总量(∑REE)在$(10.38\sim37.86)\times10^{-6}$之间,基性侵入岩稀土元素球粒陨石标准化模式配分曲线见图 3-66。从图 3-66 可知:基性侵入岩稀土元素球粒陨石标准化模式曲线近于水平或模式曲线略为右倾,$(La/Yb)_N$ 值在 1.34～3.47 之间,模式曲线斜率极小,为稀土元素平坦型或轻稀土元素略为富集的平坦型,与洋脊玄武岩球粒陨石标准化模式曲线相似。

从表 3－22 及图 3－67 可知：库地-其曼于特蛇绿混杂岩中基性火山岩稀土元素总量变化较大，稀土元素总量（$\sum$REE）在（75.97～137.5）$\times 10^{-6}$之间，基性火山岩稀土元素球粒陨石标准化模式曲线右倾（图 3－67），$(La/Yb)_N$值在 3.35～19.55 之间，其中一个基性岩样品稀土元素模式曲线$(La/Yb)_N$值为 3.35，稀土元素球粒陨石标准化模式曲线为轻稀土元素略微富集的平坦型，可能为不成熟的洋脊玄武岩，其余中—基性火山岩稀土元素球粒陨石标准化配分模式曲线右倾，$(La/Yb)_N$值在 6.70～19.55 之间，比值较大，为轻稀土元素富集型，与板块聚合边界岛弧火山岩稀土元素球粒陨石标准化配分模式曲线相似。

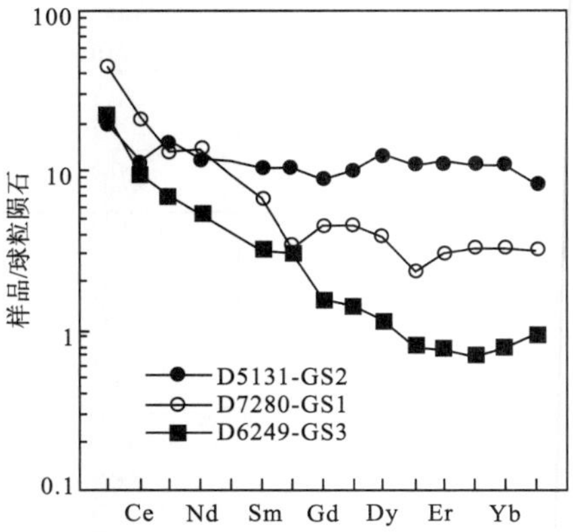

图 3－65　库地-其曼于特蛇绿混杂岩中超基性岩稀土元素球粒陨石标准化分布图

3. 微量元素特征

库地-其曼于特蛇绿混杂岩微量元素含量见表 3－23，蛇绿混杂岩微量元素 MORB 标准化蛛网图见图 3－68。从表3－23、图 3－68 可知：库地-其曼于特蛇绿混杂岩微量元素 MORB 标准化蛛网图解中相容元素中大离子亲石元素、高场强元素超基性岩曲线在下部，基性侵入岩、基性火山岩曲线在上部，而相容元素曲线是超基性岩曲线在上部，基性侵入岩、基性火山岩曲线在下部，显示超基性中大离子亲石元素、高场强元素含量相对基性侵入岩和基性火山岩偏低，而超基性岩中相容元素含量相对基性侵入岩、基性火山岩高。超基性岩微量元素除 Sr、P 元素含量较低，表现为亏损外，其余大离子亲石元素 Rb、Ba 和高场强元素 Th、Ta、Nb、P、

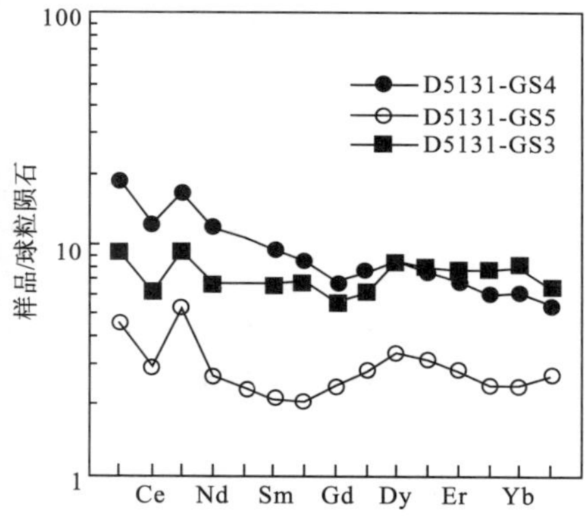

图 3－66　库地蛇绿岩基性侵入岩稀土元素球粒陨石标准化分布图

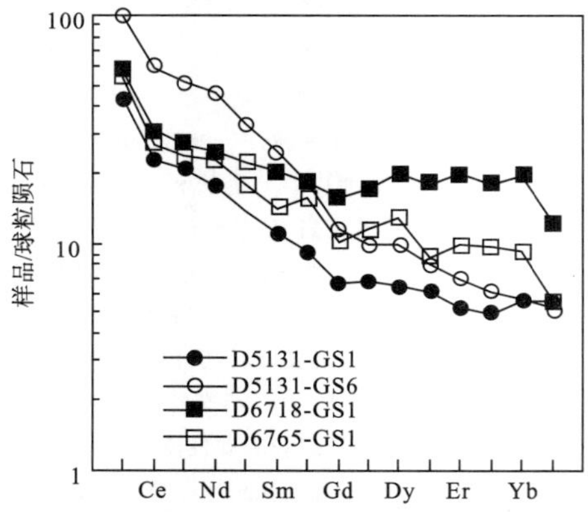

图 3－67　库地-其曼于特蛇绿混杂岩中火山岩稀土元素球粒陨石标准化分布图

Zr，及相容元素 Ni、Cr 元素含量与 MORB 元素含量接近或表现为不同程度的弱富集；而基性侵入岩、基性火山岩微量元素含量与 MORB 比较，其中大离子亲石元素、高场强元素含量与 MORB 元素含量相近或表现为不同程度的富集，相容元素 Ni、Cr 含量则表现为不同程度的富集、亏损或与其接近。

上述库地-其曼于特蛇绿岩岩石化学特征、稀土元素特征及微量元素特征差别较大，部分与典型的 MORB 型蛇绿岩相似，说明其可能源于富集地幔岩浆分异的岩浆岩。

四、构造环境探讨

库地-其曼于特蛇绿岩中—基性火山岩为拉斑玄武岩，超基性岩、基性岩稀土元素球粒陨石标

准化配分模式为轻稀土元素略微富集的平坦型，与洋中脊玄武岩(E－MORB)稀土元素模式曲线相似，部分为稀土元素富集型，与岛弧火山岩稀土元素特征相似；其中将蛇绿岩中玄武岩岩石化学成分利用 $FeO^*/MgO-TiO_2$ 图解(Glassily,1974)判别，1个样品落入洋岛玄武岩区(IAT)，两个样品落入洋脊玄武岩区(图3－69)；利用 $P_2O_5-TiO_2$ 图解(Phodes)判别，一个样品落在投影区外，两个样品落入洋脊玄武岩区(MORB)(图3－70)；利用 $TiO_2-MnO\times10-P_2O_5\times10$ 图解判别，样品落点较为分散，一个样品落入洋脊玄武岩区(MORB)，一个样品落入洋岛玄武岩区(OIT)，一个落入岛弧玄武岩区(IAT)(图3－71)。综合上述，库地-其曼于特蛇绿岩岩石化学、稀土元素特征等说明，该蛇绿岩超镁铁质岩-镁铁质岩成因较为复杂，既有洋中脊环境也有岛弧环境的岩浆岩，为残留的洋壳残片。

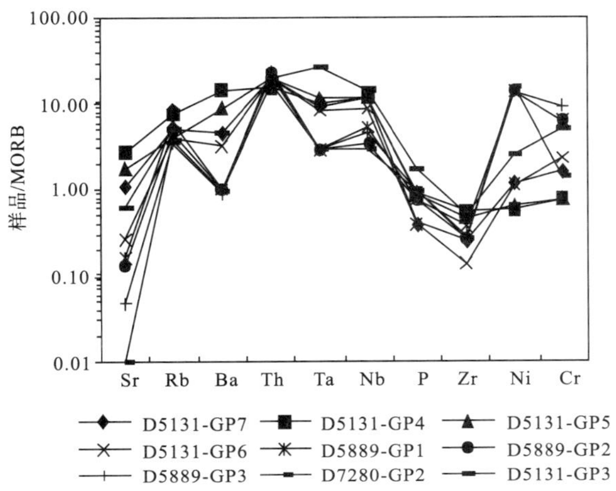

图3－68 库地-其曼于特蛇绿混杂岩 MORB 标准化的微量元素蛛网图

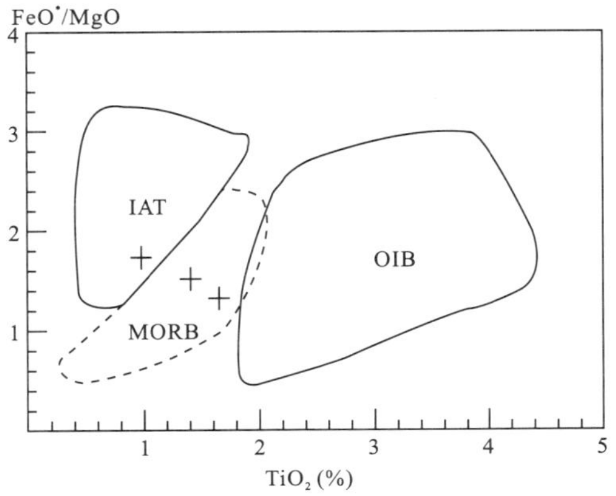

图3－69 库地-其曼于特蛇绿混杂岩中—基性火山岩 $FeO^*/MgO-TiO_2$ 图解

(Glassily,1974)

MORB. 洋中脊拉斑玄武岩；OIB. 洋岛拉斑玄武岩；IAT. 岛弧拉斑玄武岩。＋库地-其曼于特蛇绿混杂岩中—基性火山岩

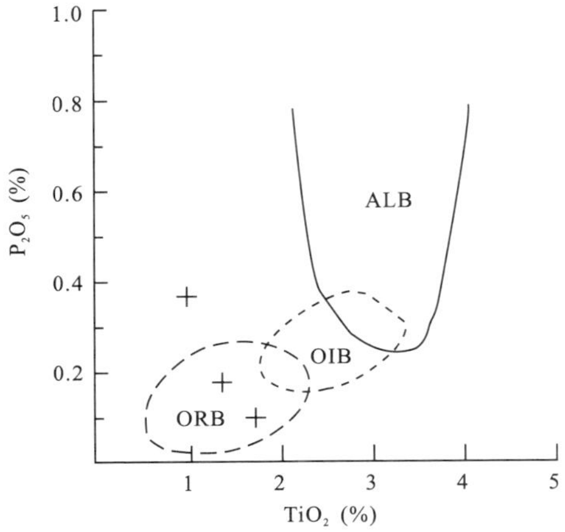

图3－70 库地-其曼于特蛇绿混杂岩中—基性火山岩 $P_2O_5-TiO_2$ 图解

ORB. 洋脊拉斑玄武岩；OIB. 洋岛拉斑玄武岩；ALB. 碱性玄武岩。

＋库地-其曼于特蛇绿混杂岩中—基性火山岩

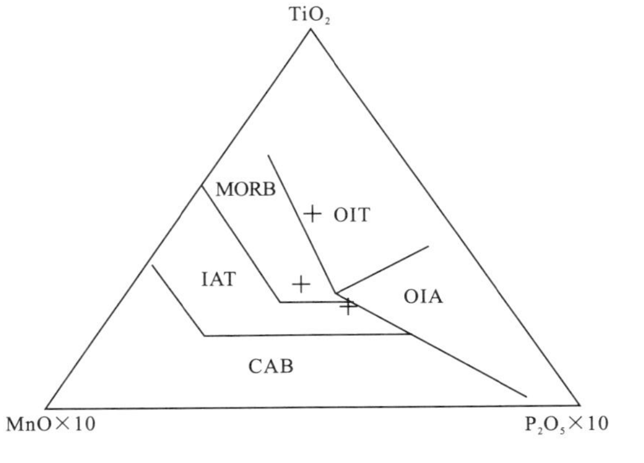

图3－71 库地-其曼于特蛇绿混杂岩中—基性火山岩 $TiO_2-MnO\times10-P_2O_5\times10$ 图解

(Mullen,1983)

MORB. 洋脊玄武岩；OIT. 洋岛拉斑玄武岩；OIA. 洋岛碱性玄武岩；IAT. 岛弧拉斑玄武岩；CAB. 钙碱性玄武岩(岛弧)。

＋库地-其曼于特蛇绿混杂岩中的火山岩

五、形成时代

库地-其曼于特蛇绿岩由于受洋壳强烈的俯冲、碰撞消减作用，构造破坏强烈，加之该断裂带受后期喜马拉雅期向北强烈的逆冲推覆构造活动影响，蛇绿构造混杂带中残存的沉积岩构造变形、变质较强，其化石保存较差。本次工作在图幅南部喀什塔什乡奥米沙村北见晚石炭世含大量生物化石的卡拉乌依组、阿孜干组灰岩角度不整合于库地-其曼于特构造蛇绿混杂岩之上，说明该蛇绿混杂岩形成于前石炭纪；2000—2002 年，陕西省地质调查院韩芳林等在于田县幅 1∶25 万区调工作时，在于田县阿羌乡普鲁村东细库考勒沟墒局部具明显层状构造的细粒辉长岩中获 5 个锆石 U－Pb年龄值，1～4 号点所确定的上交点年龄值为(971±33)Ma(青白口纪)，代表了地幔分异年龄，下交点年龄值为(432±15)Ma(早志留世)，代表了蛇绿岩构造就位年龄，落于谐和线上的 5 号点$^{206}Pb/^{238}U$表面年值为(526±1.0)Ma(早寒武世)，代表了单元结晶年龄，谐和线见图 3－72。在普鲁村南库拉甫河夹灰岩的杏仁状玄武岩(为陆缘性质)中获(608±3.1)Ma 的全岩 Rb－Sr 等时线年龄值，时代为晚震旦世，一致线图见图 3－73 。

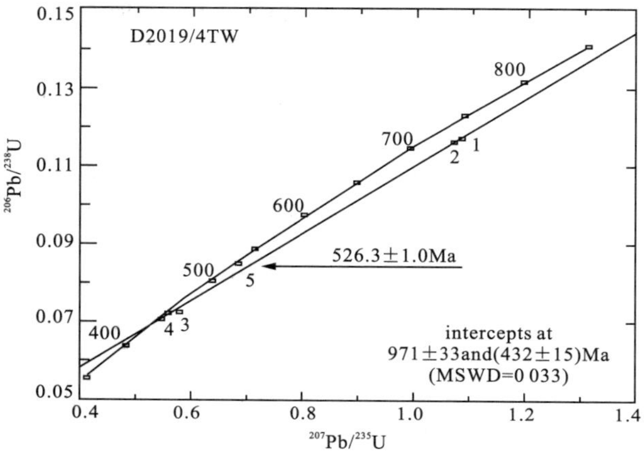

图 3－72　库地-其曼于特蛇绿岩辉绿岩锆石 U－Pb 等时线图

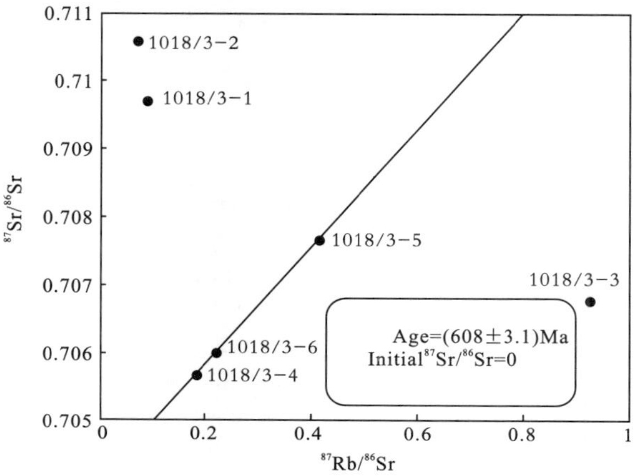

图 3－73　杏仁状玄武岩 Rb－Sr 等时线图

上述库地-其曼于特蛇绿岩中辉绿岩、玄武岩同位素年龄，奥陶纪—志留纪俯冲-碰撞型花岗岩的分布以及贯穿东、西昆仑的上泥盆统磨拉石建造说明，库地-其曼于特蛇绿岩形成于震旦纪—早古生代。

第四节　脉　岩

图幅内脉岩较为发育，广泛分布于测区各地，主要有基性岩脉、石英脉、云斜煌岩脉、细晶岩脉，其中基性岩脉、云斜煌岩脉主要分布于铁克里克地层小区。各岩脉特征如下。

一、新元古代基性岩脉($Pt_3\upsilon$)

新元古代基性岩脉在图幅中部铁克里克断隆区铁克里克山一带出露广泛，但面积较小，以岩脉形式侵入于下元古界埃连卡特岩群和长城系塞拉加兹塔格岩群之中，岩性以变辉长岩或变辉绿辉长岩等基性岩为主。

1. 岩脉特征

新元古代基性岩脉地表出露宽度一般几米至数十米到近百米、长数百米至近千米不等，基性岩脉侵入下元古界埃连卡特岩群二云石英片岩、黑云斜长片麻岩、浅粒岩，及长城系塞拉加兹塔格岩群绿泥绢云石英片岩、绿泥钠长石英片岩之中。其脉岩岩性简单，为变辉长岩。变辉长岩脉变形较为强烈，片理面发育，局部地段脉岩中的片理面已褶皱变形，基性岩脉与围岩接触面产状与围岩主期面理斜交(图 3-74)。

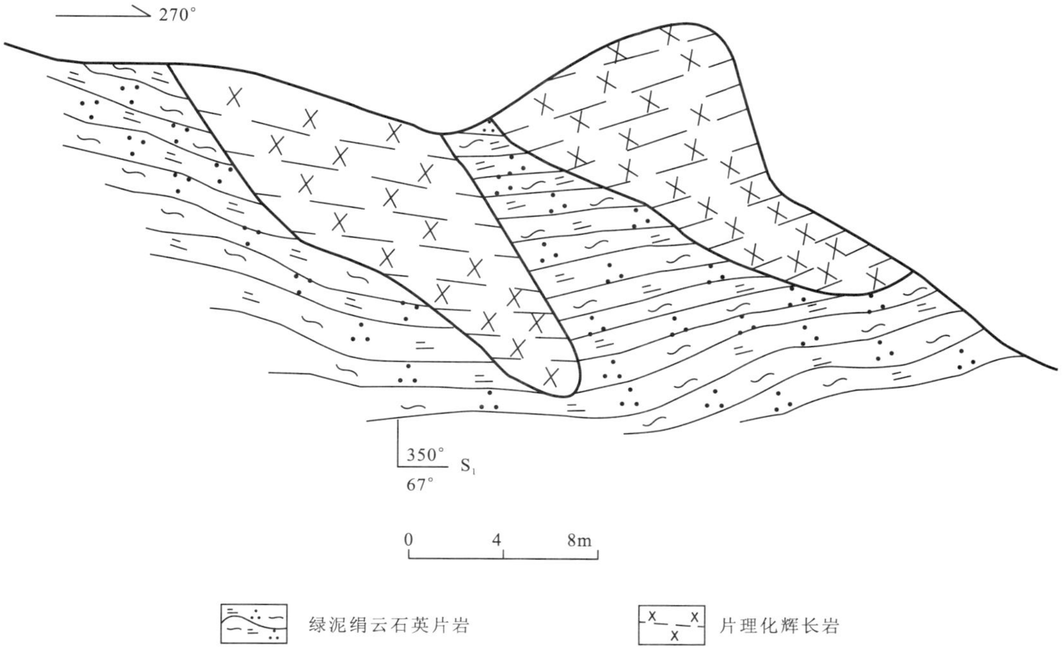

图 3-74 D6408 点南新元古代辉长岩与塞拉加兹格侵入接触关系素描图

变基性岩脉为灰绿色、暗灰绿色。矿物成分为辉石(多以角闪石化)35%～50%、斜长石20%～35%、黑云母 10%～15%、绿泥石 10%～15%、绿帘石 5%～10%，石英少量，磷灰石、锆石、榍石少量。岩石中绿泥石、黑云母为显微鳞片变晶结构，沿片理面平行分布，斜长石、绿帘石为不等粒变晶结构，具显微鳞片、柱状不等粒粒状变晶结构，片状构造。次生矿物角闪石多与绿泥石、绿帘石共生，通过次生矿物角闪石与绿泥石集合体形状判断，其原生矿物为辉石。

2. 岩石地球化学特征

变辉长岩脉岩石化学含量及特征值见表 3-24。从表 3-24 可知：变辉长岩脉 SiO_2 为 46.42%～48.63%，属基性岩，与世界基性岩平均值(维氏，1962)相比较，新元古代变辉长岩成分含量大致接近，变辉长岩 A/CNK 值在 0.44～0.68 之间，$(Na_2O+K_2O)n<(Al_2O_3)n<(Na_2O+K_2O+CaO)n$，铝为正常成分类型，利用碱度率 AR-$SiO_2$ 图解(Wright，1969)判别，落入碱性岩区(图 3-75)，为碱性岩；变基性岩中$(Na_2O)n/(K_2O)n$ 值在 1.75～6.5 之间，比值较大。

新元古代变基性岩脉岩石微量元素含量及特征值见表 3-25。从表 3-25 可知：其平均值与世界基性岩平均值(维氏，1962)相比较，相容元素含量多与其平均值(维氏，1962)大致接近，少数表现为略微亏损，其中Cu、Mn、Au元素含量偏低，表现为亏损，且Cu、Au元素亏损较大，其含量为世界

表 3－24　新元古代侵入岩岩石化学成分含量及特征表

时代	岩类	样品号	岩石名称	岩石化学成分含量(%)										
				SiO_2	TiO_2	Al_2O_3	Fe_2O_3	FeO	MnO	MgO	CaO	Na_2O	K_2O	P_2O_5
新元古代	基性岩脉	D7303－GS1	变辉长岩($Pt_3\nu$)	47.03	1.29	13.67	4.60	4.45	0.19	8.48	14.20	2.60	1.05	0.21
		D6408－GS1	片理化辉长岩($Pt_3\nu$)	46.42	3.59	13.84	1.46	10.65	0.99	5.43	7.40	2.65	2.30	0.99
		D5975－GS9	变辉长岩($Pt_3\nu$)	48.63	1.86	12.34	2.47	7.05	0.16	3.45	11.10	3.00	0.70	0.22

时代	岩类	样品号	岩石名称	岩石化学成分含量(%)				特征参数值					
				CO_2	H_2O^+	H_2O^-	LOI	σ	SI	A/CNK	$\frac{(FeO)n}{(MgO)n}$	AR	$\frac{(Na_2O)n}{(K_2O)n}$
新元古代	基性岩脉	D7303－GS1	变辉长岩($Pt_3\nu$)	0.02	1.32	－1.00	1.07	3.31	40.04	0.44	0.29	1.30	3.75
		D6408－GS1	片理化辉长岩($Pt_3\nu$)	0.34	1.55	0.17	2.02	7.16	24.14	0.68	1.09	1.61	1.75
		D5975－GS9	变辉长岩($Pt_3\nu$)	2.32	2.83	0.14	7.79	2.43	20.70	0.48	1.14	1.37	6.50

注：样品由国土资源部西安矿产资源监督检测中心测试分析

基性岩平均值的1/3～1/4，其余相容元素Pb、Zn、Cr、Ni、Co、Ag、W与世界基性岩平均值比较接近，只有Li元素含量富集程度较大，其含量是世界基性岩平均值的3倍；大离子亲石元素含量与世界基性岩平均值比较，表现较为复杂，其中Rb、Sr元素含量与其大致相近，Ba含量偏高，是世界基性岩平均值的2倍；高场强元素与世界基性岩平均值(维氏，1962)比较，主要表现为富集或与其大致持平，其中Nb、U、Hf、Th、Ti元素含量偏高，表现为富集，其中Hf、Th分别为世界平均值的21倍、7倍，Nb、U、Ti元素为世界平均值的2倍左右，Sc、Zr元素含量与世界平均值大致持平。

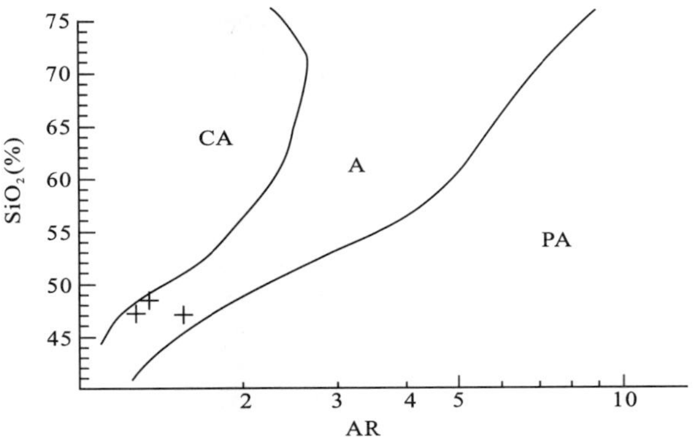

图 3－75　新元古代基性岩脉碱度率图解
(Wright，1969)
CA. 钙碱性；A. 碱性；PA. 过碱性。＋新元古代基性岩脉

表 3－25　新元古代基性岩脉微量元素含量表

样品号	岩石名称	Cu	Pb	Zn	Cr	Ni	Co	Li	Rb	W	Mo	Sb	Sr
D5975－GP14	变辉长岩	77.2	6.64	123	55.7	88.9	42.8	61.2	92.50	1.21	0.55	0.31	377
D7303－GP1	变辉长岩	11.2	9.32	122	17.6	3.1	45.5	24.8	79.70	1.50	0.56	0.25	577
D6408－GP1	变辉长岩	28.5	2.37	124	633.0	362.7	45.7	27.3	8.97	0.55	0.85	0.24	168
平均值		39.0	6.00	123	235.0	152.0	45.0	38.0	60.00	1.00	1.00	0.25	374
世界基性岩(维氏，1962)		100.0	8.00	130	200.0	160.0	45.0	15.0	45.00	1.00	1.40	1.00	440

样品号	岩石名称	Ba	Sc	Nb	Zr	Hf	Au	Ag	U	Th	P	Mn	Ti
D5975－GP14	变辉长岩	562	12.5	24.8	77.7	21.7	1.37	0.13	1.12	21.0	1 192	1 225	11 440
D7303－GP1	变辉长岩	844	30.3	64.9	157.0	23.1	1.07	0.10	3.73	24.1	4 306	1 754	16 010
D6408－GP1	变辉长岩	458	14.4	23.1	63.2	18.4	1.00	0.05	4.70	17.9	834	1 490	8 093
平均值		621	19.0	38.0	99.0	21.0	1.00	0.10	3.00	21.0	2 111	1 490	11 848
世界基性岩(维氏，1962)		300	24.0	20.0	100.0	1.0	4.00	0.10	1.50	3.0	1 400	2 000	9 000

注：样品由宜昌地研所西南岩矿测试中心测试分析；元素含量单位为$\times10^{-6}$，其中Au为$\times10^{-9}$

新元古代变辉长岩脉、变辉绿辉长岩稀土元素含量及特征值见表 3－26，球粒陨石标准化模式曲线见图 3－76，从表 3－26、图 3－76 可知：新元古代变辉长岩脉稀土元素含量变化不大，稀土元素总量(∑REE)偏低，∑REE 在(80.27～105.18)$\times 10^{-6}$之间，轻稀土元素总量(LREE)与重稀土元素总量(HREE)比值近于相同，LREE/HREE 值在 5.01～5.7 之间，变基性岩稀土元素球粒陨石标准化模式曲线右倾，$(La/Yb)_N$ 值相近，为 6.54、7.32，模式曲线右倾，但斜率不大，属轻稀土元素略微富集型，球粒陨石模式曲线 Eu 呈极弱的谷状，δEu 值为 0.84、0.95，铕具弱的负异常。图幅内各地变辉长岩相似的稀土元素球粒陨石模式曲线说明其形成于相似的源区或具有相同的成因。

表 3－26　新元古代基性岩脉稀土元素含量及特征值

时代	样品号	岩石名称	稀土元素含量($\times 10^{-6}$)							
			La	Ce	Pr	Nd	Sm	Eu	Gd	Tb
新元古代基性岩脉	D7303－XT1	变辉长岩($Pt_3\nu$)	24.2	35.8	4.51	19.9	3.86	1.23	3.99	0.72
	D5975－XT9	片理化辉绿辉长岩($Pt_3\nu$)	16.6	26.3	3.39	16.2	3.44	0.98	3.68	0.62

时代	样品号	岩石名称	稀土元素含量($\times 10^{-6}$)							
			Dy	Ho	Er	Tm	Yb	Lu	∑REE	LREE
新元古代基性岩脉	D7303－XT1	变辉长岩($Pt_3\nu$)	4.64	0.85	2.64	0.34	2.23	0.27	105.18	89.5
	D5975－XT9	片理化辉绿辉长岩($Pt_3\nu$)	4.01	0.78	2.07	0.28	1.71	0.21	80.27	66.91

时代	样品号	岩石名称		特征参数值				
			HREE	LREE/HREE	δEu	$(La/Yb)_N$	$(La/Sm)_N$	$(Gd/Yb)_N$
新元古代基性岩脉	D7303－XT1	变辉长岩($Pt_3\nu$)	15.68	5.71	0.95	7.32	3.94	1.44
	D5975－XT9	片理化辉绿辉长岩($Pt_3\nu$)	13.36	5.01	0.84	6.54	3.04	1.74

注：样品由宜昌地研所西南岩矿测试中心测试分析

3. 形成环境与时代讨论

图幅基性岩属碱性岩，形成于张性构造环境。测区广泛分布的基性岩脉说明，测区存在一期张性构造事件。

图幅内变辉长岩、变辉绿岩缺少年龄数据，但其普遍变形、变质较强，其变质、变形程度明显低于埃连卡特岩群和长城系塞拉加兹塔格岩群变质程度，高于古生代以后的地层变质程度，结合区域大地构造背景和面理穿切关系，将其时代置于新元古代晚(末)期，与罗迪尼亚超大陆的早期裂解事件有关。

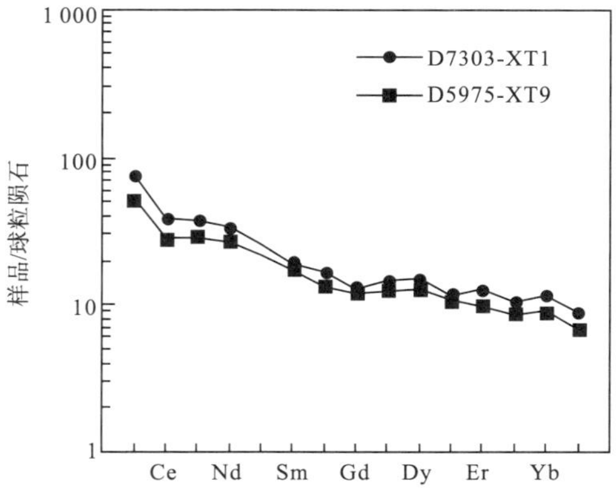

图 3－76　新元古代变辉长岩稀土元素球粒陨石标准化分布图

二、云斜煌岩脉

云斜煌岩脉零星出露于图幅北部塔里木南缘铁克里克断隆区米提孜河上游一带，侵入于长城系塞拉加兹塔格岩群含绿泥石二云石英片岩之中，呈岩脉状侵入围岩中。脉宽 3～7m，长几十米至近百米。岩石具斑状结构，基质为全自形粒状结构，块状构造。斑晶粒径 0.5～1.5mm，斑晶为黑云母、斜长石及角闪石，斑晶均为自形粒状结构，含量 10%～15%；基质为全自形粒状结构，基质中矿物粒径小于 0.5mm，主要矿物成分为黑云母 55%～60%、斜长石 20%～25%、角闪石 10%～15%等，副矿物以出现较多的磷灰石及榍石为特征。

云斜煌岩脉岩石化学成分见表 3-27。从表 3-27 可知：云斜煌岩脉 SiO_2 含量为 43.97%，以富铁（FeO^*）、富镁（MgO）为特征，（$FeO+Fe_2O_3$）含量为 12.31%，MgO 含量为 6.22%，里特曼指数 σ 为 20.41，利用 AR-SiO_2 碱度关系图（Wright，1969）判别，云斜煌岩脉样品落入过碱性岩区（图 3-77），属过碱性岩。

表 3-27　云斜煌岩脉岩石化学成分含量及特征表

样品号	岩石名称	岩石化学成分含量（%）									
		SiO_2	TiO_2	Al_2O_3	Fe_2O_3	FeO	MnO	MgO	CaO	Na_2O	K_2O
D6343 点南	云斜煌岩脉	43.97	3.83	13.13	4.77	7.54	1.20	6.22	8.80	2.60	1.85
样品号	岩石名称	岩石化学成分含量（%）					特征参数值				
		P_2O_5	CO_2	H_2O^+	H_2O^-	LOI	σ	SI	A/CNK	m/f	AR
D6343 点南	云斜煌岩脉	1.20	0.25	2.50	0.39	2.69	20.41	27.07	0.59	0.85	1.51

注：样品由国土资源部西安矿产资源监督检测中心测试分析

云斜煌岩脉稀土元素含量及特征值见表 3-28，球粒陨石标准化配分模式曲线见图 3-78。从图 3-78、表 3-28 看：云斜煌岩脉稀土元素总量（∑REE）较高，∑REE 为 259.41×10^{-6}，轻稀土元素总量（LREE）与重稀土元素总量（HREE）比值较大，LREE/HREE 值为 6.74，为轻稀土元素富集型，δEu 值为 1.24，铕为正异常。

总之，工作区云斜煌岩脉以 SiO_2 含量较低，富铁、镁，m/f 比值较低（m/f=0.85），轻稀土元素富集为特征。

云斜煌岩脉属过碱性岩，为板块内张性环境的产物，综合考虑其与围岩接触关系、变形特征及区域构造背景，其时代大致与铁克里克断隆区广泛发育的变辉长岩脉时代相同，为新元古代。

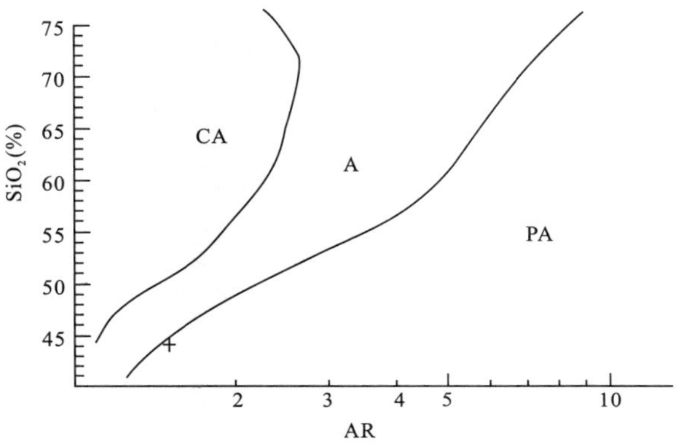

图 3-77　云斜煌岩脉碱度率图解
（Wright，1969）
CA. 钙碱性；A. 碱性；PA. 过碱性。
+云斜煌岩脉

表 3-28　云斜煌岩脉稀土元素含量及特征值表

样品号	岩石名称	稀土元素含量（$\times10^{-6}$）										
		La	Ce	Pr	Nd	Sm	Eu	Gd	Tb	Dy	Ho	Er
D6343-XT1	云斜煌岩脉	51.50	91.30	12.30	55.90	10.50	4.38	11.00	1.56	9.81	1.85	4.73

样品号	岩石名称	稀土元素含量（$\times10^{-6}$）						特征参数值				
		Tm	Yb	Lu	∑REE	LREE	HREE	LREE/HREE	δEu	$(La/Yb)_N$	$(La/Sm)_N$	$(Gd/yb)_N$
D6343-XT1	云斜煌岩脉	0.64	3.54	0.40	259.41	225.88	33.53	6.74	1.24	9.81	3.09	2.51

注：样品由国土资源部西安矿产资源监督检测中心测试分析

三、细晶岩脉

细晶岩脉零星分布于铁克里克断隆区，岩性为细晶花岗岩，岩脉侵入于下元古界埃连卡特岩群、长城系塞拉加兹塔格岩群之中，呈近北东—南西向展布，与铁克里克断隆区内区域构造线方向趋于一致。岩脉宽3～5m、长十几米至近百米。主要矿物组成：斜长石30%～40%、钾长石20%～35%、石英25%～30%，黑云母、白云母少量，具细粒半自形粒状结构及细晶结构，块状构造。其形成时代可能与铁克里克分布的早古生代花岗岩时代一致，属奥陶纪—志留纪。

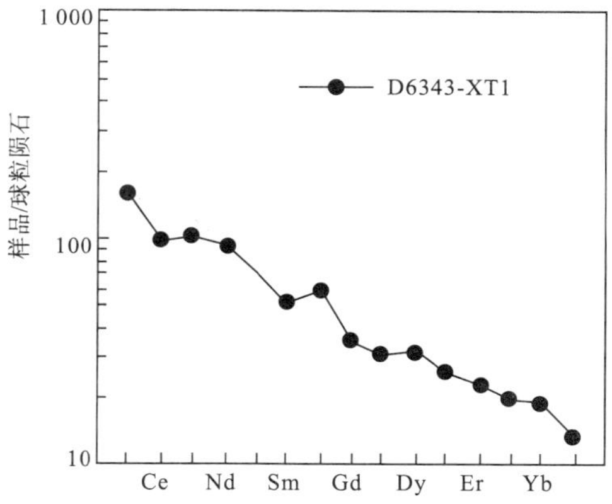

图3-78　云斜煌岩脉稀土元素球粒陨石标准化分布图

四、石英脉

石英脉广泛分布于下元古界埃连卡特岩群、中元古界长城系塞拉加兹塔格岩群和赛图拉岩群及蓟县系桑株塔格岩群等中—浅变质岩之中，以灰白色石英脉为主，多呈顺片理贯入，并与片理一同发生紧闭褶曲或形成无根褶皱。单个脉体规模一般不大，宽度小于5～20cm，延伸0.5～3m。但在岩石中呈不均匀状分布，局部成群出现，可占到北部岩石的5%～10%，个别地段可达30%以上，组成矿物以石英为主，含量大于90%。依据其变形特征推测，该期石英脉为塔里木运动同构造分泌的产物，其形成时代可能为青白口纪。

第四章　变质岩

第一节　概　述

图幅变质岩分布广泛，除塔里木地层区晚古生代—中新生代地层外，变质岩广泛分布于昆仑山及铁克里克地层区。区内多期多体制的构造活动和岩浆活动，伴随着多期、多类型变质作用的发生。主要岩石类型为区域变质岩，其次为动力变质岩、接触变质岩。区域变质岩主要分布在铁克里克地层小区下元古界埃连卡特岩群(Pt_1A)、中元古界塞拉加兹塔格岩群(ChS)、昆仑地层区的中元古界赛图拉岩群(ChSt)、桑株塔格岩群(JxS)、奥米沙砂板岩(O^{al})、西合休岩组[(∈—O)x]中。区域变质岩的主要变质期为晋宁期—加里东期。动力变质岩主要分布于库地-其曼于特结合带、铁克里克山前断裂带等区内几个大断裂带内。接触变质岩沿岩体与围岩的外接触带分布。

第二节　变质岩类型

一、区域变质岩

区域变质作用是图幅内的主要变质作用类型，区域变质岩是图幅内的主要变质岩类型，图幅内变质岩主要为变质沉积岩、变质火山岩两大类。变质岩分类命名原则采用贺同兴等《变质岩石学》(1980)的划分方案，参考《变质岩区1∶5万区域地质填图方法指南》的划分方案进行划分。依据变质变形程度划分为低级变质岩、中高级变质岩两类。依据原岩建造的不同分别划分为泥质—长英质岩类、基性火山岩类和钙镁质变质岩类。

(一)低级变质岩类主要岩石类型及岩石学特征

1. 泥质—长英质岩类

主要岩石类型为板岩、千枚岩、变质砂岩、片岩等。

变砂质泥质岩　　岩石呈浅棕灰色，显微鳞片—不等粒状变晶结构、变余中细粒砂状泥质结构，条纹状—平行构造。主要矿物成分：绢云母35%～40%、雏晶黑云母15%～20%、绿帘石3%、微晶状长石＋石英20%～25%、方解石<5%，砂状碎屑物(长石15%～20%、石英5%～10%)；副矿物为锆石、磷灰石、电气石等。片状矿物呈条纹状平行相间分布。

粉砂质钙质绿泥绢云母板岩　　岩石呈浅棕灰色，显微鳞片—粒状变晶结构、变余粉砂状结构，板状构造。主要矿物成分：绿泥石15%～20%、绢云母20%～25%、斜长石＋石英25%～30%、方解石30%～35%。

绿泥绢云母千枚岩　岩石呈淡绿色，粒状—显微鳞片变晶结构，千枚状构造。主要矿物成分：绢云母35%～40%、绿泥石10%～15%、方解石25%～30%、绿帘石15%～20%、石英<5%、钠长石<3%。绢云母和绿泥石定向平行分布，呈条带状相对集中；方解石、绿帘石、石英、钠长石为粒状变晶，粒径多数小于0.1mm。

含细砂—粉砂质绢云母板岩　岩石呈棕灰色，显微鳞片—不等粒状变晶结构，板状、平行状构造。主要矿物成分：绢云母40%～50%、绿泥石5%、斜长石15%～20%、石英30%～35%；副矿物：锆石、磷灰石、电气石等。绢云母和绿泥石定向平行分布，呈条带状相对集中；石英及长石为粒状变晶，多数小于0.063mm。

斜长绿泥绢云母片岩　浅绿色，粒状—显微鳞片变晶结构，片状构造。主要矿物成分：绢云母35%～40%、绿泥石25%～30%、斜长石15%～20%、石英15%～20%；副矿物：微量金属矿物、电气石。斜长石及石英为粒状变晶，粒径小于0.1mm。

绿帘白云石英片岩　浅棕灰色，显微鳞片—粒状变晶结构，片状构造。主要矿物成分：石英45%～50%、绿帘石10%～15%、白(绢)云母35%～40%、斜长石15%～20%；副矿物：微量金属矿物、电气石、磷灰石。绿帘石及石英为粒状变晶，呈拉长状，粒径为0.05～0.3mm，绿帘石呈微粒状集合体。

斜长绢云母片岩　浅棕灰色，粒状—显微鳞片变晶结构，片状构造。主要矿物成分：绢云母60%～65%、石英15%～20%、斜长石5%～10%、绢云母<10%、绿泥石<5%、绿帘石<5%；副矿物：微量金属矿物、电气石、锆石。斜长石及石英、绿帘石为不等粒变晶，石英拉长状定向分布。

含石英绿泥绢云母片岩　黑绿色，粒状—显微鳞片变晶结构，片状构造。主要矿物成分：绢云母60%～65%、绿泥石15%～20%、石英10%～15%、绿帘石<5%、斜长石3%；副矿物：微量金属矿物、电气石。斜长石及石英为粒状变晶，粒径0.05～0.2mm。

2. 中—基性火山岩类

白云绿泥变粒岩　浅棕灰色，显微鳞片—粒状变晶结构、变余凝灰结构，片状构造。主要矿物成分：斜长石35%～40%、石英30%～35%、绿泥石20%～25%、白(绢)云母10%～15%、方解石<10%；副矿物：微量金属矿物、电气石、锆石、榍石。片状矿物具定向分布。方解石、石英、斜长石为不等粒状变晶，粒径多数小于0.5mm，部分长石及石英粒径大小不一，级差较大。

绿泥绢云斜长石英片岩　灰棕色，显微鳞片—不等粒状变晶结构、变余凝灰结构，片状构造。主要矿物成分：斜长石25%～30%、石英35%～40%、绢云母20%～25%、绿泥石10%～15%；副矿物：微量金属矿物、电气石、磷灰石、锆石、榍石。斜长石及石英为不等粒状变晶，粒径小于0.5mm。

绿帘钠长绿泥黑云阳起石片岩　浅绿灰色，不等粒状—显微鳞片纤柱状变晶结构，片状构造。主要矿物成分：阳起石25%～30%、黑云母10%～15%、绿泥石10%～15%、钠长石25%～30%、石英5%～10%、绿帘石10%～15%；副矿物：微量金属矿物、榍石。石英及钠长石为粒状变晶，多数粒径小于0.5mm，阳起石呈纤柱状变晶，绿帘石为粒状、柱状变晶，呈条纹状定向平行分布。

方解绿泥钠长片岩　淡绿灰色，显微鳞片—粒状变晶结构，片状构造。主要矿物成分：钠长石40%～45%、绿泥石30%～35%、方解石20%～25%、绿帘石<5%，黑云母少量；副矿物：微量金属矿物。方解石及钠长石为粒状变晶，钠长石多数粒径0.05～0.3mm，方解石粒径0.5～1.5mm，呈条纹状与片状矿物定向平行分布。

斜长绢云绿泥片岩　灰绿色，显微鳞片—不等粒状变晶结构、变余凝灰结构，片状构造。主要矿物成分：斜长石20%～25%、方解石15%～20%、绿泥石30%～35%、绢云母15%～20%、石英<5%;副矿物:金属矿物5%~10%。硬绿泥石呈条状及放射状,粒径小于0.3mm×0.05mm。片状矿物具定向分布。

砂状碎屑有石英岩、泥岩、基性熔岩及斜长石。

3. 钙镁质岩类

变细晶灰质白云岩　浅灰白色,变细晶结构、显微鳞片—不等粒变晶结构,细条纹状—块状构造。主要矿物:白云石>90%、方解石<5%、白云母<5%、石英<2%。方解石、白云石粒度多数0.05~0.25mm,石英为粒状变晶,呈条带状或团块状相集中分布。

(二)中、高级变质岩类主要岩石类型及岩石学特征

中、高级变质岩类在图幅内广泛分布于康西瓦断裂以北的昆中、昆北及铁克里克地层分区的前寒武纪变质地层中。主要岩石类型有片岩类、粒岩类、片麻岩类、斜长角闪岩类和大理岩类等。各岩石类型及岩石学特征分述如下。

1. 泥质—长英质岩类

1)片岩类

白云母片岩　浅灰棕色,显微鳞片—粒状变晶结构,片状构造。主要矿物:石英50%~55%、白云母45%~50%、碳质物<5%;副矿物:微量金属矿物、电气石、磷灰石。石英为等轴粒状变晶,粒径0.05~0.3mm,白云母与石英呈条纹状相间平行分布。

二云母片岩　浅灰棕色,粒状—显微鳞片变晶结构,片状构造。主要矿物:白云母50%~55%、黑云母25%~30%、石英25%~30%;副矿物:微量金属矿物、电气石、磷灰石。石英为不等粒变晶,粒径0.05~0.3mm,部分黑云母呈变斑晶。

绿泥斜长白云石英片岩　淡绿灰色,显微鳞片—不等粒状变晶结构,片状构造。主要矿物:石英50%~55%、斜长石15%~20%、白云母20%~25%、绿泥石5%~10%;副矿物:微量金属矿物、电气石、锆石、磷灰石、榍石。斜长石及石英为不等粒状变晶,粒径小于0.5mm,具拉长定向分布。

黑云石英片岩　浅灰棕色,显微鳞片—粒状变晶结构,片状构造。主要矿物:石英>50%、黑云母30%~35%、白云母<5%、斜长石<10%;副矿物:微量金属矿物、锆石、电气石、磷灰石。石英、长石为不等粒变晶,粒径0.05~0.3mm。

方解二云石英片岩　浅灰色,显微鳞片—不等粒状变晶结构,片状构造。主要矿物:石英35%~40%、斜长石<10%、白云母25%~30%、黑云母10%~15%、方解石10%~15%;副矿物:微量金属矿物、电气石、鳞灰石。黑云母退变为绿泥石。

含绿帘石二云石英片岩　浅灰色,显微鳞片—不等粒状变晶结构,片状构造。主要矿物:石英40%~45%、黑云母30%~35%、白云母10%~15%、绿帘石10%~15%、斜长石<3%、方解石<5%;副矿物:微量金属矿物、榍石。石英及斜长石为不等粒变晶,多数粒径0.05~0.5mm,片状矿物呈条带状与浅色矿物条带相间定向分布。

方解白云绿泥石英片岩　浅绿灰色,显微鳞片—不等粒状变晶结构,片状构造。主要矿物:石英50%~55%、方解石10%~15%、绿泥石20%~25%、白云母10%~15%;副矿物:微量金属矿物、锆石、磷灰石。片状矿物具定向分布。石英及方解石为不等粒变晶,多数粒径小于0.5mm。

斜长二云石英片岩　浅绿灰色,显微鳞片—不等粒状变晶结构,片状构造。主要矿物:石英45%~50%、斜长石10%~15%、白云母20%~25%、绿泥石5%~10%、黑云母5%~10%;副矿物:微量金属矿物、电气石、锆石、磷灰石、榍石。石英及斜长石为不等粒变晶,多数粒径小于

0.5mm，具拉长状定向分布。

斜长方解绿泥白云石英片岩　浅绿灰色，显微鳞片—不等粒状变晶结构，片状构造。主要矿物：石英35%～40%、斜长石10%～15%、白云母20%～25%、方解石10%～15%、绿泥石＋黑云母15%～20%；副矿物：微量金属矿物、电气石、锆石、磷灰石。石英及斜长石为不等粒变晶，多数粒径小于0.5mm。黑云母退变为绿泥石。

绿泥白云石英片岩　浅绿灰色，显微鳞片—不等粒状变晶结构，片状构造。主要矿物：石英45%～50%、斜长石5%～10%、白云母20%～25%、绿泥石10%～15%、黑云母5%～10%；副矿物：微量金属矿物、电气石、锆石、磷灰石。石英及斜长石为不等粒变晶，多数粒径小于0.3mm。

绿泥绢云斜长石英片岩　灰棕色，显微鳞片—不等粒状变晶结构，片状构造。主要矿物：石英35%～40%、斜长石20%～25%、绢云母20%～25%、绿泥石10%～15%、绿帘石＜5%；副矿物：微量金属矿物、电气石、锆石。斜长石及石英、绿帘石为不等粒状变晶，粒径小于0.5mm。

含石榴子石斜长黑云石英片岩　灰棕色，显微鳞片—粒状变晶结构，片状构造。主要矿物：石英50%～55%、斜长石15%～20%、黑云母25%～30%、石榴子石＜5%。斜长石及石英不等粒状变晶，粒径小于0.5mm。石榴子石为变斑晶，粒径0.5～1mm。

斜长角闪石英片岩　浅灰棕色，柱状—粒状变晶结构，片状构造。主要矿物：角闪石35%～40%、斜长石20%～25%、石英40%；副矿物：微量金属矿物、电气石、榍石、磷灰石。角闪石呈柱状变晶，粒径0.1～3mm，具定向分布呈条纹状。斜长石及石英不等粒状变晶，粒径0.2～0.5mm，多呈条纹状相间分布。

含十字石石榴二云石英片岩　浅绿棕色，显微鳞片—不等粒状变晶结构、斑状变晶结构，片状构造。主要矿物：石英35%～40%、白云母20%～25%、黑云母15%～20%、石榴子石10%～15%、十字石＜5%、斜长石＜10%；副矿物：微量金属矿物、电气石、锆石。斜长石及石英、绿帘石为不等粒状变晶，粒径小于0.5mm。斑晶主要为石榴子石、十字石，石榴子石多呈等轴状，粒径0.5～2mm，十字石呈柱状及短柱状，粒径小于2mm。石英拉长具定向分布。

含石榴子石斜长绿泥白云石英片岩　棕灰色，显微鳞片—不等粒状变晶结构，片状构造。主要矿物：石英35%～40%、斜长石10%～15%、白云母25%～30%、石榴子石＜5%、绿泥石15%～20%、黑云母5%～10%。石英及斜长石、石榴子石为不等粒变晶，多数粒径小于0.5mm。斜长石呈条纹状及团块状相对集中分布。

含石榴子石石英二云母片岩　棕灰色，粒状—显微鳞片变晶结构，片状构造。主要矿物：黑云母50%～55%、白云母25%～30%、石英10%～15%、石榴子石＜5%、绿帘石＜5%；副矿物：微量金属矿物、锆石、磷灰石。石英、石榴子石为不等粒变晶，多数粒径小于1mm。

斜长黑云母片岩　棕褐色，显微鳞片—粒状变晶结构，片状构造。主要矿物：黑云母45%～50%、白云母5%～10%、石英15%～20%、斜长石30%～35%；副矿物：微量金属矿物、锆石、磷灰石。斜长石及石英不等粒状变晶，粒径小于0.5mm。云母与石英、长石呈条纹状相间分布。

斜长黑云石英片岩　棕褐色，显微鳞片—粒状变晶结构，条带状—片状构造。主要矿物：石英55%～60%、斜长石10%～15%、黑云母25%～30%；副矿物：微量金属矿物、锆石、磷灰石、榍石。斜长石及石英不等粒状变晶，粒径小于0.5mm。黑云母与斜长石呈条纹状相间分布。

含石榴子石黑云石英片岩　浅棕色，显微鳞片—粒状变晶结构，片状构造。主要矿物：石英＞65%、黑云母25%～30%、白云母25%～30%、石榴子石＜5%、斜长石5%～10%；副矿物：微量金属矿物、锆石、磷灰石、电气石。石英及斜长石、石榴子石为不等粒变晶，多数粒径0.05～0.3mm，石榴子石为铁铝榴石。

2)片麻岩类

角闪黑云斜长片麻岩　浅棕灰色，柱状显微鳞片—粒状变晶结构，细片麻状构造。主要矿物:斜长石40%～45%、石英10%～15%、黑云母25%～30%、角闪石15%～20%;副矿物:微量金属矿物、锆石、磷灰石。角闪石为柱状变晶,斜长石、石英呈不等粒变晶,多数粒径0.2～0.5mm,少部分0.3～0.5mm。

黑云斜长片麻岩 褐灰色,显微鳞片—不等粒状变晶结构,片麻状构造。主要矿物:斜长石40%～45%、石英20%～25%、绿帘石<10%、黑云母25%～30%;副矿物:微量金属矿物、磷灰石。斜长石、石英呈不等粒变晶,粒径0.5～2mm,绿帘石粒状变晶,粒径一般小于0.05mm。

含石榴子石黑云二长片麻岩 浅灰白色,显微鳞片—不等粒状变晶结构,片麻状构造。主要矿物:斜长石30%～35%、钾长石25%～30%、石英20%～25%、黑云母<10%、白云母<3%、石榴子石<2%,绿帘石少量;副矿物:微量金属矿物、磷灰石。斜长石、钾长石、石英呈不等粒变晶,粒径0.5～2mm,石榴子石、绿帘石粒径一般小于0.05～0.2mm。

角闪斜长片麻岩 浅棕灰色,显微鳞片柱状—不等粒状变晶结构,片麻状构造。主要矿物:斜长石40%～45%、石英25%～30%、普通角闪石30%～35%、黑云母3%～5%;副矿物:锆石、磷灰石。斜长石、石英呈不等粒变晶,多数粒径0.3～0.6mm,少部分0.1～0.3mm,具拉长状定向分布。角闪石为柱状变晶,定向分布。

3)粒岩类

黑云母变粒岩 浅灰棕色,显微鳞片—粒状变晶结构,片状构造。主要矿物:斜长石>40%、石英15%～20%、黑云母30%～35%;副矿物:微量金属矿物、锆石、电气石。斜长石、石英呈不等粒变晶,粒径0.05～0.3mm。

黑云二长变粒岩 浅棕灰色,显微鳞片—不等粒状变晶结构,片状—片麻状构造。主要矿物:斜长石25%～30%、钾长石30%～35%、石英15%～20%、黑云母+白云母15%～20%、绿帘石<10%;副矿物:微量金属矿物、锆石。斜长石、钾长石、石英呈不等粒变晶,粒径0.05～0.3mm。

角闪黑云母变粒岩 浅灰棕色,柱状显微鳞片—粒状变晶结构,片状构造。主要矿物:斜长石40%～45%、石英20%～25%、黑云母20%～25%、角闪石10%～15%;副矿物:微量金属矿物、锆石、磷灰石。角闪石为粒状变晶,斜长石、石英呈不等粒变晶,粒径0.05～0.3mm。

透闪黑云母变粒岩 浅灰棕色,纤柱状显微鳞片—粒状变晶结构,平行状构造。主要矿物:斜长石45%～50%、石英15%～20%、黑云母25%～30%、透闪石<10%、绿帘石<5%;副矿物:锆石、电气石、磷灰石。斜长石、石英及绿帘石呈不等粒变晶,粒径小于0.5mm,透闪石为纤柱状变晶,具定向分布。

绿帘透闪石变粒岩 浅绿灰色,纤柱状显微鳞片—不等粒变晶结构,平行状—片状构造。主要矿物:斜长石30%～35%、钾长石10%～15%、石英5%～10%、透闪石30%～35%、方解石<10%、绿帘石10%～15%。斜长石、钾长石、方解石、石英及绿帘石呈不等粒变晶,粒径小于0.5mm,透闪石为纤柱状变晶,具定向分布。

石榴黑云母变粒岩 浅棕灰色,显微鳞片—不等粒状变晶结构、斑状变晶结构,片状构造。主要矿物:斜长石30%～35%、石英15%～20%、黑云母25%～30%、角闪石5%、石榴子石15%～20%;副矿物:锆石、电气石、磷灰石。斜长石、石英呈不等粒变晶,粒径0.3～1.5mm,角闪石为粒状—柱状变晶,具定向分布,铁铝榴石为等轴变斑晶,粒径0.5～1.5mm。

透辉黑云母变粒岩 浅灰棕色,显微鳞片状纤柱状—粒状变晶结构,片状构造。主要矿物:斜长石35%～40%、钾长石10%～15%、透辉石15%～20%、黑云母15%～20%、石英5%～10%;副矿物:磷灰石。斜长石、钾长石及石英粒状变晶,粒径0.05～0.3mm,透辉石为粒状—柱状变晶,粒径0.1～0.3mm,具定向分布。

透辉角闪变粒岩 浅棕灰色,纤柱状—不等粒状变晶结构,片麻状—片状构造。主要矿物:斜长石35%～40%、石英20%～25%、绿帘石5%～10%、角闪石25%～30%、透辉石+透闪石5%～

10%;副矿物:榍石、磷灰石。斜长石、石英呈不等粒变晶,粒径0.1~0.5mm,角闪石及透辉石、透闪石呈纤状柱状变晶,具定向分布,角闪石粒径多数0.1~1mm。

浅粒岩 浅棕灰色,显微鳞片—不等粒状变晶结构,片状—平行状构造。主要矿物:斜长石30%~35%、石英45%~50%、黑云母10%、白云母+绢云母10%~15%;副矿物:微量金属矿物、锆石、电气石、磷灰石。斜长石、石英呈不等粒变晶,粒径0.05~0.3mm。

透闪石石英岩 浅灰棕色,柱纤状—不等粒状变晶结构,平行状构造。主要矿物:石英>80%、透闪石10%~15%、绿帘石5%~10%;副矿物:微量金属矿物、电气石、锆石。透闪石呈粒状及纤维状变晶,定向平行分布。

斜长石英岩 浅棕灰色,显微鳞片—粒状变晶结构,平行状构造。主要矿物:石英>60%、斜长石10%~15%、黑云母10%~15%、白云母<5%;副矿物:微量金属矿物、电气石、锆石、磷灰石、榍石。石英及斜长石呈不等粒变晶,粒径0.05~0.2mm,片状矿物具定向分布。

方解斜长石英岩 浅灰色,显微鳞片—粒状变晶结构,平行状构造。主要矿物:石英50%~55%、斜长石15%~20%、方解石10%~15%、黑云母5%~10%、白云母<10%;副矿物:微量金属矿物、磷灰石、电气石、锆石。石英、长石及方解石为粒状变晶,粒径0.2~0.6mm。

2. 基性火山岩类

方解石英斜长绿泥片岩 浅绿灰色,粒状—显微鳞片变晶结构,片状构造。主要矿物:绿泥石40%~45%、石英10%~15%、斜长石20%~25%、方解石10%~15%、绿帘石3%~5%、黑云母5%~10%;副矿物:微量金属矿物、榍石。石英、方解石及斜长石为不等粒变晶,多数粒径小于0.5mm。绿帘石为微粒状,一般小于0.05mm。

斜长绢云绿泥石英片岩 浅灰绿色,显微鳞片—粒状变晶结构,片状构造。主要矿物:石英40%~45%、斜长石10%~15%、绿帘石15%~20%、绿泥石15%~20%、绢云母5%~10%;副矿物:榍石、锆石、电气石。石英、斜长石为不等粒变晶,多数粒径0.05~0.5mm。绿帘石为微粒状,一般小于0.05mm。

黑云绿帘斜长角闪片岩 灰绿色,粒状—鳞片状柱状变晶结构,片状构造。主要矿物:普通角闪石40%~50%、黑云母5%~10%、绿帘石15%~20%、斜长石25%~30%、石英<5%;副矿物:榍石3%~5%、磷灰石少量。斜长石及石英呈不等粒变晶,粒径0.05~0.8mm,角闪石呈柱状变晶,呈定向平行分布,粒径0.2~0.6mm。

斜长角闪岩 深灰色,柱状—粒状变晶结构,片状构造。主要矿物:角闪石55%~60%、斜长石30%~35%、石英<10%、黑云母<3%;副矿物:微量金属矿物、磷灰石、榍石。角闪石呈柱状变晶,粒径0.1~0.5mm,斜长石呈不等粒变晶,粒径小于0.4mm,具定向平行分布。

角闪斜长片麻岩 灰绿色,柱状—不等粒状变晶结构,片麻状构造。主要矿物:斜长石40%~45%、角闪石30%~35%、石英20%~25%。斜长石及石英呈不等粒变晶,粒径0.5~2.5mm,角闪石呈柱状变晶,呈断续条纹定向平行分布。

(三)钙镁质岩类

纯白云石大理岩 浅灰白色,粒状变晶结构,块状构造。主要矿物:白云石>99%,少量金属矿物。白云石呈等轴状不等粒变晶,粒径1.5~5mm。

含白云母石英大理岩 棕灰色,显微鳞片—不等粒状变晶结构,平行状—块状构造。主要矿物:方解石>75%、石英10%~15%、白云母5%~10%,少量金属矿物。方解石及石英为不等粒状变晶,粒径0.5~1mm,部分方解石、石英粒径0.2~0.5mm。

含石英透闪石大理岩 浅灰白色,纤柱状—粒状变晶结构,平行状—块状构造。主要矿物:

方解石>90%、透闪石<5%、石英<5%，少量金属矿物。方解石粒状变晶，具明显压扁拉长定向分布，粒径 0.3～0.5mm，透闪石呈纤柱状变晶，石英粒状变晶，粒径小于 0.5mm。

含绿帘石灰质白云石大理岩　灰白色，不等粒状变晶结构，块状构造。主要矿物：白云石 55%、方解石 30%～35%、绿帘石 10%～15%。白云石、方解石及绿帘石呈不等粒状变晶，粒径 0.5～1.5mm。

含二云母斜长石英大理岩　棕灰色，显微鳞片—不等粒状变晶结构，平行状—块状构造。主要矿物：方解石 65%～70%、石英 10%～15%、斜长石 5%～10%、白云母 5%～10%、黑云母<5%；副矿物：微量金属矿物、榍石、锆石。方解石及石英、斜长石为粒状变晶，方解石粒径 0.5～1mm，具定向分布，石英及斜长石粒径 0.1～0.3mm。

二、动力变质岩类型

动力变质岩是各种岩石受动力变质作用的产物，与断层作用密切相关。依据其不同构造层次的成因机制及构造变形变质特征的差异，划分为碎裂岩系列和糜棱岩系列，分别相当于浅部脆性断层和较深部剪切带中剪切运动的产物，也称其为构造岩。

（一）碎裂岩系列

分布于图幅内脆性断层带中。常见有构造角砾岩、碎裂岩、碎斑岩、断层泥，不具流动构造。

1. 构造角砾岩

沿图幅各脆性断裂带分布，具角砾状结构，次生蚀变多为炭化。角砾砾径大小不等，多呈棱角状、次棱角状杂乱分布，定向性差。角砾成分与断层所切的原岩一致，有各类泥质—长英质岩、碳酸盐岩、花岗岩、基性—酸性脉岩等。在挤压、张裂和剪切应力作用下，原岩破碎成大小不等的岩块。充填物（胶结物）为原岩经断层作用压碎碾磨后的细粒物和次生的碳酸盐、铁质、硅质和钠长石等化学物质。

2. 断层泥

断层泥是由于沿断层的强烈碾磨，使原岩搓碎成膏泥状物质。主要分布于图幅各脆性断裂带中，断层泥中可见碎块小于 30%，常富含碳质而呈深灰—黑色，在灰岩近地表的断裂中，常为红色或黄色粘土。总体上，断层泥中的铁质、碳质及粘土矿物比原岩显著增加。

3. 碎裂岩

是图幅内脆性剪切破裂带中常见的构造岩。岩石受到应力作用时产生脆性破裂，以压碎作用为主，不具定向构造，充填物以方解石脉、石英脉或绿泥石化、绿帘石化等。碎块含量大于 50%。岩石呈碎裂结构，块状构造。次生蚀变绢云母化、绿泥石化、碳酸盐化、沸石化、硅化。常见岩石有长英质碎裂岩、花岗质碎裂岩、灰质白云质碎裂岩等。

4. 碎斑岩

常发育于图幅内刚性岩石的破碎带中，碎裂作用程度较强，具碎斑结构。其岩石以长英质碎斑岩为主。长英质碎斑岩呈浅灰色，碎斑结构、不等粒变晶结构，块状构造。主要矿物成分为石英、长石等。碎斑成分为石英及斜长石，斑晶粒径 0.1～0.5mm，少数 0.5～1mm。基质为细粒化石英和斜长石，粒径一般小于 0.1mm。

（二）糜棱岩系列

糜棱岩分布于图幅内不同尺度的各韧性剪切变形带中，是地壳中深层次韧性剪切构造作用的产物。宏观上这类岩石面状构造发育，常具明显的带状、眼球状纹理构造，发育拉伸线理及各种塑性流动构造；微观上矿物因塑性变形易发生细粒化、波状消光，在薄片中常见石英具丝带构造和拔丝构造或核幔构造等。按糜棱岩化的程度划分为糜棱岩化岩石类、初糜棱岩类、糜棱岩类、超糜棱岩类。

1. 糜棱岩化岩石类

主要分布于图幅内脆韧性剪切带中。糜棱岩化岩石普遍遭受脆-韧性剪切变形作用，糜棱岩化程度较弱。岩石中残斑（碎块）含量高，一般大于85%，基质含量相应较低。岩石中石英、长石等粒状矿物细粒化重结晶，具波状消光，发育拔丝构造、拉伸线理。宏观上具条纹状、条带状构造，石英、长石及方解石等浅色矿物分泌脉体呈透镜状、条带状糜棱面理分布，或呈旋转团块，具有运动学意义。总体上，初糜棱岩变形不甚明显，矿物定向性差，原岩矿物成分和结构构造基本保留，属变形层次较浅的脆-韧性过渡类型。

主要岩类型有糜棱岩化大理岩、糜棱岩化花岗岩、糜棱岩化石英岩、长英质初糜棱岩、花岗质初糜棱岩等。

糜棱岩化大理岩　具糜棱结构、不等粒变晶结构，均具条纹状构造。主要组成矿物为方解石＞85%，其次为石英及斜长石。方解石残斑大于60%，基质小于40%。残斑呈眼球状或小透镜状定向排列，细粒化方解石呈条纹状包绕残斑。

长英质初糜棱岩　矿物组成主要有粒状斜长石、石英，含量大于80%，次为黑云母、白云母，含量小于20%。岩石变形特征明显，但仍有小于50%的原岩矿物未变形而被保留下来。镜下长石显示了脆性变形特征，晶体断裂，显微张裂隙发育，具强波状消光，斜长石双晶弯曲；部分长石边缘有轻度的细粒化，有些细粒化已退变为绢云母，石英呈强塑性变形，由于晶内滑移，过量的错位引起晶格弯曲，因而出现强波状带状消光。

2. 糜棱岩类

主要分布在不同尺度的韧性剪切带中。岩石类型以长英质糜棱岩、碳酸盐岩糜棱岩为主，发育在中深层次，发育透入性糜棱面理及流动构造，碎斑含量少，圆化程度高，同构造重结晶作用明显，岩石粒度减小。

长英质糜棱岩　岩石多呈浅灰—灰色，糜棱结构、显微鳞片变晶结构，条纹状、片状、千枚状构造。由残斑和基质两部分组成。残斑含量30%～50%，基质含量50%～70%，碎斑粒径多数1～4mm，基质粒径0.02～0.6mm不等。主要矿物成分为石英、长石、云母等。长石、石英碎斑部分呈眼球状，具明显的显微碎斑结构，晶体中显微裂隙发育，普遍呈强不均匀消光，有些长石碎斑的双晶弯曲、折断；另一些有细粒化。石英发生了强烈的晶内滑移，拉长成带状，长宽比一般为10∶1。具强波状消光，有些可见到核幔构造。常见岩石有花岗质糜棱岩、斜长角闪质糜棱岩、长英质糜棱岩等。

碳酸盐质糜棱岩　浅灰色、灰白色、棕灰色，糜棱结构、显微鳞片—粒状变晶结构，条纹状构造。主要矿物组成为方解石、白云石，次为石英、斜长石、绢（白）云母。岩石由残斑和基质两部分组成，残斑含量20%～30%，最高40%。方解石（白云石）残斑呈扁豆状或眼球状定向排列，由于动态重结晶，残斑周围有细小波状消光的方解石亚晶粒构成核幔构造，残斑边缘呈锯齿状边界，个别残斑有旋转现象。基质为方解石和极少数的石英，总含量60%～80%，细粒化方解石、石英静态重结晶，构成条纹状定向平行分布，具波状消光，基质包围和绕过残斑呈流动构造、糜棱构造。绢云母为显微鳞片变晶，呈断续条纹状定向平行分布。

3. 超糜棱岩类

图幅内超糜棱岩分布较少，出现于韧性剪切带的强烈剪切部位。主要岩石有长英质超糜棱岩、碳酸盐质超糜棱岩。岩石呈条带状—平行状构造，是高度糜棱化的产物，具鳞片变晶结构、糜棱结构，基质含量一般大于90%，残斑少；岩石组成的粒度小于0.02mm。长条纹状由长石、石英和少量绢母云组成，大多数长石因强应力而细粒化，并圆化成等轴状或扁圆状。

长英质超糜棱岩　　岩石呈棕灰色，显微鳞片变晶结构、超糜棱结构，条带状—片状构造。主要矿物成分为石英、斜长石、绢云母及铁碳质物。残斑几乎无存，细粒化长石、石英重结晶后定向排布，呈条纹状分布，粒径一般小于0.02mm。绢云母为显微鳞片变晶，定向平行分布。

碳酸盐质超糜棱岩　　岩石呈浅棕灰色，显微鳞片变晶结构、糜棱结构，条纹状构造。主要矿物为白云石，次为石英、绢云母及白云母。具明显的流动构造，白云石发生强烈细粒化，几乎无残斑。细粒化的白云石、石英具静态重结晶，呈条纹状与绢(白)云母条纹、金属矿物细条纹相间定向分布。白云石粒度多数0.01～0.03mm。

三、接触变质岩

图幅接触变质岩出露较少，集中分布在古生代—中生代几个较大岩基的外接触带。图幅内接触变质岩主要与加里东期、印支期中酸性侵入岩体关系密切，受变质地层主要为中新元古代—中生代地层，沿侵入岩体周边形成规模不等的接触变质岩石。依据矿物组合与组构特征，本区划分出热接触变质岩和接触交代变质岩，以热接触变质岩为主。

1. 热接触变质岩

角岩类(包括角岩化岩石)　　区内角岩化岩石主要有角岩化粉砂质板岩、角岩化石英粉砂岩、斑点状板岩。该类变质岩石原岩特征基本保留，矿物未发生重新组合。颜色一般为灰—深灰色，角岩结构为斑状变晶结构，片状、条带状构造。主要变质矿物：黑云母＋绿帘石＋绿泥石。变质原岩多为泥质粉砂岩。

大理岩类　　岩石有透闪石大理岩、石英大理岩等。颜色灰—灰白色，粒状变晶结构，柱状—细粒变晶结构和鳞片粒状变晶结构，块状构造、平行状构造。变质矿物组合为方解石＋透闪石＋透辉石＋斜长石＋黑云母＋石墨。原岩一般为泥灰岩、泥质碳酸盐岩和钙质砂岩。该类岩石主要分布在侵入体与碳酸盐建造地层外接触带。

2. 接触交代变质岩

图幅中酸性侵入岩体与灰岩、白云岩接触带上，宽度几米至十几米。多叠加于区域变质岩和动力变质岩之上。角闪石呈针状，长轴斜交片理。主要岩石有透闪透辉石矽卡岩，颜色灰—灰褐色，纤维—粒状变晶结构，不均匀粒状变晶结构，块状、斑杂状构造。变质矿物组合为透辉石＋方柱石＋石榴子石＋方解石＋斜长石＋石英。一般表现为程度不同的碳酸盐化、硅化、石英钠长石化、绿帘石化、绿泥石化、透闪石化、黄铁矿化和绢云母化等。

第三节　区域变质岩原岩恢复

图幅内分布的前寒武纪变质岩主要为中—高级变质岩系，变形变质程度较高，其原岩结构、构造大多已消失殆尽。根据其野外产状、岩石组合特征、变质矿物组合及岩石地球化学特征恢复其原岩建造。此类岩石主要分布于包括昆中地层分区的长城系赛图拉岩群、蓟县系桑株塔格岩群，昆北地层分区下古生界西合休岩组，铁克里克地层分区的下元古界埃连卡特岩群、长城系塞拉加兹塔格岩群。低级变质岩分布在昆北地层分区下古生界奥米沙砂板岩及塔里木盆地地层分区下古生界阿其克片岩，其原岩结构构造保存较好。

各地层单位原岩恢复分述如下。

一、埃连卡特岩群（Pt_1A）原岩恢复及构造环境的判别

埃连卡特岩群主要岩石类型为斜长二云石英片岩、二云母片岩、斜长黑云母片岩、黑云石英片岩、二云石英斜长方解石片岩、黑云母变粒岩、含石榴子石黑云石英片岩、含石榴子石石英二云母片岩、黑云角闪斜长片麻岩、角闪斜长片麻岩、方解绿泥钠长片岩。

根据野外岩石产状特征、结构构造及岩石组合特征、变质矿物共生组合特点等，埃连卡特岩群以副变质岩为主，原岩为一套泥质—长英质碎屑岩夹中基性火山岩及少量碳酸盐岩。

通过岩石化学计算，利用 K - A 图解（图 4 - 1）恢复原岩，变质碎屑岩投入沉积岩区，图解中一部分变质碎屑岩投入碳酸盐岩亚区，可能是碎屑岩中灰质含量高。利用[（al＋fm）-（c＋alk）]- Si 图解（图 4 - 2）恢复原岩，变质碎屑岩投入砂质沉积岩区和泥质沉积岩区，一部分投入钙质沉积岩区，可能是碎屑岩中灰质含量高。

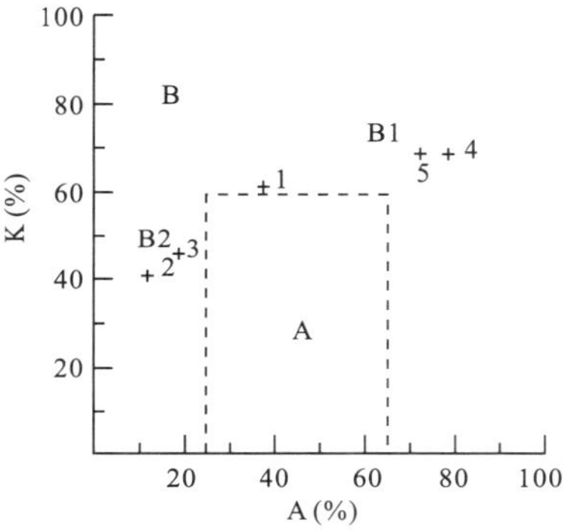

图 4 - 1 原岩恢复 K - A 图解

A. 火成岩区；B. 沉积岩区；B1. 泥质粉砂岩亚区；B2. 碳酸盐岩亚区

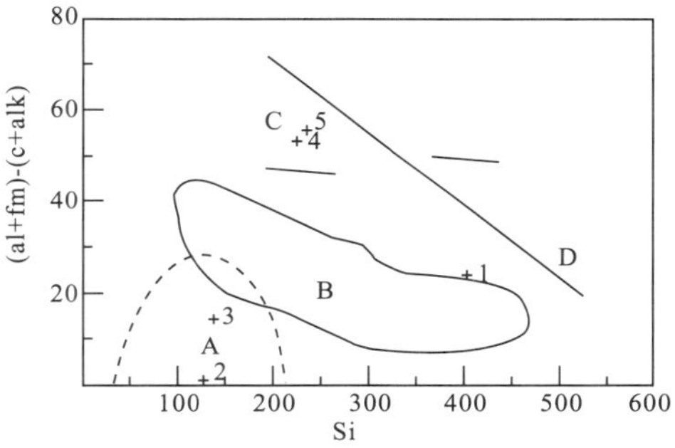

图 4 - 2 变质岩原岩恢复[（al＋fm）-（c＋alk）]- Si 图解

A. 钙质沉积物；B. 火山岩；C. 厚层泥岩；D. 砂岩

黑云角闪斜长片麻岩、角闪斜长片麻岩具有“似层状”特征，在露头上片状矿物含量有规律变化，反映出原岩成分差异，出现泥质变质矿物白云母、黑云母。与二云母片岩、斜长黑云母片岩、黑云石英片岩呈“互层状”。其原岩为泥岩-砂岩类正常碎屑沉积岩。

埃连卡特岩群变质深，原岩沉积组构被彻底改造，通过岩石化学和地球化学特征进行大地构造环境讨论。

埃连卡特岩群变质碎屑岩岩石化学成分平均值与 Bhatia（1985）的不同构造环境沉积盆地中的杂砂岩平均值比较（表 4 - 1），显示比较复杂，介于大洋岛弧与大陆岛弧之间，更偏向于大洋岛弧环境，显示碎屑物源复杂。利用 Al_2O_3/SiO_2-（$Fe_2O_3^*$ ＋MgO）图解（图 4 - 3）、TiO_2-（$Fe_2O_3^*$ ＋MgO）（图 4 - 4），投入或靠近大洋岛弧区，在 Log（K_2O/Na_2O）- SiO_2 图解（图 4 - 5）上多投入大洋岛弧环境。

变质碎屑岩微量元素平均值与 Bhatia（1985）不同构造环境沉积盆地杂砂岩平均值比较（表 4 - 2），显示比较复杂，大部分元素与活动陆缘和大陆岛弧相似，部分元素与大洋岛弧相似。利用微量元素 Th - Sc - Zr/10 图解（图 4 - 6）判别构造环境，多投入大陆岛弧，部分样品投入区外，可能与后期变质微量元素迁移有关。

表 4-1　埃连卡特岩群、塞拉加兹塔格岩群变质碎屑岩与元古宙碎屑沉积岩及不同构造环境杂砂岩平均化学成分对比表　　(%)

类型	元古宙	大洋岛弧	大陆岛弧	活动陆缘	被动陆缘	埃连卡特岩群	塞拉加兹塔格岩群
SiO_2	70.0±3.4	58.83±1.6	70.69±2.6	73.86±4.0	81.95±6.2	60.55	66.82
TiO_2	0.6±0.1	1.06±0.2	0.64±0.1	0.46±0.1	0.49±0.2	0.74	0.78
Al_2O_3	14.5±1.7	17.1±1.7	14.04±1.1	12.89±2.1	8.41±2.2	16.07	13.02
Fe_2O_3	—	1.95±0.5	1.43±0.5	1.30±0.5	1.32±1.6	1.65	1.42
FeO	5.5±1.9	5.52±2.1	3.05±0.4	1.58±0.9	1.76±1.2	2.93	4.67
MnO	—	0.15	0.1	0.1	0.05	0.07	0.26
MgO	2.1±0.5	3.65±0.7	1.97±0.5	1.23±0.5	1.39±0.8	4.29	3.08
CaO	1.7±0.7	5.83±1.3	2.68±0.9	2.48±1.0	1.89±2.3	1.73	1.34
Na_2O	1.8±0.6	4.10±0.8	3.12±0.4	2.77±0.7	1.07±2.6	1.41	2.35
K_2O	3.5±0.6	1.60±0.6	1.89±0.5	2.90±0.5	1.71±0.6	4.40	2.62
P_2O_5	—	0.26±0.1	0.16±0.1	0.09	0.12	0.19	0.13
$Fe_2O_3^*+MgO$	—	11.73	6.79	4.63	2.89	8.87	9.17
Al_2O_3/SiO_2	0.21	0.29	0.2	0.18	0.1	0.27	0.19
K_2O/Na_2O	0.18	0.39	0.61	0.99	1.6	3.14	1.11
$Al_2O_3/CaO+Na_2O$	4.14	1.72	2.42	2.56	4.15	5.13	3.53

注：样品由国土资源部西安矿产资源监督检测中心测试分析

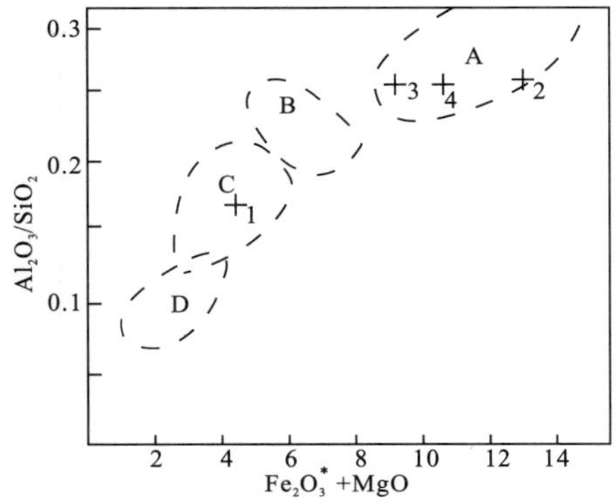

图 4-3　埃连卡特岩群变质杂砂岩

$Al_2O_3/SiO_2-(Fe_2O_3^*+MgO)$构造判别图

A. 大洋岛弧；B. 大陆岛弧；C. 活动大陆边缘；D. 被动大陆边缘

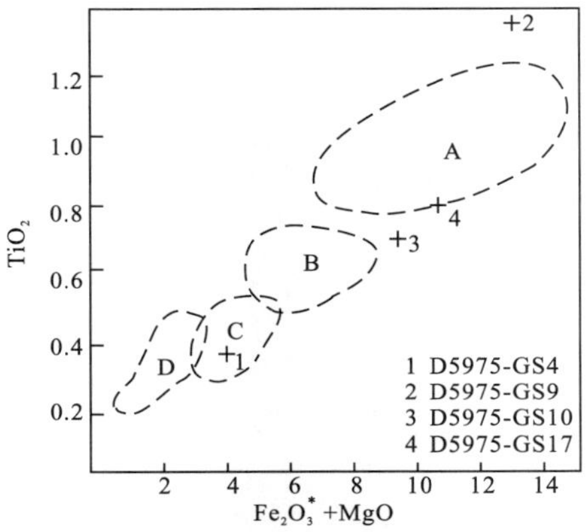

图 4-4　埃连卡特岩群变质杂砂岩

$TiO_2-(Fe_2O_3^*+MgO)$构造判别图

A. 大洋岛弧；B. 大陆岛弧；C. 活动大陆边缘；D. 被动大陆边缘

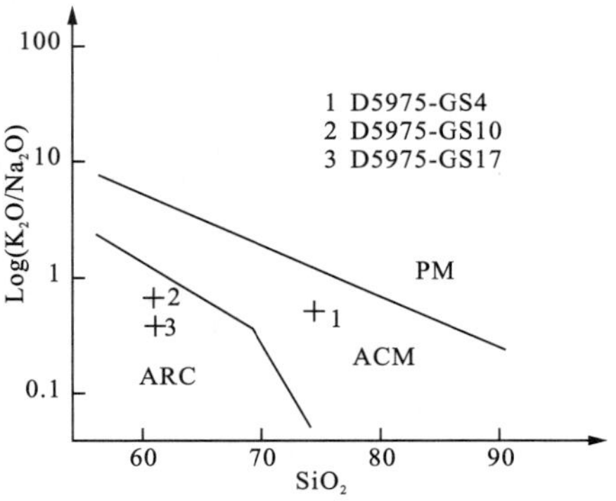

图 4-5　埃连卡特岩群变质杂砂岩构造

环境 $Log(K_2O/Na_2O)-SiO_2$ 判别图

ARC. 大洋岛弧环境；PM. 被动大陆边缘；ACM. 活动大陆边缘环境（大陆岛弧）

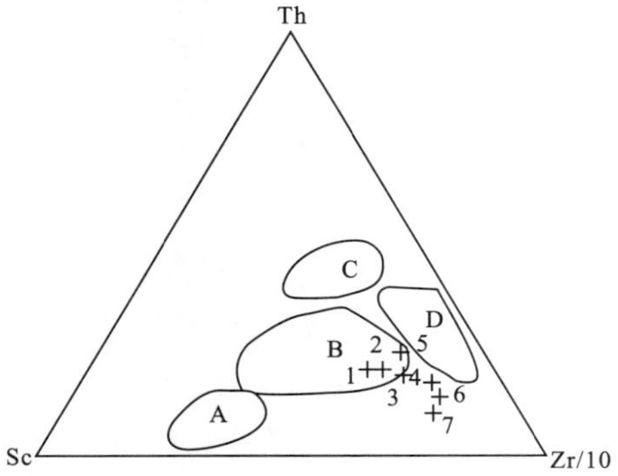

图 4-6　埃连卡特岩群杂砂岩微量元素

Sc-Th-Zr/10 判别图

A. 大洋岛弧；B. 大陆岛弧；C. 活动大陆边缘；D. 被动大陆边缘

综上所述，埃连卡特岩群原岩主要为泥岩-砂岩类，夹少量火山岩及碳酸盐岩。其形成的构造环境为活动陆缘环境。

表 4-2 埃连卡特岩群、塞拉加兹塔格岩群变质碎屑岩与不同构造环境杂砂岩的微量元素特征对比表

类型	大洋岛弧	大陆岛弧	活动陆缘	被动陆缘	埃连卡特岩群	塞拉加兹塔格岩群
Rb/Sr	0.05±0.05	0.65±0.33	0.89±0.24	1.19±0.40	0.4	0.8
Ba/Rb	21.3±5.0	7.5±1.3	4.5±0.8	4.7±1.1	7.0	5.0
Ba/Sr	0.95±0.6	3.55±1.4	3.8±0.7	4.7±1.3	2.8	3.9
Th($\times10^{-6}$)	2.27±0.7	1.11±1.1	18.8±3.0	16.7±3.65	13.3	16.1
U($\times10^{-6}$)	1.09±0.21	2.53±0.24	3.90±0.5	3.20±0.8	0.6	5.1
Zr($\times10^{-6}$)	96±20	229±27	179±33	298±80	437.8	494.9
Nb($\times10^{-6}$)	2.0±0.4	8.5±0.8	10.7±1.4	7.9±1.9	15.7	26.5
Y($\times10^{-6}$)	19.5±5.6	24.2±2.2	24.9±3.6	27.3±5.3	14.6	18.2
Th/U	2.1±0.78	4.6±0.45	4.8±0.38	5.6±0.67	22.2	3.1
Zr/Th	48.0±13.4	21.5±2.4	9.5±0.7	19.1±5.8	32.9	30.7
Zr/Y	5.67±1.94	9.6±0.8	7.2±0.4	12.4±4.0	29.9	27.2
Nb/Y	0.11±0.03	0.36±0.04	0.43±0.04	0.30±0.06	1.0	1.5
La($\times10^{-6}$)	8.72±2.5	24.4±2.3	33.0±4.5	33.5±5.8	36.7	16.4
Ce($\times10^{-6}$)	22.53±5.9	50.5±4.3	72.7±9.8	71.9±11.5	74.0	22.6
Nd($\times10^{-6}$)	11.36±2.9	20.8±1.6	25.4±3.4	29.0±5.03	35.1	11.9
Ti(%)	0.48±0.12	0.39±0.06	0.26±0.02	0.22±0.06	0.37	0.55
Ti/Zr	56.8±21.4	19.7±4.3	15.3±2.4	6.74±0.9	74.0	110.0
Sc($\times10^{-6}$)	19.5±5.2	14.8±1.7	8.0±1.1	6.0±1.4	13.1	14.7
V($\times10^{-6}$)	131±40	89±13.7	48±5.9	31±9.9	90.1	125.9
Cr($\times10^{-6}$)	37±13	51±6.5	26±4.9	39±8.5	54.6	75.3
Co($\times10^{-6}$)	18±6.3	12±2.7	10±1.7	5±2.4	10.9	18.7
Ni($\times10^{-6}$)	11±5.1	13±2.0	10±2.5	8±4.4	27.8	42.3
Ga($\times10^{-6}$)	17±1.9	13±1.3	14±1.5	8±1.6	24.9	37.0
Ni/Co	0.62±0.16	1.22±0.25	1.04±0.19	1.42±0.41	2.6	2.3
Sc/Cr	0.57±0.16	0.32±0.06	0.30±0.02	0.6±0.02	0.2	0.2

注：样品由国土资源部西安矿产资源监督检测中心测试分析

二、塞拉加兹塔格岩群(ChS)原岩恢复及构造环境的判别

塞拉加兹塔格岩群主要岩石类型为二云石英片岩、绿帘钠长绿泥黑云阳起石片岩、石英斜长绿泥片岩、斜长白云绿泥石英片岩、斜长角闪石片岩，局部夹少量含白云母石英大理岩。依据野外产

状特征、岩石组合特征和岩石学特征综合分析，塞拉加兹塔格岩群原岩为一套正常沉积的泥岩-砂岩类，夹中基性凝灰岩、含凝灰质碎屑岩。通过岩石化学计算，利用 A－C－(FM)图解（图 4－7）恢复原岩，变质碎屑岩投入泥质沉积岩区，绿帘钠长绿泥黑云阳起石片岩、石英斜长绿泥片岩及斜长白云绿泥石英片岩则投入碱土铝质岩类区（基性火山岩及部分白云质岩石）。利用[(al＋fm)－(c＋alk)]－Si 图解（图 4－8）恢复原岩，变质碎屑岩投入砂质沉积岩区和泥质沉积岩区，斜长角闪岩及石英斜长绿泥片岩则投入火山岩区。利用(Al＋Fe＋Ti)－(Ca＋Mg)图解（图 4－9）变质碎屑岩投入杂砂岩-亚杂砂岩区，斜长角闪岩及石英斜长绿泥片岩则投入火山岩区。

以上图解分析显示，投入火山岩区的变质岩原岩一部分是中基性火山岩，一部分是含凝灰质的碎屑岩。

塞拉加兹塔格岩群变形变质较强，原岩沉积组构被完全改造，通过该群岩石化学和地球化学特征、结合岩石组合特征进行大地构造环境讨论。

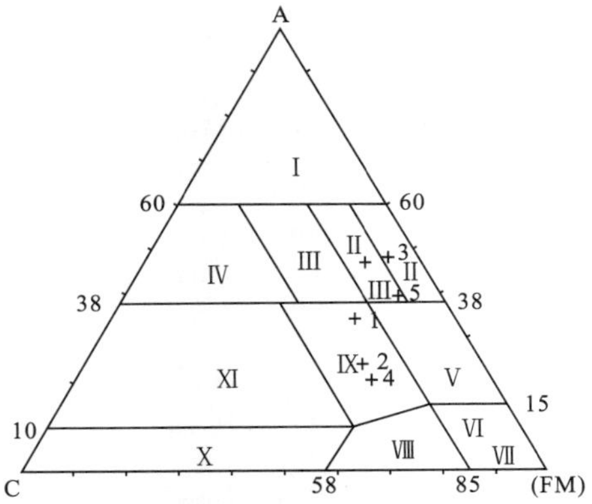

图 4－7　变质岩等化学类型及亚类判别图解

Ⅰ．纯铝硅碳酸盐岩石亚类（原岩为纯泥质岩）；Ⅱ．铁镁铝硅酸盐岩石亚类（原岩为铁质泥质岩）；Ⅲ．碱土铝硅酸盐岩石亚类（原岩为中性—酸性火山岩）；Ⅳ．钙铝硅酸盐岩石亚类（原岩为钙质泥质岩）；Ⅴ．铝镁铁硅质岩类（原岩为胶体化学沉积及泥质岩）；Ⅵ．铁硅质岩类（原岩为胶体化学沉积）；Ⅶ．镁质岩类（原岩为超基性岩）；Ⅷ．碱土低伯岩类（原岩为超基性火山岩及部分白云质岩石）；Ⅸ．碱土铝质岩类（原岩为基性火山岩及部分泥灰质 岩石）；Ⅹ．钙质碳酸盐岩石亚类（原岩为碳酸盐沉积岩）；Ⅺ．铝土钙质岩石亚类（原岩为泥灰质沉积岩）

塞拉加兹塔格岩群变质碎屑岩岩石化学成分平均值与 Bhatia(1985)的不同构造环境沉积盆地中的杂砂岩平均值比较（见表4－1），显示比较复杂，主要还是介于大陆岛弧与活动陆缘之间，显示碎屑物源复杂。利用 TiO_2－($Fe_2O_3^*$ ＋MgO)，Al_2O_3/SiO_2－($Fe_2O_3^*$ ＋MgO)图解（图 4－10、图 4－11)，投入大陆岛弧和大洋岛弧区，部分投入区外。在 Log(K_2O/Na_2O)－SiO_2图解（图 4－12）中投入大洋岛弧与活动大陆边缘环境之间。

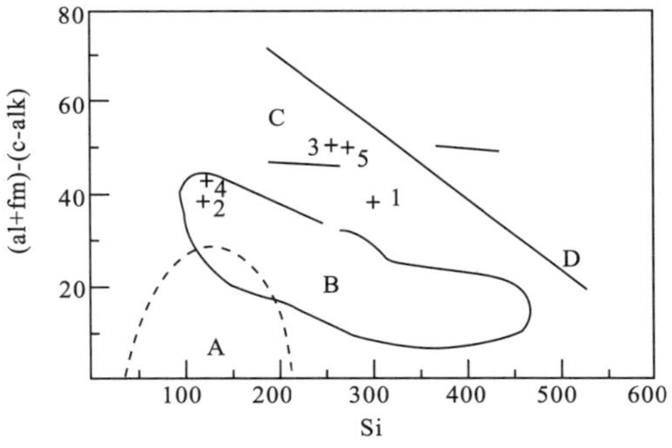

图 4－8　变质岩原岩恢复图解

A. 钙质沉积物；B. 火山岩；C. 厚层泥岩；D. 砂岩

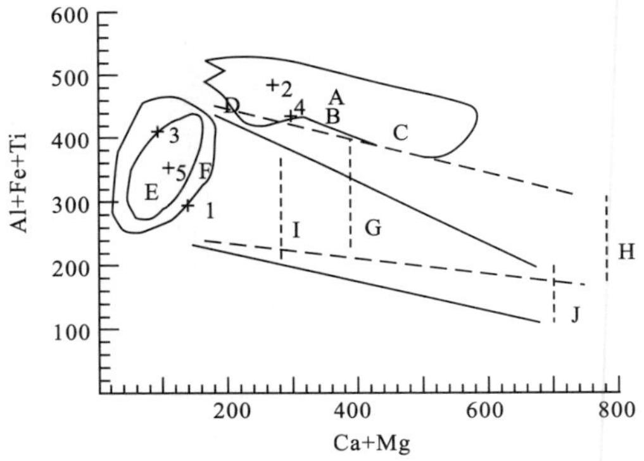

图 4－9　变质沉积岩与火山岩的原岩恢复图解

A. 玄武岩类；B. 玄武安山岩；C. 粗玄岩；D. 细碧岩；E. 杂砂岩(75%)；F. 亚杂砂岩(25%)；G. 变质的白云质杂砂岩(CO_2 析出)；H. CaO＋MgO；I. 白云质杂砂岩；J. 白云岩

变质碎屑岩微量元素平均值与 Bhatia(1985)不同构造环境沉积盆地杂砂岩平均值比较（见表 4－2），显示比较复杂，部分元素与活动陆缘和被动陆缘相似，部分元素与大洋岛弧相似。利用微量元素 Th－Sc－Zr/10 图解（图 4－13）判别构造环境，多投入大陆岛弧区。

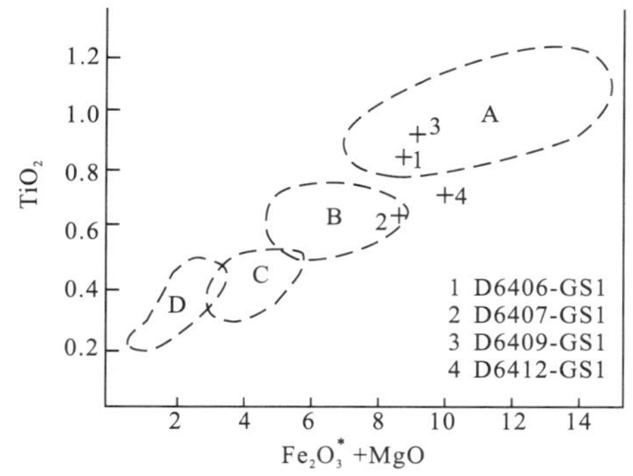

图 4-10　塞拉加兹塔格岩群变质杂砂岩

TiO_2 -($Fe_2O_3^*$ +MgO)构造判别图

A. 大洋岛弧；B. 大陆岛弧；C. 活动大陆边缘；D. 被动大陆边缘

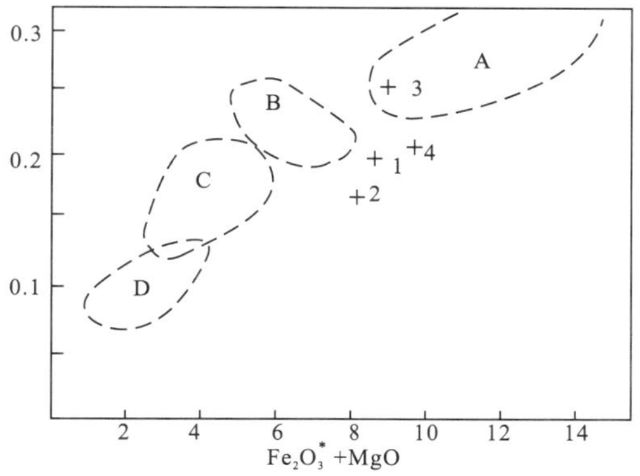

图 4-11　塞拉加兹塔格岩群变质杂砂岩

Al_2O_3/SiO_2 -($Fe_2O_3^*$ +MgO)构造判别图

A. 大洋岛弧；B. 大陆岛弧；C. 活动大陆边缘；D. 被动大陆边缘

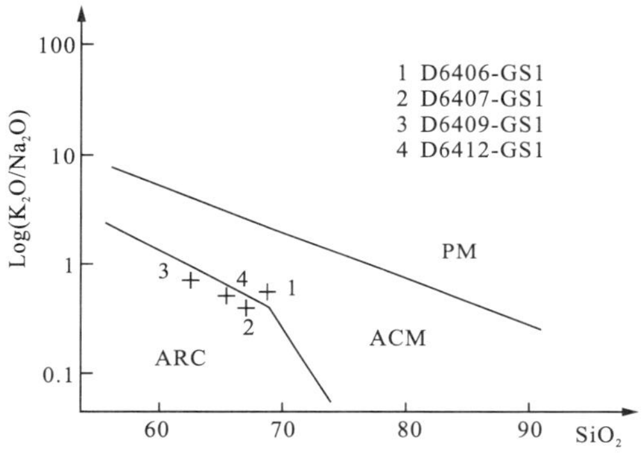

图 4-12　塞拉加兹塔格岩群变质杂屑砂岩

构造环境 Log(K_2O/Na_2O)- SiO_2 判别图

ARC. 大洋岛弧；PM. 被动大陆边缘；

ACM. 活动大陆边缘(大陆岛弧)

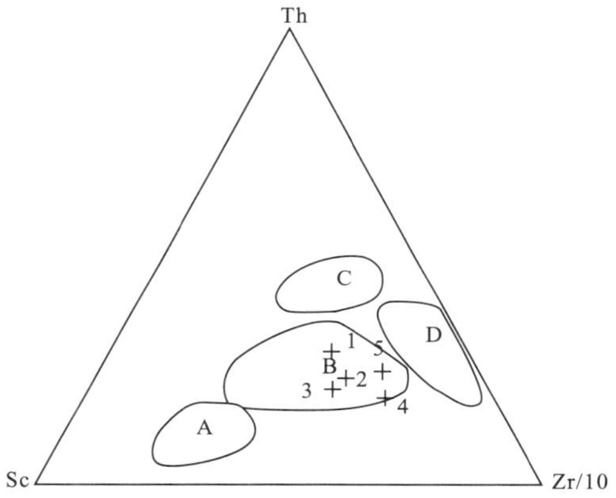

图 4-13　塞拉加兹塔格岩群杂砂岩微量元素

Sc-Th-Zr/10 判别图

A. 大洋岛弧；B. 大陆岛弧；C. 活动大陆边缘；D. 被动大陆边缘

综合上述分析，结合原岩中含大量火山岩和火山凝灰岩岩石化学、稀土元素特征综合分析，其形成构造环境可能是活动大陆缘边缘，为板块聚合边缘构造环境。

三、赛图拉岩群(ChSt)原岩恢复及构造环境判别

赛图拉岩群主要为高绿片岩相-角闪岩相变质的岩石，主要岩石类型为黑云斜长角闪片麻岩、黑云斜长片麻岩、含黑云母二长片麻岩、角闪黑云母变粒岩、斜长角闪岩、含十字石石榴二云石英片岩、黑云母变粒岩、二云石英片岩、石英岩、大理岩等。

根据野外岩石产状特征、结构构造及岩石组合特征、变质矿物共生组合特点等，赛图拉岩群以副变质岩为主，原岩为一套泥质—长英质碎屑岩夹碳酸盐和中基性火山岩。

通过岩石化学计算，利用 A-C-(FM)图解(图 4-14)恢复原岩，变质碎屑岩投于泥质沉积岩区，斜长角闪岩投于基性火山岩区。图解中黑云斜长片麻岩及透闪黑云变粒岩投于火山岩区，但根据野外产状结合室内薄片鉴定，黑云斜长片麻岩应为沉积碎屑岩，很可能含有火山质成分，而变粒

岩则含白云质成分。利用[(al+fm)-(c+alk)]-Si图解(图4-15)恢复原岩,变质碎屑岩投于砂质沉积岩区和泥质沉积岩区,黑云斜长片麻岩投于火山岩区,可能含有火山质成分。斜长角闪岩投于火山岩区,利用(Al+Fe+Ti)-(Ca+Mg)图解(图4-16),透闪黑云变粒岩及云母石英片岩类投于杂砂岩-亚杂砂岩区,斜长角闪岩投于玄武岩-玄武安山岩区。

综合分析,赛图拉岩群原岩为泥质岩、杂砂岩夹碳酸盐岩、基性火山岩。

赛图拉岩群变质深,原岩结构构造被完全改造,通过岩石化学和地球化学特征进行大地构造环境讨论。

赛图拉岩群变质碎屑岩岩石化学成分平均值与Bhatia(1985)的不同构造环境沉积盆地中的杂砂岩平均值比较(表4-3),显示比较复杂,介于大洋岛弧与活动陆缘之间,显示碎屑物源复杂。利用TiO_2-($Fe_2O_3^*$+MgO),Al_2O_3/SiO_2-($Fe_2O_3^*$+MgO)图解(图4-17、图4-18),投于或靠近大洋岛弧区。在Log(K_2O/Na_2O)-SiO_2图解(图4-19)多投入大洋岛弧环境。

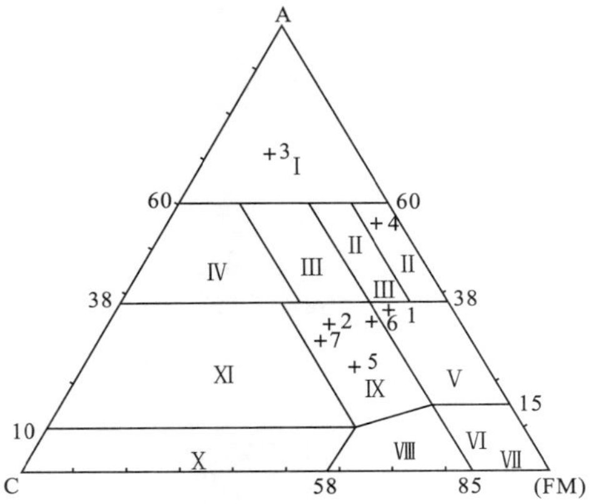

图4-14　变质岩等化学类型及亚类A-C-(FM)判别图解

Ⅰ.纯铝硅碳酸盐岩石亚类(原岩为纯泥质岩);Ⅱ.铁镁铝硅酸盐岩石亚类(原岩为铁质泥质岩);Ⅲ.碱土铝硅酸盐岩石亚类(原岩为中性—酸性火山岩);Ⅳ.钙铝硅酸盐岩石亚类(原岩为钙质泥质岩);Ⅴ.铝镁铁硅质岩类(原岩为胶体化学沉积及泥质岩);Ⅵ.铁硅质岩类(原岩为胶体化学沉积);Ⅶ.镁质岩类(原岩为超基性岩);Ⅷ.碱土低侣岩类(原岩为超基性火山岩及部分白云质岩石);Ⅸ.碱土铝质岩类(原岩为基性火山岩及部分泥灰质 岩石);Ⅹ.钙质碳酸盐岩石亚类(原岩为碳酸盐沉积岩);Ⅺ.铝土钙质岩石亚类(原岩为泥灰质沉积岩)

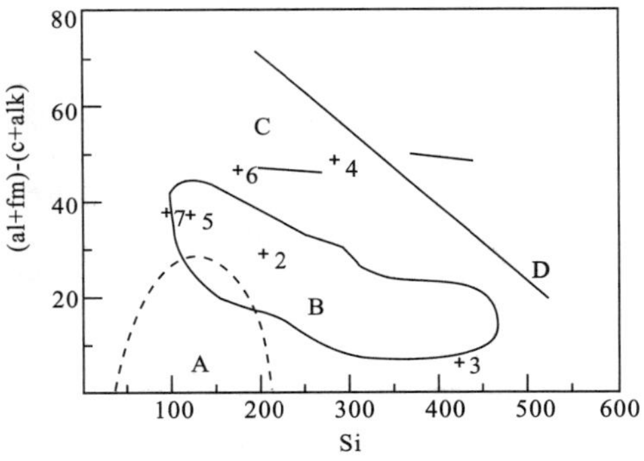

图4-15　变质岩原岩恢复[(al+fm)-(c+alk)]-Si图解

A.钙质沉积物;B.火山岩;C.厚层泥岩;D.砂岩

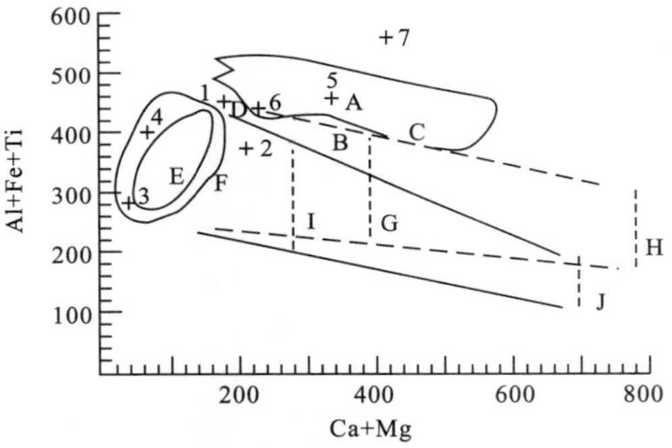

图4-16　变质沉积岩与火山岩的原岩恢复(Al+Fe+Ti)-(Ca+Mg)图解

A.玄武岩类;B.玄武安山岩;C.粗玄岩;D.细碧岩;E.杂砂岩(75%);F.亚杂砂岩(25%);G.变质的白云质杂砂岩(CO_2析出);H.CaO+MgO;I.白云质杂砂岩;J.白云岩

变质碎屑岩微量元素平均值与Bhatia(1985)不同构造环境沉积盆地杂砂岩平均值比较(表4-4),显示比较复杂,大部分元素介于大洋岛弧与大陆岛弧环境,部分元素与活动陆缘和被动陆缘相似。可能与后期变质微量元素迁移有关。变质碎屑岩稀土分配模式曲线与活动大陆边缘相似(见第二章)。

表 4－3　赛图拉岩群、桑株塔格岩群变质碎屑岩平均化学成分与元古宙碎屑沉积岩及不同构造环境杂砂岩对比表　（%）

类型	元古宙	大洋岛弧	大陆岛弧	活动陆缘	被动陆缘	赛图拉岩群	桑株塔格岩群
SiO_2	70.0±3.4	58.83±1.6	70.69±2.6	73.86±4.0	81.95±6.2	69.14	60.48
TiO_2	0.6±0.1	1.06±0.2	0.64±0.1	0.46±0.1	0.49±0.2	0.51	1.33
Al_2O_3	14.5±1.7	17.1±1.7	14.04±1.1	12.89±2.1	8.41±2.2	15.1	16.16
Fe_2O_3	—	1.95±0.5	1.43±0.5	1.30±0.5	1.32±1.6	0.98	0.66
FeO	5.5±1.9	5.52±2.1	3.05±0.4	1.58±0.9	1.76±1.2	2.25	6.2
MnO	—	0.15	0.1	0.1	0.05	0.072	0.13
MgO	2.1±0.5	3.65±0.7	1.97±0.5	1.23±0.5	1.39±0.8	1.08	2.99
CaO	1.7±0.7	5.83±1.3	2.68±0.9	2.48±1.0	1.89±2.3	1.35	1.57
Na_2O	1.8±0.6	4.10±0.8	3.12±0.4	2.77±0.7	1.07±2.6	2.12	1.59
K_2O	3.5±0.6	1.60±0.6	1.89±0.5	2.90±0.5	1.71±0.6	5.53	3.97
P_2O_5	—	0.26±0.1	0.16±0.1	0.09	0.12	0.6	0.14
$Fe_2O_3^*$ + MgO	—	11.73	6.79	4.63	2.89	4.31	9.85
Al_2O_3/ SiO_2	0.21	0.29	0.2	0.18	0.1	0.22	0.27
K_2O/ Na_2O	0.18	0.39	0.61	0.99	1.6	2.61	2.5
Al_2O_3/(CaO+Na_2O)	4.14	1.72	2.42	2.56	4.15	4.35	5.11

注：样品由国土资源部西安矿产资源监督检测中心测试分析

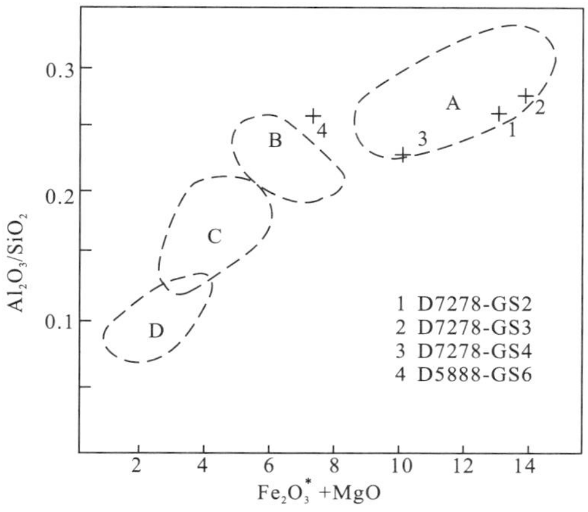

图 4－17　赛图拉岩群变质碎屑岩

（$Fe_2O_3^*$ ＋MgO）－ Al_2O_3/SiO_2 构造环境判别图解

A. 大洋岛弧；B. 大陆岛弧；C. 活动大陆边缘；D. 被动大陆边缘

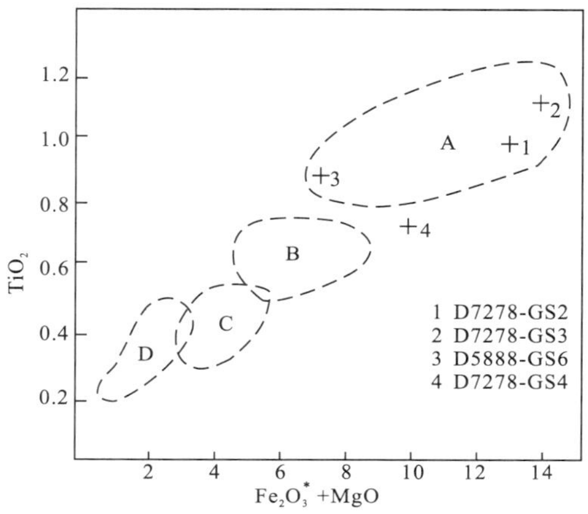

图 4－18　赛图拉岩群变质碎屑岩

（$Fe_2O_3^*$ ＋MgO）－ TiO_2 构造环境判别图解

A. 大洋岛弧；B. 大陆岛弧；C. 活动大陆边缘；D. 被动大陆边缘

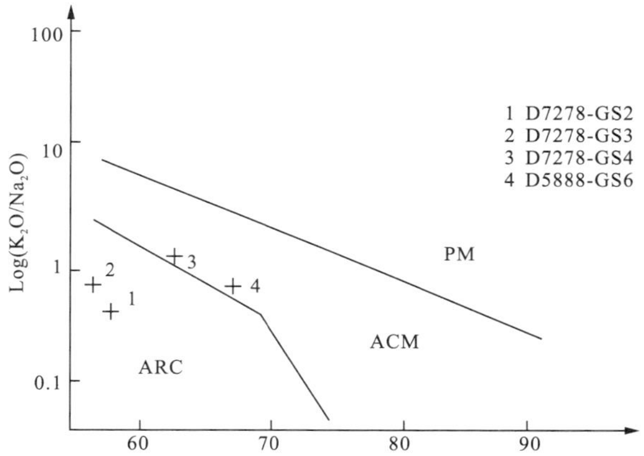

图 4－19　赛图拉岩群变质杂砂岩构造环境

Log(K_2O/Na_2O)－ SiO_2 判别图

ARC. 大洋岛弧环境；PM. 被动大陆边缘；ACM. 活动大陆边缘环境（大陆岛弧）

表 4－4　赛图拉岩群、桑株塔格岩群变质碎屑岩与不同构造环境杂砂岩的微量元素特征对比表

类型	大洋岛弧	大陆岛弧	活动陆缘	被动陆缘	赛图拉岩群	桑株塔格岩群
Rb/Sr	0.05±0.05	0.65±0.33	0.89±0.24	1.19±0.40	1.1	1.0
Ba/Rb	21.3±5.0	7.5±1.3	4.5±0.8	4.7±1.1	3.4	4.3
Ba/Sr	0.95±0.6	3.55±1.4	3.8±0.7	4.7±1.3	3.7	1.8
Th($\times10^{-6}$)	2.27±0.7	1.11±1.1	18.8±3.0	16.7±3.65	15.5	11.9
U($\times10^{-6}$)	1.09±0.21	2.53±0.24	3.90±0.5	3.20±0.8	5.5	2.6
Zr($\times10^{-6}$)	96±20	229±27	179±33	298±80	63.0	11.9
Nb($\times10^{-6}$)	2.0±0.4	8.5±0.8	10.7±1.4	7.9±1.9	22.5	18.2
Y($\times10^{-6}$)	19.5±5.6	24.2±2.2	24.9±3.6	27.3±5.3	15.2	20.5
Th/U	2.1±0.78	4.6±0.45	4.8±0.38	5.6±0.67	2.8	4.6
Zr/Th	48.0±13.4	21.5±2.4	9.5±0.7	19.1±5.8	4.0	4.0
Zr/Y	5.67±1.94	9.6±0.8	7.2±0.4	12.4±4.0	3.2	2.3
Nb/Y	0.11±0.03	0.36±0.04	0.43±0.04	0.30±0.06	1.5	0.9
La($\times10^{-6}$)	8.72±2.5	24.4±2.3	33.0±4.5	33.5±5.8	10.8	36.4
Ce($\times10^{-6}$)	22.53±5.9	50.5±4.3	72.7±9.8	71.9±11.5	19.1	58.6
Nd($\times10^{-6}$)	11.36±2.9	20.8±1.6	25.4±3.4	29.0±5.03	10.9	31.0
Ti(%)	0.48±0.12	0.39±0.06	0.26±0.02	0.22±0.06	0.6	0.4
Ti/Zr	56.8±21.4	19.7±4.3	15.3±2.4	6.74±0.9	93.6	36.9
Sc($\times10^{-6}$)	19.5±5.2	14.8±1.7	8.0±1.1	6.0±1.4	8.3	4.1
V($\times10^{-6}$)	131±40	89±13.7	48±5.9	31±9.9	159.3	60.2
Cr($\times10^{-6}$)	37±13	51±6.5	26±4.9	39±8.5	54.3	54.2
Co($\times10^{-6}$)	18±6.3	12±2.7	10±1.7	5±2.4	15.7	11.4
Ni($\times10^{-6}$)	11±5.1	13±2.0	10±2.5	8±4.4	17.9	26.7
Ga($\times10^{-6}$)	17±1.9	13±1.3	14±1.5	8±1.6	42.5	32.2
Ni/Co	0.62±0.16	1.22±0.25	1.04±0.19	1.42±0.41	1.1	2.3
Sc/Cr	0.57±0.16	0.32±0.06	0.30±0.02	0.6±0.02	0.2	0.1

注：样品由国土资源部西安矿产资源监督检测中心测试分析

上述讨论的复杂性与元素变质过程中元素迁移和物源复杂有关。综合分析赛图拉岩群早期变火山岩为张性环境形成，中晚期为活动大陆边缘环境。

四、蓟县系桑株塔格岩群(JxS)原岩恢复及构造环境判别

蓟县系桑株塔格岩群主要岩石类型为二云石英片岩、二云长石石英片岩、二云斜长石英片岩、白云透闪石英方解石片岩、石英岩。依据野外产状特征、岩石组合特征和岩石学特征综合分析，桑株塔格岩群原岩为副变质岩，主要为一套正常沉积的(钙质)长石石英砂岩类、石英粉砂岩类。

通过岩石化学计算，利用 A－C－F 图解(图 4－20)恢复原岩，变质碎屑岩投于泥质沉积岩区，透闪石英方解石片岩投入碳酸盐岩沉积区。利用[(al＋fm)－(c＋alk)]－Si 图解(图 4－21)恢复原岩，变质碎屑岩投于砂质沉积岩区和泥质沉积岩区，利用(Al＋Fe＋Ti)－(Ca＋Mg)图解(图 4－22)投于杂砂岩-亚杂砂岩区。

桑株塔格岩群原岩沉积组构已完全被改造，根据岩石化学和地球化学特征探讨其大地构造环境。

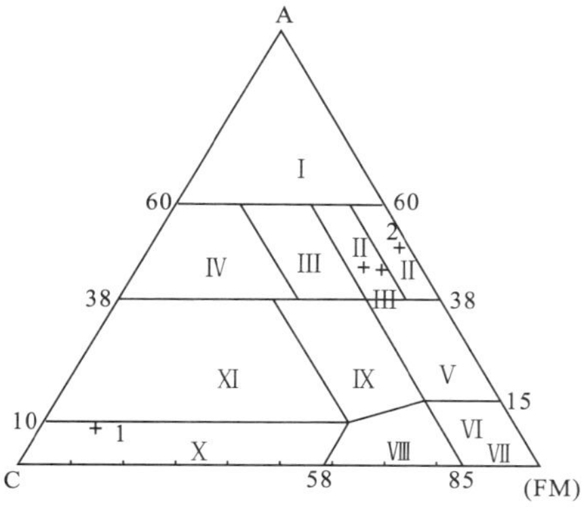

图 4-20 变质岩等化学类型及亚类判别图解

Ⅰ. 纯铝硅碳酸盐岩石亚类(原岩为纯泥质岩);Ⅱ. 铁镁铝硅酸盐岩石亚类(原岩为铁质泥质岩);Ⅲ. 碱土铝硅酸盐岩石亚类(原岩为中性—酸性火山岩);Ⅳ. 钙铝硅酸盐岩石亚类(原岩为钙质泥质岩);Ⅴ. 铝镁铁硅质岩类(原岩为胶体化学沉积及泥质岩);Ⅵ. 铁硅质岩类(原岩为胶体化学沉积);Ⅶ. 镁质岩类(原岩为超基性岩);Ⅷ. 碱土低侣岩类(原岩为超基性火山岩及部分白云质岩石);Ⅸ. 碱土铝质岩类(原岩为基性火山岩及部分泥灰质岩石);Ⅹ. 钙质碳酸盐岩石亚类(原岩为碳酸盐沉积岩);Ⅺ. 铝土钙质岩石亚类(原岩为泥灰质沉积岩)

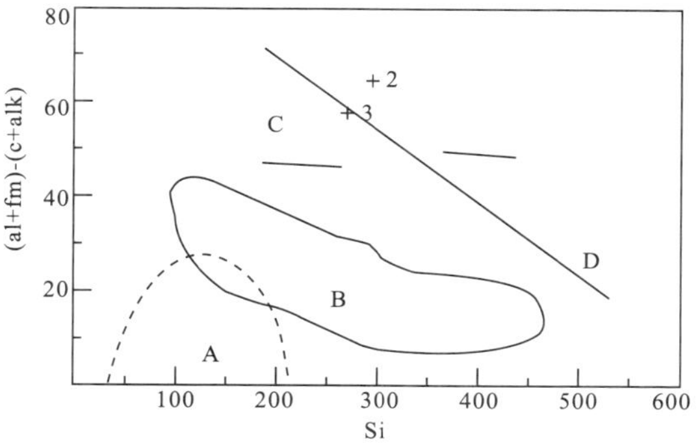

图 4-21 变质岩原岩恢复图解

A. 钙质沉积物;B. 火山岩;C. 厚层泥岩;D. 砂岩

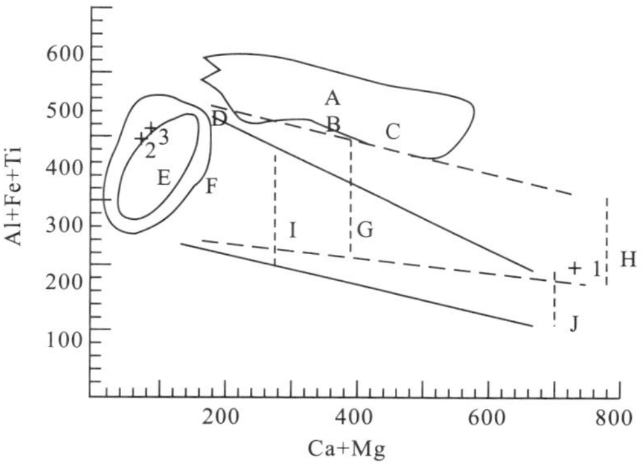

图 4-22 变质沉积岩与火山岩的原岩恢复图解

A. 玄武岩类;B. 玄武安山岩;C. 粗玄岩;D. 细碧岩;E. 杂砂岩(75%);F. 亚杂砂岩(25%);G. 变质的白云质杂砂岩(CO_2 析出);H. CaO+MgO;I. 白云质杂砂岩;J. 白云岩

桑株塔格岩群变质碎屑岩化学成分平均值与 Bhatia(1985)的不同构造环境沉积盆地杂砂岩值(见表 4-3)比较,显示复杂,介于大洋岛弧、活动陆缘之间,主体与大洋岛弧接近。利用 TiO_2 -($Fe_2O_3^*$ +MgO)及 Al_2O_3/SiO_2 -($Fe_2O_3^*$ +MgO)图解(图 4-23、图 4-24),Log(K_2O/Na_2O)- SiO_2 图解(图 4-25)判别环境,均投入大洋岛弧环境区。

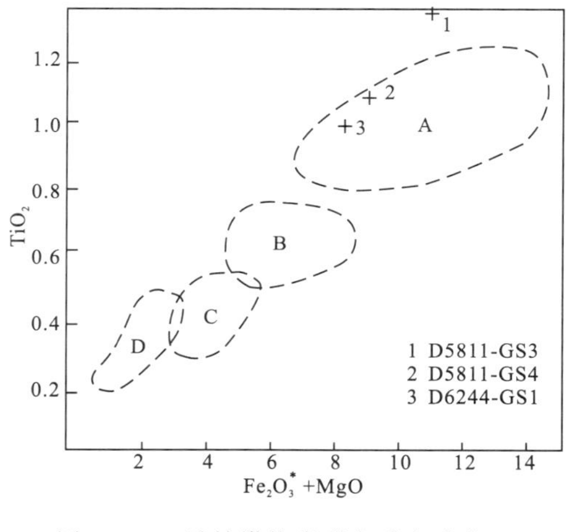

图 4-23 桑株塔格岩群变质杂砂岩 TiO_2 -($Fe_2O_3^*$ +MgO)构造判别图

A. 大洋岛弧;B. 大陆岛弧;C. 活动大陆边缘;D. 被动大陆边缘

变质碎屑岩微量元素平均值与 Bhatia(1985)不同构造环境沉积盆地中杂砂岩平均值(见表 4-4)比较,大部分介于活动陆缘和大陆岛弧之间,部分与被动陆缘相似。

上述分析显示,桑株塔格岩群原岩为泥质岩、杂砂岩夹碳酸盐岩。变质碎屑岩岩石化学、微量元素含量特征显示其形成环境较为复杂,但考虑到该群岩性主要为碎屑岩-碳酸盐岩建造组合,属一套稳定环境的沉积建造。

五、西合休岩组[(∈—O)x]原岩恢复

西合休岩组主要岩石类型为二长浅粒岩、黑云二长变粒岩、黑云石英片岩、斜长二云石英片岩、含石榴子石斜长黑云石英片岩、斜长绢云绿泥石英片岩。西合休岩组图幅出露范围小,仅 26km²,分布局限,大面积出露于西邻康西瓦幅。依据野外产

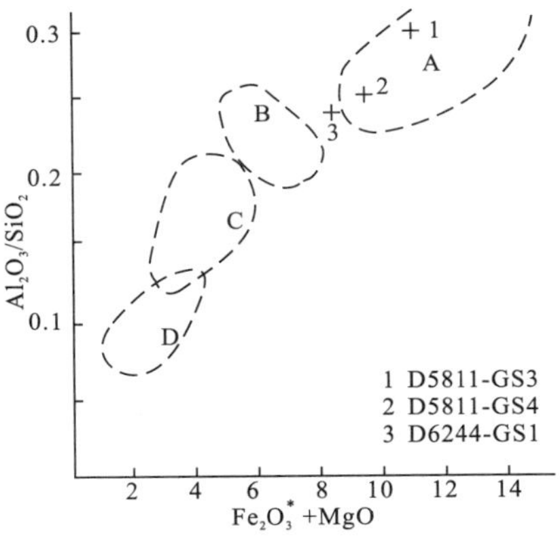

图 4-24　桑株塔格岩群变质杂砂岩

Al_2O_3/SiO_2 -($Fe_2O_3^*$ +MgO)构造判别图

A. 大洋岛弧；B. 大陆岛弧；C. 活动大陆边缘；D. 被动大陆边缘

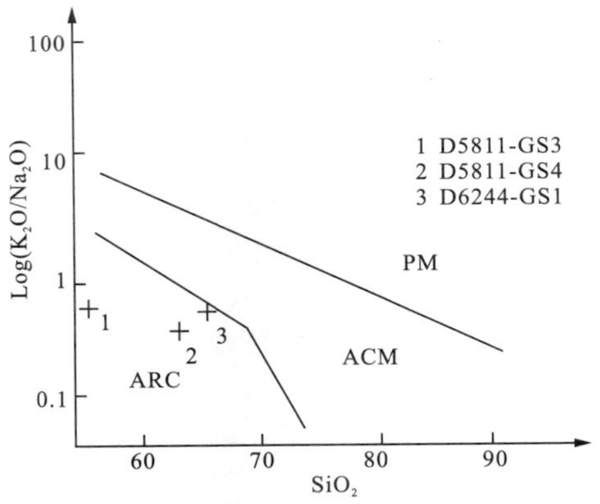

图 4-25　桑株塔格岩群变质杂砂岩构造环境

Log(K_2O/Na_2O)- SiO_2 判别图

ARC. 大洋岛弧环境；PM. 被动大陆边缘；

ACM. 活动大陆边缘环境(大陆岛弧)

状特征、岩石组合特征和岩石学特征综合分析，结合室内薄片鉴定特征，西合休岩组原岩为正常沉积碎屑岩，以长石石英砂岩为主，岩石残余组构反映原岩为正常沉积碎屑岩。

结合区域资料综合分析，西合休岩组形成环境复杂，主体为大陆岛弧和活动陆缘环境。

六、阿其克片岩[(∈—O)^{sch}]原岩恢复

阿其克片岩分布于阿其克山，主要岩石类型为斜长石英绢云母片岩、白云绿泥石变粒岩、绿泥绢云石英片岩。结合室内薄片鉴定特征分析，阿其克片岩组原岩为凝灰质砂岩或凝灰岩、长石石英杂岩、绿泥绢云母千枚岩、绿泥白云石英变粒岩。依据野外产状特征、岩石组合特征和岩石砂岩，变质岩中残余组构保留较丰富，部分片岩及变粒岩中具变余凝灰结构，部分斜长石及石英粒径大小不一，相差悬殊，为棱角状特征。利用(Al＋Fe＋Ti)-(Ca＋Mg)图解(图 4-26)投于杂砂岩-亚杂砂岩区，利用[(al＋fm)-(c＋alk)]- Si 图解(图 4-27)恢复原岩，投入火山岩区或泥质岩区。

综合分析其原岩以凝灰质砂岩或凝灰岩为主，次为长石石英杂砂岩。

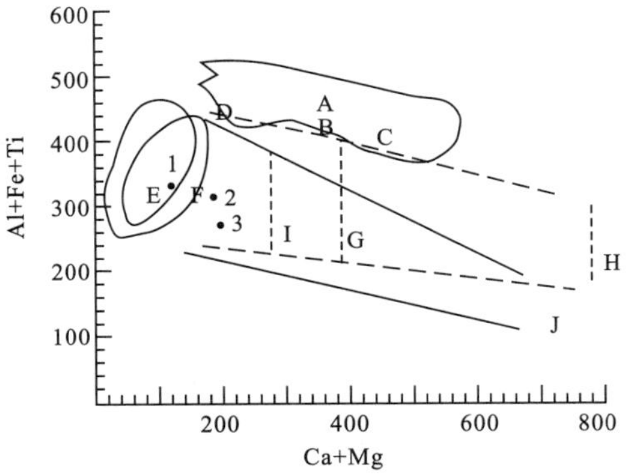

图 4-26　变质沉积岩与火山岩的原岩恢复图解

A. 玄武岩类；B. 玄武安山岩；C. 粗玄岩；D. 细碧岩；E. 杂砂岩(75%)；F. 亚杂砂岩(25%)；G. 变质的白云质杂砂岩(CO_2 析出)；H. CaO＋MgO；I. 白云质杂砂岩；J. 白云岩

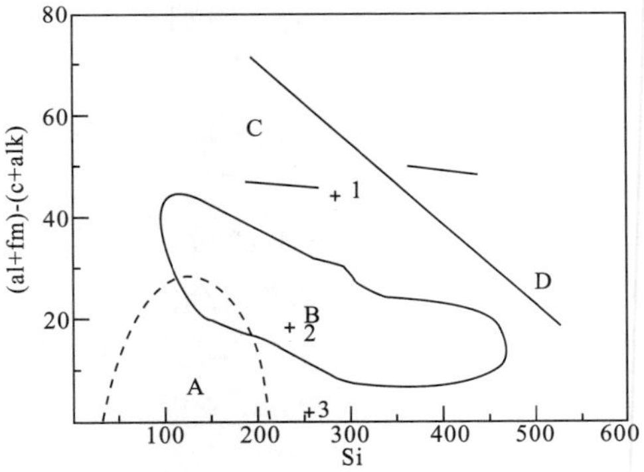

图 4-27　变质岩原岩恢复图解

A. 钙质沉积物；B. 火山岩；C. 厚层泥岩；D. 砂岩

第四节　变质相带

一、区域变质相带划分

依据变质地质体地质特征、分布情况，结合区域构造格局，由北往南划分为铁克里克变质带和西昆仑变质带。图 4 - 28 为图幅变质相带图。本图幅内主要通过泥质—长英质碎屑岩和变质基性火山岩主变质期变质矿物共生组合，结合区域资料对比分析，论述各个变质单元的变质特征。

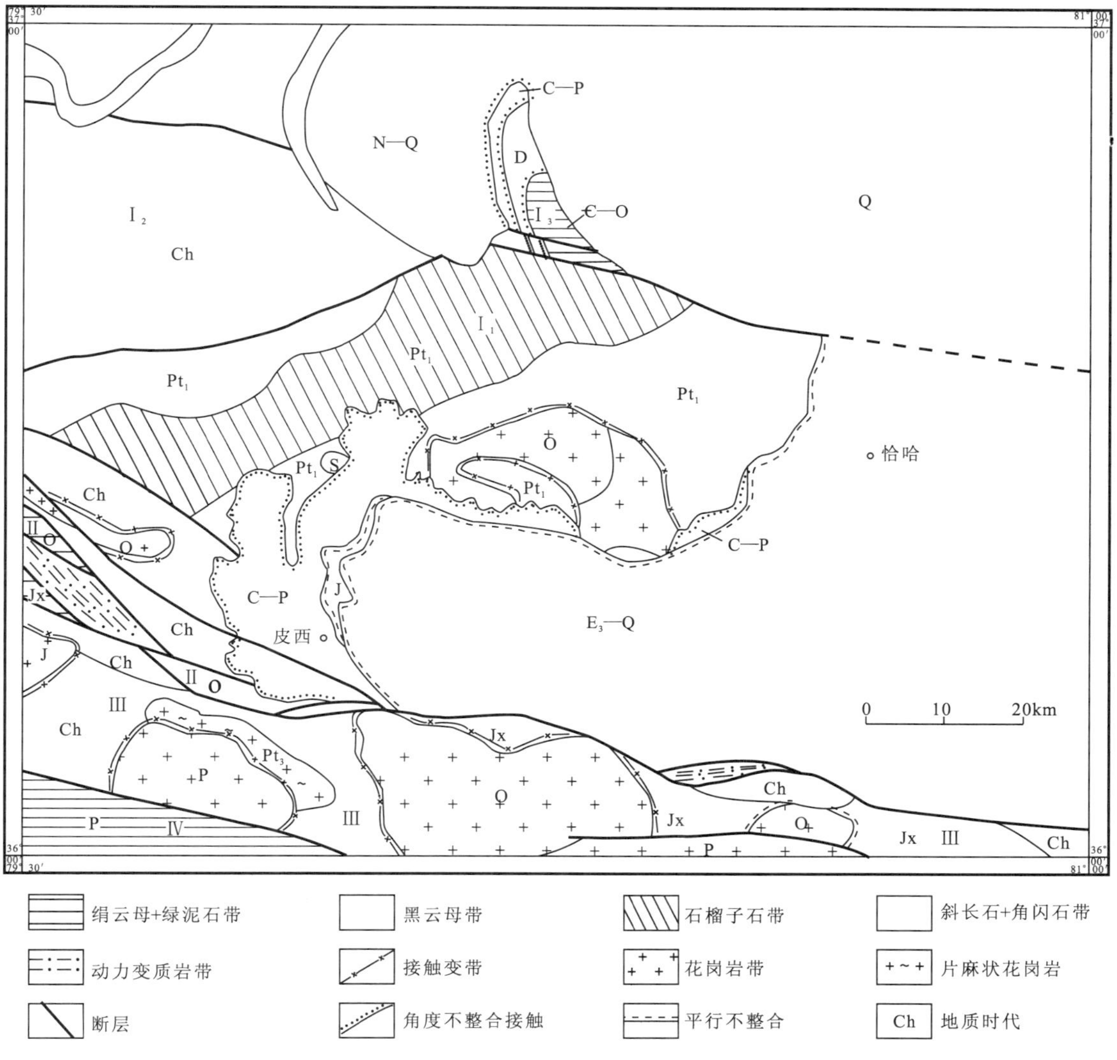

图 4 - 28　恰哈幅变质相带图

Ⅰ. 铁克里克变质带；Ⅰ₁. 古元古代绿片岩相-低角闪岩相变质带；Ⅰ₂. 长城系绿片岩相变质带；Ⅰ₃. 阿其克山低绿片岩相变质带；Ⅱ. 昆北低绿片岩相变质带；Ⅲ. 昆中绿片岩相-低角闪岩相变质带；Ⅳ. 大红柳滩低绿片岩相变质带

二、变质相带及其特征

(一)铁克里克变质带

铁克里克变质带分布于铁克里克山一带，涉及的变质地层为下元古界埃连卡特岩群、长城系塞拉加兹塔格岩群、古生界阿其克片岩组。

依据变质地质体变质程度及变质矿物组合、岩石组合特征，进一步划分为3个次级变质带：下元古界绿片岩相-低角闪岩相变质带、长城系低绿片岩相变质带、阿其克山古生界低绿片岩相变质带。

1. 下元古界绿片岩相-低角闪岩相变质带

下元古界埃连卡特岩群为塔里木板块变质基底岩系，其主要岩石类型有斜长二云石英片岩、二云母片岩、斜长黑云母片岩、黑云石英片岩、二云石英斜长方解石片岩、黑云母变粒岩、含石榴子石黑云石英片岩、含石榴子石石英二云母片岩、黑云角闪斜长片麻岩、角闪斜长片麻岩、绿泥钠长片岩。其主要变质矿物组合见表4-5。

表4-5　埃连卡特岩群矿物组合及变质相带、相系划分表

变质相	变质带	相系	主要岩石	矿物组合	分布层位
低绿片岩相	黑云母带	中-低压相系	斜长二云石英片岩、长石二云石英片岩、二云石英片岩； 斜长黑云片岩、黑云斜长片麻岩、斜长黑云石英片岩、黑云母变粒岩	黑云母＋白云母＋斜长石＋钾长石＋石英、黑云母＋斜长石＋石英、黑云母＋斜长石＋石英＋绿泥石	埃连卡特岩群d、e岩组
高绿片岩相	石榴子石带		石榴黑云石英片岩； 石榴斜长黑云石英片岩	石榴子石＋黑云母＋斜长石＋白云母＋石英、石榴子石＋黑云母＋斜长石＋石英	埃连卡特岩群c岩组
低角闪岩相	斜长石-角闪石带		角闪斜长片麻岩、 黑云角闪斜长片麻岩	角闪石＋斜长石＋石英、黑云母＋角闪石＋斜长石＋石英	埃连卡特岩群a、b岩组

以变质矿物共生组合为基础，共划分出3个变质相带。

低绿片岩相：主要分布于埃连卡特岩群上部的d岩组、e岩组。主要变质矿物组合为黑云母＋白云母＋石英＋绿泥石，泥质—长英质变质岩均出现黑云母、白云母。根据矿物共生组合，结合区域资料分析，确定其变质作用温度为3 500～5 000℃，压力为200～500MPa。

高绿片岩相带：埃连卡特岩群c岩组开始出现石榴子石，其主要变质矿物组合为石榴子石＋黑云母＋白云母＋斜长石＋石英、黑云母＋白云母＋斜长石＋石英。高绿片岩相以出现铁铝榴石为标志。根据矿物共生组合，结合区域资料分析，确定其变质作用温度为500～570℃，压力为0.3～0.6GPa。

高绿片岩相-低角闪岩相带：分布于埃连卡特岩群a岩组及b岩组，岩石组合为角闪斜长片麻岩、黑云角闪斜长片麻岩及黑云石英片岩、二云石英片岩等。其主要变质矿物组合：角闪石＋斜长石＋石英、黑云母＋角闪石＋斜长石＋石英、黑云母＋白云母＋斜长石＋石英。个别地段可能变质温度较高，变质深。根据矿物组合，结合区域资料综合分析，初步确定变质温压：$T=400\sim575$℃，$p=0.2\sim1.0$GPa。

从上部向下部反映了变质相序列递增的趋势。

2. 长城系低绿片岩相变质带

变质地层为长城系塞拉加兹塔格岩群，岩石类型主要有二云石英片岩、绿泥白云石英片岩、斜长绿泥白云石英片岩、绿帘钠长绿泥阳起石片岩、方解石英斜长绿泥片岩、绿泥钠长片岩等。主要变质矿物组合如下：

绿泥白云石英片岩：黑云母＋白云母＋斜长石＋石英＋绿泥石

二云石英片岩：黑云母＋白云母＋斜长石＋石英

绿帘钠长绿泥黑云阳起石片岩：阳起石＋黑云母＋绿泥石＋绿帘石＋钠长石＋石英

方解石英斜长绿泥片岩：绿泥石＋绿帘石＋黑云母＋斜长石＋石英

绿泥钠长片岩：绿泥石＋绿帘石＋钠长石＋石英

变质地层以泥质—长英质变质岩类为主，其典型的变质矿物组合主要分两类：黑云母＋白云母＋斜长石＋石英（＋绿泥石）；绿泥石＋绿帘石＋钠长石＋石英。局部出现硬绿泥石矿物。前者属泥质—长英质变质岩类，后者为基性火山岩类。根据特征变质矿物及矿物共生组合特征，结合区域资料分析，确定其变质作用温度为 3 500～5 000℃，压力为 200～500MPa。确定其为低绿片岩相变质，中-低压相系。

3. 阿其克山早古生代低绿片岩相变质带

主要分布在铁克里克隆起北侧阿其克山，主要岩石类型为斜长石英绢云母片岩、白云母绿泥石变粒岩、绿泥绢云石英片岩、绿泥绢云母千枚岩、绿泥白云石英变粒岩、绿泥白云母斜长石英方解石片岩。变质矿物组合如下：

斜长石＋石英＋绿泥石＋白云母＋方解石

绢云母＋石英＋斜长石＋绿泥石＋绿帘石

斜长石＋石英＋白云母＋绿泥石

斜长石＋石英＋绢云母＋绿泥石＋方解石

在这一相带中较明显的是没有出现黑云母矿物，说明其变质温度较低。其典型的变质矿物组合为绢云母＋石英＋斜长石＋绿泥石。根据矿物共生组合，结合区域资料分析，确定其变质作用温度为 3 000～4 500℃，压力为 200～400MPa。为低绿片岩相变质，低压相系。

（二）西昆仑变质带

根据变质程度、区域构造格局及岩石组合特征，可进一步划分两个次一级的变质带，即昆北低绿片相变质带和昆中绿片岩相-低角闪岩相变质带。

1. 昆北低绿片相变质带

夹持于托满断裂与库地-其曼于特蛇绿混杂岩带之间，大部出露于西邻康西瓦幅。图幅内涉及地层为西合休岩组及奥米沙砂板岩。西合休岩组主要岩石类型为二长浅粒岩、黑云二长变粒岩、黑云石英片岩、斜长二云石英片岩、斜长绢云绿泥石英片岩。西合休岩组图幅出露范围小，仅 $26km^2$，分布局限。奥米沙砂板岩为夹持在构造带之间的一套浅变质陆源碎屑沉积物，主要岩石类型为浅粒岩、绢云母板岩、黑云绿泥变粒岩等。主要变质矿物组合如下：

黑云母＋白云母＋钾长石＋斜长石＋石英

黑云母＋白云母＋黝帘石＋斜长石＋石英

黑云母＋白云母＋斜长石＋石英

绢云母＋绿泥石＋黑云母＋斜长石＋石英

绢云母＋黑云母＋绿泥石＋斜长石＋石英

绢云母＋绿泥石＋绿帘石＋长石＋石英＋方解石

绢云母＋绿帘石＋石英＋长石

黑云母＋绿泥石＋绿帘石＋斜长石＋石英

根据变质地质体中变质矿物特征划分为两个变质矿物相带：黑云母带及绢云母＋绿泥石带。据变质矿物组合，结合区域资料分析，确定其变质作用温度为300～450℃，压力为200～400MPa。为低绿片岩相变质，低压相系。

2. 昆中绿片岩相-低角闪岩相变质带

主要分布于库地-其曼于特蛇绿混杂岩带以南、康西瓦-苏巴什蛇绿混杂岩带以北的昆中构造带。图幅内变质地层主要有长城系赛图拉岩群、蓟县系桑株塔格岩群，主要岩石类型为二云石英片岩、二云长石石英片岩、二云斜长石英片岩、白云透闪石英方解石片岩、黑云母变粒岩、石英岩、大理岩、黑云斜长角闪片麻岩、黑云斜长片麻岩、含黑云母二长片麻岩、角闪黑云母变粒岩、斜长角闪岩、含十字石石榴二云英片岩。主要变质矿物组合见表4-6。

表4-6　矿物组合及变质相带、相系划分表

变质相	变质带	相系	主要岩石	矿物组合	分布层位
低绿片岩相	黑云母带	低压相系	斜长二云石英片岩、长石二云石英片岩、二云石英片岩、斜长黑云片岩、黑云斜长片麻岩、斜长黑云石英片岩、黑云母变粒岩	黑云母＋白云母＋斜长石＋石英、黑云母＋斜长石＋石英、黑云母＋斜长石＋石英＋绿泥石、石英＋白云母、黑云母＋透闪石＋斜长石＋石英、黑云母＋白云母＋绿帘石＋方解石＋斜长石＋石英、白云母＋黑云母＋石英	赛图拉岩群、桑株塔格岩群
高绿片岩相	石榴子石带	中低压相系	石榴黑云石英片岩、石榴斜长黑云石英片岩、含石榴子石斜长绿泥白云石英片岩、含十字石石榴二云石英片岩	（十字石＋）石榴子石＋黑云母＋斜长石＋白云母＋石英、石榴子石＋黑云母＋斜长石＋石英、石榴子石＋黑云母＋白云母＋绿泥石＋斜长石＋石英	赛图拉岩群
低角闪岩相	斜长石-角闪石带		角闪斜长片麻岩、黑云角闪斜长片麻岩、斜长角闪岩	角闪石＋斜长石＋石英、黑云母＋角闪石＋斜长石＋石英	

低绿片岩相：主要分布于桑株塔格岩群及赛图拉岩群。主要变质矿物组合为黑云母＋白云母＋斜长石＋石英，泥质—长英质变质岩均出现黑云母、白云母。根据矿物共生组合，结合区域资料分析，确定其变质作用温度为350～500℃，压力为200～500MPa。

区内资料显示，在赛图拉岩群中局部出现高绿片岩相-低角闪岩相变质带的变质矿物组合，其变质岩石呈夹层产出，规模小，分布局限。变质矿物组合有（十字石＋）石榴子石＋黑云母＋斜长石＋白云母＋石英、石榴子石＋黑云母＋斜长石＋石英、石榴子石＋黑云母＋白云母＋绿泥石＋斜长石＋石英、角闪石＋斜长石＋石英、黑云母＋角闪石＋斜长石＋石英。泥质变质岩中出现了十字石、石榴子石等特征变质矿物，据温克勒（1976）实验成果，原岩为泥质、粉砂质等岩石高绿片岩相形成条件为 T＝500～570℃，p＝0.2～0.6GPa。伊温思（1965）实验研究，含白云母＋石英组合的变质岩形成温度不超过600℃，压力0.5～0.7GPa。在一些特殊岩石中有硬绿泥石出现，其稳定的温度上限一般不超过500～600℃，随温度升高，硬绿泥石发生分解形成堇青石、铁铝榴石、十字石等，泥质岩中十字石、堇青石出现，标志着变质程度进入低角闪岩相。

根据矿物组合，结合区域资料综合分析，初步确定变质温压：T＝400～600℃，p＝0.3～0.8GPa。

显然，这种局部较高的变质作用与中温动力热流区域变质作用局部温压增高有关。

桑株塔格岩群及赛图拉岩群是图幅内昆中构造带的重要组成物质，主变质期为晋宁期。虽呈岩片叠置的构造格局，但区内资料显示，长城系赛图拉岩群的变质程度显然较蓟县系桑株塔格岩群要深，总体还是反映了从上部到下部的较正常的温度递增梯度。

第五节　变质作用与变质期次

图幅经历了多期的构造变形变质作用和岩浆活动。依据各变形变质地质体的变质矿物组合及岩相学特征、不同世代的矿物组合接触穿插关系，以及与主要构造变形事件、岩浆事件之间相互制约和相互依存的关系，图幅内主要表现为吕梁期、晋宁期、加里东期、海西-印支期4个变质序列。

一、吕梁期变质作用

图幅出露的古元古代结晶基底变质地层由埃连卡特岩群构成基底。其构造变形特征显示其属于下部构造层次，具较高温压环境。发育强烈的流变褶皱和流劈理（片理、片麻理），新生变质矿物顺面理分布。主要变质矿物组合有黑云母＋白云母＋斜长石＋钾长石＋石英、黑云母＋斜长石＋石英、黑云母＋斜长石＋石英＋绿泥石、石榴子石＋黑云母＋斜长石＋白云母＋石英、石榴子石＋黑云母＋斜长石＋石英、角闪石＋斜长石＋石英、黑云母＋角闪石＋斜长石＋石英。根据矿物共生组合，结合区域资料分析，初步确定其变质作用温度为400～575℃，压力为300～600MPa。为中温动力热流区域变质作用，变质相属于绿片岩相-低角闪岩相。

该期变质作用后又叠加了后期低绿片岩相的变质作用，长石绢云母化，黑云母退变为绿泥石，角闪石退变为绿泥石、帘石，形成温压比第一期要低。

二、晋宁期变质作用

图幅内的过渡基底在昆仑地层区出露。铁克里克地层分区为长城系塞拉加兹塔格岩群，昆仑地层区为赛图拉岩群、桑株塔格岩群。

(1)铁克里克地层分区为长城系塞拉加兹塔格岩群早期塑性流变构造变形，显示其处于较深的构造层次。新生矿物沿流劈理（片理、片麻理）分布，主要变质矿物共生组合有黑云母＋白云母＋斜长石＋石英＋绿泥石、黑云母＋白云母＋斜长石＋石英、阳起石＋黑云母＋绿泥石＋绿帘石＋钠长石＋石英、绿泥石＋绿帘石＋黑云母＋斜长石＋石英。根据矿物共生组合，结合区域资料分析，确定其变质作用温度为350～500℃，压力为200～500MPa。反映了晋宁期伴随早期构造变形的区域动力热变质作用。

该期变质作用后又叠加了后期低绿片岩相的退变质作用。

在古元古代结晶基底变质地层埃连卡特岩群中，第二期挤压变形变质作用形成的新生矿物黑云母、白云母、绿泥石沿第二期构造面理分布，可能反映了晋宁期区域动力热变质作用。

(2)昆仑地层分区赛图拉岩群、桑株塔格岩群中的塑性流变构造变形显示其处于较深的构造层次。区域动力热流变质作用形成的新生矿物沿流劈理（片理、片麻理）分布，主要变质矿物共生组合有黑云母＋白云母＋斜长石＋石英、黑云母＋斜长石＋石英、黑云母＋斜长石＋石英＋绿泥石、黑云母＋透闪石＋斜长石＋石英、黑云母＋白云母＋绿帘石＋方解石＋斜长石＋石英、白云母＋黑云母＋石英。根据矿物共生组合，结合区域资料分析，确定其变质作用温度为350～500℃，压力为200～500MPa。

在赛图拉岩群中局部出现高绿片岩相-低角闪岩相变质带的变质矿物组合，其变质岩石呈夹层产出，且规模小、分布局限。根据矿物共生组合，结合区域资料分析，初步确定其变质温度为500～

640℃，压力为 0.2～0.8GPa。属区域中温动力热流变质作用，低角闪岩相-高绿片岩相。这种局部较高的变质作用与中温动力热流区域变质作用局部温压增高有关。

该期变质作用后又叠加了后期低绿片岩相的退变质作用。

三、加里东期变质作用

早古生代是昆仑造山带重要的板块构造演化阶段，伴随着强烈的构造变形和岩浆热事件，发生了区域低温动力热变质作用和动力变质作用。在阿其克片岩及奥米沙砂板岩中，其主要变质矿物组合为斜长石＋石英＋绿泥石＋白云母＋方解石、绢云母＋石英＋斜长石＋绿泥石＋绿帘石、斜长石＋石英＋白云母＋绿泥石、斜长石＋石英＋绢云母＋绿泥石＋方解石。相当于“绢云母＋绿泥石带”，在这一相带中较明显的是没有出现黑云母矿物，说明其变质温度较低。根据矿物共生组合，结合区域资料分析，确定其变质作用温度为 300～450℃，压力为 200～400MPa。为低绿片岩相变质，低压相系。

动力变质作用形成了分布于各构造带中的糜棱岩。早期变质地质体又叠加了本期低绿片岩相的变质作用。

四、海西-印支期变质作用

海西-印支期变质作用以动力变质作用为主，在各大断裂带形成的构造岩具糜棱结构、显微鳞片变晶结构，条纹状、片状、千枚状构造。具强烈的粒岩化，方解石、长石、石英碎斑部分呈眼球状，少数斜长石碎斑呈半自形板状，具明显的显微碎斑结构，晶体中显微裂隙发育，普遍呈强不均匀消光，有些长石碎斑的双晶弯曲、折断；另一些有细粒化。还有一些受剪切构造破碎后沿节理呈叠瓦状构成明显的书斜构造。石英发生了强烈的晶内滑移，拉长成带状，长宽比一般为 10∶1。具强波状消光，有些可见到核幔构造。

对前海西期变质作用的叠加不甚明显，只在局部发生退变质作用，长石绢云母化，黑云母退变为绿泥石，角闪石退变为绿泥石、帘石，形成温压环境较低。

本次区调在干吉萨依构造带变辉绿岩中获得的(210.3±0.5)Ma 锆石 U－Pb 表面年龄加权平均值(表 4－7)，代表了这一变质作用的时代。

表 4－7　U－Pb 法同位素地质年龄测定结果

样品号：D5131－DK1

样品情况			质量分数		样品中普通铅含量	同位素原子比率※					表面年龄(Ma)		
点号	锆石特征	质量(μg)	U(μg/g)	Pb(μg/g)	(ng)	$^{206}Pb/^{204}Pb$	$^{208}Pb/^{206}Pb$	$^{206}Pb/^{238}U$	$^{207}Pb/^{235}U$	$^{207}Pb/^{206}Pb$	$^{206}Pb/^{238}U$	$^{207}Pb/^{235}U$	$^{207}Pb/^{206}Pb$
1	浅紫色透明长柱状自形	58	1 681	63	0.310	412	0.081 08	0.033 17＜9＞	0.231 1＜62＞	0.050 52＜128＞	210.4	211.1	218.8
2	浅色透明长柱状自形	56	2 241	77	0.210	807	0.068 70	0.033 12＜13＞	0.230 2＜114＞	0.050 42＜235＞	210.0	210.4	214.5
3	浅紫色透明长柱状自形	55	2 174	75	0.280	568	0.071 63	0.032 16＜17＞	0.222 8＜99＞	0.050 25＜211＞	204.0	204.2	206.5
备注	※$^{206}Pb/^{204}Pb$ 已对实验空白(Pb＝0.050ng，U＝0.002ng)及稀释剂作了校正。其他比率中的铅同位素均为放射成因铅同位素。括号内的数字为 2σ 绝对误差，例如：0.032 16＜17＞表示 0.032 16±0.000 17(2σ)												

1、2 号点$^{206}Pb/^{238}U$ 表面年龄加权平均值：(210.3±0.5)Ma；

3 号点$^{206}Pb/^{238}U$ 表面年龄值：(204.0±1.1)Ma

第五章　地质构造与构造发展史

第一节　区域构造背景与构造单元划分

一、区域构造背景

(一)地质构造背景

图幅位于青藏高原北缘印度板块与欧亚板块结合部位的中央造山带西部，主体为西昆仑新生代板内再生(叠加于塔里木、加里东、华力西和印支多期构造之上)造山带，跨塔里木板块、昆仑造山带、巴颜喀拉-北羌塘-三江造山带三大构造单元，库地-其曼于特结合带、康西瓦-苏巴什结合带横穿图幅，总体构造线方向呈北西向。图幅经历多期、多旋回的洋陆转化演变历史及“开、合”构造演化，多块体拼接、复合，各地质体中构造形迹相互叠加、干涉和改造，铸就了图幅较为复杂的地质构造格局(图 5-1)。

昆仑造山带属于秦-祁-昆中央造山带西部的组成部分，与秦-祁-昆造山带地质演化基本一致，是一个复合性质的造山带。震旦纪—三叠纪为板块构造机制演化阶段，形成了多个地块相互拼接、岩片叠置的构造面貌。中、新生代为板内构造作用，尤其自渐新世以来，随着青藏高原强烈隆升，形成了巍巍昆仑山脉。

(二)地球物理背景

1. 区域布格重力场特征

图幅及邻区区域布格重力异常总的是北高南低，排列具有规律性。在北部为相对高的重力异常，呈椭圆形、圆形，相对疏松，幅度值$(-280\sim-300)\times10^{-5}\,m/s^2$。反映古隆起带特征，表明基底岩石埋深较浅，大致与铁克里克断隆有关。

在重力异常图上，从北向南分布有两条布格重力异常等值线密集带—重力梯级带(图 5-2)，其走向为近东西向，其次为北西—南东向。北部图幅边界处重力梯级带，从$(-280\sim-330)\times10^{-5}\,m/s^2$，走向东西向，与铁克里克断裂(山前断裂)基本一致；南部昆仑一线重力梯级带重力等值线密集，变化幅度大，从$-300\times10^{-5}\,m/s^2$急剧降为$-400\times10^{-5}\,m/s^2$，走向为近东西向展布，为康西瓦-苏巴什结合带(南界)、蒙古包-普守蛇绿混杂岩带和库地-其曼于特结合带(北界)的综合反映；在图幅中南部等值线密集、弯曲变形，走向北西—南东向，与大红柳滩-郭扎错断裂带和乔尔天山-岔路口断裂带相吻合。

剩余区域布格重力图(图 5-3)上康西瓦-苏巴什蛇绿混杂岩带、蒙古包-普守蛇绿混杂岩带、库

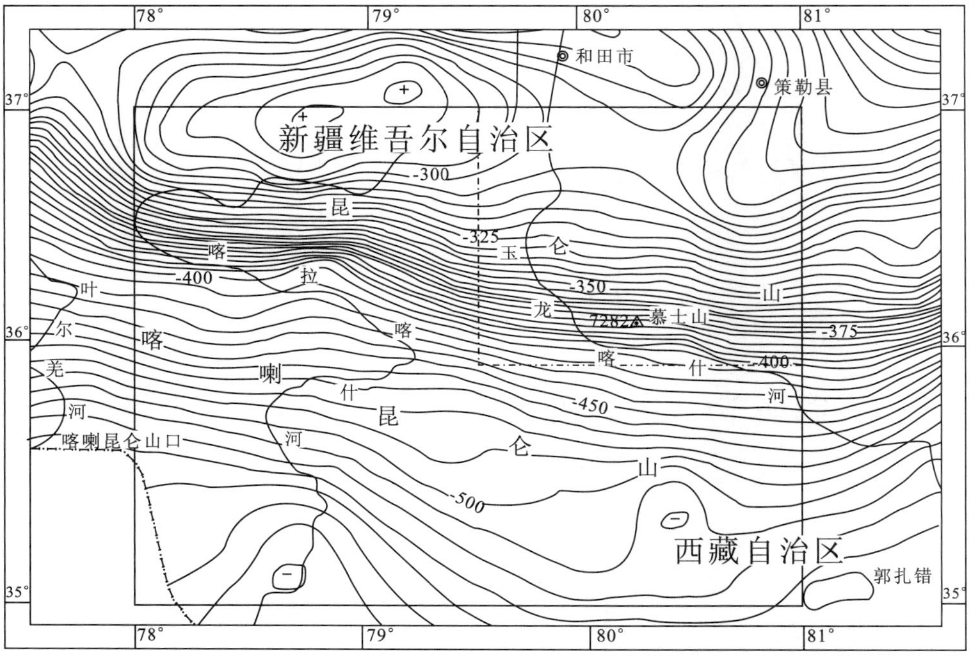

-300 实测重力异常等值线　⊕ 正重力异常场　⊖ 负重力异常场　测区位置　图幅位置

图 5－2　区域布格重力异常图

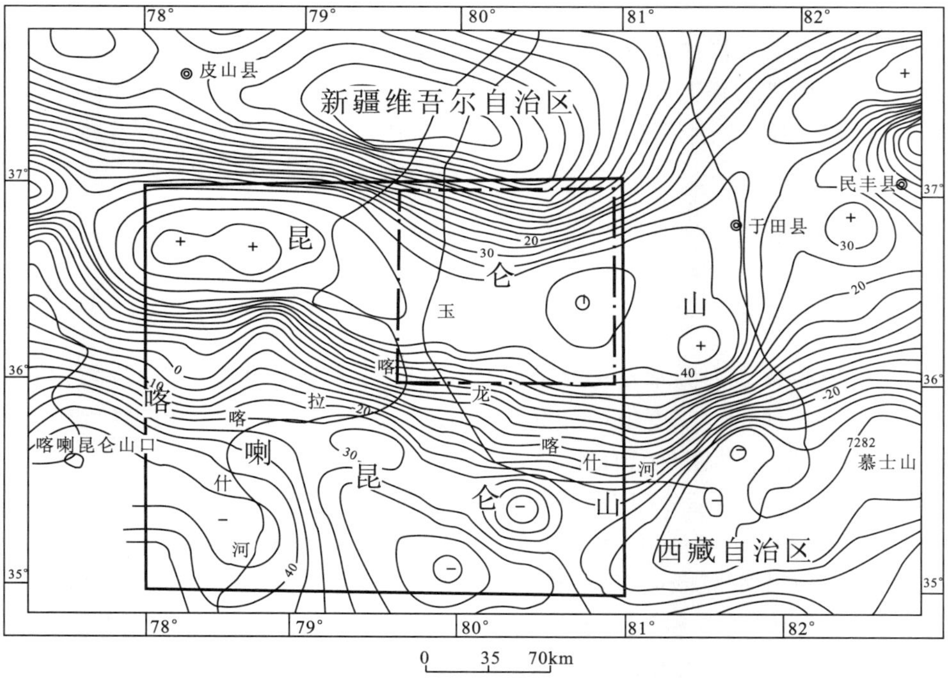

-20 实测剩余重力异常等值线　⊕ 正剩余重力异常违场　⊖ 负剩余重力异常违场　测区位置　图幅范围

图 5－3　区域剩余重力异常图

地-其曼于特蛇绿混杂岩带、柯岗断裂带均反映明显，表现为两条幅值大的异常带，等值线密集，异常呈条带状，走向近东西向。两条异常带间又分布有 3 个异常区，呈环形。北部和田市北表现为负异常区，异常极值为 $-40\times10^{-5}m/s^2$，反映塔里木盆地凹陷区特征；中部表现为正异常区，异常极值为 $+55\times10^{-5}m/s^2$，与铁克里克古隆起（古老基底隆起）有关；南部表现为大小不等的 4 个负异常区，异常极值介于 $(-30\sim-50)\times10^{-5}m/s^2$ 之间，从西向东分别反映出神仙湾中新生代裂陷盆地、肖尔克谷地、甜水海南一带古生代盆地沉积特征；东部异常区呈同圆状，与第四系陆相钙碱性系列火山岩有关。

重力水平导数模量图上更清晰地反映出断裂带的特点，表现为 5 条异常带，走向近东西向，从北向南依次为铁克里克断裂带、托满断裂构造带、库地-其曼于特结合带、康西瓦-苏巴什结合带、岔路口断裂带。

2. 地震

从地震测深剖面资料看，塔里木上地壳 5.9～6.0km/s，中地壳上层 6.2～6.3km/s，中地壳下层 6.5～6.7km/s；西昆仑上地壳 6.0～6.1km/s，中地壳上层 6.25km/s，中地壳下层 6.6km/s，下地壳6.7～6.9km/s，速度结构几乎没有差别，从地震测速结构分析，塔里木和西昆仑关系密切。据在西昆仑地区进行的人工地震深剖面资料（图 5-4），西昆仑下地壳由南向北倾斜，倾角约 27°，在反射剖面附近的宽频地震记录结果表明，北倾的反射向下至少可延伸到 170km。深地震宽角反射与折射剖面探测出塔里木盆地的地壳整体自塔中隆起向昆仑山前倾斜，莫霍面倾角约 5°。表明刚性的塔里木岩石圈向昆仑山插入（高锐等）。

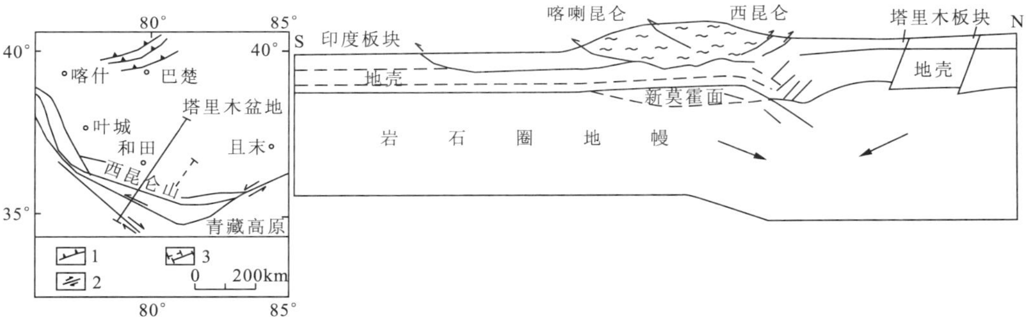

图 5-4　西昆仑-塔里木地震解释剖面

（据高锐等，2000）

1. 逆冲断裂；2. 走滑断裂；3. 地震剖面位置。实线为解释剖面位置；虚线为深地震反射剖面位置

3. 区域磁场特征

图 5-5 为区域航磁异常图（据熊盛青、周伏洪等）。

据航磁测量结果，塔里木盆地为一系列强度极大而宽缓的磁异常带分布区，完全不同于青藏高原总体磁异常较弱的特征，一般磁异常强度可达 300～500nT，梯度变化为 10～20nT/km。

塔里木盆地南部为数条相互平行北东向正磁异常带，宽度 40～100km，延至盆地边缘与西昆仑山的交界处完全被北西走向的磁异常带所截，并没有继续向昆仑山地区延伸。库地与康西瓦结合带两侧附近为线状正、负相间的椭圆状环形跳跃场，可能与断续线状分布的蛇绿岩有关。

在西昆仑一带分布为一条强度较大、梯度强烈变化的北西向正磁异常带。异常一般强度可能与该断续线状分布的蛇绿岩有关，200～300nT，梯度变化为 20～30nT/km。从阿塔孜格经康西瓦

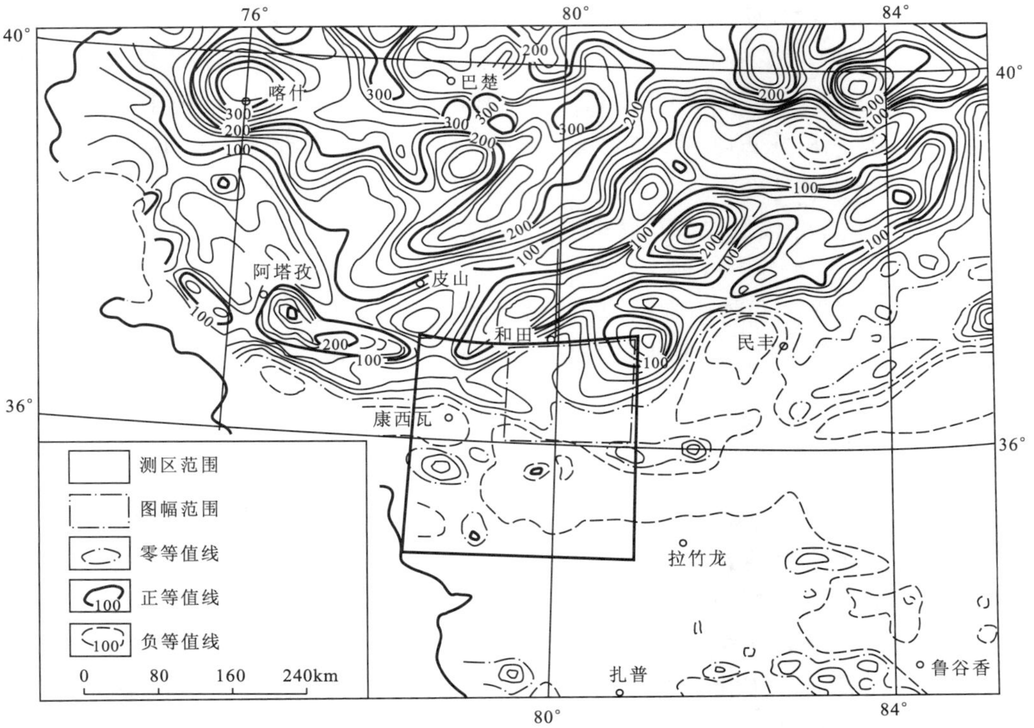

图 5-5　青藏高原西北部航磁异常图(等值线单位:nT)

至卡拉孔木达坂为强度较大的北西向线性磁异常条带。异常带宽度为 40～60km,向西北延伸至图幅外,向东南止于卡拉孔木达坂。

在航磁图上库地断裂反映为梯度带、线性磁异常带和不同磁异常带走向的交汇带特征,磁异常峰值较高,达 300nT。

康西瓦断裂显示为线性强磁异常带、串珠状强磁异常及磁场分区界线。西南侧磁场峰值较低,一般为 30～50nT,其上叠加部分磁力高;东北侧磁场峰值较高,一般为 100～300nT。

4. 莫霍面特征

塔里木及周边地区莫霍面的形态和深度可分为幔坳、幔隆和地幔坡度带 3 类。幔坳系指地幔顶部向下坳陷的地区,在喀喇昆仑山地区莫霍面属幔坳,以 65km 等深线相连;幔隆系指地幔向上隆起,地壳较薄的地区,塔里木中心偏西为一幔隆区,47.5km 等深线圈闭;地幔坡度带系指地幔表现为斜坡的地带,昆仑山即为塔里木幔隆和喀喇昆仑山幔坳之间的地幔坡度带。

二、基本构造格架与构造单元的划分

(一)基本构造格架及划分依据

图幅跨塔里木陆块、昆仑造山带、巴颜喀拉-北羌塘-三江造山带三大构造单元,经历了多期次、多机制、多旋回的"开、合"构造演化历史,多块体拼接、复合,各地质体中构造形迹相互叠加、干涉和改造,铸就了图幅较为复杂的地质构造格局(图 5-1)。在前人大地构造划分的基础上,依据西安地质矿产研究所《青藏高原北部空白区基础地质综合研究》构造单元划分方案,结合野外实际资料,建立了调查区"两带三块"的构造格架。"两带"为库地-其曼于特结合带、康西瓦-苏巴什结合带。以上述蛇绿构造混杂岩带为界由北向南依次划分为塔里木陆块、西昆仑造山带、巴颜喀拉晚古生代—

中生代边缘裂陷盆地和甜水海-北羌微陆块共“三块”。

在此基础上，项目组2004年在地质填图和实测剖面工作中，于康西瓦幅首次发现了蒙古包-普守早古生代蛇绿构造混杂岩带，该带在图幅(恰哈幅)西南部奥米沙一带被库地-其曼于特结合带蛇绿构造混杂岩带截切，与库地-其曼于特早古生代蛇绿构造混杂岩带拼合。根据调查区实际情况，将塔里木陆块进一步划分为塔里木陆块、铁克里克断隆带两个二次级构造单元；西昆仑陆块进一步划分为昆北晚古生代岩浆弧带、中昆仑微陆块北带、昆南晚古生代残余弧3个次级构造单元(图5-6)。图幅内不涉及昆南晚古生代残余弧、甜水海-北羌微陆块两个构造单元。

西昆仑造山带内部结构复杂，是一个多块体的拼合复杂地质体，总体上代表了一个消失了的大洋，该大洋从原特提斯、古特提斯、特提斯，既有继承性，又有突变性，而它的多岛洋(陆壳性质和洋岛性质)特点比较完整地记录了这种复杂演化，具有清楚地自北而南的极性。多岛洋特点也就决定了造山带内部的蛇绿岩均不可能代表一个完整、巨大的大洋。图幅构造演化经历了三大构造演化阶段，7个构造旋回。三大构造演化阶段是前南华纪基底形成演化阶段、南华纪至中三叠世板块构造机制演化阶段、晚三叠世以来的板内演化阶段。7个构造旋回包括吕梁期(Pt_1)、四堡-晋宁期(Ch—Qb)、加里东期(Nh—S)、海西期(D—P_2)、印支期(P_3—T_2)、燕山期(T_3—E)、喜马拉雅期(N—Q)。

(二)构造单元的划分

在前人大地构造划分的基础上，结合区域资料和本项目野外调查的初步成果，图幅构造单元划分由北到南依次如下(图5-6)。

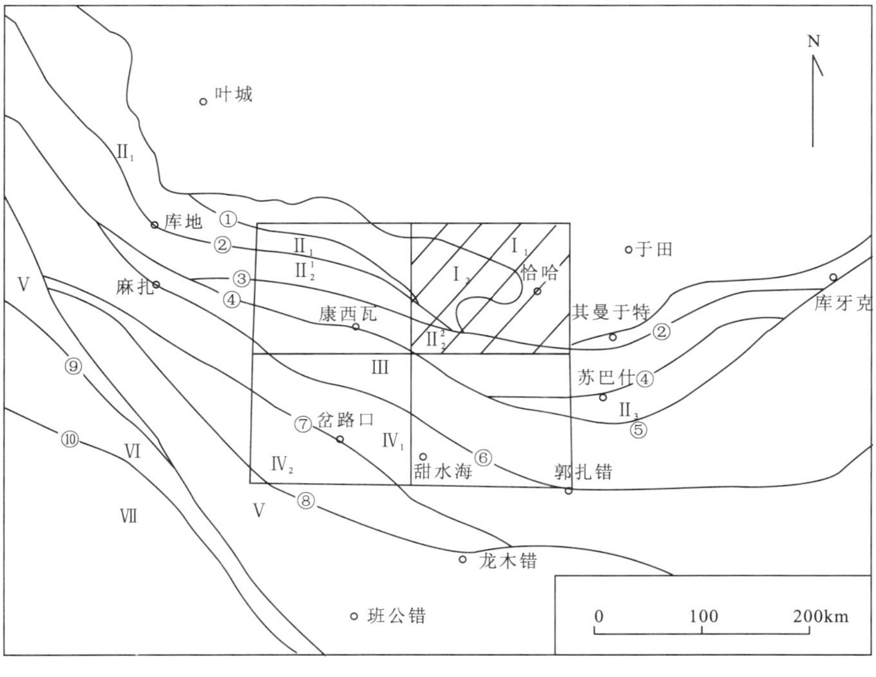

图5-6　图区构造单元图(说明见正文)

Ⅰ塔里陆块

Ⅰ$_1$塔里木盆地区

Ⅰ$_2$铁克里克断隆

———①柯岗断裂———

Ⅱ昆仑造山带

$Ⅱ_1$昆北晚古生代岩浆弧带

———②库地-其曼于特早古生代蛇绿构造混杂岩带———

$Ⅱ_2$昆中微陆块

$Ⅱ_2^1$昆中北微陆块

———③蒙古包-普守早古生代蛇绿构造混杂岩带———

$Ⅱ_2^2$昆中南微陆块

———④康西瓦-苏巴什晚古生代蛇绿构造混杂岩带———

$Ⅱ_3$昆南晚古生代岛弧带

———⑤康西瓦-苏巴什晚古生代蛇绿构造混杂岩带南部边界断裂———

Ⅲ巴颜喀拉晚古生代—中生代边缘裂陷盆地

———⑥肖尔克谷地-郭扎错断裂带———

Ⅳ甜水海-北羌塘微陆块

$Ⅳ_1$甜水海微陆块

———⑦岔路口断裂带———

$Ⅳ_2$神仙湾晚古生代残余弧带

———⑧龙木错-双湖缝合带———

Ⅴ喀喇昆仑-南羌塘陆块

上述构造单元的划分是4幅联测项目总体划分，实际上本图幅只涉及：$Ⅰ_1$塔里木盆地区、$Ⅰ_2$铁克里克断隆、②库地-其曼于特早古生代蛇绿构造岩带、$Ⅱ_2^1$昆中北微陆块、③蒙古包-普守早古生代蛇绿构造混杂岩带、$Ⅱ_2^2$昆中南微陆块、④康西瓦-苏巴什晚古生代蛇绿构造岩带及Ⅲ巴颜喀喇晚古生代—中生代边缘裂陷盆地。在图区，昆北库尔良晚古生代裂谷带及昆中北微陆块、蒙古包-普守早古生代蛇绿构造岩带收敛于图区西部一带，与库地-其曼于特早古生代蛇绿构造岩带连接复合为一个带，形成一个向西撒开的帚状构造表现形式，因此其内部的组成物质及表现形式主要在西邻康西瓦图幅内。

第二节 各构造单元变形特征

由于多期构造活动，特别是造山期强大的收缩构造叠加改造作用，造成各时代岩石地质体被多级韧性剪切断裂、脆性断裂分划，形成叠覆岩片构造系统，伴随发育形成多期构造面理、流变褶皱、韧性剪切构造带以及绿片岩相-角闪岩相多期变质作用。我们已很难完全解析出图区内各构造单元前寒武纪地质体组成的构造物质在主造山期前经历了多少次构造变形变质作用，仅依据野外露头尺度构造形迹特征、相互间的叠加关系和构造面理对变质矿物组合的制约关系解析，厘定其主要构造形迹与复合特征。

测区各构造单元基本变形特征分述如下。

一、塔里木陆块

南以柯岗断裂为界，北以铁克里克北缘断裂为界，可进一步划分为塔里木古—新生代盆地和铁克里克断隆两个二级构造单元。

环绕铁克里克分布的晚古生代地层为泥盆系奇自拉夫组、石炭系塔哈奇组和二叠系普司格组，代表了塔里木板块晚古生代地质演化的物质记录。奇自拉夫组为陆相粗碎屑岩，塔哈奇组为浅海碳酸盐岩沉积，普司格组为陆相碎屑岩沉积建造。有两个重要的不整合接触面：泥盆系奇自拉夫组角度不整合于前泥盆纪地层之上；石炭系卡拉乌依组、阿孜干组、塔哈奇组角度不整合于泥盆系地层及下元古界埃连卡特岩群之上。具磨拉石建造性质的泥盆系奇自拉夫组在昆北、昆中均有分布，具有区域性，角度不整合于前泥盆纪地层之上，表明昆仑造山带在晚古生代早期的碰撞造山事件是强烈而广泛的。

（一）塔里木盆地区

在图幅内，指位于铁克里克北缘断裂以北地区，以及昆仑山前断裂以北的皮夏、恰哈、巴大干等地区。地层主要为中新生代陆相碎屑岩沉积，古生界地层环绕铁克里克山零星出露。泥盆系奇自拉夫组粗碎屑岩仅在阿其克背斜核部出露，石炭系碳酸盐岩建造以及二叠系—中新生界陆相碎屑沉积岩环绕铁克里克山分布。主要存在4个角度不整合接触关系：中元古界与上石炭统；上泥盆统与上石炭统；二叠系与第三系；第三系与上覆第四系地层。塔里木盆地区构造变形比较弱，主要表现的是新生代构造，主要构造类型为断裂构造、掀斜、宽缓褶曲变形（详见第三节）。巨厚的新生代磨拉石沉积建造是青藏高原隆升以来盆山耦合的产物。

（二）铁克里克断隆

位于塔里木盆地西南缘的铁克里克山，呈向南突出的弧形。北以铁克里克北缘断裂为界，南以柯岗断裂为界，向东在策勒河一带倾伏于新生界地层之下。元古宇中深变质的埃连卡特岩群组成结晶基底，长城系塞拉加兹塔格岩群组成过渡基底。

铁克里克断隆是塔里木板块的组成部分，属于塔里木板块的褶皱基底。其构造变形复杂，发育多期构造面理、多期褶皱构造，相互叠加、干涉和改造，显示了不同层次、不同变形机制的多期构造变形活动的存在（图5-7）。埃连卡特岩群中主要发育3期构造面理：S_{n+1}期表现为流劈理性质，宏观上为片理、片麻理，伴随有流变褶皱的发育；S_{n+2}期表现为密集发育的褶劈理，广泛发育以S_{n+1}期面理（片理、片麻理）为变形面紧闭尖棱褶皱，常见同构造分泌石英脉呈钩状无根褶皱、肠状褶皱、书斜构造、黏滞性石香肠构造等。S_{n+2}期面理遭受后期变形，形成舒缓波状褶皱构造。S_{n+3}期面理叠加在早期构造之上，表现为带状劈理。塞拉加兹塔格岩群主要发育两期构造面理：S_{n+1}期表现为流劈理性质，宏观上为片理，顺片理石英脉呈条带状、钩状褶皱。S_{n+2}期表现为褶劈理，上部层位发育程度弱，向下部逐渐增强，发育密集，构造置换强烈。塞拉加兹塔格岩群总体上构成一个宽缓的向形构造。在埃连卡特岩群和长城系塞拉加兹塔格岩群之间，早期存在一条韧性剪切带（构造滑脱

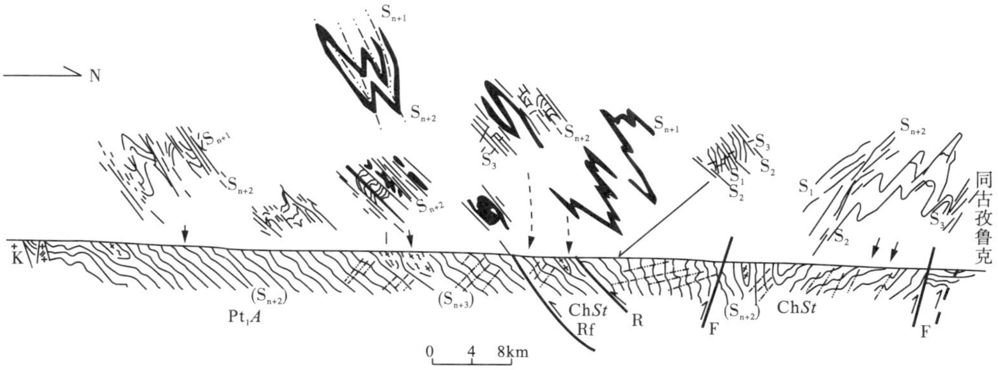

图5-7　铁克里克元古宙基底构造变形剖面图（玉龙喀什河）

面)，其运动学标志显示上盘相对于下盘作向南的运动。

多期构造变形特征反映了铁克里克断隆从深层次—浅层次，从伸展—挤压的演化历程。有这样几个事实：晚泥盆世时，沉积了一套具磨拉石性质的河流相粗碎屑岩建造；上石炭统碳酸盐岩建造直接角度不整合在元古宇地层之上，铁克里克内部多期挤压构造形迹的发育等迹象表明，在早古生代末期经历挤压隆升后在晚古生代中晚期又接受了海相沉积；在中生代处于挤压环境，接受山间盆地湖沼含煤沉积；在新生代隆升作用加剧，形成了周边盆地巨厚的陆相碎屑岩建造。

1. 古元古代结晶基底构造变形特征

图区结晶基底由埃连卡特岩群组成，大面积出露于塔里木南缘铁克里克断隆区。主要岩石类型为斜长二云石英片岩、二云母片岩、斜长黑云母片岩、黑云石英片岩、二云石英斜长方解石片岩、黑云母变粒岩、含石榴子石黑云石英片岩、含石榴子石石英二云母片岩、黑云角闪斜长片麻岩、角闪斜长片麻岩、方解绿泥钠长片岩。该地层单元变形强烈，变质达高绿片岩相-角闪岩相。与长城系塞拉加兹塔格群韧性剪切带接触，在西邻神仙湾幅则发现与其为角度不整合接触关系。

古元古代结晶基底其构造变形复杂，发育多期构造面理、多期褶皱构造，相互叠加、干涉和改造，显示了不同层次、不同变形机制的多期构造变形活动的存在。对不同尺度构造变形形迹的分析显示，至少存在3期构造变形(图5-7、图5-8)。

第一期构造变形：由于经历了强烈的构造置换，残留甚少，但在弱变形域、微劈石域中仍可识

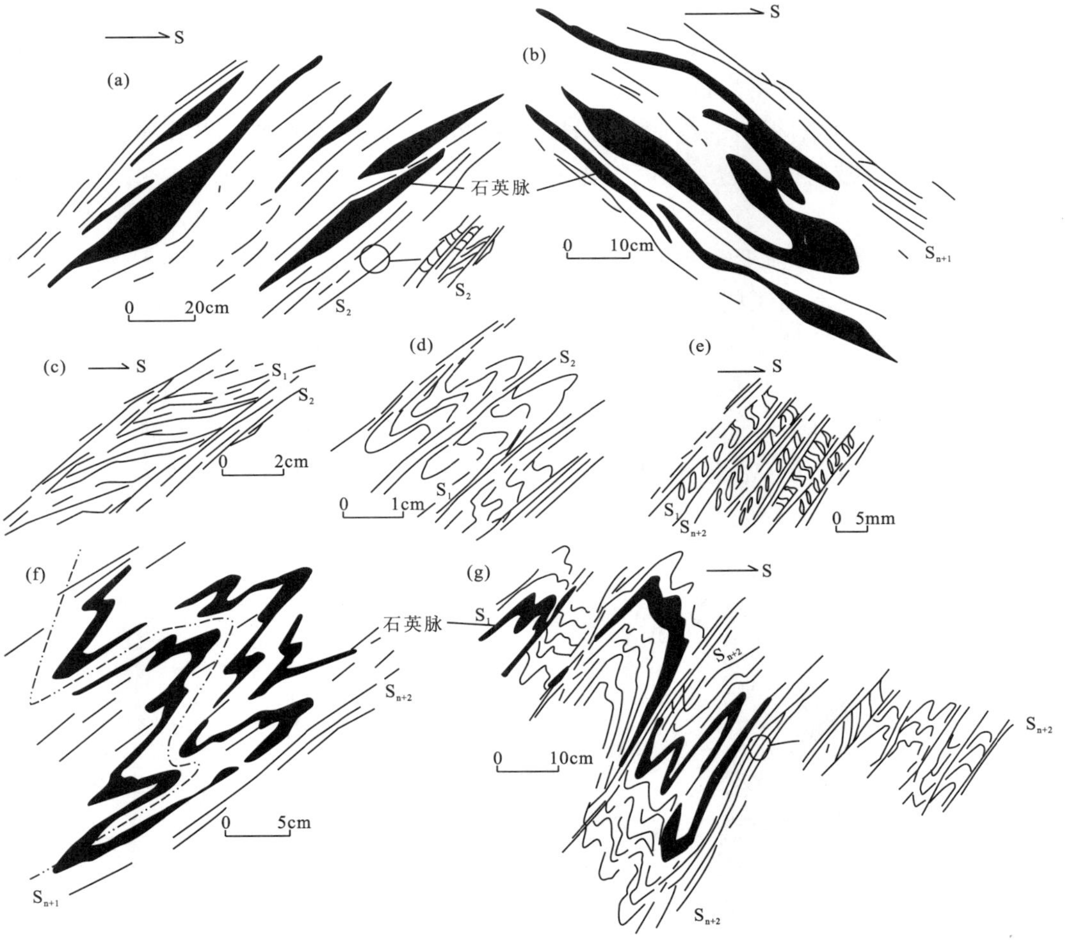

图5-8　埃连卡特岩群中构造变形样式(玉龙喀什河)

别，主要构造形迹表现为：S_{n+1}期面理具流劈理性质，宏观上为片理、片麻理，伴随有流变褶皱的发育，长英质粒状矿物和角闪石、黑云母、绿泥石等片柱状矿物定向排列构成的片麻理、片理构造，浅色矿物和暗色矿物分异形成的条带—条痕状构造、分异条带状构造，浅色脉体呈小型不对称流变褶皱、片内钩状无根褶皱等(图 5-8)。

由于后期构造叠加改造、置换，其位态、样式变化极大，在不同地段、不同构造部位，面理构造的产状变化很大，并失去完整性。总体无规律可循，仅以一种残余构造形迹存在于构造基底岩系之中，是区内最早的构造形迹。该期是在深部构造层次剪切流变褶皱作用下变形，可能是古—中元古代大陆克拉通化过程中构造的客观反映。肖序常在克里阳一带赫罗斯坦岩群古老变质侵入体中获得(2 977±140)Ma的岩浆结晶年龄和(2 067±130)Ma 的变质年龄，后者可能代表了大体同时变形的时代。

第二期构造变形：是一期收缩机制下的挤压构造变形，形成广泛发育的 S_{n+2}透入性构造片理，矿物分异条带，同构造分泌淡色长英质脉体，剪切尖棱褶皱、平卧褶皱、片内钩状无根褶皱，多级弥散式发育的韧性剪切带构造等中下部构造层次弹塑性剪切变形构造群落(图 5-7、图 5-8)。

(1)面理构造：S_{n+2}期面理是该期构造变形的主要构造形迹，也是本区前寒武纪地质体的主导构造面理。密集呈带发育，表现为褶劈理性质，宏观上为片理、片麻理，主要表现为新生的变质片状矿物、拉长粒状矿物具优选方位排列，浅色矿物和暗色矿物分异形成的条带状构造，顺叶理有新生变质矿物黑云母、白云母、绿泥石、角闪石等。对早期面理的纵向构造置换非常强烈，在局部地带露头尺度上早期面理几乎消失殆尽。S_{n+2}期面理遭受后期变形，形成舒缓波状褶皱构造。

(2)褶皱构造：广泛发育于弱构造域，以 S_{n+1}期面理(片理、片麻理)为变形面的无根褶皱、片内无根褶皱、平卧褶皱、紧闭尖棱褶皱，常见同构造分泌石英脉呈钩状无根褶皱、肠状褶皱、书斜构造、黏滞性石香肠构造等剪切流变褶皱，褶皱规模较小，一般为露头尺度，轴面劈理为 S_{n+2}叶理(图 5-8)。叠加褶皱表现为共轴叠加样式，以 S_{n+1}期褶皱轴面为变形面，形成露头尺度的中等紧闭褶皱样式。

(3)线型构造：强烈挤压构造变形作用，在前寒武纪变质地质体形成规模不等韧性剪切带，强弱变形域界线渐变，形成弥散式发育、交织网状展布的构造格局。尽管由于后期构造的改造，其几何位态发生了变化，但多数运动标志显示的构造运动方向为大致向南的方向。

中间性构造变形特征：侵入埃连卡特岩群中的侵入体产状、构造变形特征及其年龄是构造变形序列分析的重要依据。古老中酸性侵入体在埃连卡特岩群中呈多个透镜体分布，随围岩一起卷入强烈的构造变形，发生强烈的塑性剪切变形，形成片麻岩。发育两组面理：早期为片麻理，发育眼球状构造；晚期为褶劈理性质，相当于前述之 S_{n+2}面理，密集发育，在微劈石域中眼球状长英质透镜体呈挠曲状变形[图 5-8(e)]。其与围岩的边界清晰，呈挠曲状。后期中酸性岩脉(奥陶纪)基本上顺 S_{n+2}面理结构面贯入，无构造形变的迹象。

上述各构造变形形迹特征显示，埃连卡特岩群中的第二期构造变形为收缩变形，属中下部构造层次的塑性剪切变形作用，为高绿片岩相变质。

第三期构造变形：主要表现为以片理、片麻理(S_2)为变形面的纵弯褶皱变形，形成较大规模的褶皱构造。为宽等厚褶皱样式，褶皱轴面近于直立，两翼基本对称，转折端形态比较复杂，两翼发育次级重生小褶皱。局部发育同褶皱期劈理，带状劈理性质。该期变形属于近南北向挤压作用下中上部构造层次的弹塑性纵弯曲变形作用的产物。

2. 中新元古代过渡基底构造变形特征

塔里木南缘过渡型基底由长城纪的塞拉加兹塔格岩群组成，主要分布于铁克里克断隆区北部区域，与下元古界为韧性剪切带接触。岩石组合主要为绢云石英片岩、绿泥绢云石英片岩、二云母石英片岩夹灰绿色绿泥钠长片岩等，低绿片岩相变质。总体构造变形强烈，地层多呈构造岩片叠置，不同尺度的韧性剪切带发育。

塞拉加兹塔格岩群变形特征与埃连卡特岩群相似，仅由于各所处的构造层次的不同而显示出变形强弱的差异。依据野外露头尺度构造形迹、构造要素间的叠加关系和构造面理对变质矿物组合的制约关系解析，厘定出主要的3期变质变形改造。

第一期构造变形：构成塞拉加兹塔格岩群主要成层面理，S_{n+1}期面理表现为流劈理性质，宏观上为片理，长英质粒状矿物和角闪石、黑云母、白云母、绿泥石等片柱状矿物定向排列构成片理构造，浅色矿物和暗色矿物分异形成的条带—条痕状构造，分异条带状构造，浅色脉体呈小型不对称流变褶皱、片内钩状无根褶皱，条带状、透镜状、黏滞型石香肠等（图5-9），在局部弱构造域中，发育由原生矿物成分层构成的顺层掩卧褶皱（图5-9）。显示强烈的构造置换作用，一些残留构造仅在弱构造域中表现出来，大多以一组流劈理性质片理面表现。

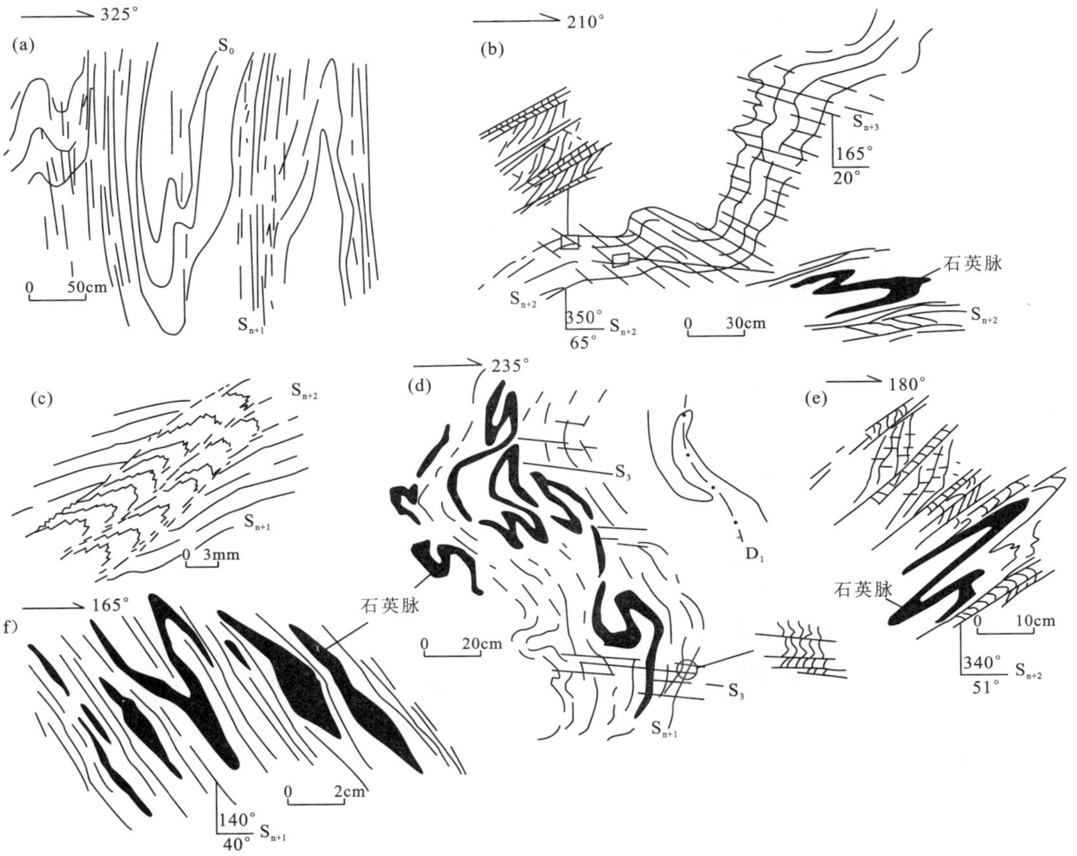

图5-9　塞拉加兹塔格岩群中构造变形样式

上述构造形迹的几何学、动力学、运动学特征，反映了该期构造属于深部构造层次塑性剪切流变变形作用下的产物，其变形机制与伸展体制下分层剪切有关。

第二期构造变形：是一期收缩机制下的挤压构造变形，叠加于早期构造之上，形成S_{n+2}透入性构造面理、矿物分异条带、同构造分泌淡色长英质脉体、剪切尖棱褶皱、片内钩状无根褶皱、多级弥散式发育的韧性剪切带构造等中下部构造层次弹塑性剪切变形构造群落[图5-9(a)、(b)]。其构造变形具明显的分带性，即强弱域相间分布，在靠近剪切带部位构造变形强，置换作用强烈。

(1)面理构造：S_{n+2}面理是该期构造变形的主要构造形迹，呈带状密集间隔发育，表现为褶劈理、带状劈理性质，主要表现为新生变质片状矿物、拉长粒状矿物具优选方位排列，浅色矿物和暗色矿物分异形成的条带状构造，顺叶理有新生变质矿物绢云母、绿泥石等，表现为退变质作用。对早期面理的纵向构造置换非常强烈，在局部地带露头尺度上早期面理几乎消失殆尽。

(2)褶皱构造：在强弱构造域中表现形式不同，在强构造域中，以 S_{n+1} 期面理为变形面形成无根褶皱、片内无根褶皱、紧闭尖棱褶皱，常见同构造分泌石英脉呈钩状无根褶皱、肠状褶皱、掀斜构造、黏滞性石香肠构造等剪切褶皱。在弱构造域中则表现为较宽缓的不对称协调褶皱或 S_{n+1} 期面理的挠曲变形及揉皱。褶皱规模较小，一般为露头尺度，轴面劈理为 S_{n+2} 叶理(图 5-9)。

中间性构造变形特征：侵入塞拉加兹塔格岩群中的基性岩墙与围岩(塞拉加兹塔格岩群)一起卷于构造变形变质作用。在露头上呈多个透镜体分布，发生强烈的片理化、石香肠化，内部发育的一组面理与围岩中 S_{n+1} 期面理具有一致性。

第三期构造变形：主要表现为以早期面理(S_{n+1}、S_{n+2})为变形面的纵弯褶皱变形，形成较大规模的褶皱构造。其为宽等厚褶皱样式，褶皱轴面近于直立，两翼基本对称，转折端形态比较复杂，两翼发育次级重生小褶皱。局部发育同褶皱期劈理，带状劈理性质，倾向南，倾角 20°～50°。塞拉加兹塔格岩群总体表现为一大规模的向形构造(Z2)，为该期构造变形的产物。该期变形属于近南北向挤压作用下中上部构造层次的弹塑性纵弯曲变形作用的产物。

3. 韧性剪切带

在铁克里克断隆区，下元古界埃连卡特岩群与长城系塞拉加兹塔格岩群之间存在一条大规模的韧性剪切带(F_8)。二者接触带是一个呈带状分布强应变带，强应变带的边界向两侧逐渐过渡，即两侧的构造变形向剪切带愈趋强烈。

韧性剪切带表现为强置构造片理化带，剪切面理最为发育，分布密集，其产状：330°∠53°。沿剪切面理分布绿泥石及白云母、绢云母等片状矿物，发育旋转碎斑、拔丝石英及“S-C”构造。钩状无根褶皱、旋转布丁构造、构造“鱼”及剪切褶皱在该带内很发育(图 5-10)。剪切褶皱在 XZ 面上褶皱多呈“S”形，转折端明显加厚，翼部拉长变薄，或具透镜化。多项运动学标志显示：运动方向

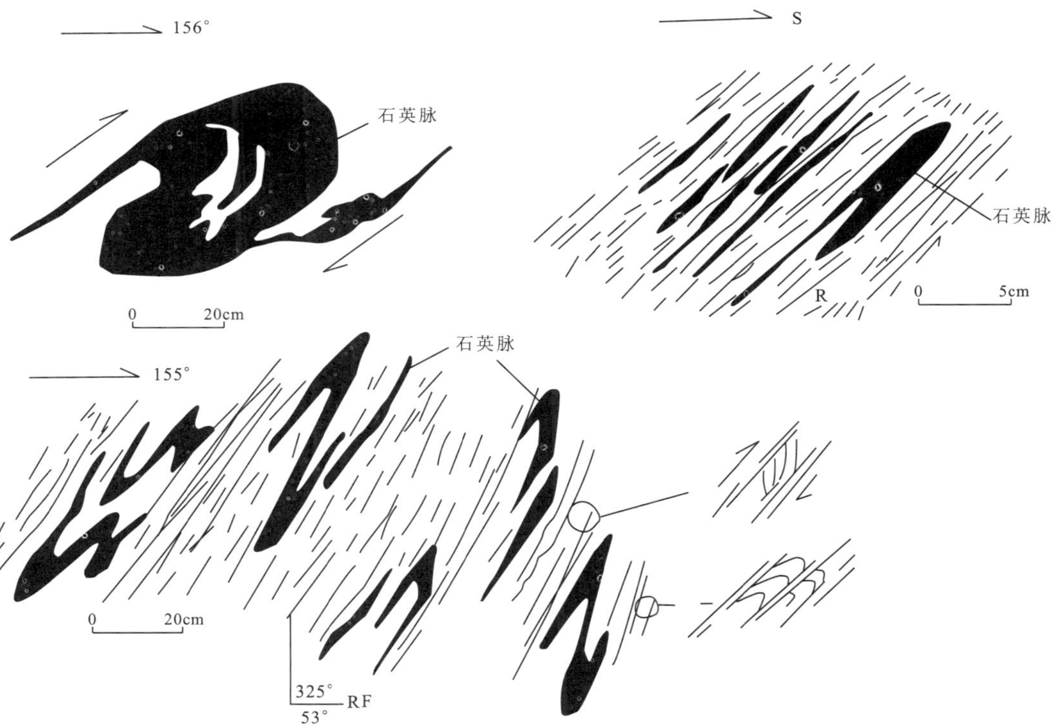

图 5-10 韧性剪切带内构造样式

160°左右，表现为向南的逆冲作用。

构造变形特征表明，铁克里克断隆的古元古代的埃连卡特岩群和长城纪的塞拉加兹塔格岩群中第二期构造变形与此韧性剪切带是统一动力学机制下的产物，即近南北向挤压机制下收缩变形。

二、西昆仑造山带

分布于图区的南部，为区内的主要构造单元。西昆仑造山带自北向南划分为昆北晚古生代岩浆弧带、库地-其曼于特早古生代蛇绿构造岩带、昆中北微陆块、蒙古包-普守早古生代蛇绿构造岩带、昆中南微陆块、苏巴什-康西瓦晚古生代蛇绿构造岩带及昆南晚古生代岛弧带。在图区主要分布库地-其曼于特早古生代蛇绿构造岩带及中昆南微陆块。

正如前所述，西昆仑造山带内部结构复杂，是一个多块体的拼合复杂地质体，总体上代表了一个消失了的大洋，该大洋从原特提斯、古特提斯、特提斯既有继承性，又具有突变性，而它的多岛洋（陆壳性质和洋岛性质）特点较为完整地记录了这种复杂演化，清楚地具有自北而南的极性。

在西昆仑造山带中，震旦纪—早古生代原特提斯洋演化阶段占有重要的地位，但在图区内与震旦纪—早古生代原特提斯洋演化有关的构造残留较少，所能提供的与此有关的信息并不丰富。原特提斯构造层由库地-其曼于特蛇绿构造混杂岩带、西合休岩组和奥米沙砂板岩组组成。早期发育的伸展构造除在基底地层中侵入的已绿片岩相变质的基性岩脉外，其他构造形迹已无从辨认。而更多地保留的是晚期阶段与库地-其曼于特小洋盆俯冲、消减乃至昆北和昆南地块发生碰撞作用所形成的挤压、走滑机制下的构造系统。不同性质的岩片之间以断裂相互拼接，韧性剪切带、糜棱岩带常宽达十余米至数十余米，构造面貌复杂，不同部位产状变化大，但总体为向南倾的特点，走向与现在昆仑山脉平行。构造变形形迹有旋转碎斑、“S－C”构造、极其细密的构造分异条纹条带，以及这些条纹条带的进一步褶皱、错断和分泌细脉的进一步剪切、断裂和旋转等，多反映构造运动为向北的逆冲性质；在剖面上形成上宽下窄的楔状构造，平面上则为不同级别的岩片构造斜向拼接，这种岩片叠置构造是以库地-其曼于特蛇绿混杂岩带为中心，形成宽度为50m～5km不等的强剪切变形带。所有卷入的地质体均被强烈改造、置换，产生与糜棱岩带近于一致的区域性构造面理．糜棱面上可见与其走向近于垂直的矿物生长线理。

（一）昆北晚古生代岩浆弧带

昆北晚古生代岩浆弧带相当于区域上（见图5－3）划分的库尔良晚古生代裂谷带，图区该岛弧带夹持于柯岗断裂带以南、库地-其曼于特蛇绿构造混杂岩带以北地区，区域上断续分布，在图区出露面积极小，为向东的长楔状体尖灭于库地-其曼于特蛇绿构造混杂岩带上，面积约20km²，测区主要出露西合休岩组变质碎屑岩，在西部康西瓦幅，主要分布石炭系他龙群和库尔良群。他龙群以碳质细碎屑岩为主体，夹有单辉石岩、辉绿岩及大量玄武岩透镜体。库尔良群以发育碎屑浊积岩为主体，夹有辉长岩、辉绿岩、大量玄武岩及火山碎屑岩为特征，变形变质均较弱，褶皱构造不发育，主要表现为脆性断层构造，断层一般呈北西—南东向展布，规模一般较小，多倾向南，倾角50°～70°，发育断层角砾岩、碎裂岩及断层泥等（详见《康西瓦幅区调报告》）。

西合休岩组仅出露于图区西部，出露面积小，被断裂所围限，呈一向西撒开的楔状体。变形强，变质较浅。主要岩石组合为黑云石英片岩、二云石英片岩、阳起钠长绿泥片岩、钠长阳起绿帘片岩等。发育两期构造，早期面理为片理，构成主要成层面理，由长英质粒状矿物和黑云母、白云母、绿泥石等片状矿物定向排列构成，浅色矿物和暗色矿物分异形成的条带—条痕状构造、分异条带状构造，顺片理面分布的同构造分泌长英质浅色脉体呈小型不对称紧闭褶皱、片内钩状无根褶皱，条带状、透镜状、黏滞型石香肠等。第二期构造主要表现局部发育间隔性的褶劈理，劈理域中出现新生片状矿物绢云母及绿泥石，早期面理呈现挠曲变形。构造特征显示，西合休岩组中早期变形反映了中下部构造层次的塑性剪切变形，可能反映了早期的伸展体制。晚期变形则反映了造山期的挤压机制下变形。

（二）库地-其曼于特早古生代蛇绿构造混杂岩带

划分为昆北库尔良晚古生代裂谷与中昆北微陆块的边界构造带，出露于图区中部，被脆-韧性断裂所围限，夹持于昆北库尔良晚古生代裂谷与昆中北微陆块之间，该带实际上是一个大规模的韧性剪切带，沿库地经库尔良向东延伸到和田县的尼萨、干吉萨依、区委克至其曼于特一带。该带蛇绿岩组分均有出露，但均无一完整剖面，各蛇绿岩块体呈构造透镜状产出于构造岩片中，与之有关的陆缘沉积建造是西合休岩组和奥米沙砂板岩，呈叠置岩片产出。

库地-其曼于特蛇绿构造混杂岩带在图区内沿尼萨、包萨提、干吉萨依、区委克一带分布，呈一个狭长的带状，走向为北西向，两侧被数条大型韧性断层（F_{15}、F_{16}、F_{17}、F_{18}、F_{19}）所围限。该带本身就是一个巨大的强韧性剪切变形带，内部为网状韧性断裂系统，将不同单元的蛇绿岩和混入岩块分隔成片状、透镜状碎块，已不存在连续完整的蛇绿岩剖面。

库地-其曼于特蛇绿构造混杂岩带的物质组成是复杂的，由于多期的构造变形、改造，蛇绿岩各组分均以构造残片或透镜体产出，大小不等，呈构造岩块或构造透镜体产于剪切基质中，其边界均为构造面。除蛇绿岩组分外，还包括外来岩块（片）和陆源碎屑岩，内部变形强烈，普遍遭受糜棱岩化（图 5 - 11）（详见第二章、第三章）。

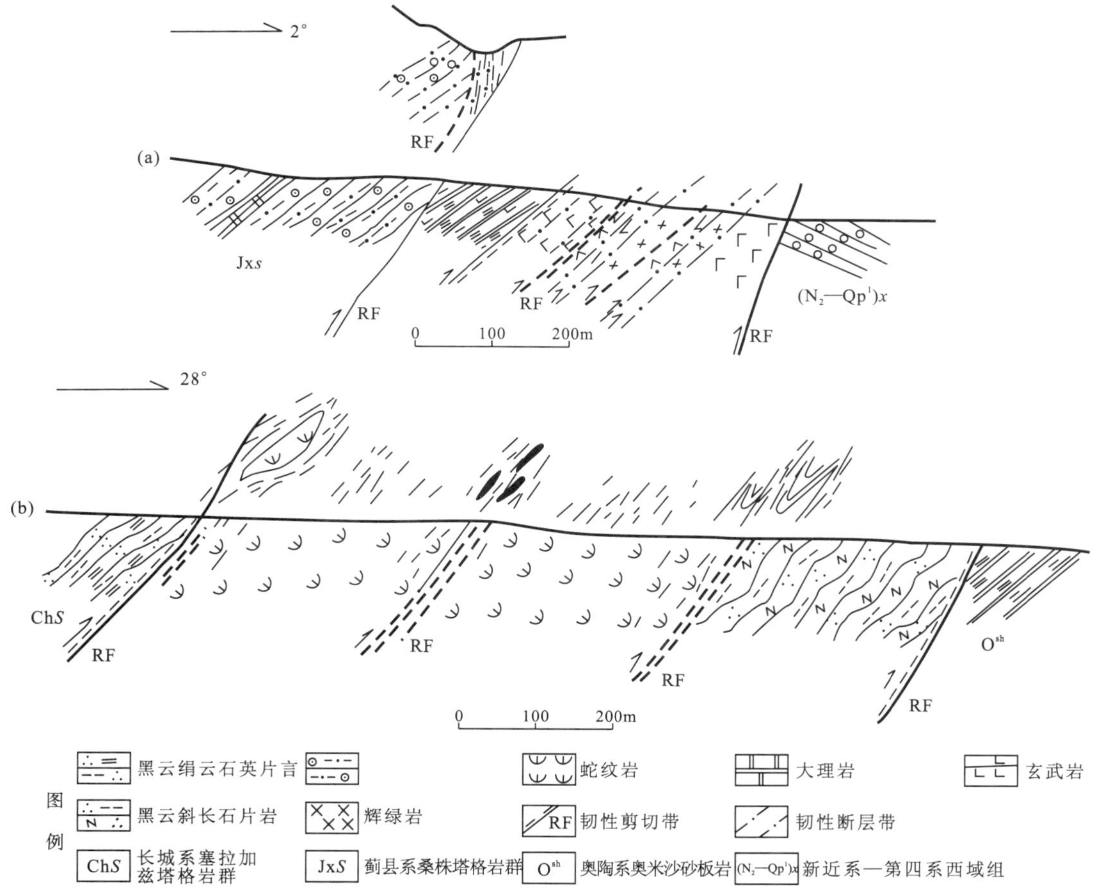

图 5 - 11　蛇绿构造混杂岩带地质剖面图

（a）新疆勒县乌库其依哈克力克代里牙地质剖面图；（b）仓萨曼南蛇绿构造混杂岩带地质剖面图

在尼萨及干吉萨依，宏观上表现为不同成因、不同时代或经历不同演化阶段的构造变形、变质岩片（岩块），以构造面（韧性剪切带、构造面理）相互拼贴、相互叠置，显示强烈的构造形变混杂特征。该带实际上表现为一个大规模的韧性剪切带，同时又是一个高度的物质混杂场，由构造片岩包绕刚性块体组成，其平面构造形态表现为以剪切基质环绕构造岩块，以主干韧性剪切带为骨架，形成强弱构造域相间排布的网格状构造面貌。由此，构造混杂岩带根据构造变形特征可分为刚性构造块体和剪切基质两部分，分处于强、弱构造域中。刚性块体由上述所说的蛇绿岩块等组成，变形相对较弱，部分发生糜棱岩化作用，残斑为透镜状、眼球状橄榄石，条纹状蛇纹石、滑石定向平行分布，且包绕残斑，部分橄榄石呈多米诺骨牌构造；剪切基质是带内强构造域的组成物质，主要岩性为绿泥石英片岩、绿泥钠长阳起石片岩、钠长绿泥绿帘石片岩、二云石英片岩等。发育的“S－C”组构、云母“鱼”以及拔丝石英等，以及在递进变形过程中形成的剪切褶皱、钩状无根褶皱和斜列排列的构造透镜体，均反映了强烈的剪切变形机制和强烈的构造形变混杂作用。

早古生代边缘建造在图区内由奥米沙砂板岩组组成，由于多期强烈的构造改造，沿库地-其曼于特构造蛇绿混杂岩带呈构造岩片（构造透镜体）产出，出露面积小，边界均被断裂（F_{15}、F_{16}、F_{17}、F_{18}）所围限。

奥米沙砂板岩组呈透镜状沿库地-其曼于特蛇绿构造混杂岩带分布，主要由粉砂质板岩、粉砂质泥板岩、细粒长石砂岩、凝灰质变砂岩组成。变形变质程度低，发育一组板理面，与原生层理斜交，反映了造山期的挤压机制下变形。

奥米沙砂板岩与前述西合休岩组构造变形特征的差异，与所处的构造部位、所受应力条件以及原岩性质的不同有关。

（三）昆中北微陆块

夹持于库地-其曼于特蛇绿构造岩带与蒙古包-普守蛇绿构造岩带之间的西昆仑山西段主脊地带，东部呈楔状，向西呈带状延伸。出露地层主体为长城系普守岩组和蓟县系桑株塔格岩群，在其上叠加了早古生代早期和早古生代晚期的火山岩浆弧，具有复杂的地质结构和演化历史。

在本图区仅在尼萨南呈一小规模的楔形出露，被两条韧性剪切带（F_{17}、F_{21}）所夹持，出露面积仅15km²，组成物质为蓟县系桑株塔格岩群。构造变形强烈，以韧性剪切变形为主，变质达高绿片岩相。主要发育两期构造变形。

早期变形形迹由于在变质碎屑岩中发生强烈置换作用而很少保存，主要表现为强烈的面理置换作用，使矿物定向排列，形成区域透入性片理、片麻理（S_1），彻底置换了原始的沉积层理。在大理岩中早期变形特征保存比较完整，变形主要表现为以沉积层理为变形面，形成的紧闭同斜褶皱、肠状褶皱或顺层掩卧褶皱，并伴有不同程度的面理置换，具有顺层韧性剪切变形特征。该期变形是在深部构造层次剪切流变作用下形成。

第二期构造变形表现为以南北向挤压为主导变形机制的构造变形，以不同尺度的脆-韧性剪切带的发育为特征，褶皱构造不发育，只在局部发育以片理、片麻理为变形面的露头尺度的剪切尖棱褶皱或宽缓的挠曲变形。片理、片麻理产状较稳定，倾向175°～210°，倾角55°～75°。早期形成的基性岩脉及超镁铁质岩石发生透镜化，分异的长英质脉体形成无根褶皱和旋转碎斑。古老侵入体之间以及侵入体与副变质地层之间的接触面更加复杂，形成似层状构造。

该带东部尖灭于和田县尼萨一带的原因是后期多期地质作用强烈改造的结果，有多期构造变形事件叠加、继承、改造的复杂演化历史。

（四）昆中南微陆块

分布于图区南部昆仑山主脊。夹持于蒙古包-普守蛇绿构造岩带与康西瓦-苏巴什蛇绿构造岩带之间，呈狭长带状近东西向延伸。出露的地层主要为长城系赛图拉岩群、蓟县系桑株塔格岩群中深变质岩系，其变质可达绿片岩相-低角闪岩相。其上叠加了古生代岩浆弧。

早期(S_{n+1})的深层次塑形剪切变形作用强烈，形成的顺层掩卧褶皱，钩状、肠状褶皱，顺层韧性剪切带以及与具流劈理性质的片理、片麻理(S_{n+1}面理)共同组成了深层次分层剪切流变构造群落(图 5-12)。流变褶皱主要残留于能干性较强的岩石中，其特征是两翼拉长变薄，转折端急剧增厚，在几何学上多数呈非圆柱状，在横向和纵向上的不均匀性反映其塑性流变变形特征。褶皱两翼常被顺层韧性剪切带所限定，轴面与顺层流劈理(S_{n+1}面理)平行，在转折端，顺层流劈理与变形面理近直交，翼部近平行或小角度相交。该类褶皱一般规模较小，常表现为露头尺度(图 5-12)。S_{n+1}期面理表现为流劈理性质，宏观上为片理、片麻理，长英质粒状矿物和角闪石、黑云母、绿泥石等片柱状矿物定向排列构成片麻理、片理构造，浅色矿物和暗色矿物分异形成的条带—条痕状构造，分异条带状构造，顺面理发育黑云母、白云母、石榴子石、角闪石等变质矿物，片麻岩中发育眼球状构造。变质程度达低角闪岩相。

图 5-12　赛图拉岩群中流变褶皱样式

第二期构造变形表现为以南北向挤压为主导变形机制的构造变形，以不同尺度的脆韧性剪切带的发育为特征，褶皱构造不发育，只在局部发育以片理、片麻理为变形面的露头尺度的剪切尖棱褶皱或宽缓的挠曲变形(图 5-13)。片理、片麻理产状较稳定，倾向 175°～210°，倾角 55°～75°。早期形成的基性岩脉及超镁铁质岩石发生透镜化，分异的长英质脉体形成无根褶皱和旋转碎斑。古老侵入体之间以及侵入体与副变质地层之间的接触面更加复杂，形成似层状构造。

在西昆仑中带过渡基底中发育规模不等的糜棱岩带(韧性断层 F_5、F_6、F_7)，其糜棱面理产状较稳定，倾向 200°左右，发育长英质糜棱岩、碳酸盐岩质糜棱岩，显示强烈的塑性剪切变形特征。在碳酸盐岩质糜棱岩中，残留的方解石碎斑呈眼球状，两端具不对称拖尾，细粒方解石呈条带状、条纹状。韧性剪切带中普遍发育矿物细晶化、眼球状长英质碎斑压力影、“S-C”组构、不对称钩状

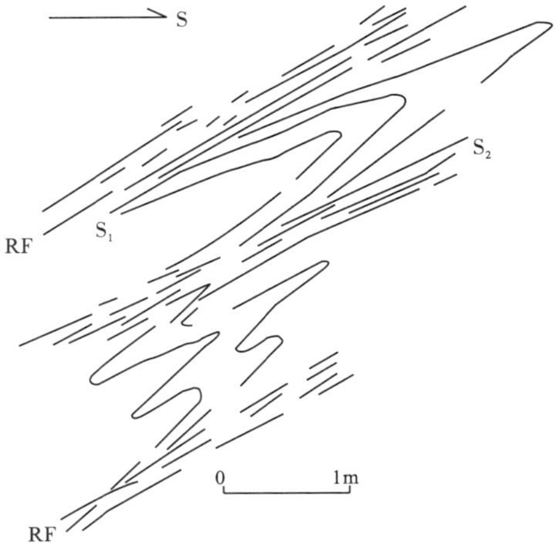

图 5-13　赛图拉岩群中剪切尖棱褶皱样式(尼萨南)

无根褶皱构造及石英拔丝构造等显微组构，斜长石、角闪石呈旋转碎斑定向分布，可见角闪石及黑云母剪切破裂叠瓦状排列，构成"云母鱼"构造。同构造分泌石英脉呈不对称褶皱、无根褶皱出现。

运动学标志显示，脆韧性剪切带的性质为由南向北运动的逆冲推覆。

该期变形属于中部构造层次弹塑性剪切变形产物。变质程度为低绿片岩相。

（五）苏巴什-康西瓦晚古生代蛇绿构造混杂岩带（康西瓦断裂带）

是分划昆仑陆块与喀喇昆仑陆块的重要界线。区域性上由康西瓦、玉龙喀什河上游河谷向东部苏巴什延伸，走向近东西向。该带物质组成较为复杂，在玉龙喀什河上游再依勒克河—苏巴什一带残留大量典型的蛇绿岩残片，与C—P放射虫硅质岩共生。

康西瓦-苏巴什晚古生代蛇绿构造岩带是反映晚古生代构造活动的重要物质记录（详见《阿克萨湖幅区调报告》）。在图区西部麻扎以北地区保留了比较好的陆缘弧、弧间、弧前盆地建造，其上覆侏罗纪山间磨拉石沉积；在东部玉龙喀什河上游再依勒克河、苏巴什一带地区同样保留有比较好的岛弧、弧后盆地建造及俯冲-碰撞型花岗岩，保存最多的是俯冲阶段二叠纪的残留海沉积的碎屑岩复理石和岛弧火山岩。

资料表明，苏巴什-康西瓦结合带为复合结合带，具有多旋回的演化历史，是一条在早古生代向北俯冲、石炭纪进一步裂解成洋、二叠纪末碰撞造山具双向俯冲特征的复合蛇绿构造岩带。

该混杂岩带出露于图区西南角，缺失内部的组成物质，表现为一条线性构造（F_{25}），分划昆仑陆块（北）与巴颜喀拉晚古生代—中生代边缘裂陷盆地（南）。断裂北西西向展布，断裂带宽数百米至1 000m，主断层面产状倾向北北东，倾角70°～80°，构造岩为糜棱岩、构造片岩、断层角砾岩、断层泥等，沿断裂带有石英脉、花岗岩脉、闪长岩脉侵入。该断裂具明显多期活动，有韧性-脆性演变、挤压-走滑交替的演化历程。现在的断裂特征更多的是反映了喜马拉雅期构造活动。

三、巴颜喀拉晚古生代—中生代边缘裂陷盆地

巴颜喀拉晚古生代—中生代边缘裂陷盆地分布于图区西南角，北以康西瓦断裂为界，向南东、向西延伸出图幅，地层为二叠系黄羊岭群巨厚的复理石建造，低绿片相变质。

二叠系黄羊岭群地层构造变形特征反映了印支期构造活动，以发育一系列叠瓦状逆冲推覆断裂为特征，形成岩片叠置的构造格局，褶皱构造不发育。不同规模的逆冲推覆断裂表现为脆-脆韧性，运动方向为南南西向，走向北西向，断层带宽5～20m不等，断面产状：190°～210°∠50°～65°。岩层中板劈理发育，局部面理置换彻底。板劈理的发育特征与岩石的能干性有关，在砂岩中板理与原生层理交角较大，劈理间隔宽，可见其中的钙泥质球砾具压扁、旋转，长轴与板理方向近一致；在泥板岩中则与原生层理小角度相交或近于平行，劈理间隔小，发育密集。在砂板互层中可见劈理折射现象。

上述构造变形特征反映了巴颜喀拉晚古生代—中生代边缘裂陷盆地在印支期开始，以收缩机制为主导的南北向挤压构造变形特征。

第三节　新构造运动

举世闻名的青藏高原的形成是由于印度次大陆与欧亚次大陆发生碰撞的结果，其隆起时间大约在60Ma，即大致从古新世开始，青藏高原的构造活动表现为大陆内部的各种地质过程。图幅地

处青藏高原的北缘，在高原隆升的构造背景下，新生代构造运动强烈。对图幅新生代构造运动所形成的构造形迹、地貌格局以及盆山耦合过程中的充填序列等的分析研究，为探讨高原隆升提供依据。

本期构造变形表现为以挤压机制为主导，以上部构造层次的脆性断裂构造和纵弯曲褶皱变形为主要构造类型。塔里木盆地区沉积盖层表现为掀斜构造和褶皱形变；断裂构造则广泛发育于基底岩系和上叠于新生代地层之上。

一、断裂构造

青藏高原的快速隆升和山脉地壳的差异隆升，导致由山内向山外的逆冲推覆作用。断裂活动主要追踪早期断裂，发生较大规模向北的逆冲运动，使第三系乃至第四系地层发生褶曲。铁克里克北缘断裂及昆仑山前断裂构造正是这一构造运动的产物。

1. 山前断裂系统

铁克里克北缘断裂（F_1、F_2）：沿铁克里克山北缘分布，呈近东西向延伸，向东延伸隐伏于盆地区，是铁克里克断隆与塔里木盆地的分界断裂。卫片上显示清晰的线状构造特征，地貌上表现为山地—盆地的分界，断层三角面发育。该断裂是一条复合性质的断裂构造，追踪早期韧性断裂带活动，这从断裂带中存在的糜棱岩及深层次的韧性剪切变形产物可以得到证实。该断裂由多条相互平行或近于平行的、产状相同且向南倾的脆性断裂组合而成，单个断裂带宽 5～20m。断裂面倾向 195°～205°，倾角 50°～75°。断裂带较破碎，带内构造岩主要为断层角砾岩、碎裂岩、炭化断层泥及碳质片岩等，发育揉皱（图5－14）。多项运动学标志（不对称揉皱、擦痕、阶步、拖曳褶皱等）显示为向北的逆冲推覆作用。多处断裂露头表明，南盘的元古宇塞拉加兹塔格岩群和埃连卡特岩群逆冲于北盘的第三系阿图什组、第四系西域组之上，靠近断层的第三系阿图什组或第四系西域组地层发生强烈的掀斜和褶曲变形。

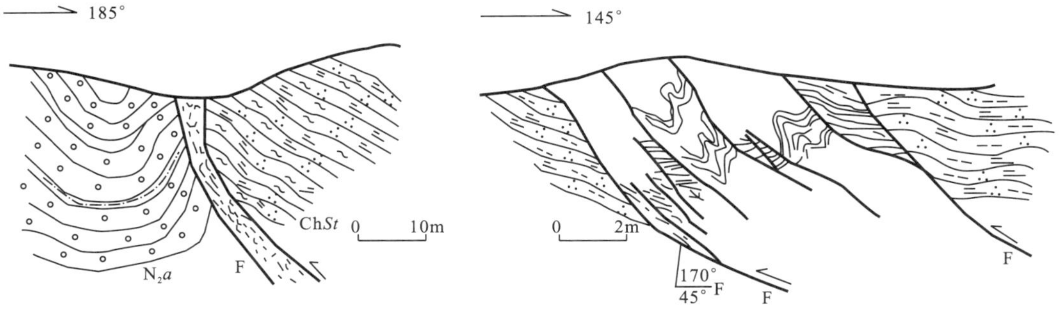

图 5－14　铁克里克北缘断裂带特征

(a)郎如南；(b)巴什勿土里格南

昆仑山前断裂 F_{18}：断裂带沿昆仑山前的区委克、干吉萨依、塞日克萨依一线分布，向西在奥米沙一带呈帚状结构向西撒开，从北往南由 F_{13}、F_{14}、F_{15}、F_{16}、F_{17}、F_{18}、F_{19} 断裂组构成，近东西向分布。该断裂基本沿库地-其曼于特蛇绿构造混杂岩带分布，追踪早期韧性剪切带活动、继承早期断层结构面。卫片上线状构造影像特征显示清晰，地貌上表现为一系列断层三角面、断层崖和线形凹地，在干吉萨依—区委克一线，不同地层单元、地貌单元直线性接触，在西段表现为平行线状、帚状模式。断裂带由多条相互平行或近于平行的脆性断裂组成，单个断裂带宽 5～20m，断裂面倾向 190°～

215°,倾角 60°～70°,带内构造岩主要为断层角砾岩、碎裂岩、炭化断层泥及碳质片岩等,揉皱发育。多项运动学标志(不对称揉皱、擦痕、阶步、拖曳褶皱等)显示为向北的逆冲推覆作用(图 5－15)。在区委克、干吉萨依及哈布拉克南等地,均可见到南部的基岩逆冲于第三系或第四系地层之上。

在干吉萨依,由一系列近东西向的不同规模、不同级别脆性断层组成一条较大规模的断裂带[图 5－15(a)],把库地-其曼于特蛇绿构造混杂岩带分割成大小不等的断块或构造透镜体。主干断层断面均具向南倾、向北逆冲性质,发育反转次级断层。

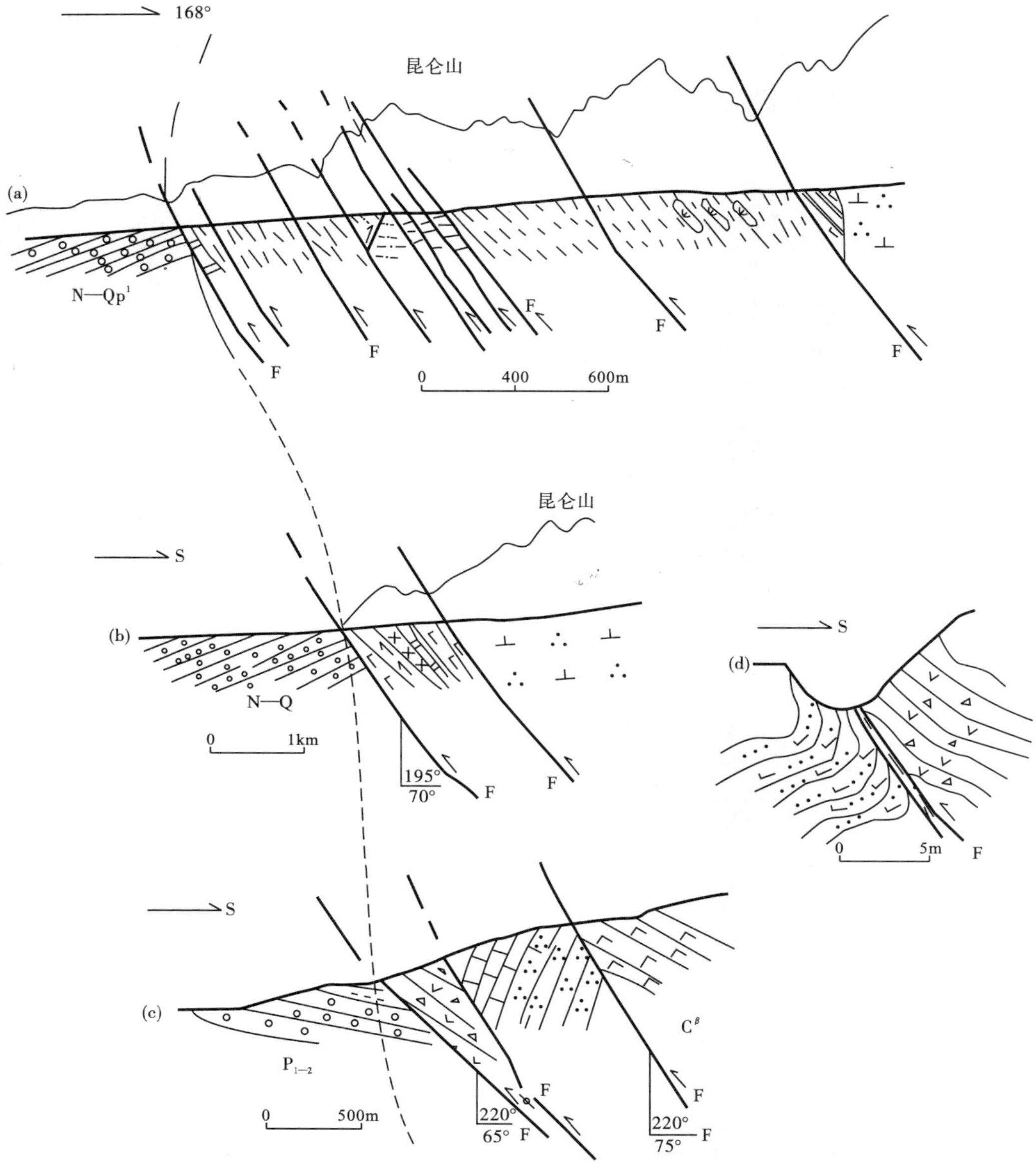

图 5－15　昆仑山前断裂带联合剖面图

(a)干吉萨依;(b)库尔吾孜能吉勒河;(c)月外能依其

2. 铁克里克北西向断裂系统

在铁克里克山广泛发育一组北西断裂,卫片上显示清晰的线状构造特征,地貌特征非常明显,为北西向分布的直线型谷地，切割深。断层的表现形式各不相同，一种表现为发育密集破劈理化带(图 5-16)；另一种表现为断层破碎带、炭化带，带内发育断层角砾岩、碎裂岩、炭化断层泥和碳质片岩及揉皱等。断层走向为北西向，断面倾向 200°～225°，倾角 65°～75°。多项运动学标志(不对称揉皱、擦痕、阶步、拖曳褶皱等)显示为向北的逆冲运动。铁克里克北西向断裂与铁克里克北缘断裂为同一应力机制下的产物。

3. 隐伏断裂

在阿其克山以东、铁克里克山以北的山前冲洪积扇上，发育一组北东向的线性构造，卫片上影像清晰，地貌上表现为一系列平行的直线型陡坎，可能与基底断裂活动有关，反映了盆地区的新构造运动。

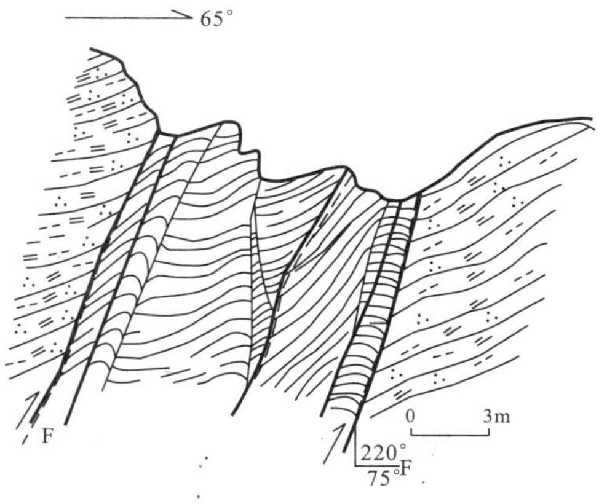

图 5-16　克塞尔河铁克里克北西向断裂带特征

二、褶皱构造

褶皱构造主要有阿其克背斜(Z1)、布雅向斜(Z6)、恰哈背斜(Z3、Z5)及恰哈向斜(Z4)。

阿其克背斜(Z1)为一破背斜，卷入了早古生代—新生代的地层。位于铁克里克北缘断裂以北阿其克山，轴迹走向 340°，核部为寒武系—奥陶系阿其克片岩、千枚岩，泥盆系奇自拉夫组砾岩。北翼保存完整，由石炭系塔哈奇组、二叠系普司格组及第三系地层组成，岩层倾向 360°～280°由内向外倾角逐渐变缓，由 60°～20°变化。第三系与二叠系地层之间、石炭系与泥盆系之间的不整合面也卷入褶皱变形。阿其克背斜的轴迹走向近南北向，与区域上近南北向构造线极为不协调。与图区以西的皮亚曼背斜在卷入的地层及构造样式上具有可对比性，应该是同期形成的。

布雅向斜(Z6)、恰哈背斜(Z3、Z5)及恰哈向斜(Z4)轴迹走向近东西向，轴迹均向东倾伏。主要由新生界地层构成宽缓的褶皱，翼部地层的倾角由外向内渐趋平缓，由 27°～10°变化。褶皱构造向东部至巴大干、奴尔一带则表现为长垣或构造盆地样式。在恰哈一带分布的西域组砾岩也构成一系列舒缓波状的挠曲变形(图 5-17)。其形成机制显然与新生代以来南北向的挤压及铁克里克、昆仑山的持续抬升有关。

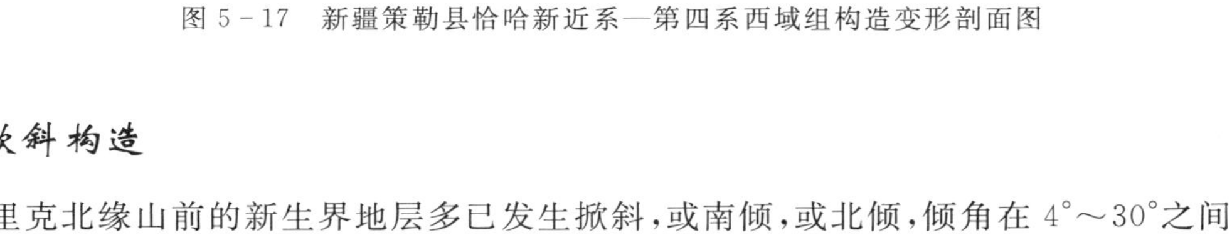

图 5-17　新疆策勒县恰哈新近系—第四系西域组构造变形剖面图

三、掀斜构造

铁克里克北缘山前的新生界地层多已发生掀斜，或南倾，或北倾，倾角在 4°～30°之间。西域组地层在普喀农场北，倾角已达 29°。这与铁克里克北缘断裂的活动有密切的关系。

四、地貌结构

现代地貌是新近纪—第四纪时期地球内外地质营力的相互作用、相互制约的产物，其地貌结构的特征可以反映新构造运动的某些特征，为高原隆升的研究提供了有力的依据。

(1)图幅处于青藏高原与塔里木盆地的结合部，北部为茫茫无际的塔克拉玛干沙漠南部边缘，中部为地形陡峻的铁克里克中高山区，南部为高耸云霄的昆仑中高山—极高山区。塔里木盆地沙漠戈壁区主要为北东向展布的新月形沙丘、沙垄风积地貌和昆仑山前向盆地倾斜的冲积戈壁地貌，一般海拔1 361～3 800m。中北部的铁克里克山巍然屹立于塔里木盆地南缘，中高山地貌，一般海拔 2 800～5 428m。昆仑山呈北西向横亘于图幅南部，北与塔里木盆地南缘和铁克里克山相接，海拔高度从塔里木盆地南缘的 3 800m，快速上升到幕士塔格 6 638m。从盆地到高山，相对高差及坡降很大，山谷切割深，山势陡峭，水流湍急，裂点分布密集，反映了第四纪时期青藏高原快速隆升所形成的地貌特征。

从盆地区到高山区，具明显的地貌分带性，环绕铁克里克及昆仑山可划分为 3 个带：铁克里克昆仑山中高山区、山前低山丘陵区和塔里木盆地冲积平原区。地貌的分带性也反映了山体隆升的阶段性。

(2)图区多层地形的分布为高原隆升提供丰富的信息(图 5－18、图 5－19)。最高一级夷平面分布在各大山系的顶部，保存面积较小，有些成为现代平顶冰川和古冰帽的发育中心。其现在高度在昆仑山区海拔高度约为 5 600m，昆仑山主脊幕士塔格达 6 638m，为现代冰川覆盖区。此夷平面可与图区南部的古里雅冰帽下的夷平面对比，可视为高原隆升之前青藏地区原始准平原地面的遗存，可以作为高原隆升的起始点。据崔之久、潘保田等人的研究，高原山顶面切削最新地层为古近系地层，时间上应晚于古近纪早期，即形成于 20Ma 前的渐新世末，高度不超过 500m。夷平面是外营力长期剥蚀的结果，它们的形成需要 10Ma 的构造稳定期。因而可将 500m 高度作为高原隆升的起点。

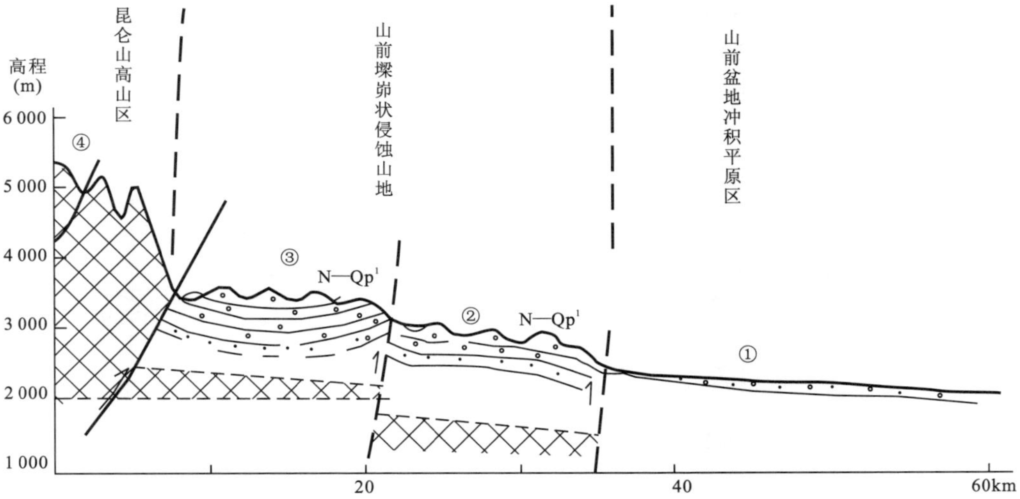

图 5－18　昆仑山前盆地地质地貌略图

在皮夏以东的阿纳斯巴依新近纪阿图什组(N_2a)河流相地层之上存在的平台海拔在 4 000～4 300m 之间；延伸至东部洞列克—独木村一带早更新世西域组之上的平台海拔在 3 300～3 500m 之间，此外在孜提塔格晚古生代地层之上的平台也是属于该级地形层面，其上的中新代地层已剥蚀

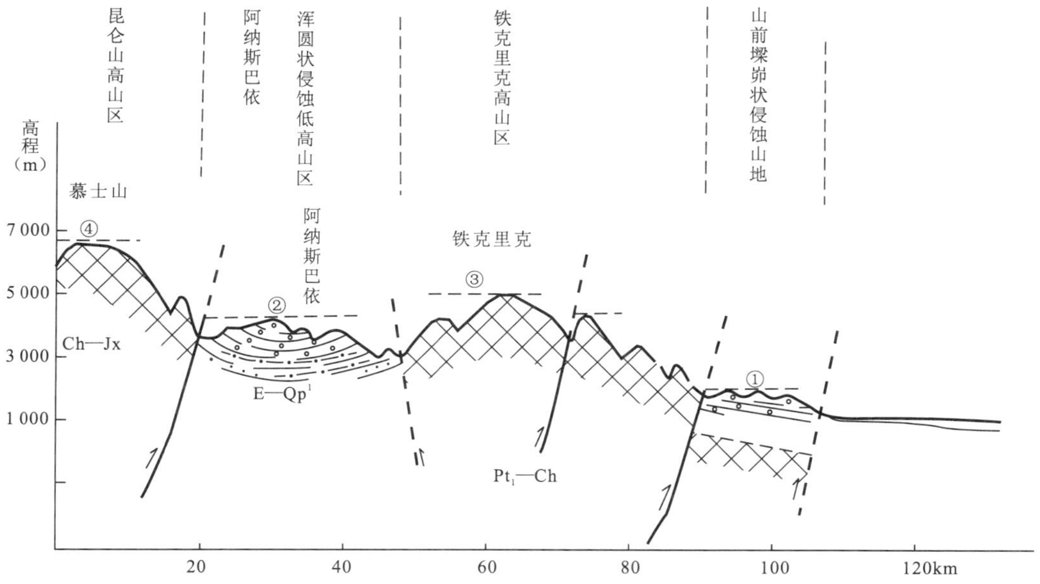

图 5-19　图区地质地貌略图

殆尽。总体上该层面由西向东缓倾斜，即西高东低的趋势。该级地形层面也是构成铁克里克山地的主体。从形成时间上看，应在早更新世以后的中晚更新世。多重地形的成因是多方面的，但不均衡的抬升是一个不容忽视的因素。在铁克里克山前代表这一层面的海拔在 2 000～2 500m，在塔里木盆地区海拔仅 1 200～1 500m。由此可以推断，在中晚更新世时铁克里克及昆仑山经历了一个较快速的抬升期。

(3)图区内河流众多，由于山地河谷切割深，两岸陡峭、沟谷狭窄，老阶地保存完整的较少。山区以侵蚀阶地为主要类型，玉龙喀什河在铁克里克山上游段，发育一级阶地顶面高程约 2 010m，阶地相对高度 100m 左右，河床出露基岩，在无阶地沉积物残留的、高出现代河床 20～50m 的峭壁上发育回流形成的壶穴；下游段发育两级阶地，Ⅰ级阶地顶面高程约 1 700m；出山口后发育较完整的 4 级阶地，以早更新世西域组砾岩为基座。策勒河在其下游发育完整的 4 级阶地，呈基本对称的堆积阶地特征，Ⅰ级阶地海拔 1 727m，宽度 1 000m；Ⅱ级阶地海拔 1 707m，宽度小于 300m；Ⅲ级阶地海拔 1 695m，宽度小于 880m，分布范围最大，为最发育的阶地；Ⅳ级阶地海拔 1 674m，高差约 80m。4 级阶地的发育反映了中—晚更新世 4 个较强烈的间歇性的隆升作用。

第四节　构造变形演化序列

对图幅内构造变形演化序列的建立，就是在对不同地质体中发育的不同尺度、不同类型构造的构造样式的分析对比和构造变形相分析，以及各种构造之间的叠加复合或置换关系的研究的基础上，结合区内的岩浆、变质、沉积和区域上重大地质事件的动态分析过程，划分构造演化的阶段性。通过对上述构造变形特征的分析以及与之相关的变质事件、岩浆热事件、沉积事件及区域重大地质事件的综合分析，建立区内的构造演化序列(表 5-1)。

表 5-1 恰哈幅构造变形序列表

地质时代	构造旋回	构造演化阶段		地质构造作用及主要构造类型	变形世代	岩浆事件
新生代	喜马拉雅期	高原隆升阶段		高原隆升、山脉地壳差异隆升，铁克里克、昆仑山前逆冲断裂系，新生界地层褶皱变形	D7	
中生代	燕山期	陆内变形阶段	晚期	1. 地层褶皱变形、逆冲推覆作用，脆-韧性逆冲推覆断层；2. 西昆仑、塔里木南缘隆起剥蚀	D6	
	印支期	板块演化阶段	早期	1. 地层褶皱变形、逆冲推覆作用，脆-韧性逆冲推覆断层；2. 西昆仑、塔里木南缘隆起剥蚀		
晚古生代	海西期		晚期	1. 库尔良裂谷褶冲变形进而关闭：褶皱变形、逆冲断层；2. 康西瓦-苏巴什洋盆双向俯冲-碰撞、洋盆消失、陆内叠覆造山，康西瓦-苏巴什蛇绿混杂岩带；3. 塔里木-昆仑陆块、甜水海陆块焊接为一体	D5	康西瓦-苏巴什构造岩浆岩带(P)
			早期	1. 昆北裂解：库尔良裂陷槽；2. 苏巴什残留洋盆扩张：再依勒克蛇绿岩		基性—超基性岩(C—P_1)
早古生代—震旦系	加里东期		晚期	俯冲-碰撞造山作用：1. 康西瓦-苏巴什洋向北俯冲、残留洋盆；2. 库地洋闭合、洋盆消失、陆内叠覆造山，库地-其曼于特蛇绿混杂岩带、逆冲推覆韧性剪切带；3. 普守洋盆向北俯冲-碰撞、洋盆闭合陆内叠覆造山，蒙古包-普守蛇绿混杂岩带；4. 晚泥盆世奇自拉夫组磨拉石建造	D4	库地-其曼于特构造岩浆岩带(O—S)
			早期	塔里木-羌塘联合古陆裂解：1. 库地洋：干吉萨依、尼萨蛇绿岩；2. 康西瓦洋		基性—超基性岩(∈—O)
中—新元古代	晋宁期	过渡基底演化阶段	晚期	1. 塔里木板块与甜水海陆块俯冲-碰撞焊接为联合大陆，桑株塔格岩群岛弧性质的变中基性火山岩；2. 塞拉加兹塔格岩群中第二期变形，褶劈理、剪切尖棱褶皱、片内钩状无根褶皱、韧性剪切带，中下部构造层次弹塑性剪切变形构造群落。赛图拉岩群、桑株塔格岩群韧性剪切带、剪切尖棱褶皱	D3	玉龙喀什河、布雅煤矿北片麻状二长花岗岩(Pt_3)
			早期	1. 塔里木古陆核裂解、形成大洋：大陆边缘裂谷建造塞拉加兹塔格岩群火山岩，阿拉玛斯岩群大洋玄武岩；2. 甜水海古陆北缘大陆边缘沉积：赛图拉岩群；3. 塞拉加兹塔格岩群深部构造层次塑性剪切流变变形、顺层掩卧褶皱、钩状无根褶皱，条带状、透镜状、黏滞型石香肠，早期片理。赛图拉岩群中顺层掩卧褶皱、钩状、肠状褶皱、顺层韧性剪切带以及早期具流劈理性质的片理、片麻理共同组成的深层次分层剪切流变构造群落	D2	
古元古代	结晶基底演化阶段			原始陆壳形成：塔里木古陆埃连卡特岩群。深部构造层次剪切流变褶皱变形，早期片理、片麻理、流变褶皱、钩状无根褶皱	D1	

第五节 地质构造发展演化史

图幅经历了长期复杂的地质演化历史，大体上可划分为三大演化阶段7个演化时期。三大演化阶段是指前震旦纪基底形成演化阶段、震旦纪至三叠纪原特提斯—古特提斯—特提斯多岛洋陆演化阶段和侏罗纪至第四纪陆内演化阶段。7个演化时期指古元古代古陆核演化时期（Pt_1）、长城纪—青白口纪古陆核裂解—Rodinia超大陆形成演化时期（Ch—Qb）、震旦纪—早古生代原特提斯演化时期（Z—S）、晚古生代古特提斯演化时期（D—P）、三叠纪特提斯演化时期（T）、侏罗纪—白垩纪陆内变形演化时期（J—K）和新生代高原隆升演化时期（E—Q）。

一、前震旦纪基底形成演化阶段

进入元古宙以后，岩石圈雏形已经形成，地壳结构较薄，以高热流为特征，地球的表面可能部分出现了板块构造机制。这一阶段的地质构造演化可分为古元古代古陆核演化时期（Pt_1）和长城纪—青白口纪古陆核裂解—Rodinia超大陆形成演化时期（Ch—Qb）。

（一）古元古代古陆核演化时期

图幅内古元古代演化主要涉及塔里木南缘铁克里克断隆上的赫罗斯坦岩群、埃连卡特岩群。

埃连卡特岩群出露于图幅的中部，以高绿片岩相-低角闪岩相变质的碎屑岩为主；赫罗斯坦岩群分布于西邻图幅，主要为一套灰色片麻岩。

肖序常（2002）在铁克里克断隆克里阳一带赫罗斯坦岩群的古老变质侵入体中获得（2 977±140）Ma的岩浆结晶年龄和（2 067±130）Ma的变质年龄，此外，在甜水海陆块（羌塘古陆的一部分）在西南帕米尔与布伦阔勒岩群相当的地层中得到2 700～2 130Ma（U-Pb，Rr-Sr）的等时线年龄（新疆地质志，1993），在布仑口铜矿区布仑口湖岸边工路旁布伦阔勒岩群斜长角闪片麻岩中获得（2 772±1 77）Ma的锆石U-Pb上交点年龄（孙海田，2003）。

上述同位素年龄表明，赫罗斯坦岩群、布仑阔勒岩群可能形成于新太古代—古元古代，而埃连卡特岩群可能形成于古元古代，它们可能代表地壳演化早期的古陆核。

古元古代地壳较薄、地温梯度较高，地壳活动性较强，区域热流变质作用显著。

（二）长城纪古陆核裂解阶段—青白口纪Rodinia超大陆形成演化时期

图幅铁克里克断隆区的长城系为塞拉加兹塔格岩群，西昆仑的长城系为赛图拉岩群。

图幅及邻区资料显示，中元古代塔里木、西昆仑的建造类型和变质改造特征存在明显的差异。塔里木南缘的长城系塞拉加兹塔格岩群为活动陆缘碎屑岩夹中性火山岩（见第二章、第四章），区域上及西邻康西瓦幅塞拉加兹塔格岩群下部发育大量的具裂谷性质中—基性岩及裂谷性质的细碧-角斑岩建造，为高绿片岩相，西邻康西瓦幅蓟县系为博查特塔格岩组以碎屑岩为主夹碳酸盐岩，属低绿片岩相变质。西昆仑长城系赛图拉岩群以高绿片岩相-低角闪岩相变质的碎屑岩夹碳酸盐岩和中酸性火山岩建造；蓟县系桑株塔格岩群为细碎屑岩、大理岩夹石英岩，具有稳定的沉积建造，变质达高绿片岩相。

铁克里克断隆区和西昆仑地区目前尚无确定的青白口系地层，可能该区缺失青白口系。但在图幅内发现有新元古代（青白口纪）构造岩浆岩区岩浆岩存在，包括出露于铁克里克断隆区的皮夏河口新元古代片麻状英云闪长岩体及昆中地层区新元古代包萨提牙伊拉克片麻岩套，以发育片麻状构造、变形较强为共同特征，主要岩性为石英闪长岩、英云闪长岩及黑云二长花岗岩，属钙碱性岩，具碰撞花岗岩特征。

塞拉加兹塔格岩群的钾角斑岩 Rb－Sr 法模式年龄值为 1 764Ma（新疆地矿局二大队汪玉珍等采集，1984）。张传林等人在库地南的片麻状花岗岩中得到（815±5.7）Ma 的单颗粒锆石 SHRIMP 年龄，此外，肖序常等（2001）在克里阳一带的赫罗斯坦群中也得到了（823±11）Ma 的锆石 SHRIMP 变质年龄。

上述资料显示，长城纪塞拉加兹塔格岩群下部中基性火山岩、细碧角斑岩建造代表塔里木古陆核发生伸展裂解作用形成大陆边缘裂谷，并逐渐演化为大洋（古昆仑洋），在东邻于田县幅阿拉玛斯岩群中的斜长角闪岩也具有大洋玄武岩（MORB）的地球化学特征，因此，塞拉加兹塔格岩群斜长角闪岩和阿拉玛斯岩群中的斜长角闪岩，可能是长城纪蛇绿岩残片，为裂解期的产物，伴随伸展变形形成顺层掩卧褶皱，钩状、肠状褶皱，顺层韧性剪切带以及早期具流劈理性质的片理、片麻理等共同组成的深层次分层剪切流变构造群落。而南部西昆仑地区的赛图拉岩群碎屑岩夹碳酸盐岩、中性火山岩和塞拉加兹塔格岩群碎屑岩夹中性火山岩代表了活动陆缘的产物，为俯冲期的构造增生体。而西昆仑的蓟县系桑株塔格岩群及西邻图幅铁克里克断隆区蓟县系博查特塔格群均为细碎屑岩、大理岩夹石英岩建造，属被动边缘的稳定沉积。

由上述可知，北昆仑和中昆仑微陆块（南、北带）的长城纪与蓟县纪沉积建造和变质程度完全不相同，说明在长城纪末发生了一期俯冲、碰撞事件，致使长城纪地层早期发生了绿片岩相变质。在此基础上沉积了蓟县纪稳定边缘建造。库地南新元古代片麻状花岗岩及测区新元古代构造岩浆岩区的岩浆岩应该是古昆仑洋闭合，塔里木古陆和华南古陆强烈俯冲、碰撞晚期的产物，并最终统一成为 Rodinia 超大陆的一部分。

塔里木运动使图幅内海水全部退出，导致西昆仑地区缺失青白口系和海相南华系，并最终成为 Rodinia 超大陆的一部分。其后西昆仑地区零星分布的南华纪冰积砾石，也说明古昆仑造山带在当时具有较高的海拔，发育山岳冰川，是古昆仑造山带存在的证据之一。

塔里木运动使地层形成褶劈理、剪切尖棱褶皱、片内钩状无根褶皱、韧性剪切带，组成中下部构造层次弹塑性剪切变形构造群落；并发生高绿片岩相-角闪岩相区域动热变质作用，克里阳一带的赫罗斯坦群中（823±11）Ma 的锆石 SHRIMP 变质年龄也说明该构造事件的存在。

二、震旦纪至三叠纪原特提斯—古特提斯—特提斯多岛洋陆演化阶段

震旦纪至三叠纪图幅经历了原特提斯、古特提斯、特提斯多阶段和多岛洋陆演化阶段，可划分为震旦纪—早古生代原特提斯演化时期（Z—S）、晚古生代古特提斯演化时期（D—P）和三叠纪特提斯演化时期（T）。

（一）震旦纪—志留纪原特提斯演化时期

震旦纪—早古生代为原特提斯地质演化阶段，在图幅可划分为震旦纪—中寒武世裂解-扩张期和晚寒武世—志留纪俯冲-碰撞期。

1. 震旦纪—中寒武世裂解-扩张

陆松年等人的研究表明，新元古代晚期大约在 800Ma，在中国古陆块上 Rodinia 超大陆发生了裂解，形成以初始裂谷、基性岩墙群和双峰式火山岩为代表的一系列地质记录。

图幅内在库地-其曼于特构造蛇绿混杂岩带出露蛇纹石化橄榄岩、辉石岩、辉长岩、辉绿岩、枕状玄武岩等蛇绿岩残片，在结合带两侧零星分布寒武系—奥陶系西合休岩组变质碎屑岩，在塔里木陆块上零星分布有寒武系—奥陶系阿其克片岩浅变砂质泥岩夹火山碎屑岩。

在康西瓦-苏巴什构造蛇绿混杂岩带分布有震旦纪柳什塔格洋岛型变质玄武岩。在铁克里克

埃连卡特岩群中分布较多的新元古代变质褶皱辉长岩脉(Pt_3)。

肖序常等(2001)在库地不孜完沟蛇绿岩中的辉长岩获得(510±4)Ma单矿物锆石SHRIMP年龄,在不孜完沟的变质橄榄岩中获得(502±13)Ma的锆石SHRIMP年龄,在东部区域于田县幅北部的其曼于特一带堆晶辉长岩中获得锆石单矿物U-Pb年龄值为526Ma,基性火山岩Rb-Sr年龄值为(608±31)Ma,在南部苏巴什一带的柳什塔格洋岛玄武岩中获得Rb-Sr年龄值为(563±45)Ma。

上述资料显示,震旦纪—寒武纪塔里木-华南联合古陆在全球Rodinia超大陆裂解的背景下发生显著的扩张作用,沿库地-其曼于特、蒙古包-普守、康西瓦-苏巴什一线发生裂解,形成具多岛洋性质的原特提斯大洋,其间由昆中北微陆块(桑株塔格陆岛)、昆中南微陆块(柳什塔格陆岛)分隔,环绕陆岛为深邃的大洋,柳什塔格洋岛玄武岩Rb-Sr年龄值为(563±31)Ma、库地蛇绿岩中的辉长岩(510±4)Ma的年龄值,可能暗示大洋的形成可能存在一个由东向西迁移的过程。裂解过程中,在古塔里木陆块和陆岛边缘发生火山活动,形成大陆边缘的火山活动。

伴随裂解作用基底岩石发生伸展构造变形,在前寒武纪地层中普遍发育顺层掩卧褶皱和拉伸线理构造。

早中寒武世原特提斯多岛洋进一步扩张,形成库地、普守和康西瓦多岛有限洋盆,其间由昆中北微陆块(柳什塔格陆岛)、昆中南微陆块(桑株塔格陆岛)分隔,组成具多岛洋性质的深邃的原特提斯大洋。

2.晚寒武世—志留纪俯冲-碰撞

晚寒武世到志留纪,原特提斯洋发生了强烈的俯冲和碰撞。

晚寒武世到中奥陶世原特提斯洋发生强烈的双向俯冲作用,库地-其曼于特、蒙古包-普守有限洋盆闭合,使分裂了的塔里木古陆块和昆中北微陆块(桑株塔格陆岛)、昆中南微陆块(柳什塔格陆岛)又焊接在一起,并在蛇绿岩两侧形成俯冲碰撞型花岗岩、岛弧火山岩及大陆边缘建造。

东部奥木夏—尼萨—其曼于特一带库地-其曼于特洋表现为向南俯冲,在中昆仑微陆块上形成含基性火山岩岛弧建造,俯冲-碰撞型早—中奥陶世石英闪长岩、英云闪长岩、二长花岗岩大规模侵入昆中南微陆块的喀拉科勒、慕士山等地。该时期发育的早古生代(Pz_1)碎屑岩(西合休岩组、奥米沙砂板岩)夹基性—中性火山岩代表俯冲汇聚过程中活动边缘沉积。在西邻库地一带库地-其曼于特洋表现为向北俯冲,形成库地北128岩体他龙、达里亚等俯冲型花岗岩。东部于田县幅表现为向南俯冲,在中昆仑微陆块上形成含基性火山岩岛弧建造,同时俯冲型石英闪长岩、英云闪长岩、二长花岗岩大规模侵入。被石英闪长岩所肢解的辉长岩和闪长岩时代为晚寒武世,即洋壳的俯冲、消减作用可能始于晚寒武世至晚奥陶世。

西邻蒙古包-普守洋表现主体以向北俯冲为主,局部存在向南俯冲。但保存的物质记录不多,仅在中昆仑微陆块北带上形成俯冲-碰撞型中细粒暗色角闪闪长岩[SHRIMP:(464±0.23)Ma]、中细粒角闪黑云英云闪长岩、中粗粒斑状角闪黑云二长花岗岩[SHRIMP:(443.1±2.3)Ma]、中粒黑云钾长花岗岩等大规模侵入,而在中昆仑微陆块南带仅形成碰撞型中粒少斑黑云二长花岗[SHRIMP:(430.7±2.6)Ma]和中粗粒斑状角闪黑云二长花岗岩[SHRIMP:(443.1±2.3)Ma]等大规模侵入。同时,该时期发育的早古生代地层碎屑岩夹大量的中—基性火山岩,代表俯冲-碰撞过程的活动沉积产物。

而康西瓦-苏巴什洋盆该时期主要表现为向北俯冲,而未发生强烈的碰撞作用。东邻于田县幅与洋盆消减相关的是侵入于柳什塔格洋岛玄武岩中的早奥陶世俯冲型英云闪长岩,说明早奥陶世柳什塔格玄武岩已拼接于中昆仑微陆块,同时也反映康西瓦-苏巴什洋盆向北俯冲于中昆仑(相当于东昆中带)微陆块之下。

至晚奥陶世，库地-其曼于特洋、蒙古包-普守洋盆已消失，大规模同碰撞型黑云二长花岗岩、花岗闪长岩侵入于赛图拉岩群中，形成了测区别仁界尕、台提南、加易陡维塔什塔格、区委克南、阿克来克、阿克齐格等地的酸性侵入岩岩基。在花岗岩与大理岩、白云质大理岩的接触带，经历强烈的蚀变，由侵入体向外为青玉、青白玉过渡到白玉，形成举世闻名的交代型和田玉（透闪石）矿床。

在志留纪，进一步发生逆冲叠覆造山，使前泥盆纪地层发生了强烈褶皱变形和脆-韧性断裂，伴随绿片岩相区域变质作用，并形成分布于测区尼沙沟塪、布雅煤矿北等地的后碰撞型偏碱性的碱长花岗岩、钾长花岗岩、黑云二长花岗岩[(430.7±2.6)Ma]。

志留纪末，全区发生进一步的逆冲推覆造山，形成后碰撞性质的偏碱性钾长花岗岩，并且使塔里木陆块与碎裂的古昆仑陆块再度拼贴焊接为一体，形成西昆仑早古生代（加里东期）造山带。上泥盆统奇自拉夫组磨拉石建造是沿库地-其曼于特一线发生碰撞造山的标志，在整个中央造山带均分布有上泥盆统磨拉石建造，如柴北缘的牦牛山组、东昆仑的黑山沟组等，表明早古生代的原特提斯造山事件是非常强烈而广泛的。

与此同时，南部康西瓦洋并未完全闭合，具有北聚南散的特征。

（二）晚古生代古特提斯演化时期

晚古生代为古特提斯洋地质演化阶段，晚古生代的洋陆转化基本奠定了图幅的构造格架，同时强烈改造了昆仑山区的构造面貌。

1. 泥盆纪—早二叠世伸展扩张

早古生代末，图区中南部库地-其曼于特洋和蒙古包-普守洋盆已关闭、碰撞造山，塔里木陆块与碎裂的古昆仑陆块再度拼贴焊接为一体，图区南部康西瓦-苏巴什早古生代为残留盆地。泥盆纪格局发生改变。北昆仑微陆块区域上普遍发育晚泥盆世沉积的陆相紫红色奇自拉夫组磨拉石建造。

晚古生代在图幅中南部库地-其曼于特结合带之北出露石炭纪幕撒希裂谷玄武岩，在塔里木盆地出露石炭系—二叠系碎屑岩和碳酸盐岩。其他地方未见上古生界，就是在康西瓦-苏巴什结合带由于受后期推覆体掩盖，晚古生代蛇绿岩亦大部分被掩盖。

在康西瓦-苏巴什结合带的北侧出露较多二叠纪俯冲-碰撞型花岗岩。

晚古生代古特提斯洋的演化可能经历了漫长而复杂的演化历史，古特提斯洋的生长是在原特提斯残留洋的基础上发展起来的，图幅内具体表现为康西瓦-苏巴什一线在原特提斯残留洋的基础上于石炭纪开始再度扩张。

早石炭世为其拉张裂解期，伴随康西瓦-苏巴什洋的再度扩张，发生裂解，于库尔良—阿羌一线也发生拉张作用，形成测区塔里木盆地南缘的石炭纪幕撒希裂谷玄武岩及北昆仑他龙群、库尔良群的碎屑岩夹火山岩沉积，并形成与裂谷火山岩有关的铜、铅、锌成矿作用，在西邻库尔良裂谷发育多处铜矿床（点）；而东部于田县幅昆仑陆块北缘、塔里木南缘发育二叠纪阿羌火山岩，说明昆仑陆块北缘和塔里木陆块南缘向东裂陷时间稍晚、规模较小的特征。

虽然图幅内未出露晚古生代蛇绿岩，而在南邻阿克萨依湖幅的再依勒克河发育巨厚的蛇绿岩、辉长岩、枕状玄武岩等蛇绿岩，蛇绿岩在东邻苏巴什一带伴生石炭纪放射虫硅质岩，表明康西瓦-苏巴什蛇绿岩在石炭纪又发生了较大的扩张；该结合带保存的早古生代的物质记录不多，但该结合带北侧存在的震旦纪柳什塔格洋岛玄武岩，说明在震旦纪已存在大洋。西部神仙湾幅晚古生代边缘裂陷盆地及南部阿克萨依湖黄羊岭群底部沉积了的二叠纪深水相细碎屑岩夹少量中基性火山岩建造，说明早二叠世仍处于伸展扩张阶段。

2. 中、晚二叠世俯冲碰撞

早二叠世随着康西瓦-苏巴什大洋的发育成熟，而后开始缓慢消减。在图幅内南缘出露有俯冲-碰撞型再依勒克河北岩体。而在南邻阿克萨依湖幅康西瓦-苏巴什结合带两侧再依勒克河一带出露有这一时期反映俯冲和碰撞性质的闪长岩、石英闪长岩、英云闪长岩及卡拉勒塔什群岛弧火山岩建造，说明洋壳消减过程曾向两侧双向俯冲，晚二叠世海水最终退出成陆。以再依勒克河康西瓦-苏巴什结合带为中心从南向北依次为再依勒克蛇绿岩、再依勒克组弧前增生楔、卡拉孔木组岛弧火山岩、二叠纪俯冲-碰撞型花岗岩；以再依勒克河康西瓦-苏巴什结合带为中心从北向南依次为再依勒克蛇绿岩、卡拉勒塔什群岛弧火山岩、尖刀峰—阿克苏一带的黄羊岭群弧后盆地沉积，其中俯冲-碰撞型花岗岩带受后期黄羊岭群向北的逆冲推覆几乎全部已掩盖，因此在南邻阿克萨依湖幅出露有比较典型的双向俯冲结构。

早二叠世北部的库尔良-阿羌晚古生代裂谷盆地随着康西瓦-苏巴什洋盆的消减转化为挤压体制褶冲变形进而很快关闭，形成了昆仑陆块北缘侵入于早古生代其曼于特蛇绿混杂岩带的二叠纪碰撞型花岗岩。受挤压体制的影响，塔里木南缘也随着抬升为陆，形成了塔里木南缘普遍发育的中、晚二叠纪陆相沉积。

二叠纪末康西瓦-苏巴什洋盆最终消亡，塔里木、昆仑、巴颜喀拉发生强烈的挤压褶皱变形和断裂活动，全区发生绿片岩相变质，塔里木-昆仑陆块和华南陆块最终拼贴焊接为统一陆块（Peagan大陆的组成部分），形成晚古生代西昆仑造山带，而南部的尖刀峰—阿克苏一带的黄羊岭弧后盆地海水尚未完全退出，具有残留盆地的特征，至此横亘于中国中部的中央造山带已初步成型。

（三）三叠纪特提斯洋演化时期

早中生代为特提斯演化阶段，图幅缺失三叠纪沉积记录。南邻阿克萨依湖幅巴颜喀拉盆地沉积了一套深水相碎屑岩夹少量碳酸盐岩建造。早三叠世出现了显著的拉张作用，这一引张作用持续的时间很短、很快。残留盆地在接受昆仑和甜水海微陆块碎屑逐步充填的同时，受冈瓦纳大陆向北漂移的板块挤压作用再次发生俯冲和褶冲变形，三叠纪末盆地完全消失。

这种陆内俯冲作用主要发生在甜水海微陆块以北的巴颜喀拉盆地，最为突出的产物为中生代（三叠纪）中—酸性侵入岩。早期的石英闪长岩、英云闪长岩、细粒黑云母花岗闪长岩具有 I 型特征，晚期的细粒黑云二长花岗岩具有 S 型特征的花岗岩，均沿巴颜喀拉边缘裂陷带两侧线状断续展布。

在三叠纪末受印支运动影响，图幅内发生强烈的褶皱和由南向北的推覆构造变形，同时叠加绿片岩相区域变质作用。

三、侏罗纪至第四纪陆内演化阶段

1. 侏罗纪至白垩纪陆内变形

昆仑山地区零星分布侏罗纪陆相沉积，在铁克里克断隆和塔里木盆地杜瓦地区分布少量侏罗系叶尔羌河陆相含煤建造。

晚白垩世的燕山运动，塔里木盆地南缘主要表现为垂直升降，形成了侏罗系与上覆古近系地层之间的平行不整合或微角度不整合，而昆仑山进一步变形，使昆仑地层褶皱更加紧闭、断裂再次活动，昆仑山显著隆起。

2. 新生代高原隆升演化

古新世（65Ma）特提斯洋关闭，印度大陆与欧亚大陆碰撞之后，印度板块持续向北俯冲、挤压欧亚大陆，发生强烈的逆冲推覆作用，青藏高原北缘在始新世开始坳陷，形成古近系喀什群、乌恰群海陆交互碎屑岩-潟湖相前陆盆地沉积。

新近系的阿图什组、西域组、乌苏群、新疆群和第四系在图幅大面积出露，主要分布于恰哈盆地和塔里木盆地。

新近纪印度大陆与欧亚大陆碰撞进一步加强，青藏高原北缘快速抬升，前陆盆地海水全部退出转变为陆相盆地，堆积了一套红色磨拉石建造，并发生强烈的逆冲推覆作用，使新生代地层褶皱变形，新构造形迹主要以褶皱变形、断裂、掀斜构造为主，昆仑山岩片、铁克里克岩片向北强烈地逆冲，出现元古宙变质地层体压在新生代之上的现象，同时导致青藏高原逐步幕式抬升。

青藏高原的幕式抬升使盆地区到高山区具明显的地貌分带性，环绕铁克里克及昆仑山可划分为3个带：铁克里克昆仑山中高山区、山前低山丘陵区和塔里木盆地冲积平原区。地貌的分带性也反映了山体隆升的阶段性。

首次在喀什塔什乡东发现阿图什组与下伏乌恰群呈平行不整合接触面，可能代表青藏高原在中新世快速隆升的记录，可以指示青藏高原北缘高原强烈隆升的开始时限，经对比该构造运动的时间大约为5Ma，这对青藏高原北缘高原隆升时间的确定提供了重要依据。

上新世中期，西域组与阿图什组之间的角度不整合接触界面，代表青藏高原又一次的强烈抬升，地层遭受剥蚀。该不整合面代表青藏高原强烈隆升的青藏运动A幕。

早更新世末期，乌苏群与下伏西域组之间的小角度不整合接触界面，代表青藏高原再次强烈抬升，地层遭受剥蚀。该不整合面代表青藏高原强烈隆升的青藏运动C幕。

中更新世晚期，乌苏群与新疆群之间存在一个小角度的不整合面，其上沉积全新统松散、半固结砂砾石层等，砾石较大，磨圆度中等。乌苏群一般出露高程较高，发育冲沟，显然其已抬升，并遭受了一定的剥蚀作用。该不整合面代表昆仑山强烈隆升、黄河强烈下切的昆仑-黄河运动。

第六章　矿产与其他国土资源概况

图幅地处塔里木盆地南缘及西昆仑北部交接部位。工作区独特的自然地理环境和较为落后的交通条件，使得图幅内地质矿产工作程度较低。前人主要是沿和布公路及铁克里克北部、恰哈山前盆地交通相对较好区域，对煤、石膏、石灰岩、玉石、金刚石、砂金、铜、锌、铁等少数矿种作过普查及踏勘性评价。除对布雅煤矿计算了地质储量外，多数矿产地只作过一般性检查。图幅内矿产资源总体特征是北部程度高、南部程度低。现阶段主要开发煤、非金属矿产，而铜、锌、金等金属矿产只是起步阶段。

图幅内黑色金属主要以铁矿为主。已发现矿点、矿化点 5 处，其中 3 处为本次工作新发现，成因类型为沉积型及沉积变质型。

第一节　矿　　产

一、矿产各论

依据前人资料及结合本次图幅野外工作情况，图区共有矿床、矿点、矿化点 44 处，其中本次工作新发现矿点、矿化点 5 处(表 6-1)。图区金属矿种有金、银、铜、铅、锌，非金属矿种有金刚石、玉石、煤、石膏、石灰岩、白云岩、蛇纹岩、大理岩、粘土矿、石棉、石英砂、高岭土等 20 个矿种，其中大型矿床 2 处、中型矿床 4 处、小型矿床 2 处、矿点 25 处、矿化点 11 处(表 6-2)。虽然上述矿产大多数工作程度较低，但对本区今后在矿产勘查工作方面具有重要的指导意义。

表 6-1　本次工作新发现矿(化)点一览表

矿种	地理位置	地质概况	矿化特征	品位	成因	规模
(Cu)奥米沙铜矿点	和田县喀什塔什乡奥米沙，地理坐标：N36°10′26″、E79°52′33″	产于库地-其曼于特蛇绿混杂岩带北侧的硅化钠长岩、绿泥石英岩中	矿化体 3 条，长度 30～80m，厚度 0.5～1.2m，矿石矿物为黝铜矿、孔雀石	Cu 品位 0.35%～5.2%，找矿前景好	构造蚀变岩型	矿点
(Cu)乌鲁克阿其克铜矿化点	策勒县乌鲁克阿其克，地理坐标：N36°10′、E80°14′	产于库地-其曼于特蛇绿混杂岩带内的碎裂闪长花岗岩的石英脉中	矿化体 4 条，长度 2～15m，厚度 0.5～1.0m，矿石矿物为斑铜矿、孔雀石	Cu 品位 0.35%～2.2%，找矿前景好	热液石英脉型	矿化点
(Fe)独木村大龙沟磁铁矿点	策勒县独木村大龙沟，地理坐标：N36°01′10″、E80°57′06″	产于昆仑山长城系赛图拉岩群的绢云石英片岩中	矿化体 1 条，长度 300m，厚度 0.5～1.0m，矿石矿物为磁铁矿、褐铁矿	TFe 品位 35%～45%，具有找矿意义	沉积变质型	矿化点
(Fe)羊达克勒克菱铁矿化点	洛浦县羊达克勒克，地理坐标：N36°51′58″、E80°10′24″	产于石炭系塔哈奇组薄层细晶灰岩与泥灰岩接触带处	矿化体 1 条，长度 2～15m，厚度 1～3m，矿石矿物为褐铁矿，发现老洞 1 处	TFe 品位 40%，具有找矿意义	沉积型	矿化点
(Fe)阿拉库木菱铁矿化点	洛浦县阿其克阿拉库木，地理坐标：N36°44′24″、E80°12′53″	产于石炭系塔哈奇组薄层细晶灰岩中	矿化体 1 条，长度 15～50m，厚度 0.5～1.0m，矿石矿物为菱铁矿	TFe 品位 35%～45%，具有找矿意义	沉积型	矿化点

表 6-2　矿产规模统计表

金属矿产								非金属矿产							
规模矿种		工业矿床			矿点	矿化点	合计	规模矿种		工业矿床			矿点	矿化点	合计
		大	中	小						大	中	小			
黑色金属	铁				3	3	6	可燃有机矿产	煤		1		2	1	4
有色金属	铜				1	3	4	宝玉石	玉石				3		3
	铅、锌				1		1		金刚石				1		1
	多金属				1		1	化工及建筑材料	石膏		1	1	1		3
稀有金属及贵金属	金				2		2		水泥灰岩		1	1	1		3
	铀				1		1		白云岩	1			2		3
									大理岩	1			1		2
									蛇纹岩				1		1
									粘土矿		1		1		2
									钾长石				1		1
									白云母					2	2
									石棉矿					1	1
									石英矿				1		1
									高岭土				1		1
	合计				9	6	15		合计	2	4	2	16	4	28

(一)黑色金属

1. 阿其克菱铁矿点

位于洛蒲县城南 26km，地理坐标：N36°50′30″、E80°11′30″，产于石炭系碳质页岩及砂岩中，矿体为似铁饼状，矿体走向不稳定，共发现矿体 11 层，平均厚度 1m，长度 2 000m，TFe 品位 39%～45%，地质储量 6.8 万吨，具有工业价值。

2. 塔塞菱铁矿点

位于和田县皮夏塔塞，地理坐标：N36°12′18″、E79°55′12″，产于泥盆系石英砂及页岩中，共发现矿体 11 层，平均厚度 1m，长度 200m，TFe 品位 36.78%～38.09%，具有工业价值。

3. 亚门磁铁矿点

位于策勒县城南 100km，地理坐标：N36°01′11″、E80°57′，产于蓟县系碳质千枚岩中，共发现矿体 2 层，平均厚度 6.3～6.8m，长度 135～278m，TFe 品位 42.31%～56.19%，地质储量 28.95 万吨，具有工业价值。

4. 独木村大龙沟磁铁矿化点

位于策勒县城南，地理坐标：N36°01′53″、E80°57′58″，产于长城系赛图拉岩群的绢云石英片岩中，共发现矿体 1 层，平均厚度 0.5～1.0m，长度 300m，TFe 品位 35%～45%，具有工业价值。为本次工作新发现。

5. 羊达克勒克菱铁矿化点

位于洛蒲县城南36km，地理坐标：N36°51′58″、E80°10′24″，产于石炭系细晶灰岩及泥灰岩中，共发现矿体1层，平均厚度1～3m，长度50m，TFe品位45%，具有工业价值。为本次工作新发现。

6. 阿拉库木菱铁矿化点

位于洛蒲县城南阿其克阿拉库木，地理坐标：N36°44′24″、E80°12′53″，产于石炭系细晶灰岩中，共发现矿体1层，平均厚度0.8m，长度50m，TFe品位35%，具有工业价值。为本次工作新发现。

（二）有色金属

图幅内有色金属主要有铜、铅、锌等矿种。已发现矿点、矿化点7处，其中2处为本次新发现。成因类型为热液型及热液石英脉型、构造蚀变岩型。

1. 铜矿（化）点

图幅铜矿（化）点已发现5处，其中2处为本次新发现。

1）甘吉柴铜矿化点

位于策勒县甘吉柴，地理坐标：N36°04′00″、E80°33′00″。含铜石英脉产于蓟县系绢云绿泥石片岩中。铜矿化体1条，矿石为黄铜矿、孔雀石，厚度0.15m，长度500m，铜品位1%，具有一定工业价值。

2）吾鲁克阿其克铜矿化点

位于策勒县恰哈乡吾鲁克阿其克，地理坐标：N36°10′00″、E80°14′00″。含铜石英脉产于蓟县系绿泥石片岩及大理岩中。铜矿化体1条，矿石为黄铜矿、孔雀石，厚度0.25m，长度大于4m，铜品位1%，具有一定找矿价值。

3）巴大干上游铜矿化点

位于策勒县巴大干上游35km，地理坐标：N36°01′00″、E80°42′32″。含铜石英脉产于蓟县系石英脉及花岗细晶岩中。铜矿化体11条，矿石为黄铜矿、孔雀石，厚度0.2～1.0m，长度1～5.4m，经化学分析铜品位0.64%～4.67%，具有一定工业价值。

4）奥米沙铜矿化点

位于和田县喀什塔什乡奥米沙，地理坐标：N36°10′26″、E79°52′33″。为本次工作新发现。矿化点至喀什塔什乡有人行小道通行，区内交通不便。

铜矿化点地处库地-其曼于特构造蛇绿混杂岩带的Cu、Pb、Zn、Fe、Au成矿带中，断裂构造发育。铜矿化点出露地层为奥陶系奥米沙砂板岩组。含铜石英脉产于其曼于特蛇绿混杂岩带北侧的硅化钠长岩、绿泥石英片岩中。其西2km有花岗闪长岩体出露，矿化体北侧围岩为灰岩及大理岩，绿泥绿帘石英片岩和黑云石英片岩（图6-1）。矿化体南侧为蚀变辉长岩、辉石岩及绿泥绿帘片岩。矿化体具平行等间距雁行式排列特征，集中出露。经野外矿点检查，发现铜矿化体3条，矿石矿物为黄铜矿、孔雀石、黝铜矿，矿化体厚度0.5～1.2m，矿化体长度30～80m，经化学分析铜品位0.35%～5.2%。矿化体围岩蚀变强烈，主要为硅化、碳酸岩化、绿泥绿帘石化，铜矿化主要富集于岩石的裂隙内。矿化体因东西方向第四系覆盖较大，其延伸情况不清，该铜矿化点的规模有待今后工作验证。铜矿化点圈定的3条铜矿化体的特征见下述。

K_1 号铜矿化体产于灰色、灰黑色硅化绿泥绿帘石英片岩中。岩石片理发育，硅化强烈。绿泥绿帘石含量10%。铜矿化主要分布于岩石的垂直或斜交片理的裂隙中，片理产状230°∠40°，矿石矿物为黄铜矿、孔雀石、黝铜矿，脉石矿物为石英、绿泥石。矿化体沿走向延伸长度80m，出露宽度

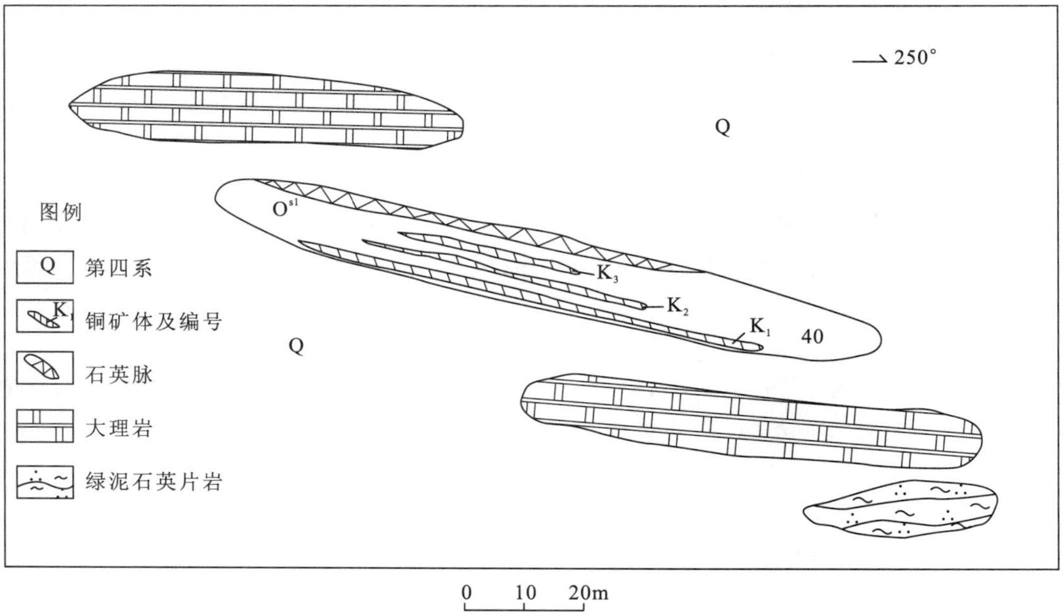

图 6-1 奥米沙铜化矿点地质平面图

3m,矿化体厚度 1.1m,铜品位 1%～1.5%。

K_2 号铜矿化体产于灰色、灰绿黑色硅化绿泥绿帘石英片岩中。岩石呈块状,裂隙发育。铜矿化主要分布于岩石的裂隙中,矿石矿物为黄铜矿、黝铜矿,次为孔雀石、黄铁矿,脉石矿物为石英、绿泥石。矿化体沿走向延伸长度 50m,出露宽度 3m,矿化体厚度 1.2m,铜品位 1%～5.2%。

K_3 号铜矿化体产于灰色、灰绿色硅化绿泥绿帘石英片岩中。岩石呈块状,裂隙发育,硅化强烈。铜矿化主要分布于岩石的裂隙中,矿石矿物为黄铜矿、黝铜矿,次为孔雀石、黄铁矿,脉石矿物为石英、绿泥石。矿化体沿走向延伸长度 30m,出露宽度 1.5m,矿化体厚度 0.5m,铜品位 0.5%～1%。

该铜矿化点所处的构造位置、区域成矿地质特征对成矿十分有利,其位于 1∶50 万化探 HS27 异常区,该水系沉积物异常规模大、强度高、浓度分带明显。从已知铜矿化体的分布特征分析认为,该铜矿化点的成因为构造蚀变岩型,从区域地质构造上和区域成矿规律分析该铜矿化点具有良好的找矿前景。

5)乌鲁克阿其克铜矿化点

位于策勒县东南乌鲁克阿其克,地理坐标:N36°09′18″、E80°15′10″。为本次工作新发现。矿化点至乌库有人行小道通行,区内交通不便。

铜矿化点区域上位于西昆仑中造山带与皮夏-恰哈中新生代陆内沉积盆地交接部位。含铜石英脉产于其曼于特蛇绿混杂岩带的条带状绿泥石英片岩、绢云石英片岩中。铜矿化点北部为其曼于特构造混杂岩带以北的新近系阿图什组的棕红色岩屑粗粒砂岩,砂砾岩夹薄层钙质泥岩,南部为桑株塔格岩群灰绿色绿帘绢云石英片岩、二云石英片岩夹大理岩。铜矿化点位于早古生代其曼于特蛇绿混杂岩带中。经野外地质踏勘矿点检查,圈定铜矿化体 4 条,矿石为斑铜矿、孔雀石,厚度 0.5～1.0m,长度 2～15m,经化学分析铜品位 0.35%～3.73%,铜矿化体在地表以脉状形式出露,剖面上铜矿化体具小脉和大脉集中分布特征(图 6-2)。

矿石矿物为黄铜矿、斑铜矿,次为孔雀石、黄铁矿;脉石矿物为石英、绿泥石、方解石。围岩蚀变以硅化为主,次为碳酸盐化、绿泥石化。铜矿化点局部地段因地形切割强烈,第四系覆盖大,铜矿化

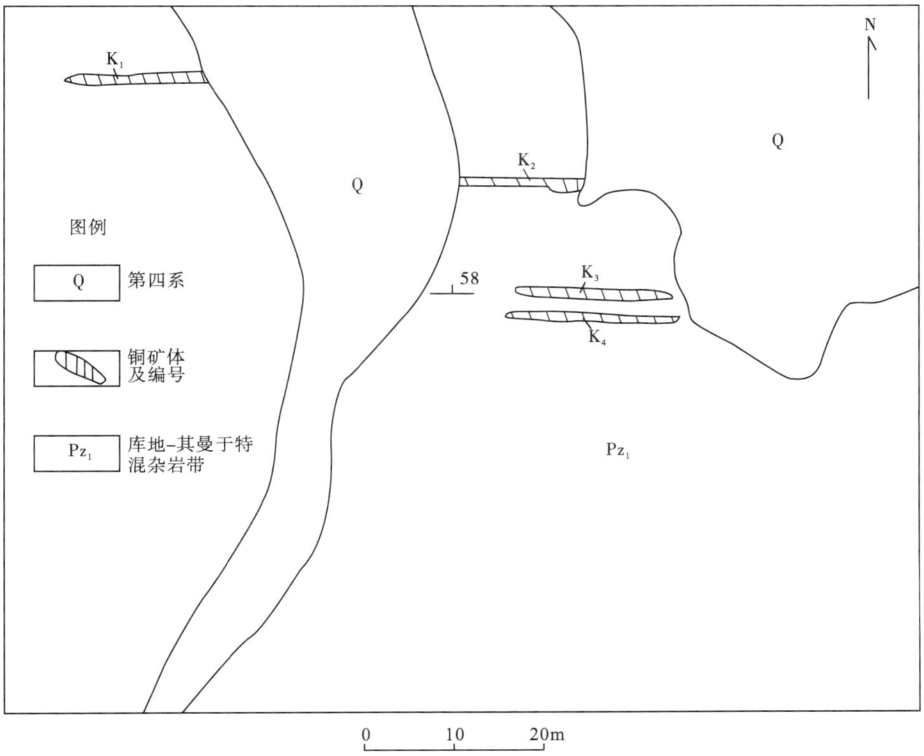

图 6-2　乌鲁克阿其克铜矿化点铜矿化体分布平面图

体延伸情况不清。所圈定的 4 条铜矿化体特征分述如下：

K_1 号铜矿化体产于灰绿色碎裂状碳酸盐化、硅化蚀变闪长岩中的石英脉内。岩石具碎裂结构，块状构造。岩石裂隙发育，矿化富集于石英脉的底部及由宽变细部位。矿石矿物为黄铜矿，次为孔雀石、黄铁矿；脉石矿物为石英、绿泥石、方解石。围岩蚀变以硅化为主，矿化体地表长度 14m，出露宽度 1m，厚度 0.5m，铜品位 3.73%。

K_2 号铜矿化体产于灰绿色、黑色碎裂状碳酸盐化、硅化蚀变闪长岩中的中—粗粒石英脉内。岩石具碎裂结构，块状构造。岩石裂隙发育，铜矿化不均匀，矿化富集于石英脉的底部及由宽变细部位。矿石矿物为黄铜矿，次为孔雀石、斑铜矿、黄铁矿；脉石矿物为石英、方解石。围岩蚀变以硅化为主，矿化体地表长度 15m，出露宽度 1m，厚度 0.8m，铜品位 1.98%。

K_3 号铜矿化体产于浅灰绿色碎裂状碳酸盐化、硅化蚀变闪长岩中的石英脉内。岩石具碎裂结构，块状构造。岩石裂隙发育，铜矿化不均匀，矿化富集于石英脉的底部。矿石矿物为黄铜矿、孔雀石，次为黄铁矿；脉石矿物为石英、绿泥石、方解石。围岩蚀变以硅化为主，矿化体地表长度 15m，出露宽度 1m，厚度 0.5m，铜品位 1.72%。

K_4 号铜矿化体产于灰色碎裂状碳酸盐化、硅化蚀变闪长岩中的石英脉内。岩石具碎裂结构，块状构造。岩石裂隙发育，矿化富集于石英脉的底部及由宽变细部位。矿石矿物为孔雀石、黄铁矿；脉石矿物为石英、绿泥石、方解石。围岩蚀变以硅化为主，次为碳酸盐化。铜矿化体地表长度 18m，出露宽度 1.2m，厚度 1m，铜品位 0.35%。

铜矿化点地处库地-其曼于特构造带内的北侧，区域构造发育，区内华力西期岩浆活动强烈，1∶50万化探异常为 HS29，以 Ag、Cu、Cr 为主元素的异常。异常规模大，元素组合好，浓度分带明显，强度大，该异常与铜矿化点吻合程度高。铜矿化点矿物成分简单，矿石类型为黄铁矿-黄铜矿组合，铜矿化体地表表现形式为脉状铜矿体，岩石中硅化强烈。依据区域成矿规律及化探异常的元素组合以 Cu－Ag 为主，认为该铜矿化点成因为构造热液蚀变岩型。根据铜矿化点的矿化特征、构造位置，该铜矿化点的成矿条件十分有利，其找矿前景很好。

2. 铅、锌矿(化)点

图幅内共发现 2 处铅、锌矿(化)点，成因类型为热液型及热液石英脉型。

1)喔托克铅锌矿点

位于洛蒲县城南 48km 喔托克村，地理坐标：N36°46′45″、E80°16′10″。铅锌石英脉产于下元古界绿泥石英片岩中。圈定矿化体 3 条，矿石为方铅矿、闪锌矿，厚度 0.2～0.28m，长度 20～55m，经化学分析铅品位 2.23%、锌品位 2.52%，具有一定工业价值。

2)喀喇昆仑山铅、锌、铜多金属矿点

位于策勒县喀喇昆仑山坡上，地理坐标：N36°08′32″、E80°36′00″。含铅、锌、铜石英脉产于下元古界喀拉喀什群绿泥绢云片岩中。矿化体 1 条，矿石为黄铜矿、方铅矿、闪锌矿，规模小，具有一定的找矿价值。

(三)稀有金属与贵金属

工作区内贵金属矿产只发现金矿点 2 处，均为砂金矿，成因类型为冲积阶地型。稀有金属有布雅煤矿伴生铀矿，为沉积型。

1. 秃斯阿克砂金矿点

位于玉龙喀什河下游西岸，地理坐标：N36°54′—37°09′、E79°30′—79°50′。含金地层主要分布于Ⅳ、Ⅴ、Ⅵ级阶地的下部砂砾层中。发现两个含金层，厚度 0.5～1.0m，埋深 3～9m，砂金品位 0.15～0.21g/m³，计算地质储量 117.94kg，具有工业价值。

2. 普查砂金矿点

位于和田县西南 72km 喀拉喀什河中下游，地理坐标：N36°50′24″、E79°37′16″。产于Ⅳ—Ⅴ级阶地的下部砾石层中。发现砂金矿体 3 条，厚度 1m，长度 3 370～3 400m，埋深 8～13m，宽度 130～152m，金品位 0.062 9～0.107 3g/m³，具有工业价值。

3. 布雅煤矿伴生铀矿点

位于和田县布雅煤矿，地理坐标：N36°22′、E80°00′。铀产于下侏罗统叶尔羌群含煤地层中。发现铀矿体 9 条，矿化体 10 条，铀品位 0.03%。具有工业价值。

(四)可燃有机矿产

图幅内可燃有机矿产主要是煤，共发现中型矿床 1 处、矿点 2 处、矿化点 1 处，成因类型为沉积型及沉积变质型。

1. 布雅中型煤矿床

位于和田县南 110km，地理坐标：N36°22′、E80°00′。含煤地层为中下侏罗统叶尔羌群，发现煤 5 层，厚度分别为 4.27m、13.87m、6.11m、31.13m、0.67m，含煤率为 30%～56%。煤岩类型为半亮—光亮型，构造为块状、条带状。原煤灰分 24.19%～29.39%为中灰—富灰煤；硫含量 1.22%～2.49%，属低硫煤；磷含量 0.015%～0.15%，为低磷煤；含油率 1.63%～4.28%，为低含油煤。工业牌号为不粘结煤。地质储量 8 843 万吨，其中动力用煤 8 266 万吨。煤矿远景较大，且伴生有石膏、粘土、铀矿，发展前景较好。

2. 狼奴煤矿点

位于和田县喀拉喀什河东岸，地理坐标：N36°54′36″、E79°36′30″。含煤地层为中下侏罗统叶尔羌群，厚度0.3～0.7m，矿体长度1 000m，为烟煤、无烟煤，具有一定工业价值。

3. 肖尔布拉克煤矿点

位于洛蒲县南阿其克南西，地理坐标：N36°49′03″、E80°10′20″。含煤地层为中石炭统碳质泥岩、泥质粉砂岩。发现煤层2层，厚度0.2～0.7m，矿体长度400m，为烟煤、无烟煤，具有一定的工业价值。

4. 阿其克煤矿化点

位于洛蒲县南阿其克，地理坐标：N36°50′30″、E80°11′30″。含煤地层为中石炭统碳质页岩。发现煤层2层，厚度0.3～0.4m，矿体长度2 500m，为泥质褐煤，具有一定的找矿价值。

（五）宝玉石

图幅内宝玉石矿产主要是和田玉及金刚石。已发现矿（化）点4处，成因为接触变质型。

1. 阿格居改玉石矿点

位于和田县南黑山阿格居改，地理坐标：N36°07′19″、E79°30′44″。玉石产于长城系赛图拉岩群的大理岩中，主要为白玉、青玉，岩石成分为透闪石、阳起石，具有一定的工业价值。

2. 哈牛提昆仑玉矿点

位于策勒县哈牛提河出山口西侧昆仑山上，地理坐标：N36°02′06″、E80°48′02″。玉石产于蓟县系白云石大理岩蛇纹石中。主要为青玉、昆仑玉。发现矿体1条，厚度0.8m，矿体长度11m，具有一定的工业价值。

3. 欧玉峡玉石矿点

位于和田县玉龙喀什河上游，地理坐标：N36°08′21″、E79°56′24″。玉石产于长城系赛图拉岩群的大理岩与早古生代花岗岩细脉接触带处。发现矿体3条，矿体长6.2～8.2m，主要为白玉、青玉，岩石成分为透闪石。现正在开采，具有一定的工业价值。

4. 秃斯克其金刚石砂矿点

位于墨玉县喀拉喀什河下游秃斯阿其克河西岸，地理坐标：N35°54′—37°09′、E79°30′—79°45′。金刚石产于Ⅳ—Ⅵ级阶地的含金砂砾层中。发现金刚石8粒，重量0.1～1.45克拉，体积（3mm×3mm）～（6mm×5.5mm），为菱形十二面体及八面体，淡黄—浅黄色，强金刚光泽。在秃斯阿其克河至普基一带的野外自然重砂检查工作中，发现5mm以上的铬透辉石104颗、镁铝榴石10颗，另有镁铬铁矿、碳硅石、高铬铁矿、镁钛铁矿等重矿物。根据金刚石的找矿指示矿物原生表面特征，并结合该区水系、气候等特点，判断指示矿物的搬运距离为10～50km。

在秃斯阿其克河南部铁克里克断隆的野外地质工作中发现两处煌斑岩脉体，其出露宽度2～15m，岩石具斑状结构，块状构造，斑晶主要为云母类矿物，呈片状集合体，六边形，少量辉石、角闪石、斜长石；基质由辉石、斜长石组成。矿物含量黑云母60%～65%、斜长石20%～25%、角闪石

10%～15%。煌斑岩呈香肠状沿 S_1 面理分布，岩石片理发育，片状矿物具定向排列特征，是否是金刚石的矿源层，有待进一步工作验证。

关于金刚石矿的成因，现有南源说、近源说、北源说、次生中转源说。我们的观点是根据已发现的金刚石及指示矿物的特征和南部铁克里克断隆已确定的多处煌斑岩脉，认为金刚石矿源来源于南部，也就是认同于南源说。由于该地区，总体区域地质研究程度低，关于金刚石矿源层的研究资料较少，应加强该区段的地质找矿工作，力争在短期内金刚石找矿工作有所突破。

（六）非金属矿产

图幅内非金属矿产较多，主要分布于塔里木盆地南缘的阿其克山中北部及玉龙喀什河中游两岸。主要矿产有石膏、石灰岩、白云岩、钾长石、白云母、蛇纹岩、石棉、大理岩、石英砂、粘土矿、高岭土等 11 种，产地 20 处。现将主要矿床阐述如下，其余非金属矿产见表 6－3。

1. 石膏矿

主要矿床为洛蒲县阿其克中型石膏矿床。位于洛蒲县阿其克，地理坐标：N36°40′00″、E80°10′10″。产于下二叠统顶部，底板为含砂粘土岩，矿石为半透明的雪花石膏，平均厚度 25m，矿体长度2 000m，化学成分含水硫酸钙含量大于 90%，地质储量 1.6 亿吨。为沉积成因，具有工业价值。

2. 水泥石灰岩

水泥石灰岩主要分布于塔里木盆地南缘的阿其克山北部。主要矿床为阿其克中型水泥石灰岩矿床。位于洛蒲县阿其克河东岸，地理坐标：N36°51′37″、E80°10′20″。产于石炭系塔哈奇组、阿孜干组灰岩中，底板石炭系卡拉乌依组含砂粘土岩。发现矿层 3 层：1 号矿层平均厚度 20.59m，CaO 平均含量 53.59%；2 号矿层厚度 26.81m，CaO 平均含量 51.66%；3 号矿层厚度 30.76m，CaO 平均含量 53.65%。C＋D 级储量 7 200.723 万吨。为沉积成因，具有工业价值。

3. 白云岩

主要矿床为尼萨白云岩大型矿床。分布于和田县玉龙喀什河上游西岸布长沟。地理坐标：N36°22′30″、E79°30′48″。产于中元古界塞拉加兹塔格岩群的片麻岩、片岩夹大理岩夹层中，矿体为大理岩，发现矿层 5 层，矿层平均厚度 10～26m，矿层长度 3 000m。MgO 平均含量 19.34%～22.6%；CaO 平均含量 28.71%～32.76%；SiO_2 平均含量 1.01%～3.53%；Fe_2O_3 平均含量 0.15%～0.65%。地质储量 8 820 万吨。为沉积变质成因，具有工业价值。

4. 蛇纹岩

主要矿床为科西拉西矿床。位于策勒县科西拉西大沟的支沟中，地理坐标：N36°04′00″、E80°28′30″。产于早古生代库地-其曼于特构造蛇绿混杂岩带的超基性岩体中。矿石为黄绿色和黑绿色蛇纹岩。MgO 平均含量 33.1%～56.68%；SiO_2 平均含量 37.22%～41.66%；地质储量 7.05 万吨。为变质成因，具有工业价值。

5. 大理石

主要矿床为黑山大理石大型矿床。位于和田县黑山曲显里，地理坐标：N36°18′00″、E79°40′00″。产于早古生代蛇绿混杂岩带中的大理岩透镜体中，为透镜状厚层状白色大理岩，厚度 100m，矿体长度 3～4km。地质储量 1 亿吨。为变质成因，具有工业价值。

表 6-3　非金属矿产一览表

矿种	地理位置	地质概况	矿化体特征	品位、工业意义	成因类型	规模
（石膏）巧克塔什石膏矿	位于策勒县恰哈乡巧克塔什沟中。地理坐标：N36°28′57″、E80°34′40″	产于第三系喀什群红色泥岩中	石膏矿层3层，矿体长度24m、14m、3.8m。矿石为白色雪花状石膏，半透明	具有一定工业意义	沉积型	估算地质储量250.8万吨，为矿点
（石膏）布雅小型泥岩石膏矿床	位于和田县南110km。地理坐标：N36°25′、E80°25′	产于二叠系普司格组中部	石膏矿层1层，石膏为白色雪花状石膏，半透明	具有工业价值，含水硫酸钙含量75%～95%	沉积型	B+C级石膏地质储量101万吨，泥岩1 056.1万吨，为小型矿床
（石灰岩）谱基西石灰岩矿点	位于墨玉县谱基西15km。地理坐标：N36°57′30″、E79°45′00″	产于中上石炭统红色砂岩下部的石灰岩中	矿体1条，矿石为石灰岩。矿体长度1 500m，厚度50m	具有工业价值	沉积型	矿点
（石灰岩）布雅小型石灰岩矿床	位于和田县南110km。地理坐标：N36°22′00″、E80°00′00″	产于中上石炭统第四层红色砂岩下部的石灰岩中	矿体1条，矿石为石灰岩。矿体长度数十千米，厚度9～14m	具有工业价值。CaO含量53.55%，MgO含量0.3%～0.9%	沉积型	小型矿床
（钾长石）伟布龙钾长石矿点	位于和田县南110km布雅北。地理坐标：N36°27′18″、E80°16′00″	产于华力西中期花岗岩侵入体与喀拉喀什群片麻岩接触带内侧	矿体1条，为中薄层脉状，厚度15m	具有工业价值。SiO_2含量70%～83%，K_2O+Na_2O含量8%～9%	岩浆岩型	矿点
（白云岩）科西拉西白云岩矿点	位于策勒县南科西拉西。地理坐标：N36°06′30″、E80°22′00″	产于蓟县系塔昔达坂群的大理岩中	矿体9条，为厚层状，矿石为白云岩	具有工业价值。CaO含量29.28%～31.15%，MgO含量19.46%～22.13%	沉积变质型	矿点
（白云岩）喀喇昆仑白云岩矿点	位于策勒县干吉卡拉昆仑西部。地理坐标：N36°05′30″、E80°36′00″	产于蓟县系塔昔达坂群的混合岩中	矿体数条，厚度30m，为白云岩	具有工业价值	沉积变质型	矿点
（白云母）康吉开白云母矿化点	位于和田县康吉开沟中。地理坐标：N36°27′00″、E80°05′30″	产于下元古界喀拉喀什群的片麻岩的伟晶岩脉中	矿体4条，长度3～10m，厚度0.5～1m，矿石为白云母及石榴子石	具有工业价值	花岗伟晶岩型	矿点
（白云母）乌鲁克塞衣白云母矿化点	位于策勒县乌鲁克塞衣沟中。地理坐标：N36°03′00″、E80°44′30″	产于下元古界喀拉喀什群的片麻岩的伟晶岩脉中	矿石为白云母及石榴子石，其中白云母2～4cm^2	具有工业价值	花岗伟晶岩型	矿点
（石棉）黑山石棉矿矿化点	位于和田县南黑山。地理坐标：N36°13′50″、E79°41′45″	产于下元古界喀拉喀什群的蛇纹石化大理岩中，与方解石共生	发现矿体2条，矿石为白色石棉，石棉纤维长20～30cm	具有工业价值	热液变质型	为矿点
（大理石）塔赛大理石矿点	位于和田县南黑山塔赛南。地理坐标：N36°13′30″、E79°40′00″	产于蓟县系塔昔达坂群的大理岩中	矿石为白色结晶大理石	具有工业价值	变质型	为矿点
（石英砂岩）阿其克石英砂岩矿矿点	位于洛蒲县南阿其克沟内。地理坐标：N36°52′30″、E80°09′46″	产于二叠系变余石英砂岩中	矿石为厚层块状石英砂岩	具有工业价值。SiO_2 83.5%～94.6%，Fe_2O_3 1.45%～2.57%，Al_2O_3 0.74%～4.83%	沉积型	为矿点
（粘土矿）阿其克粘土矿矿点	位于洛蒲县南阿其克沟南。地理坐标：N36°54′50″、E80°11′40″	产于中石炭统卡拉乌依组内	矿石为具厚层状砂质泥岩	具有工业价值。K_2O+Na_2O 6.5%，K、Na过饱和型	沉积型	地质储量20.86万吨，为矿点
（高岭土）秋库高岭土矿点	地理坐标：N36°27′24″、E80°31′09″	产于第三系喀什群泥岩中	矿石为鳞片状高岭土	具有工业价值。高岭石含量99%	沉积型	为矿点

6. 粘土矿

主要矿床为布雅中型矿床。分布于和田县布雅煤矿矿区，地理坐标：N36°22′、E80°00′。产于中下侏罗统叶尔羌群含煤地层中。矿层平均厚度 10.49m，矿石为巨厚层状，矿石质量；Al_2O_3平均含量 21.99%；CaO 平均含量 0.72%；SiO_2平均含量 54.8%；Fe_2O_3平均含量 35.36%。地质储量 633 万吨。为沉积成因，具有工业价值。

7. 水资源

图幅内水系发育极不平衡，均为注入塔里木盆地的内陆水系。水的补给主要来源于南部昆仑山的冰雪融化。每年 6—8 月为雨季，此时河水暴涨，水量最大，常造成自然灾害。区中主要河流有玉龙喀什河、喀拉喀什河、策勒河、恰哈河、阿其克河等。特征见表 6-4。

表 6-4 河流径流量统计表

河流名称	年平均径流量(亿 m^3)
玉龙喀什河	22.92
喀拉喀什河	21.58
策勒河	1.20
恰哈河	0.75
阿其克河	0.15

区内水资源主要由大气降水、冰川、地表水、地下水 4 部分组成。区内属温带大陆性干旱气候，大气降水较少，主要集中于南部山区，具有垂直分带特点，由南往北降水减少，由 300mm 降到 50mm 左右。冰川主要集中分部于南部昆仑山，为山谷型冰川，冰川融水占当地水补给量的 45%～70%。区内地下水资源丰富，潜水埋深多为 3～5m，山区为基岩裂隙水，山前平原为砂砾石层孔隙水，平原为砂层孔隙水夹承压水。

地表河水对山前平原地下径流及绿洲的形成起决定作用。因此有必要认真利用好现有的水资源，造福子孙后代。现已在喀拉喀什河中游建起了水库，进行发电及农田灌溉，并发展旅游业，为本地的经济发展起到了积极作用。

二、成矿条件分析与找矿方向

(一)成矿条件分析

图幅横跨西昆仑造山带、塔里木盆地南缘。地层区划为塔里木地层区、昆仑地层区。区内地层发育齐全、岩浆活动频繁、变质作用强烈、地质构造复杂，具有优越的成矿地质条件。

1. 建造分析

1)塔里木盆地地层分区

塔里木盆地地层分区分为和田地层小区和恰哈地层小区。分布于图幅的北部及中东部，出露地层基本相同。现由老至新叙述如下。

(1)阿其克片岩组：为一套绿片岩相的变质岩。主要岩性为绿泥石英片岩。

(2)奇自拉夫组：为一套陆相正常沉积碎屑岩。主要岩性为中细粒砾岩、砂岩、粉砂岩。

(3)卡拉乌依组：为一套滨海-浅海相碎屑岩、碳酸盐岩建造。主要岩性为石英细砾岩、砂岩、泥质灰岩、钙质泥岩夹煤线。

(4)阿孜干组:为一套海相碳酸盐岩夹碎屑岩建造。主要岩性为灰岩、砂岩、泥岩。

(5)塔哈奇组:为一套海相碳酸盐岩夹碎屑岩建造。主要岩性为灰岩、砂岩、砂质泥岩。

(6)幕撒希玄武岩:为基性火山岩,岩性主要为玄武岩夹凝灰岩、角砾状凝灰岩。已发现铜矿化点1处。

(7)普司格组:为一套红色陆相(湖相)碎屑岩。主要岩性为砖红色含砾砂岩、细砂岩、泥岩,局部夹薄层状灰岩。

(8)叶尔羌群:为一套湖沼相含煤碎屑岩建造。主要岩性为砂砾岩、细砂岩、泥岩夹煤层。已发现中型煤矿床。

(9)喀什群:为潟湖、湖相沉积的碎屑岩-化学沉积建造。主要岩性为砖红色砂岩、泥岩及白色块状石膏层。已发现石膏矿床。

(10)乌恰群:为陆相(河湖相)红色碎屑岩建造。主要岩性为砖红色砾岩、砂岩、粉砂岩和泥岩。

(11)阿图什组:为冲洪积-河湖相的粗碎屑岩建造。主要岩性为砖红色砾岩、砂砾岩、粗砂岩、粉砂岩、泥岩。

(12)西域组:为冲洪积、河流相的粗碎屑岩。主要岩性为粗砾砾岩夹砂岩。

综上所述,塔里木盆地地层分区分为和田地层小区和恰哈地层小区,早古生界为活动陆缘碎屑岩经区域变质作用形成的变质程度达绿变岩相的片岩;晚古生界早期(泥盆纪—石炭纪)一套海相或海陆交互相的碎屑岩、碳酸盐岩,晚期为陆相(湖相)红色碎屑岩;中生界—古近系主要为陆相河湖相的碎屑岩、含煤沉积建造,新生界为一套山前磨拉石建造。

2)塔南地层分区

图幅内为铁克里克地层小区,分布于图幅中西部的铁克里克山区。

(1)下元古界埃连卡特岩群:为一套高角闪岩相的变质岩。岩性为石榴黑云斜长石英片岩、二云石英片岩、绿泥二云石英片岩、黑云斜长片麻岩、黑云斜长浅粒岩。

(2)长城系塞拉加兹塔格岩群:为一套高绿片岩相-低角闪岩相的变质岩。岩性为斜长二云石英片岩、黑云石英片岩、绿泥钠长片岩、绿泥钠长石英片岩。原岩为火山碎屑岩-碎屑岩。

3)昆仑地层分区

图幅中昆仑地层主要为昆北地层分区、昆中北地层小区及昆中南地层小区。其均分布于图幅的南部。

(1)昆北地层分区:

西合休岩组分布于图幅的西部,位于库地-其曼于特蛇绿岩带的西北侧。为一套碎屑岩夹火山岩建造。

库地-其曼于特构造蛇绿混杂岩分布于图幅中南部,呈近东西向展布,横穿整个图幅。岩性主要为超基性岩、基性岩及包绕其的构造片岩。已发现铜矿点、铅、锌矿点。

(2)昆中北地层小区:分布于图幅的西部,出露面积小,出露地层主要为蓟县系桑株塔格岩群a岩组的大理岩、含铁石英岩,为一套碳酸盐岩建造。

(3)昆中南地层小区:分布于图幅的南部。出露地层主要为长城系赛图拉岩群及蓟县系桑株塔格岩群,属低角闪岩相的变质岩和高绿片岩相的变质岩。长城系赛图拉岩群主要为二云石英片岩、云母石英片岩、绿泥石英片岩、斜长角闪片岩夹大理岩,主要为一套变碎屑岩夹大理岩及中—酸性火山岩;桑株塔格岩群主要为二云石英片岩、云母石英片岩、黑云母浅粒岩、大理岩,为一套碎屑岩-碳酸盐岩建造。在该地层小区已发现铜矿化点、玉石矿点多处。

综上所述,昆仑地层区原岩主要为碎屑岩夹火山岩沉积组合,为其经区域变质作用形成片岩、绿片岩、石英片岩、大理岩、板岩、千枚岩。

4)巴颜喀拉地层区

该套地层图幅出露较少且不发育，分布于图幅的西南部。地层为黄羊岭群的上砂板岩组，为一套细碎屑岩复理石沉积建造。

5)岩浆岩

图幅内岩浆岩主要为早古生代中酸性侵入岩，主要分布于铁克里克中南部、其曼于特构造蛇绿混杂岩带以南的昆仑山主脊一带。岩性为中粗粒似斑状钾长花岗岩、二长花岗岩、黑云二长化岗岩、英云闪长岩、角闪辉石岩。以中—酸性花岗岩为主，岩浆活动与内生矿产具有成生联系。已发现与之有关的矿产为铜矿、铅、锌矿、铁矿等。

6)变质岩

图幅内变质岩主要分布于铁克里克地区及南部昆仑山，以区域变质岩为主。铁克里克为一套低绿片岩相-角闪岩相的变质岩。南部昆仑山为一套低绿片岩相的变质岩。已发现与之有关的矿产为铜矿、铅锌矿、铁矿、玉石、大理岩等。

2. 构造分析

图幅内构造发育，主要以褶皱构造展示。断裂构造主要呈东西、西北及北东向展布，断层的倾向 190°～210°，倾角 50°～70°。断层性质大多为向北的逆冲推覆断层，例如铁克里克北缘断层、其曼于特断裂带。现已在断裂带附近发现铜、铅锌多金属矿产地，说明该区内生矿产与断裂构造关系密切。褶皱构造主要有阿其克背斜、恰哈背斜、布雅向斜。

3. 地球化学背景分析

依据 1∶100 万化探扫面及叶尔羌河上游、和田市幅 1∶50 万化探扫面的地球化学背景资料，以康西瓦断裂带为界将图幅分为北部塔里木地球化学省和南部喀喇昆仑地球化学省，其地球化学特征如下述。

1)塔里木地球化学省

塔里木地球化学省主要富集 Cu、Au 及钨钼族、铁族、稀有稀土和放射性元素，且各类元素高背景成带分布。依据元素空间分布特征，将该地球化学省划分为 4 个地球化学带。

(1)塔里木盆地南缘 Ba、Sr、CaO 地球化学带。位于测区北部铁克里克北缘断裂以北的中生界、新生界为主的地层分布区。Ba、Sr、CaO 等元素局部富集，主要与区古近纪—新近纪化学沉积石膏层有关。

(2)铁克里克 Cu、Mn、Ag、Au、Zn、Co、Fe_2O_3 地球化学带。位于铁克里克隆起区内及边缘地段，Cu、Mn、Ag、Au、Zn、Co、Fe_2O_3 等元素局部富集。带内成矿元素富集，主要与基性岩体、埃连卡特岩群及断裂构造关系密切。1∶50 万化探扫面圈定组合异常多处，主要异常为 HS11 组合异常，其余为 SH9、SH12、SH13、SH14、SH18、SH19、SH21、SH22 组合异常，异常特征见表 6-5。SH11 综合异常地理坐标：N36°42′、E79°49′，面积约 250km²，以 Au、Cu、Ag、Pb 元素为主，套合于大范围 Mo、Mn 元素异常中，其中 Ag 元素具内、中、外带，其他元素仅具外带。区内地质和地球化学特征显示金、银、铜等多金属矿产的找矿前景较好。

(3)北昆仑地块 Cu、Ni、Co、MgO、Fe_2O_3 地球化学带。位于测区南部其曼于特结合带以北，呈近东西向的带状。带内与超镁铁质—镁铁质岩有关的 Cu、Ni、Co、MgO、Fe_2O_3 等铁族元素富集。1∶50万化探扫面圈定综合异常多处，主要为 SH30，其余异常为 SH27、SH28、SH29、SH32、SH34，特征见表 6-5。地理坐标：N36°03′、E80°31′。异常面积 650km²，以 Cr、Ni、V、Co、Mg 元素异常为主，中部套合大范围 Au 元素异常，其中 Au 具内带，Cr、Ni 元素具中带。区内地质、地球化学特征显示与超基性—基性岩有关的金、铬、铜、镍、钴等多金属矿产找矿前景较好。

表 6-5　1∶50 万化探异常特征一览表

异常编号	地理位置	元素组合	异常面积(km)	地质概况	异常解释	工作建议
SH9	N36°50′、E79°42′	Ag、Au、Cu、Pb	100	南部出露埃连卡特群片岩，北部出露第三系砂砾岩	由3个局部异常组成，Ag具内、中、外带，Au具中、外带，其余具外带，Ag、Au强度高为典型的构造热液元素组合特点	开展查证工作
SH12	N36°44′、E79°58′	Ag、Au、Pb、Cu	75	出露埃连卡特群片岩，有基性脉岩存在	Ag具内、中、外带，Au、Mo具中、外带，其余具外带，石英脉中见铜矿化，拣块样Cu含量0.133%～0.188%，Pb 0.17%	开展查证工作
SH13	N36°50′、E80°12′	Au	125	出露埃连卡特群片岩，泥盆系奇自拉夫群砾岩	Au具内、中、外带，并伴有Ag、Pb异常。该异常规模大、强度高，对热液破碎带蚀变岩型金矿具有找矿意义	开展查证工作
SH14	N36°41′、E80°26′	Ag、Pb、Zn、Co	100	南部出露埃连卡特群片岩，北部出露第三系砂砾岩	Zn具有内、中、外带，Ag、Pb具有中、外带，其余具外带，推断由构造热液石英脉引起	
SH18	N36°32′、E79°30′	Ag、Ba、Au、Cu	230	南部出露喀拉喀什群片麻岩，北部出露埃连卡特群片岩	异常以Ba为主，并见有小面积的Cu、Au异常，区内断裂构造发育，异常为构造热液蚀变作用因起	
SH19	N36°25′、E79°40′	Zn、W、Sn、Li	350	出露喀拉喀什群片麻岩、混合岩及华力西期花岗岩	W具有内、中、外带，Sn具有中、外带，其余具外带。该异常区岩浆活动强烈，W、Sn异常强度高、规模大，具有高温热液矿产的找矿条件	开展查证工作
SH21	N36°30′、E80°04′	Ag、Cr、Mo	63	出露喀拉喀什群片麻岩、混合岩及华力西期花岗岩	各元素具外带。该异常由岩浆活动引起。以Ag异常为主	
SH22	N36°24′、E80°18′	Sr、Ba、Cr、V	325	出露喀拉喀什群片麻岩、混合岩及华力西期花岗岩	各元素具外带。该异常由岩浆活动引起。以Sr、Ba、Th异常为主。Sr可能与喀拉喀什群有关。对基性岩有关的Cu、Cr矿产有指导意义	开展查证工作
SH27	N36°13′、E79°57′	Cr、Ni、V	60	出露地层南部为蓟县系塔昔达坂群片岩、大理岩，北部为泥盆系、石炭系的砂岩和灰岩	各元素异常套叠较好，均具外带，与基性或超基性岩有关	
SH28	N36°07′、E80°01′	U、Th	150	出露地层为蓟县系塔昔达坂群片岩、大理岩及华力西期花岗岩	各元素异常套叠较好，均具外带，以U异常为主	
SH29	N36°08′、E80°14′	Ag、Cu、Cr	150	出露地层南部为蓟县系塔昔达坂群片岩、大理岩，北部为泥盆系、石炭系的砂岩和灰岩。区内华力西期岩浆活动强烈	Ag具中、外带，其余为外带。Ag、Cu与构造破碎带中热液蚀变作用相关	开展查证工作
SH32	N36°02′、E80°46′	U、Th、Cu	200	出露地层南部为蓟县系塔昔达坂群片岩、大理岩。区内华力西期岩浆活动强烈。近东西向次级断裂发育	异常以U、Th、Ba为主，Cu孤立于东侧，各元素均具外带。Cu与岩浆热液活动有关	开展查证工作
SH34	N36°05′、E80°58′	Au、Th、Y	275	出露地层南部为蓟县系塔昔达坂群片岩、大理岩，北部为泥盆系、石炭系的砂岩和灰岩。第三系泥岩。区内华力西期岩浆活动强烈。两者为不整合接触	异常以Th为主，叠套Y、Ba异常，各元素均具外带，Au、Ag为次生富集作用引起	

(4)中昆仑地块 W、Sn、U、Mo、Bi、K_2O、Na_2O 地球化学带。位于测区南部其曼于特结合带与康西瓦结合带之间中昆仑地块上，为北西西—南东东走向。带内以富集钨、钼、稀有、稀土放射性元素为特征。1∶50 万化探扫面圈定综合异常多处，其中图幅内主要为 SH26，地理坐标 N36°06′、E79°36′，异常面积 750km²，以 W、U、Sn、Th、Mo 元素为主，中部套合小范围 Au 元素异常，其中 Au 元素异常具内带，其他元素仅有外带。带内地质和地球化学特征显示 W、Sn、Mo、Au 等金属矿产的找矿前景较好。

2)喀喇昆仑地球化学省

该地球化学省在图幅内只出露北带，以富集 Be、Li 等元素为特征，主要与花岗伟晶岩脉有关。体现了酸性岩对稀有金属的成矿专属性。

(二)找矿方向

根据图幅区域地球化学特征、区域矿产分布规律，结合区域不同构造单元地质特征及矿床的形成在时空分布上具有一定的规律性等特点，在成矿时间演化上将图幅划分为 4 个主要成矿时代，在空间上划分为 2 个成矿域、4 个成矿带。

1. 成矿时代划分

依据图幅及邻区矿产的空间分布特征，成矿时间演化特征将图幅划分为中元古代、早古生代、晚古生代、中新生代 4 个最主要的成矿期。

(1)中元古代成矿作用。为图幅第一次较大规模的成矿作用。主要分布在铁克里克地区，区内已发现与碎屑岩和碳酸盐岩有关的沉积变质型铁矿、与细碧角斑岩有关的铜矿。

(2)早古生代成矿作用。主要分布在其曼于特构造带两侧及早古生代侵入岩内外接触带部位。已发现岩浆热液型铜锌矿及接触带处形成的玉石矿。

(3)晚古生代成矿作用。晚古生代成矿作用是图幅最重要的成矿作用，形成较为丰富的矿产。主要为与沉积作用有关的水泥灰岩矿及与火山作用有关的岩浆热液型铜、铁等矿产。

(4)中新生代成矿作用。中新生代成矿作用是图幅进入陆内造山演化阶段，形成了一系列与沉积作用有关的煤、石膏等矿产，及与高原隆升剥蚀有关的砂金矿、金刚石砂矿等。

2. 成矿区带的划分

依据区域地质构造背景、区域地球化学特征、区域矿产分布规律及已知矿产的分布特征，将图幅划分为北部塔里木成矿域和南部的昆仑成矿域，根据各自的成矿特征划分为 4 个成矿带。

1)塔里木成矿域

塔里木盆地南缘古—新生代盆地 Cu、Mn、Pb、Zn、煤、石膏成矿带。

位于图幅的北部及中东部的塔里木盆地南缘，主要出露晚古生代、新生代地层。以泥盆纪奇自拉夫组磨拉石建造、石炭纪—二叠纪碳酸盐岩建造、古近纪—新近纪陆相夹海陆交互相碎屑与膏盐沉积建造为主。富集 Ba、Sr、CaO 元素，形成了阿其克山的雪白状石膏矿床，和田县布雅的中型煤矿床，阿其克山的菱铁矿、水泥灰岩、粘土矿等。本区具有良好的 Cu、Mn、Pb、Zn、煤、石膏等矿产的找矿前景。

2)昆仑成矿域

(1)库地-其曼于特构造蛇绿混杂岩带的 Cu、Pb、Zn、Fe、Au 成矿带。位于图幅的南部，区内以 Cu、Ni、Cr、Pb、Zn、Fe 元素较富集，形成的异常规模大、强度高、元素组合好、异常浓度分带明显。已知铜矿(化)点 2 处，多金属矿点 1 处，铁矿点 1 处。矿化主要与基性火山岩有关。该成矿带具有较好的 Cu、Pb、Zn、Au、Fe 找矿前景。

(2)中昆仑 Fe、Cu、Au、玉石成矿带。位于库地-其曼于特构造蛇绿混杂岩带的南部、康西瓦断裂带北部，呈北西—南东向展布。区内内生成矿较强，地球化学异常以 Cu、Fe、Ni、Mg、Co 等元素为主，且规模大、强度高、浓集中心明显。已发现铜矿点 1 处、铁矿点 1 处、玉石矿点 2 处。该带具有寻找沉积变质型铁矿、火山岩型、斑岩型铜矿、玉石矿等矿产的良好找矿前景。

3. 找矿方向

依据测区及区域已知矿产类型、分布、产状特征、区域化探异常分布及元素组合等特征，结合测区沉积、变质、岩浆作用和构造活动等成矿地质背景综合分析与研究，在前人及邻区对成矿带划分的基础上，结合地方经济发展对各种矿产的需要程度，综合确定本区的主要找矿方向及地段如下。

1)阿其克 Fe、Pb、Zn、煤、石膏、水泥灰岩成矿远景区

该远景区呈近南北向的长条状出露于测区北部洛浦县南土库曼塔什塔格一带，面积约 250km²。该远景区位于塔里木盆地南缘古—新生代盆地 Cu、Mn、Pb、Zn、煤、石膏成矿带上，出露地层主要以泥盆纪奇自拉夫组粗碎屑岩、石炭纪碎屑岩-碳酸盐岩、古近纪—新近纪陆相碎屑岩与膏盐沉积为主。该远景区已发现铁矿点、铅锌矿(化)点、煤矿点、石膏矿床、水泥灰岩矿床等沉积型或沉积变质型矿化点、矿点、矿床多处，具有良好的 Cu、Pb、Zn、煤、石膏等矿产的找矿前景。

2)布雅煤、石膏、水泥灰岩成矿远景区

该远景区位于测区中南部于田县布雅乡—皮夏乡一带，为北东走向的不规则梯形，面积约 850km²。该远景区处于塔里木盆地南缘古—新生代盆地 Cu、Mn、Pb、Zn、煤、石膏成矿带上，地层主要为泥盆纪奇自拉夫组粗碎屑岩、石炭纪碎屑岩-碳酸盐岩及古近纪—新近纪陆相碎屑岩与膏盐沉积。在该远景区已发现布雅中型煤矿 1 处、石膏矿点 1 处、水泥灰岩矿 1 处，其具有良好的煤、石膏等沉积型矿产的找矿前景。

3)昆仑山 Cu、Pb、Zn、Fe、Au、玉石成矿远景区

该远景区为北西西—南东东走向不规则长条状，位于测区南部昆仑山主脊一带，向东、东南延伸出图幅，图幅内面积 1 950km²。该远景区处于库地-其曼于特构造蛇绿混杂岩带的 Cu、Pb、Zn、Fe、Au 成矿带及中昆仑 Fe、Cu、Au、玉石成矿带上；出露地层主要为长城系赛图拉岩群变碎屑岩夹大理岩、中酸性火山岩及蓟县系桑株塔格岩群变碎屑岩-碳酸盐岩，早古生代中—酸性侵入岩在该远景区大面积出露；库地-其曼于特构造蛇绿混杂岩带从该远景区北侧通过，库地-其曼于特构造蛇绿混杂岩带主要由变形较弱的刚性块体超基性岩—基性岩和强变形域的构造片岩组成，加之该远景区地球化学异常以 Cu、Fe、Ni、Mg、Co、等元素为主，且规模大、强度高、浓集中心明显，已发现铜矿点、铁矿点、多金属矿点、玉石矿点多处。说明该远景区具有寻找沉积变质型铁矿、热液型玉石矿等内生矿种的良好找矿前景。

第二节　其他国土资源概况

图幅内的其他国土资源主要有土地资源、生物资源、旅游资源等。

一、土地资源

图幅内独特的自然地理环境，显得土地资源十分重要。土地是人类赖以生存的物质基础，属于人类进行物质生产不可缺少的生产资料和自然资源。

图内土地资源主要分布于北部和中东部人口密集区，玉龙喀什河、喀拉喀什河、策勒河、恰哈河

两岸的河流阶地上，呈带状分布，与绿洲同步展示。而南部昆仑山人口稀少，土地资源严重匮乏，仅零星出露。区内土地类型单一，以轻盐化潮土及灌溉棕漠土为主，保肥保水能力差、养分低，为低产田，且盐碱化较高。

二、生物资源

图幅内生物资源分为植物资源和动物资源。

（一）植物资源

区内植物资源分为高山植被和低山植被。

1. 高山植被

分布于图幅的南部及中部铁克里克地区。海拔在 3 800m 以上的山区地段，土层很薄，岩石裸露，植被稀少。主要植被分布于沟谷内，品种为红柳灌木类。

2. 低山植被

主要分布于图幅的河谷阶地及人口集中区，植被发育较好，有高寒草甸草场、山地草原草场及绿洲。主要组成植物为莎草科、禾本科、菊草科等杂草，在人口集中区有人工种植的柳树、杨树、核桃树、杏树、桃树等乔木。

（二）动物资源

图幅内动物种类比较贫乏，常见的有昆虫类、鱼类、鸟类和少量的哺乳动物。

鸟类中最常见的主要生态群为鸣禽类，有棕背雪雀、角百灵；游禽类有斑头雁；陆禽类有藏血鸡等；鱼类有高原特有的裸裂尻鱼和无鳞鱼；野生哺乳动物主要分布于图幅的南部人迹罕至的昆仑山区，主要有山羊、岩羊、藏野驴、猞俐等野生动物。

三、旅游资源

图幅内旅游资源较丰富，多姿多彩的雅丹地貌、气象万千的荒漠、晶莹的冰川等自然风光构成了独特的旅游资源。

依据旅游资源景观的特征和对象的不同分为地学景观、水文景观、探险旅游和人文景观旅游等。

（一）地学景观旅游

1. 雅丹地貌

分布于塔里木盆地南缘，经风蚀作用形成的奇特地貌，呈长垄状、椭圆—圆状残丘、秃岭，层层叠叠，气势磅礴。

2. 沙漠地貌

分布于图幅的北部塔里木盆地南缘，多呈新月形沙丘，沙丘高 50～80m，长几十米至上千米不等。当你爬上沙丘顶部，放眼望去，一望无际的沙丘如莽莽大海，黄涛滚滚，像新月移动。

（二）水文景观

区内主要有玉龙喀什河及喀什喀拉河上的人工水库及农田灌溉渠形成的人工湖，同时还可以观赏到独有的鱼类和鸟类资源。

（三）探险旅游

1. 沙漠探险

穿越没有生命的沙漠，挑战自然、磨炼意志，让你亲身体会到沙漠的残酷生存环境，感受水的珍贵，保护环境的重要性。

2. 登山探险

图幅南部的昆仑山，高入云天，发育着几十条大冰川，其宛如一条条白龙从天而降，其气势磅礴极为壮观，是登山探险者的乐园。

（四）人文景观

区内南部黑山是举世闻名的和田玉的发祥地，也是新丝绸之路上的一颗明珠。沿玉龙喀什河（白玉河）乘车而上至喀什塔什乡，而后骑毛驴至黑山。沿途你可以参观具有民族风格的清真寺、民宅、巴扎，品尝地方小吃和地方土特产葡萄干、杏干、杏仁、无花果、薄皮核桃、石榴等，还有做工精美的和田小花帽、手工艺品及享誉海内外丝绸之路的特色旅游产品和田玉雕等玉石精品。还可以领略风景秀丽的昆仑山自然风光和观赏采玉人的风采。

第七章 青藏高原隆升与环境地质

资源与环境是21世纪社会发展的主题。随着世界人口的增长和工业化程度的提高，地球表层资源日趋枯竭，地球环境日益恶化，特别是青藏高原隆升对中国西部地区的环境产生了深远的影响，因此进行青藏高原隆升和环境地质调查研究，对构建和谐社会、促进可持续发展具有重要的现实意义。

第一节 高原隆升的时间

一、磨拉石方面的证据

磨拉石是堆积在新生山脉前缘、厚度巨大的碎屑沉积体，其是由山体大幅度隆升遭受剥蚀所形成。磨拉石底部沉积的时代界定山体形成时间的下限。磨拉石顶部沉积时代则标志山体的消亡时间。地质历史中的山脉虽已消逝，然而与山脉活动相关的磨拉石沉积却为人们追溯山脉的存在及其活动历史留下了可靠的物质记录(李亚琴等，1985)。

青藏高原的隆升留下了深深的物质印记，在沉积方面表现为造山磨拉石建造的强烈发育。在研究区发现了N_2、N_2—Qp^1、Qp^2三套山间磨拉石建造，沉积厚度达6 000m，显示青藏高原在新生代有3次较强烈的抬升作用，是青藏高原北缘快速隆升过程中山盆耦合的产物。

N_2磨拉石建造对应的地层为阿图什组(N_2a)，分布于恰哈盆地的西部，主要出露于研究区南部恰哈—阿斯纳巴依一带，组成皮夏向斜核部较新地层之一，分布面积约550km²，地层向东缓倾斜，主要岩石类型有块状复成分中—细砾岩、钙质含砾粗砂岩、钙质中—细砂岩等，砾石2～500mm，从下到上砾石砾径减小，砾石成分主要有碳酸盐岩、花岗岩、火山岩、粉砂岩等，分选、磨圆中等，地层厚度1 200～1 500m。首次在喀什塔什乡东发现阿图什组与下伏乌恰群呈平行不整合接触，不整合面之下为乌恰群帕卡布拉克组浅湖相灰色薄层粉砂岩与红色中厚层粉砂质泥岩互层，不整合面之上为阿图什组底部河流相巨厚层中细砾岩、含砾粗砂岩、含巨砾砂岩；不整合面呈波状起伏，沿底面分布有滞流砾石。对该不整合面代表的构造运动命名为和田运动，该平行不整合可能代表青藏高原在中新世快速隆升山前盆地遭受长期风化剥蚀的记录，对青藏高原北缘高原隆升研究具有重要意义。其可能代表印度板块向欧亚板块俯冲碰撞的远程效应，引起青藏高原北缘山系大规模隆升的物质记录。

N_2—Qp^1磨拉石建造对应的地层为西域组[(N_2—Qp^1)x]，大面积出露于昆仑山北麓和铁克里克山北麓，主要为山麓相磨拉石堆积，岩性为灰色砾岩、砂砾岩夹砂岩透镜体，厚1 200～2 000m，分布面积约2 150km²。N_2—Qp^1磨拉石建造系现代山脉快速隆升的物质响应，受新构造运动影响该组多已变形形成宽缓褶皱，在喀拉喀什代牙组成皮夏向斜最新层。该组与下伏阿图什组和上覆更新世沉积均为角度不整合接触地层，其可能代表青藏高原北缘山系的第二次隆升作用的物质记录。西域组与青藏高原东北缘的玉门砾岩可以对比，从一个侧面说明，该阶段高原隆升的广泛性和等时性。

Qp^2磨拉石建造对应的地层为中更新统乌苏群(Qp^2W),分布于研究区东部的乌库和巴达干南一带,出露面积 450km²,岩性主要为灰色半固结中—细砾岩、灰色半固结砂岩等,岩性单一,由下至上粒度由粗变细,地层厚度 1 521m。乌苏群与下伏西域组呈角度不整合接触,上覆地层为上更新统—全新统冲洪积物。其可能代表青藏高原北缘山系第三次大规模隆升的物质记录。

综上所述,研究区发育的上述 N_2、N_2—Qp^1、Qp^2三套磨拉石建造是新近纪青藏高原 3 次较强烈隆升作用的物质记录。但上述 3 个主要隆升阶段,磨拉石建造发育的厚度、时间长度不同,反映了高原隆升的强度和周期的差异。从磨拉石建造所经历的时间上看,研究区的第一次隆升周期最长,大约经历了整个中新世;从磨拉石建造的厚度和范围看,研究区的第二次隆升最强烈。

二、磷灰石裂变径迹测年方面的证据

利用磷灰石裂变径迹来限定山脉隆升历史是近几十年来新兴的一种方法。本研究在昆仑断块的和田县喀什塔什乡月堂能代里牙花岗岩(图 7-1)中获得了(0.9±0.3)Ma、(1.0±0.2)Ma、(2.1±0.9)Ma、(2.9±0.5)Ma 磷灰石裂变径迹峰值年龄(表 7-1),表明青藏高原北缘山体上部3 000m 的去顶只用了 2.9～0.9Ma,青藏高原北缘在上新世末—第四纪发生了快速隆升作用。

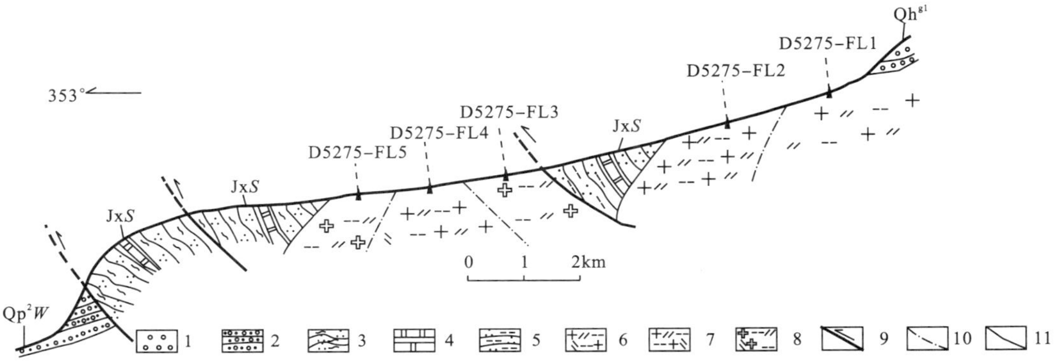

图 7-1　新疆和田县昆仑山前月堂能代里牙花岗岩磷灰石裂变径迹采样剖面

1. 更新统冰碛砾岩;2. 更新统乌苏群砾岩;3. 蓟县系桑株塔格群绿泥石英片岩;4. 大理岩;5. 黑云石英片岩;6. 奥陶纪中粒黑云二长花岗岩;7. 细粒黑云二长花岗岩;8. 似斑状黑云二长花岗岩;9. 逆冲断层;10. 脉动接触;11. 地质界线

表 7-1　研究区不同断块磷灰石裂变径测年成果表

剖面	野外编号	单矿物种类	样品物性	Pooled age(Ma)	Mean age(Ma)	Central age(Ma)
月堂能代里牙花岗岩	D5275FL1	磷灰石	花岗岩	1.0+0.3	0.7+0.2	1.0+0.2
	D5275FL2	磷灰石	花岗岩	1.3+0.3	0.7+0.3	0.9+0.3
	D5275FL3	磷灰石	花岗岩	2.9+0.6	2.3+0.4	2.9+0.5
	D5275FL5	磷灰石	花岗岩	2.1+1.0	1.4+0.6	2.1+0.9

磷灰石裂变径迹峰值年龄成果表明,昆仑山断块在第四纪发生了快速隆升,山体上部 3 000m 的去顶只用了 2.9～0.9Ma。同时在昆仑山断块获得的[(0.9±0.3)～(2.9±0.5)]Ma 磷灰石裂变径迹峰值年龄是目前在青藏高原北缘获得的最小年龄,表明东西昆仑结合部位是青藏高原北缘隆升最强烈的地区。

此外,收集了研究区前人已发表的磷灰石裂变径迹测试数据(邱家骧等,1982;玉文杰等,1997;

丁道桂等，1996)，剔除构造岩磷灰石裂变径迹年龄，进行统计分析，其分布特征见表 7－2、图 7－2。

由表 7－2、图 7－2 对高原隆升可以得出如下信息：

表 7－2　青藏高缘北缘磷灰石裂变径迹年龄统计表

序号	年龄区间(Ma)	频率(条)	序号	年龄区间(Ma)	频率(条)
1	64～63	1	21	22～20	0
2	63～53	0	22	20～19	2
3	53～52	1	23	19～18	1
4	52～46	0	24	18～17	0
5	46～45	1	25	17～16	1
6	45～44	0	26	16～15	2
7	44～43	1	27	15～14	0
8	43～37	0	28	14～13	2
9	37～36	1	29	13～11	0
10	36～34	0	30	11～10	2
11	34～33	2	31	10～9	2
12	33～32	2	32	9～8	2
13	32～31	1	33	8～7	4
14	31～29	0	34	7～6	0
15	29～28	1	35	6～5	2
16	28～27	1	36	5～4	2
17	27～26	1	37	4～3	3
18	25～24	1	38	3～2	3
19	24～23	0	39	2～1	0
20	23～22	1	40	1～0	2

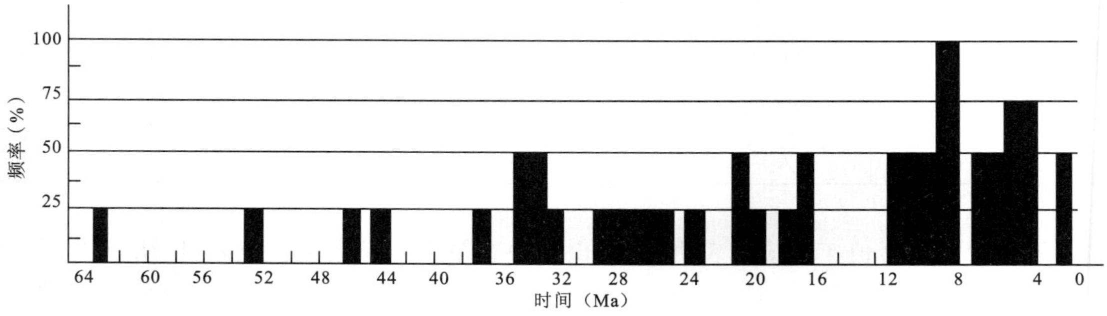

图 7－2　磷灰石裂变径迹年龄分布直方图

(1)高原隆升的最早时限可以追溯到 63Ma,表明在古新世早期青藏高原北缘已开始隆升,并保留了高原隆升的信息。

(2)33～31Ma、10～7Ma、5～2Ma、1Ma 四个阶段磷灰石裂变径迹年龄最集中,代表青藏高原北缘隆升的 4 个主要阶段。

(3)在上述 4 个主要隆升阶段以外还保留有一些零星的高原隆升信息,预示高原隆升过程非常复杂,可能有快速隆升期和小幅隆升期之分,一些零星的磷灰石裂变径迹年龄可能代表小幅度的或局部的高原隆升作用信息。

因此,青藏高原的隆升可能在古新世已开始,但是青藏高原的强烈隆升可能始于渐新世,并经历了中新世、上新世和更新世等多次振荡式隆升,具有多阶段脉动式的复杂隆升特征。

第二节　高原隆升的高度

一、黄土堆积的依据

Guo 等(2002)对甘肃秦安黄土的研究揭示,黄土高原至少在 22Ma B P 就开始接受粉尘堆积,可能指示青藏高原当时在高度上足于对来自海洋的水系构成一套屏障,在规模上足于改变大气环流。

中国北方风成黄土的出现,主要开始于 8～6Ma B P,指示中国北方干旱化在这一时期进一步加强,中新统黄土序列的堆积与全球气候的变化和青藏高原的隆升有直接的关系。

进入第四纪以后,中国北方风成黄土厚度和分布范围快速增加,指示青藏高原高度达到了较大高度。

二、古生物方面的依据

青藏高原从南到北多处发现三趾马动物群化石,如在北祁连山南麓、昆仑山北麓、柴达木盆地、吉隆盆地等,代表地质时代是上新世为主(计宏祥等,1992)。该动物群广泛出现,说明高原抬升不局限于狭窄地带,而是具有广泛抬升面的。在高原周边地区的三趾马动物化石群中含有热带亚热带的象类化石,而在高原本部的三趾马动物化石群中至今尚未发现热带亚热带的象类化石;此外,高原本部的三趾马动物化石群共生的哺乳类动物化石种类也较周缘地带单调。动物学家认为,随着纬度和海拔的增加、气温的下降,动物种类将随之减少。以上充分反映了当时青藏高原隆起,并高于其周边地带。

云杉、铁杉等山地针叶树花粉含量的高低,常作为气温冷暖的标志,也作为海拔高度的标志,这是因为它们生态幅度较窄,对温度、湿度、海拔要求比较严格所致。现代云杉,于暖温带西南部靠近北亚热带的秦岭太白山,分布于海拔 2 500～3 200m;在北亚热带秦岭南坡,于海拔 2 600～3 000m,而在北亚热带至中亚热带西部的岷山,分布于海拔 2 500～3 600m。由此可知,在我国,云杉在北亚热带及其附近,一般分布于海拔 2 500～3 600m 处。它是反映高海拔山地的标志植物。松属、铁杉属树种是温性针叶林树种,生长于北亚热带和中亚热带北缘的湖北神农架、四川大巴山区等地,生长在海拔 1 000～2 500m 处的低中山上。

塔里木盆地南缘乌恰群卡孜洛依组,松粉属占 3%～15.3%,云杉粉属占 0～2.1%,盆地的海拔为 1 000～1 500m。

塔里木盆地南缘乌恰群安居安组,松科花粉剧增,占 32.9%,其中云杉粉属占 15.4%,盆地的海拔超过 2 000m。云杉粉属的剧增是喜马拉雅第二幕运动引起了盆地周围山系抬升的结果。

随后由于构造运动的减弱，山区逐渐有所夷平，乌恰群帕卡布拉克组云杉粉属减少至 2.6%～7.5%，松粉属含量大于 92%，盆地的海拔小于 2 000m。

阿图什组下部云杉粉属增加到 32.8%，松粉属含量 5%～15.3%，盆地的海拔高度又上升到 3 000m 左右，暗针叶林花粉的繁盛与喜马拉雅运动第三幕的活动有关。

上新统阿图什组上部气囊花粉的含量又显著下降，云杉粉属减少至 11.7%～14.0%，松粉属含量减少至 5.1%～7.0%，盆地的海拔小于 3 000m。

西域组受喜马拉雅运动第四幕运动的影响，气囊花粉的含量又显著上升，云杉粉属增加至 25.8%～48.4%，松粉属含量增加至 13.7%～20.6%，盆地的海拔大于 3 000m。

因此，青藏高原北缘在中新世中期已达到阻挡海洋的水系足以改变大气环流的海拔高度。上新世晚期盆地周围山系海拔已上升到 3 000m 左右，自渐新世以来到上新世晚期上升幅度达 1 500～2 000m。上新世晚期至今，研究区最高海拔 6 000m 左右，即更新世、全新世高原又隆升了约2 500m。

第三节　高原隆升的速率

一、磷灰石裂变径迹方面的证据

专题研究测定了 10 个磷灰石裂变径迹测年，收集了前人在研究区已发表的磷灰石裂变径迹测年数据（邱家骧等，1982；玉文杰等，1997；丁道桂等，1996），结合样品的高程，利用"径迹年龄-地形高差法"计算同一断块内的同一岩体或同一层位的样品在各个年龄段内的平均视隆升速率（表 7-3，图 7-3）；如果同一断块内的岩体或样品就位后的冷却是由于构造抬升和侵蚀的结果，那么采用磷灰石的封闭温度为 120℃，地温梯度取 40℃/km，地表温度为 10℃，外推其径迹年龄为 0 时的高度与采样点高度之差除以径迹年龄，可以计算样品在该年龄段内的平均隆升速率（表 7-2，图 7-4）。

由表 7-2、表 7-3，图 7-3、图 7-4 可知，不管是用"径迹年龄-地形高差法"还是外推法计算的研究区平均隆升速率均具有由早到晚逐渐增加的趋势，总体上反映上新世（5.19Ma 左右）以前为缓慢隆升期，上新世—第四纪是高原强烈隆升阶段。

二、阶地方面的证据

克里雅河六级阶地（图 7-5）测定了阶地形成的光释光年龄（王永，2004）（表 7-5）。由表 7-3 可知，从上新世开始，青藏高原隆升速率是越来越强烈。由图 7-5 可知：从 1 190～17.29ka B P、17.29～4.71ka B P、4.71ka B P 至现在，青藏高原的隆升速率有愈来愈强烈的特点。

综上所述，无论裂变径迹，还是阶地研究方法，均显示青藏高原由早到晚隆升速率总体逐渐增加，但其变化非常复杂，并非是简单的线性变化。

表 7-3　研究区高原隆升速率计算表

样品号	岩石名称	高程 (m)	径迹年龄 (Ma)	平均隆升速率 (mm/a)	平均视隆升速率 (mm/a)	备注	资料来源
ZrNT54	花岗岩	3 113	63.2±3.6	0.030			据王俞资料(2002)整理
NT36	花岗岩	2 700	53.3±4.6	0.102			
ZrNT38	片岩	3 113	45.2±4.9	0.130			
NT30	花岗岩	3 250	43.6±7.7	0.138			
99711-1	片麻岩	4 196	36.4±3.2	0.191	0.042	同一断块内	据陈正乐资料(2001)整理
99713-1	片麻岩	3 993	31.6±3.0	0.213	0.067		
99722-2	片麻岩	3 691	27.1±2.6	0.238			
99725-2	花岗岩	3 652	33.9±3.2	0.189	0.024	同一断块内	
99728	花岗岩	3 481	26.7±2.3	0.233			
99732-1	花岗岩	3 298	22.4±2.1	0.270	0.025	同一断块内	
99731-2	花岗岩	3 085	13.8±2.2	0.423			
997314	花岗岩	2 271	28.4±2.7	0.177			
99738	花岗岩	2 914	19.7±2.8	0.288			
997310	花岗岩	2 627	18.8±2.3	0.286			
NT34	花岗岩	2 905	24.3±4.0	0.114			
NT54	花岗岩	3 113	7.1±1.1	0.826			
NT45	花岗岩	3 093	15.4±1.3	0.379			
NT48	片岩	3 082	19.6±1.9	0.300			据王俞资料(2002)整理
NT60	片岩	2 800	15.8±5.6	0.351			
NT46	片岩	3 052	13.6±1.2	0.427			
NT59	片岩	3 050	10.1±3.3	0.574			
NT44	片岩	3 001	9.1±2.0	0.632			
NT43	片岩	3 031	8.8±1.7	0.657			
NT37	片岩	2 710	7.4±2.1	0.738			
T-1	花岗岩	3 565	5.19	1.217	0.100	同一断块内	据王军资料(1998)整理
T-2	花岗岩	3 462	4.16	1.493	0.105		
T-3	花岗岩	3 350	3.09	1.974			
K-1	花岗岩	3 562	3.62	1.744	0.836	同一断块内	
K-2	花岗岩	3 445	3.48	1.780	0.123		
K-3	花岗岩	3 280	2.14	2.818			

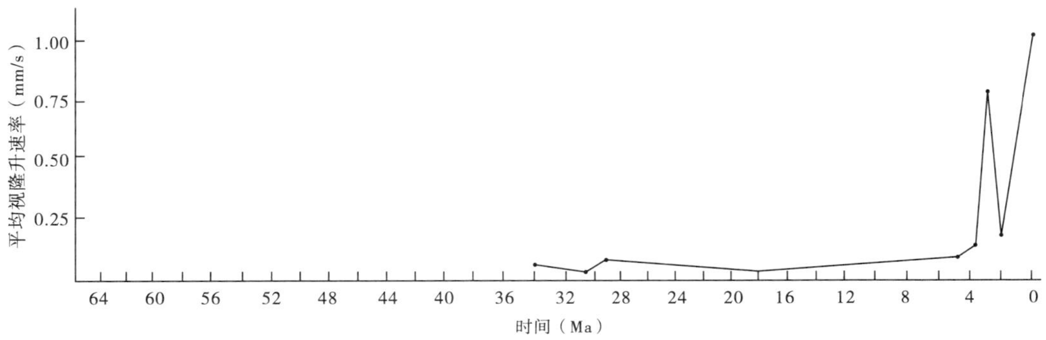

图 7-3　裂变径迹年龄-地形高差法计算的平均视隆升速率随时间变化图

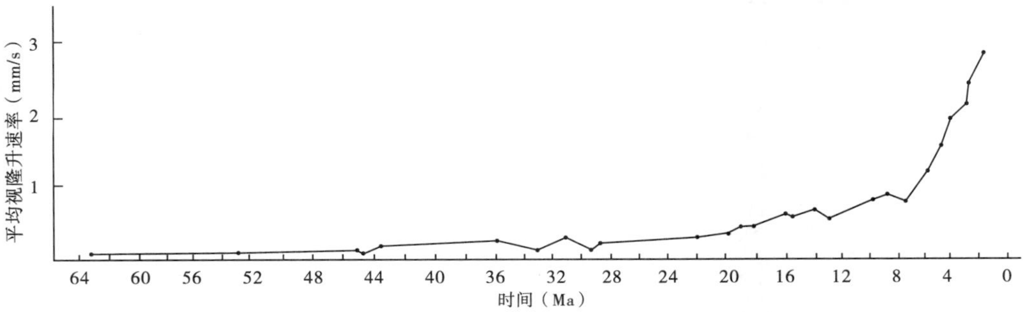

图 7－4　裂变径迹年龄外推法计算的平均隆升速率随时间变化图

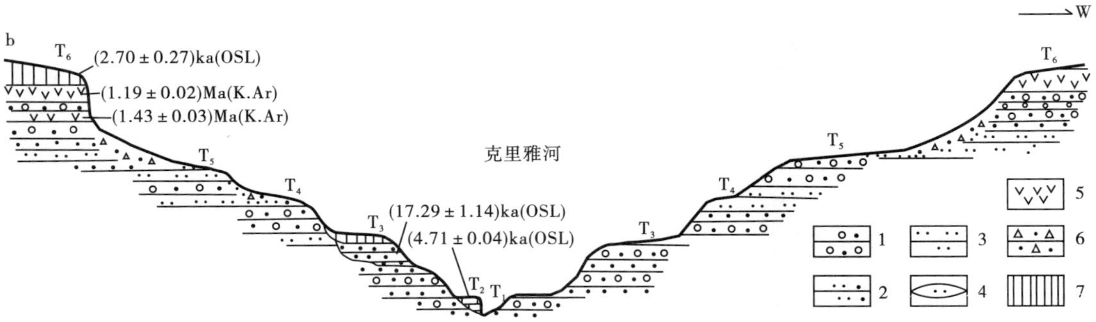

图 7－5　克里雅河阶地地貌

表 7－4　月堂能代里牙花岗岩实测高原隆升速率计算表

剖面	野外编号	单矿物种类	岩石名称	海拔 (m)	峰值年龄 (Ma)	平均隆升速率 (mm/a)	平均视隆升速率 (mm/a)
月堂能代里牙花岗岩	D5275/FT1	磷灰石	花岗岩	4 635	1.0＋0.2	7.63	2.78
	D5275/FT2	磷灰石	花岗岩	4 357	0.9＋0.3	8.17	
	D5275/FT3	磷灰石	花岗岩	4 075	2.9＋0.5	2.44	0.21
	D5275/FT5	磷灰石	花岗岩	3 910	2.1＋0.9	3.29	

表 7－5　克里雅河阶地光释光年龄测定结果表

地貌单元	光释光年龄 (ka B P)	阶地高差 (m)	高差 (m)	年龄差 (ka)	视隆升速率 (mm/a)	平均视隆升速率 (mm/a)
一级阶地	—	2.5	20.0	4.71	4.25	1.74
二级阶地	4.71	17.5				
三级阶地	17.29	11.5	11.5	12.58	0.91	
四级阶地	—	7.5	80.0	1 172.71	0.07	
五级阶地	—	12.5				
六级阶地	1 190	65.0				

第四节　青藏高原隆升盆山耦合与隆升过程分析

一、盆山耦合分析

(一)恰哈盆地沉积速率估算

假设不同组(或群)内沉积速率不变,取如下界限年龄值:始新世与渐新世为32Ma,中新世与上新世为5Ma,上新世与早更新世为2.5Ma,早更新世与中更新世为1.7Ma,中更新世与晚更新世为0.9Ma。根据实测剖面的地层厚度,若不考虑岩石的压实系数,则恰哈盆地新生代的沉积速率见表7-6。

西域组沉积速率最大,为547m/Ma;阿图什组沉积速率其次,平均为483m/Ma;乌苏群沉积速率第三,为200～400m/Ma;乌恰群沉积速率较小,一般小于100m/Ma。上述计算结果显示,上新世至早第四纪恰哈盆地沉积速率急剧变大,盆地沉积物堆积速度加快,指示源区的昆仑山脉可能处于快速隆升状态。

表7-6　恰哈盆地新生代的沉积速率计算表

地层单位	沉积厚度(m)	时间间隔(Ma)	沉积速率(m/Ma)
乌苏群	100～200	0.5	200～400
西域组	820	1.5	547
阿图什组	1 208	2.5	483
帕卡布拉克组	826	9.0	92
安居安组	600	9.0	67
克孜洛依组	832	9.0	92

(二)砾岩成分特征

野外剖面测量中根据对主要砾岩层组分的描述,不同层位的砾岩特征见表7-7。

表7-7　恰哈盆地砾岩特征表

地层单位	岩石名称	主要砾石成分	结构		成熟度	隆升特点
			砾径(mm)	磨圆度		
乌苏群	中—粗砾砾岩	片麻岩、片岩、花岗岩、石英岩	20～800	次棱角状—圆状	较低	持续隆升期
西域组	中—粗砾砾岩	片岩、片麻岩、大理岩、花岗岩	20～500	次棱角状—次圆状	较低	强烈隆升期
阿图什组	中—细砾砾岩	大理岩、片岩、花岗岩	10～300	次棱角状—次圆状	较低	快速隆升期
帕卡布拉克组	中—细砾砾岩	花岗岩、片岩、火山岩	2～12	次浑圆	高	早期缓慢隆升期
安居安组	中—细砾砾岩	灰岩、花岗岩、板岩、片岩	2～30	次圆状	高	
克孜洛依组	中—细砾岩屑砾岩	生物灰岩、板岩、石英岩	5～50	浑圆状	高	

(三)砂岩碎屑成分特征

恰哈盆地新生界砂岩主要有岩屑长石砂岩、岩屑杂砂岩、长石岩屑砂岩和长石石英砂岩。它们往往作为一个基本层序或旋回的开始，可构成河道、沙坝、天然堤等多种微相，是新生代沉积的主要岩石类型之一。镜下统计显示，区内砂岩碎屑较高，岩屑含量介于 20%～56%之间，成分成熟度低。岩屑成分主要有片麻岩、片岩、花岗岩、灰岩、石英岩、板岩和火山岩，但各地层单位所含岩屑成分又有差异，乌恰群为灰岩、板岩、石英岩、花岗岩、片岩、火山岩，其中克孜洛依组以灰岩、石英岩、板岩岩屑为主，安居安组以灰岩、片岩、花岗岩岩屑为主，帕卡布拉克组以花岗岩、片岩、火山岩、石英岩岩屑为主；阿图什组出现了大理岩，西域组大量出现片麻岩岩屑而有别于其他地层单位。砂岩特征表明，物源区以物理风化作用占主导地位，搬运距离不大，具重力流和牵引流搬运的双重特点。研究区砂岩特征列于表 7－8。

表 7－8　恰哈盆地砂岩特征表

地层单位	岩石名称	碎屑			岩屑		胶结物		杂基	
		石英	长石	云母	成分	含量(%)	成分	含量(%)	成分	含量(%)
西域组	岩屑长石砂岩	46	30	4	片麻岩、片岩、花岗岩、石英岩	20	钙质	24	—	0
	长石岩屑砂岩	32	27	—	片岩、片麻岩、大理岩、花岗岩	41	钙质	10	泥铁尘	3
阿图什组	长石岩屑杂砂岩	31	26	—	大理岩、片岩、花岗岩	43	钙质	9	灰泥铁质	15
	长石岩屑砂岩	42	25	3	大理岩、片岩、花岗岩	30	钙质	16	—	0
	长石岩屑砂岩	30	30	4	大理岩、片岩、花岗岩	36	钙质	28	铁尘	1
帕卡布拉克组	岩屑长石砂岩	35	25	4	花岗岩、片岩、火山岩	36	钙质	28	铁尘	1.5
	长石岩屑杂砂岩	25	30	1	花岗岩、片岩、火山岩	44	钙质水云母	20	铁泥质	15
安居安组	长石岩屑石英砂岩	53	20	4	灰岩、花岗岩、片岩	23	钙质	14	灰泥	3
	岩屑长石砂岩	25	45	1	灰岩、花岗岩、片岩、石英岩	29	钙质铁质	9	灰泥铁尘	2
克孜洛依组	长石岩屑砂岩	35	25	2	生物灰岩、板岩、石英岩	38	钙质	12	灰泥	3
	岩屑杂砂岩	20	22	2	灰岩、硅质岩	56	钙质	15	灰泥铁尘	15

(四)盆地古流向体制和古地貌格局

古流向是研究盆地古地理和结构的重要方法，它有助于确定沉积走向、古坡向和物源区。根据剖面和路线地质填图所测定的波痕、大型槽状层理的槽轴及交错层理前积纹层倾等指向构造的统计分析，不同时期有不同的古流向体制。

乌恰群古流向变化范围从30°～110°，具有30°～50°和70°～110°两组优势方向，总体表现为由南向北和由西向东，具有双物源特征；阿图什组古流向体制发生了显著变化，古流向转为350°～40°，基本表现为由南向北的单向水流特征；西域组古流向与阿图什组相似，变化范围从345°～50°方向，表现为由南向北的单向水流特征；更新世、全新世古流向变化较大，总体表现为由南向北。

古新世—始新世塔里木盆地海水由西向东侵入，盆地区位于海平面之下，南部昆仑山地势较低；渐新世开始塔里木盆地海水逐渐向西退出，在塔里木盆地西部的叶城—喀什一带为海陆交互相沉积，而东部的和田—且末一带已转为陆相沉积，从古流向体制分析可以得出，渐新世—中新世（乌恰群）古地势表现为南高北低和西高东低，山区地形与盆地高差可能较小；上新世（阿图什组）盆地周围的古地理格局发生了较大变化，盆地古流向由原来的双向变为单向，南部昆仑山快速拔起，地貌差异加大，而西部铁克里克山地貌差异比昆仑山要小；第四系古流向为由南向北的单向水流，古地貌仍为南高北低。

（五）昆仑山脉剥露历史分析

铁克里克北缘断裂和昆仑山山前断裂是印度—欧亚板块碰撞及其随后板块之间的汇聚作用导致青藏高原北缘山脉的隆升和塔里木盆地的沉降，形成控制青藏高原北缘新生代沉积的地貌边界断裂。恰哈盆地新生界乌恰群的古流向指示本区早期物源来自西部的铁克里克山和南部的昆仑山；阿图什组、西域组等地层古流向指示本区上新世—第四纪物源来自南部的昆仑山，昆仑山是恰哈和塔里木盆地新生代的沉积的主要物源区。

古新统—始新统喀什群在研究区主要为一套潟湖相的膏盐沉积建造，总体上由泥岩、砂岩、石膏等组成，反映沉积区附近没有非常强烈的地形起伏，古水流较缓，水动力搬运能力较低。

渐新世的乌恰群克孜洛依组出现了较多的砾岩、砂岩，岩石粒度变粗，标志着物源状况的变化，古水流搬运能力增强，沉积物搬运距离缩短，指示沉积物源区地形起伏增大，但砂岩仍是主要成分，显示当时地形起伏并不大，古山脉的相对高度不大。从砂岩碎屑成分上分析，灰岩、板岩是乌恰群克孜洛依组的主要碎屑成分。区域地层背景分析表明，昆仑山地区的灰岩、板岩主要是上古生界的碳酸盐岩，表明在渐新世碳酸盐岩发育的上古生界地层分布区是主要的剥蚀源区。

中新世的乌恰群安居安组和帕卡布拉克组砾岩含量较少，砂岩和泥岩含量较高，指示沉积物源区地形起伏不大，从砂岩碎屑成分上分析，花岗岩、片岩、火山岩是乌恰群安居安组和帕卡布拉克组的主要碎屑成分。区域地层背景分析表明，昆仑山地区的花岗岩、片岩、火山岩主要是下古生界的弧火山岩组合，表明在中新世弧火山岩建造发育的下古生界地层分布区是主要的剥蚀源区。

从阿图什组开始，地层中不再含有泥岩，以砂岩和砾岩为主，粒度明显整体变粗，显示造山带前缘磨拉石堆积的特征，表明从上新世开始沉积物搬运距离变短，沉积物靠近物源区，古流域的坡度加大，地形差异增加。从砂岩、砾岩的碎屑成分上分析，大理岩、片岩、花岗岩是阿图什组的主要碎屑成分。区域地层背景分析表明，昆仑山地区的大理岩、片岩、花岗岩主要是长城系—蓟县系的变质岩岩石组合，大理岩是昆仑山长城系赛图拉岩群的标志岩性，表明在上新世长城系—蓟县系的变质岩构造层是主要的剥蚀源区。

至第四纪早期的西域组，地层中基本上全为砾石，砂岩只是少量呈透镜状夹层分布。此时古地形的差异已十分明显，古流域的坡度较大。从砂岩、砾岩的碎屑成分上分析，片岩、片麻岩、大理岩、花岗岩是西域组的主要碎屑成分。区域地层背景分析表明，昆仑山地区的片岩、片麻岩、大理岩、花岗岩主要是古—中元古代变质岩岩石组合，片麻岩是昆仑山下元古界和长城系赛图拉岩群下部的典型岩性，表明在第四纪时古—中元古代变质岩构造层是主要的剥蚀源区。

综上所述，昆仑山脉新生代的隆升—剥露历史如下：渐新世显示昆仑山脉地形起伏并不大，古地貌差异较小，山脉与盆地高差不大，由上古生界碳酸盐岩组成的昆仑山脉首先被剥蚀；中新世指示沉积物源区地形起伏仍不大，山脉与盆地高差并不很显著，早古生代的弧火山岩组合是主要的剥蚀源区，此时昆仑山脉下部元古宇地层可能还未出露；上新世开始古流域的坡度加大，地形差异增加，山脉与盆地地貌差异显著，古生界地层可能已剥蚀殆尽，长城纪—蓟县纪的变质岩构造层是主要的剥蚀源区；至第四纪早期山脉的剥蚀速率加快，磨拉石建造发育，地貌差异十分显著，古—中元古代变质岩构造层开始快速剥露。

二、青藏高原隆升过程

青藏高原的隆升不是一蹴而就的，而是经过长期多阶段脉动式隆升才铸就成“世界屋脊”的雄伟英姿的。根据研究区恰哈盆地新生代的沉积响应（文世宣等，1998），青藏高原的隆升可以划分为如下几个阶段（图 7 - 6）。

（一）早中渐新世——早期隆升阶段

古近纪早期，印度板块向欧亚板块俯冲碰撞，引起青藏高原的隆升和中新生代地层的褶皱，造成本区古新世、始新世长期处于隆升剥蚀夷平阶段。直至在渐新世隆升过程中高原内部和边缘产生扇形开裂，导致恰哈盆地坳陷，盆地面貌开始盈育，在盆地南部形成早中渐新世乌恰群克孜洛依组下部冲积体系域快速近源堆积的河流相-三角洲相沉积。

（二）晚渐新世——稳定剥蚀夷平阶段

晚渐新世随着高原隆升作用的减弱，夷平作用逐渐趋于稳定，恰哈坳陷盆地出现了稳定型的乌恰群克孜洛依组上部三角洲相含砾砂岩、砂岩沉积和浅湖、半深湖相沉积，该时期孢粉组合表现为森林环境，反映气候较为温暖潮湿。

（三）早中新世——小幅隆升阶段

早中新世由于高原的构造隆升，使恰哈坳陷盆地发生湖退作用，形成乌恰群安居安组泥岩、砂岩、含砾砂岩沉积，沉积相由半深湖、浅湖发展为三角洲环境，沉积物表现为从下到上由细变粗、层理厚度由薄变厚、成分成熟度和结构成熟度降低，但该阶段隆升并未使湖水完全退出，说明这次隆升幅度不大。该时期在孢粉组合上表现为草原森林环境，出现了较多耐旱花粉种属，反映气候较为干旱，代表高山环境的云杉花粉含量有较大增加，也反映该时期地势有所升高。

（四）中晚中新世——较稳定剥蚀夷平阶段

中晚中新世恰哈坳陷盆地湖相沉积几乎占据了湖泊面积的 80%，反映当时盆地范围扩大，达到湖相沉积的鼎盛期，形成乌恰群帕卡布拉克组泥岩、粉砂岩等慢速沉积，说明该时期处于构造相对稳定阶段，隆升作用较弱，剥蚀速率很低，物源供给不足，达到了准夷平化。孢粉组合表现为草原森林环境，温带花粉种属有所增加，反映气候较为温暖湿润。

（五）早中上新世——快速隆升阶段

早上新世恰哈坳陷盆地处于抬升剥蚀状态，首次发现的阿图什组与下伏乌恰群呈平行不整合接触，不整合面之下为乌恰群帕卡布拉克组浅湖相灰色薄层粉砂岩与红色中厚层粉砂质泥岩互层，不整合面之上为阿图什组底部河流相巨厚层中细砾岩、含砾粗砂岩、含巨砾砂岩；不整合面呈波状起伏，沿底面分布有滞流砾石。该平行不整合可能代表青藏高原在中新世快速隆升山前盆地遭受长期风化剥蚀的记录，对青藏高原北缘高原隆升研究具有重要意义。其可能代表印度板块向欧亚

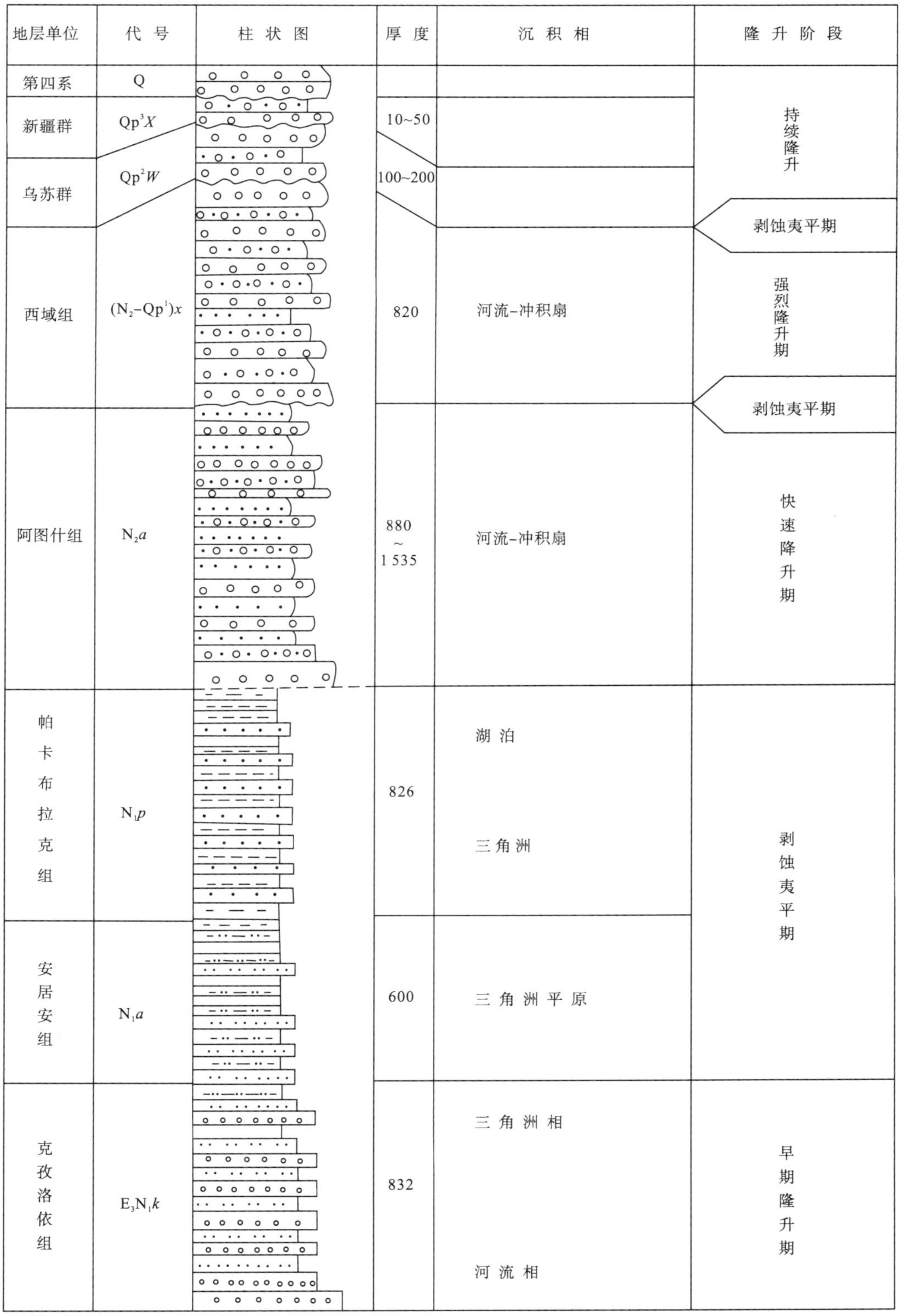

图 7-6　新生界沉积柱状图

板块俯冲-碰撞的远程效应，引起青藏高原北缘山系大规模隆升的物质记录。

（六）晚上新世—早更新世——振荡隆升阶段

晚上新世—早更新世西域组，大面积出露于昆仑山北麓和铁克里克山北麓，主要为山麓相磨拉石堆积，岩性为灰色砾岩、砂砾岩夹砂岩透镜体，厚 1 200～2 000m，分布面积约 2 150km^2。N_2—Qp^1 磨拉石建造系现代山脉快速隆升的物质响应，受新构造运动影响该组多已变形形成宽缓褶皱，在喀拉喀什代牙组成皮夏向斜最新层。该组与下伏阿图什组和上覆更新世沉积均为角度不整合接触地层，其可能代表青藏高原北缘山系的隆升作用的物质记录。西域组与青藏高原东北缘的玉门砾岩可以对比，从一个侧面说明该阶段高原隆升的广泛性和等时性。

（七）中更新世—全新世——强烈隆升阶段

中更新世—全新世高原强烈隆升，形成中更新统乌苏群山麓磨拉石建造，岩性主要为灰色半固结中—细砾岩、灰色半固结砂岩等，岩性单一，由下至上粒度由粗变细，地层厚度 1 521m。乌苏群与下伏西域组呈角度不整合接触，上覆地层为上更新统—全新统冲洪积物。其可能代表青藏高原北缘山系大规模隆升的物质记录。因此，更新世—全新世以来的高原隆升是上升幅度最大、影响最深刻、最为强烈的隆升作用，在气候、环境、生态等方面产生了深远的影响。

第五节　高原隆升的环境效应

青藏高原的强烈隆升，引起气候干燥、荒漠化、生物变异等多种环境效应。

一、青藏高原隆升的气候效应

青藏高原的强烈隆升，不仅加强了亚洲季风环流，而且阻挡了源于印度洋的暖湿气流向亚洲内陆的输送，并在高原北侧形成下沉气流，对亚洲内陆干旱化的过程有着极其重要的影响。在夏季，青藏高原就像一个深入到大气中的火炉，使得高原上的空气受热上升，同时拉动印度洋暖湿气流前来补充，由此而带来丰沛的季风降雨；冬季情况正好相反，高原仿佛一股巨大的冷流，将其上方的空气冷却，从高原涌向印度洋，这就导致北方的冷空气频频南下，从而形成强大的冬季风，导致西北地区气候干旱，大风天气增加，沙尘暴加剧，环境质量显著降低；而在中国的东部由于青藏高原的形成，海洋和大陆的气压梯度更大，夏天吸引大量的水汽登陆，使这里形成了温暖湿润的气候，也是全球最典型的季风气候区；然而在青藏高原本部由于高原极高的海拔，气温梯度导致高原气温较低，呈大片皑皑白雪的高寒区，同时由于气压的降低，在高原含氧量也大大降低，导致高原缺氧，对人类生存造成巨大威胁。

因此，青藏高原的强烈隆升是引起中国东部季风区、西北干旱区和青藏高原高寒区三大自然区域巨大分异的主要原因。

二、青藏高原隆升的荒漠化效应

直到第四纪中期，喜马拉雅山还不是很高，西南季风可以越过它，深达藏北，给青藏高原带来丰沛的降雨。可是，随着青藏高原的强烈隆升，高原的自然落差加大，喜马拉雅山脉成了阻挡印度洋气流北上的一道天然屏障，绝大部分水汽被挡在它的南坡。而喜马拉雅山以北，气候变得十分干燥，藏北高原许多地方年降雨量只有十几毫米。这种变化无疑影响到整个中国的西北地区，形成中国西部的干旱核心，导致高原季风活动增强，大风天气增加，沙尘暴加剧；另一方面，青藏高原的强烈隆升进一步引起自然生态环境恶化，气候变化无常，植被减少，草场退化，物理风化增强，砾质、沙质荒漠化加剧，形成了亚洲面积最大的沙漠分布区，塔克拉玛干沙漠正是在这种背景下形成的。

显然，青藏高原的强烈隆升阻挡了源于印度洋的暖湿气流向内陆的输送，它是我国西北地区荒漠化的重要原因之一。

三、青藏高原隆升的生物效应

青藏高原的强烈隆升，引起高原内部气候垂直分带更加显著，导致生物的垂直自然谱系的强烈发育。随着所处位置的不同，形成条件的差异，垂直带谱的基带、分带数目、带内类型及其组合，以及森林上限、现代雪线等都呈现规律性变化。根据各山系垂直自然带的基带、带谱结构、优势垂直带以及温度水分条件特点，揭示了青藏高原垂直自然带的分布规律，从边缘山地到高原内部腹地，垂直自然带谱不但基带不同，而且带谱结构由繁及简，分带数目也相应减少。青藏高原的强烈隆升，导致在高原内部耐寒耐冷的植物逐渐取替喜温喜湿植物。从孢粉分析可知：古近纪—新近纪温带乔木所占比重越来越小，耐寒耐旱的灌木数量愈来愈大，发展到现在的青藏高原北坡，耐旱的灌木占据了统治地位。如原来较高大的驼绒藜灌木，为了适应高原低温、大风等恶劣的环境，逐渐矮化，叶片逐渐变为针状、垫状生长。

因此，青藏高原的强烈隆升，带来的气温、湿度等气候变化，引起动物数量的大大减少，导致生物丰度的显著降低和物种的适应性变化。

第六节　环境地质

图幅北部为茫茫无际的塔克拉玛干沙漠南部边缘，中部为地形陡峻的铁克里克中高山区，南部为高耸云霄的昆仑中高山-极高山区。地形地貌的主要特点是北部为沙漠戈壁与低山丘陵地貌区、中部为铁克里克中高山地貌区，南部为昆仑中高山-极高山地貌区，总体地势北低南高。

图幅晚新生代以来发生了强烈的构造抬升，形成了青藏高原北缘高耸的海拔，广泛发育山岳冰川，昆仑山与塔里木盆地存在 3 000～4 000m 的高差，地理地貌的迥然差异，是图幅产生诸多环境地质灾害问题的主要原因。

图幅最主要的地质灾害为重力地质灾害，主要包括崩塌、滑坡、泥石流等；其次为冰川冻土地质灾害，主要包括雪崩、热融滑塌；再次为气候异常引起的干旱和风沙等地质灾害。

一、崩塌

主要分布在和田—布雅公路。由于修筑公路，改变了边坡条件，出现临空面，发生急剧崩落；同时在低温冻融作用下，风化破碎，沿构造裂隙裂解后发生急剧崩落、翻转，在公路边形成倒石堆或岩屑堆，阻塞交通，伤害车辆及行人。

二、滑坡

分布在和田—布雅公路及盆山接合带的陡坡地区。由于植被稀少，边坡较陡，每当冰雪消融时，水降低了残坡积物底面与基岩接触面的摩擦系数，在重力作用下，顺滑坡壁向下滑动，并形成拉张裂缝，危害严重。

三、泥石流

泥石流主要分布于昆仑山沟谷出山口一带，由于昆仑山区植被稀少，物理风化强烈，流通区狭窄短小，自然纵坡大，当突降大雨或冰川大量融水造成山洪，常导致泥石流发生，其对公路交通设施及水利建设危害极大。

四、雪崩、热融滑塌

主要发生在昆仑山高寒冰川冻土地区，每逢夏季气温升高时，因冰川前缘冰(雪)体失衡而形成雪崩或热融滑塌。由于山地荒凉，人迹罕至，人类生产活动较少，雪崩、热融滑塌对生产和生活危害较少。

五、干旱

塔里木盆地年降水量只有几十毫米，蒸发量远大于降水量，导致严重的干旱，常使农作物减产甚至死亡，草场退化等严重后果。

六、风沙

大于8级以上的风沙每年达20多次，不但产生沙尘暴恶化环境，更主要的是造成农作物倒伏，粮食减产，树木刮倒，牲畜死亡。主要对策是要加强固沙和植树造林。

第八章 结束语

第一节 取得的主要成果

经过3年的工作，在项目组全体人员的共同努力下，在中国地质调查局，西安地质调查中心，陕西省地质调查院各级领导、专家的亲切关怀和指导下，项目全面完成了图幅野外地质调查的各项任务，达到了预定目标，建立了图幅的地层系统、构造格架、构造岩浆岩带和遥感解译标志等，取得了一系列新发现、新进展和新认识。

一、地层方面

(1)根据图幅实际地质情况，重新厘定了图幅地层单位和地层系统，建立了图幅塔里木地层区、昆仑地层区、巴颜喀拉地层区地层区划，将图幅地层重新厘定为8个(岩)群级、20个(岩)组级地层单位、4个非正式(构造)地层单位。

(2)在库地-其曼于特构造蛇绿混杂岩带北侧和田县喀什塔什乡南幕撒希山一带新解体一套基性火山岩夹火山角砾岩、凝灰岩，局部夹灰色薄层灰岩，命名为幕撒希玄武岩，其可与西部库尔良裂谷火山岩对比，表明库尔良裂谷向东延伸到了喀什塔什乡南幕撒希山一带。

(3)在黑山—奴尔一带的其曼于特构造蛇绿混杂岩带两侧解体出一套大陆边缘建造西合休岩组[(∈—O)x]、奥米沙砂板岩(O^{sl})。西合休岩组主要岩性为含石榴子石斜长黑云石英片岩、斜长二云石英片岩、斜长黑云石英片岩。奥米沙砂板岩为本次命名的非正式岩石地层单元，以构造岩片叠置于其曼于特构造混杂岩带中，主要由粉砂质板岩、粉砂质泥板岩、长石砂岩、凝灰质变砂岩组成的大陆边缘建造。

(4)将阿其克山背斜核部与南部长城系塞拉加兹塔格岩群呈断层接触层以及与上覆上泥盆统奇自拉夫组(D_3q)呈角度不整合接触的一套低绿片岩相变质的绿片岩、变砂岩、千枚岩从南长城系塞拉加兹塔格岩群解体出来，命名为阿其克片岩组(∈—O^{sch})。

(5)将元古宇喀拉喀什岩群和埃连卡特岩群根据其物质成分、变形变质特征重新厘定为下元古界埃连卡特岩群，并按岩石组合将其划分为a岩组、b岩组、c岩组、d岩组、e岩组5个岩性组。

二、岩石方面

(1)图幅共填绘出15个侵入体，划分出古元古代、长城纪、震旦纪—早古生代、晚古生代4次火山活动，划分为新元古代构造岩浆岩区、早古生代构造岩浆岩带、晚古生代构造岩浆岩带、中生代构造岩浆岩带、新生代构造岩浆岩带5个构造岩浆带(区)(图幅出露新元古代构造岩浆岩区、早古生代构造岩浆岩带、晚古生代构造岩浆岩带)，总体上岩浆岩具有由北向南，岩浆岩形成时代由老到新的变化规律。

(2)首次在黑山南发现灰色中粒片麻状花岗闪长岩，具较强的变形特征，其侵入长城系赛图拉岩群中，并被早古生代花岗岩侵入，可能为新元古代变质侵入岩，这对研究新元古代构造演化可能有重要意义。

(3)塞拉加兹塔格岩群中角闪斜长片岩经地球化学对比和构造环境分析，具岛弧火山岩特征；蓟县系桑株塔格岩群为一套稳定环境的碎屑岩碳酸盐岩建造，与长城系岩石建造明显不一致；表明塔里木古陆在长城纪末发生了显著的聚合，形成长城纪晚期的岛弧火山岩。

(4)在铁克里克断隆布雅北发现志留纪环斑钾长花岗岩(布雅北岩体、铁克里克岩体)，其被石炭系地层沉积不整合覆盖；在风光公社南发现多条煌斑岩脉，对研究壳幔作用具有重要意义。

(5)在玉龙喀什河发现侵入埃连卡特岩群中的花岗片麻岩脉和片理化辉长岩脉，对重塑铁克里克地块的演化历程具有重要意义。

三、构造方面

(1)首次在喀什塔什乡东发现阿图什组与下伏乌恰群呈平行不整合接触，并对该不整合面代表的构造运动命名为和田运动，该平行不整合可能代表青藏高原在中新世快速的记录，对青藏高原北缘高原隆升研究具有重要意义。

(2)建立了图幅古元古代—新生代7个阶段的构造变形序列，塔里木古陆、巴颜喀拉古陆经过长城纪的扩张裂解、蓟县纪的汇聚造山形成中元古代末期的古昆仑造山带；在新元古代末期开始多阶段的裂解与汇聚，形成诸多不同时代、不同尺度的陆块被显生宙以来的构造蛇绿混杂岩或大型复合断裂带分隔的块、带相间的多岛洋构造格局。

(3)中生代图幅推覆作用具有由造山带向外的对冲特征；新生代推覆作用表现为一系列的由南向北的推覆岩片，具有典型的新压老的现象，并在推覆前锋带发育次级逆冲断层和倒转褶皱。

(4)铁克里克隆起带是一个由南向北的逆冲外来推覆体。在铁克里克地块中分布的片麻岩及片岩中普遍发育一期由片麻理、片理组成的顺层掩卧剪切褶皱及一系列顺层剪切带，其变形面向均指示由南西向北东的逆冲推覆，该期变形表现为该地区的主变形期。可见，铁克里克隆起带的成因是由南向北逆冲推覆形成，在新生代还叠加了右行走滑。

(5)在库地-其曼于特构造蛇绿岩残片中的变质辉长岩获(210.3±0.5)Ma锆石U-Pb权重年龄，其代表印支运动所发生的变质作用年龄。

四、矿产方面

(1)初步总结了将图幅成矿期划分为中元古代、早古生代、晚古生代和中—新生代4个成矿期，并划分为塔里木、昆仑两个成矿域，初步确认库尔良石炭纪裂谷带具较好的铜金找矿远景，在昆仑复合构造岩浆岩带与赛图拉岩群大理岩、白云质大理岩接触带是和田玉有利找矿部位。

(2)对区内矿产地质特征和成矿地质背景进行了系统调查和研究，新发现铁、铜、铅锌、非金属等矿(化)点或找矿线索4处。

①在和田县奥米沙库地-其曼于特构造蛇绿混杂岩带北侧的硅化钠长岩、绿泥石英岩中发现3条长度30～80m、厚度0.5～1.2m的构造蚀变岩型铜矿化体(图版Ⅴ-2至图版Ⅴ-4)，矿石矿物为黝铜矿、孔雀石和铜蓝，经采样分析Cu品位0.35%～5.2%，具有较好的找矿前景。

②在策勒县洞列克乌鲁克阿其克其曼于特蛇绿混杂岩带碎裂闪长花岗岩中的石英脉中发现4条长2～15m、宽0.5～1.0m的热液石英脉型铜矿化体，矿石矿物为斑铜矿、孔雀石和铜蓝，Cu品位0.35%～2.2%，具有一定的找矿前景。

③在策勒县奴尔独木村大龙沟西昆仑中间地块长城系赛图拉岩群中发现长300m沉积变质型铁矿化体，矿化带宽0.5～1.2m，矿石矿物主要为磁铁矿、褐铁矿，TFe 35%～45%，与东部亚门坎铁矿床构成长度大于10km的铁矿化带，具有良好的找矿意义。

④在塔里木盆地南缘的布雅北发现侏罗系叶尔羌群煤线向北东方向延伸，扩大了侏罗系叶尔羌群找煤远景区范围；在阿其克山发现多处沉积型菱铁矿和煤矿化点，为本区的地质找矿提供了新的找矿线索。

五、青藏高原隆升

(1)磨拉石是堆积在新生山脉前缘厚度巨大的碎屑沉积体，新生代山前造山磨拉石建造记录了青藏高原的隆升的丰富信息。图幅发现了 N_1、N_2—Qp^1、Qp^2 三套山间磨拉石建造显示青藏高原在新生代有 3 次较强烈的抬升作用。

(2)在和田县喀什塔什乡月堂能代里牙花岗岩中获得了(0.9±0.3)Ma、(1.0±0.2)Ma、(2.1±0.9)Ma、(2.9±0.5)Ma 磷灰石裂变径迹峰值年龄，表明青藏高原北缘山体上部 3 000m 的去顶只用了 2.9～0.9Ma，青藏高原北缘在上新世末—第四纪发生了快速隆升作用；在月堂能代里牙花岗岩从 2.9ka B P、2.1ka B P、1.01ka B P、0.9ka B P 至现在青藏高原的隆升速率由 2.44mm/a、3.29mm/a、7.63mm/a、8.17mm/a，隆升速率由早到晚表现有愈来愈强烈的特点。

(3)青藏高原北缘新生代沉积组合和沉积相的变化，显示青藏高原北缘新生代的隆升具 7 个阶段，即早中渐新世——早期隆升阶段、晚渐新世——稳定剥蚀夷平阶段、早中新世——小幅隆升阶段、中晚中新世——较稳定剥蚀夷平阶段、早中上新世——快速隆升阶段、晚上新世—早更新世——振荡隆升阶段、中更新世—全新世——强烈隆升阶段。

(4)图幅更新世—全新世发育 4～6 级阶地，表明青藏高原在更新世—全新世有 6 次脉动式隆升，从 1 190ka B P、17.29ka B P、4.71ka B P 至现在青藏高原的隆升速率分别为 0.07mm/a、0.91mm/a、4.25mm/a，隆升速率由早到晚具有逐渐增强的特点。

第二节 存在的主要问题

(1)工作区个别同位素测年和光释光测年结果未到，影响某些地质体时代的准确确定和定量计算。

(2)库地-其曼于特蛇绿构造混杂岩由于受后期构造改造，未出露较完整的蛇绿岩剖面，在图幅内对其物质组成研究不够。

主要参考文献

成都矿产地质研究所. 1∶150 万青藏高原及邻区地质图[M]. 北京:地质出版社,1997.

崔军文,唐哲民,等. 阿尔金断裂系统[M]. 北京:地质出版社,1999.

崔之久,高全州,刘耕年,等. 夷平面、古岩溶与青藏高原隆升[J]. 中国科学. 1996,26(4):378-386.

崔之久,李德文,伍永秋,等. 关于夷平面[J]. 科学通报,1998,43(17):1 794-1 804.

戴自希,白冶,等. 中国西部和毗邻国家铜金找矿潜力的对比研究[M]. 北京:地震出版社,2001.

单文琅,宋鸿林,等. 构造变形分析的理论、方法和实践[M]. 武汉:中国地质大学出版社,1991.

丁道桂,等. 西昆仑造山带与盆地[M]. 北京:地质出版社,1996.

方爱民,李继亮,侯泉林,等. 西昆仑库地西北依沙克群首次发现放射虫化石[J]. 地质科学,1998,33(3):384.

房立民,等. 变质岩区 1∶5 万区域地质填图方法指南[M]. 武汉:中国地质大学出版社,1991.

高秉璋,等. 花岗岩类区 1∶5 万区域地质填图方法指南[M]. 武汉:中国地质大学出版社,1991.

Hugh R Rollison. 岩石地球化学[M]. 杨学明,杨晓勇,等译. 北京:中国科学技术大学出版社,2000.

韩愈菁. 变质作用 $p-T-t$ 轨迹[M]. 武汉:中国地质大学出版社,1993.

郝杰,李小江,方爱民,等. 西昆仑"库地蛇绿岩"的解体及有关问题的讨论[J]. 自然科学进展,2003,13(10):1 116-1 120.

贺同兴,等. 变质岩岩石学[M]. 北京:地质出版社,1987.

姜春发,等. 中央造山带开合构造[M]. 北京:地质出版社,2000.

姜春发. 昆仑开合构造[M]. 北京:地质出版社,1992.

李炳元,潘保田,高红山. 可可西里东部地区的夷平面与火山年代[J]. 第四纪研究,2002,22(5):397-405.

李昌年. 火成岩微量元素岩石学[M]. 武汉:中国地质大学出版社,1992.

李长安,殷鸿福,于庆元,等. 东昆仑山构造隆升与水系演化及其发展趋势[J]. 科学通报,1999,44(2):211-213.

李吉均,方小敏,潘保田,等. 新生代晚期青藏高原强烈隆起及其对周边环境的影响[J]. 第四纪研究,2001. 21(5):381-391.

李吉均,文世宣,张青松,等. 青藏高原隆起的时代、幅度和形式的探讨[J]. 中国科学,1979(6):608-616.

李亚琴,夏德清,等. 地史学[M]. 北京:地质出版社,1985.

李永安,等. 中国新疆西南部喀喇昆仑羌塘地块及康西瓦构造带构造演化[M]. 乌鲁木齐:新疆科技卫生出版社,1995.

李永安,等. 中国新疆西南部喀喇昆仑羌塘地块及康西瓦构造带构造演化[M]. 乌鲁木齐:新疆科技卫生出版社,1995.

刘石华,匡文龙,刘继顺,等. 西昆仑北带蛇绿岩的地球化学特征及其大地构造意义[J]. 世界地质,2002,21(4):332-339.

刘训,等. 塔里木板块周缘的沉积-构造环境[M]. 乌鲁木齐:新疆科技卫生出版社,1997.

刘肇昌. 板块构造学说[M]. 成都:四川科学技术出版社,1985.

潘桂棠,等. 东特提斯组成与地质演化[M]. 北京:地质出版社,2000.

潘裕生,等. 喀喇昆仑山-昆仑山地区地质演化[M]. 北京:科学出版社,2000.

潘裕生. 西昆仑山构造特征与演化[J]. 地质科学,1990(3),224-232.

青海石油管理局勘探开发研究院. 柴达木盆地第三纪孢粉学研究[M]. 北京:石油工业出版社,1985.

邱家骧,等. 火山岩研究方法[M]. 北京:冶金部地质技术干部进修学校,1982.

任纪舜,等. 中国及邻区大地构造图及说明书[M]. 北京:地质出版社,1997.

任纪舜. 中国及邻区大地构造图及说明书[M]. 北京:地质出版社,1999.

荣辉,等. 高等地球化学[M]. 北京:科学出版社,2000.

Sengor A M. 板块构造与造山运动——特提斯例析[M]. 丁晓，等译. 上海：复旦大学出版社，1992.
施雅风，郑本兴，李世杰，等. 青藏高原中东部最大冰期时代高度与气候环境探讨[J]. 冰川冻土，1995，17(2)：97－112.
宋之琛，等，孢子花粉分析[M]. 北京：科学出版社，1965.
孙海田，等. 西昆仑金属成矿省概论[M]. 北京：地质出版社，2003.
孙昭宸，刘兰锁，等. 青藏高原地质文集(18)：从昆仑山—唐古拉山晚第三纪、第四纪孢粉组合讨论青藏高原的隆起[M]. 北京：地质出版社，1984.
滕志宏，等. 塔里木盆地及周缘地区上第三系—第四系地层及晚新生代构造期次划分[M]. 西安：西北大学出版社，1994.
王元龙，李向东，毕华等. 西昆仑库地蛇绿岩的地质特征及其形成环境[J]. 长春地质学院学报，1997，27(3)：304－309.
王志洪，李继亮，侯泉林，等. 西昆仑库地蛇绿岩地质、地球化学及其成因研究[J]. 地质科学，2000，35(2)：151－160.
魏家庸，等. 沉积岩区 1：5 万区域地质填图方法指南[M]. 武汉：中国地质大学出版社，1991.
文世宣，等. 喀喇昆仑山-昆仑山地区古生物[M]. 北京：科学出版社，1998.
西藏地质矿产局. 西藏自治区区域地质志[M]. 北京：地质出版社，1993.
西藏地质矿产局. 西藏自治区岩石地层[M]. 武汉：中国地质大学出版社，1997.
肖庆辉，等. 花岗岩研究思维与方法[M]. 北京：地质出版社，2002.
肖序常，王军，苏犁，等. 再论西昆仑库地蛇绿岩及其构造意义[J]. 地质通报，2003，22(10)：745－750.
肖序常，王军. 青藏高原构造演化及隆升的简要评述[J]. 地质论评，1988，44(4)：372－381.
新疆地质矿产局. 新疆维吾尔自治区多重地层划分对比[M]. 北京：地质出版社，1998.
新疆地质矿产局. 新疆维吾尔自治区区域地质志[M]. 北京：地质出版社，1993.
新疆矿产地质研究所，新疆第一区调大队. 新疆古生界(上、下册)[M]. 乌鲁木齐：新疆人民出版社，1990.
徐仁，宋元琛，周和仪，等. 柴达木盆地第三纪沉积中的孢粉组合及其在地质学上的意义[J]. 古生物学报，1958，6(4)：429－443.
许清华. 大地构造及沉积作用[M]. 北京：地质出版社，1985.
杨森楠，等. 中国区域大地构造学[M]. 北京：地质出版社，1984.
尹集祥. 青藏高原及邻区冈瓦纳相地层地质学[M]. 北京：地质出版社，1997.
中国国土资源航空物探遥感中心. 青藏高原中西部航磁调查[M]. 北京：地质出版社，2001.
中国科学院青藏高原科学考察队. 青藏高原的时代、幅度和形式问题[M]. 北京：科学出版社，1981.
中国科学院青藏高原综合科学考察队. 喀喇昆仑山-昆仑山地区冰川与环境[M]. 北京：科学出版社，1998.
中科院青藏高原科考队. 喀喇昆仑山-昆仑山地区地质演化[M]. 北京：科学出版社，1990.
钟大赉，丁林. 青藏高原的隆起过程及其机制探讨[J]. 中国科学，1996(4)：289－295.

图版说明及图版

图版Ⅰ

1. 奇自拉夫组发育的鳞木化石
2. 叶尔羌群中发育的蕨类植物化石
3. 塔哈奇组中发育的菊石化石
4. 塔哈奇组与下伏埃连卡特岩群呈剥离断层接触
5. 新发现的阿图什组与下伏乌恰群呈平行不整合接触
6. 乌苏群与下伏乌恰群呈角度不整合接触

图版Ⅱ

1. 塔哈奇组与下伏埃连卡特岩群呈角度不整合接触
2. 阿图什组磨拉石建造外貌
3. 奇自拉夫组磨拉石建造外貌
4. 玉龙喀什河变形辉长岩脉侵入塞拉加兹塔格岩群中
5. 策勒河上游发育的四级阶地远景
6. 铁克里克山前峡谷地貌

图版Ⅲ

1. 侵入埃连卡特岩群中的糜棱岩化花岗岩
2. 侵入埃连卡特岩群中的片麻状花岗岩
3. 侵入埃连卡特岩群中的环斑花岗岩
4. 侵入埃连卡特岩群中的环斑花岗岩
5. 铁克里克岩体二长花岗岩中的闪长质包体
6. 侵入埃连卡特岩群中的花岗岩脉的褶皱变形

图版Ⅳ

1. 埃连卡特岩群中的流变褶皱
2. 埃连卡特岩群中的尖棱褶皱
3. 埃连卡特岩群中的顺层褶皱
4. 埃连卡特岩群中发育的褶劈理
5. 铁克里克北缘断裂面远景
6. 塞拉加兹塔格岩群中发育的脆-韧性剪切带

图版Ⅴ

1.慕士塔格产出的昆仑白玉
2.新发现的奥米沙构造蚀变岩型铜矿露头
3.新发现的奥米沙构造蚀变岩型铜矿露头
4.新发现的洞列克铜矿标本
5.新发现的东木村铁矿露头
6.发现的阿其克山煤矿

图版Ⅰ

1

2

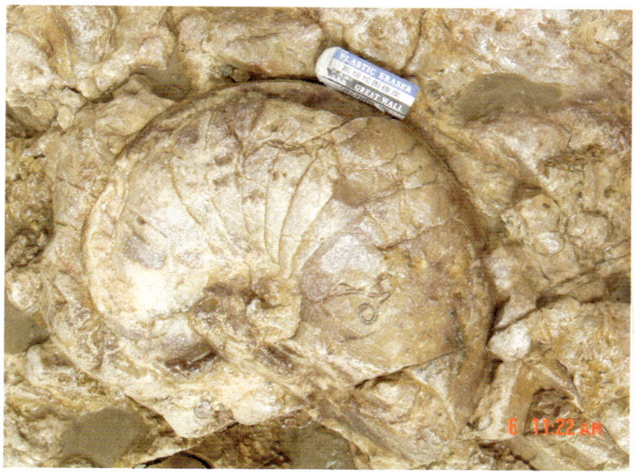

3

4

5

6

图版Ⅱ

1

2

3

4

5

6

图版Ⅲ

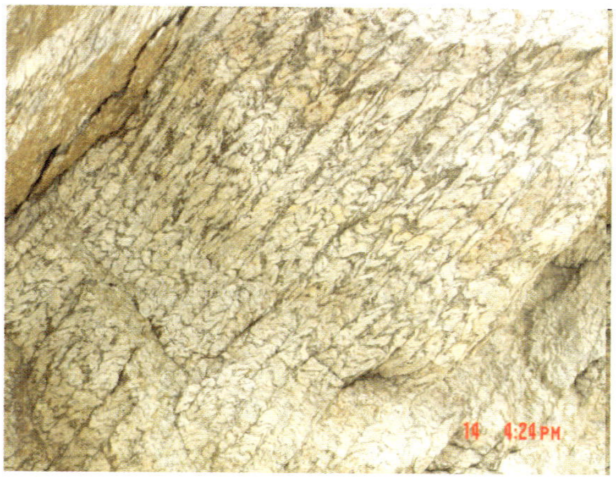

1

2

3

4

5

6

图版Ⅳ

1

2

3

4

5

6

图版Ⅴ

1

2

3

4

5

6